Automotive
Electric & Electronic Training

자동차 전기전자실험

본서는 각 산업체에서 필요로 하는 교육내용을 위주로 다음과 같이 엮었다. 첫째, 자동차 전기 · 전자제어 실무에 중점을 두어 자동차 기초분야에서부터 전문분야에 이르기까지 폭넓은 실습내용으로 단계별로 다양하게 구성하였다. 둘째, 체계적인 내용과 더불어 자세한 실습 그림을 곁들여 더욱 알기 쉽게 꾸몄다.

정용욱 · 정구섭 저

도서출판 인터비전

머리말

산업의 급속한 발전으로 인하여 자동차는 생활의 필수품이 될 정도로 그 수요와 보급이 급증하고 있다. 자동차 분야는 산업전반에 확산되고 있고, 자동차의 진보된 기술 가운데 전기 · 전자제어 시스템은 차량 전반에 걸쳐 갈수록 다양하게 적용되고 첨예화되어가고 있다.

이렇게 자동차분야는 복잡 다양하기 때문에 선뜻 접하기를 꺼려하고 어렵게만 생각한다. 대부분 자동차를 처음 접하는 학생들이나 정비업계 정비사 또는 자동차 분야 종사자들은 전기 · 전자제어 분야에 대한 간단한 테스터 방법에 익숙하지 못하여 여러 가지 면에서 고충을 겪고 있다. 따라서 현실에 발맞추어 각종 자동차 전기장치의 실습에 대한 확실한 지침서를 필요로 하고 있는 실정이다. 이런 상황에 맞추어 본 실습교재는 각 산업체에서 필요로 하는 교육내용을 위주로 다음과 같이 엮었다.

첫째, 자동차 전기 · 전자제어 실무에 중점을 두어 자동차 기초분야에서부터 전문분야에 이르기까지 폭넓은 실습내용으로 단계별로 다양하게 구성하였다.

둘째, 체계적인 내용과 더불어 자세한 실습 그림을 곁들여 더욱 알기 쉽게 꾸몄다.

이와 같이 만들어진 이 교재는 자동차업계의 부족한 인력을 필요로 하고 있는 현 시점에서 이 분야에 종사하는 정비사 및 자동차 공학도 들이 자동차 전기 · 전자제어분야의 기본 실습지식을 습득하는데 보탬이 되었으면 한다.

본 교재를 개발함에 있어 수차례 내용을 검증하였음에도 불구하고 미비한 점이나 오류가 다수 있으리라 생각되므로 독자 여러분의 계속적인 지도 편달을 바라며, 계속적인 보충 · 보완을 할 것을 약속하는 바이다. 또한 교재의 출판되기까지 많은 보탬을 준 본 대학 자동차공학과 학생 여러분과 정성을 들여서 만들어 주신 GS인터비전 출판사 여러분께 진심으로 감사를 드린다.

2012년 8월
저자 씀

차 례

1
CHAPTER

테스터의 사용법

1.1 아날로그 멀티 테스터(Analog Multitester)

- **실습목적 :** 아날로그 멀티 테스터의 정확한 사용법을 익히기 위하여 간단한 전기회로를 구성하고 테스터를 사용하여 전기회로 각 부위의 값을 측정한다.
- **기계기구 :** 아날로그 멀티 테스터, 전원공급 장치, 기본 공구세트, 브레드보드, 점프선, 색띠 저항
- **예비지식 :**

전압, 전류, 저항 및 전류의 상호관계를 표시하는 오옴의 법칙을 이용한다.

$$V=IR\ ,\quad I = V/R$$

단, I는 전류 〔A〕, V는 전압 〔V〕, R은 저항 〔Ω〕

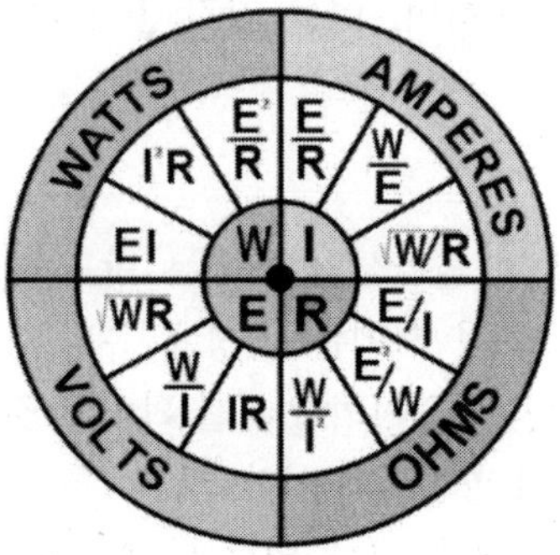

그림 1-1 옴의 법칙(Ohm ' s law)

1.1.1 아날로그 테스터의 기본 특성

멀티 테스터는 회로 시험기라고도 하며 전기 회로의 통전 시험과 전압 및 전류 등의 시험을 하는 테스터기로 멀티 미터라고도 한다. 멀티 테스터는 위의 전기량을 각각 넓은 범위에 걸쳐서 간단한 절환 스위치(selector switch)로 손쉽게 측정할 수 있으므로

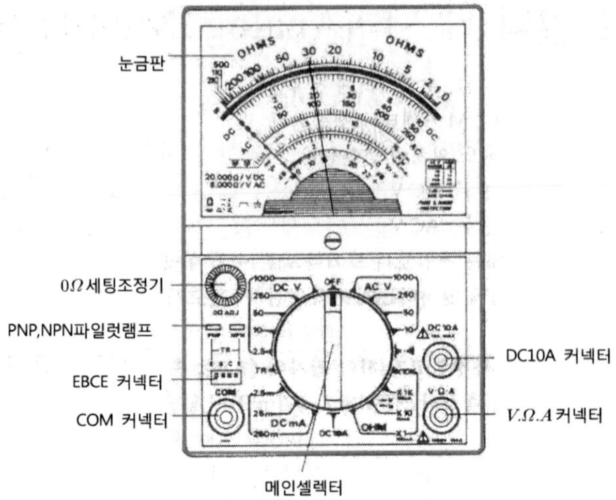

그림 1-2 아날로그 멀티 테스터

실용적이고, 또한 가장 기본적인 계측이다. 따라서 전압, 저항 및 전류 측정기의 종합 계기란 뜻에서 VOM(Volt-Ohm-Multimeter)이라고도 한다. 대부분의 회로 시험기는 1,000[V] 정도 이내의 직류 및 교류전압, 25[mA] 이내의 직류전류, 20[MΩ] 정도의 저항을 측정할 수 있도록 제작하며, 이들 각각 3~5개의 범위로 구분되어 있다.

✔ 주의사항

(1) 측정하려고 하는 값이 불확실일 때에는 반드시 미터의 높은 범위를 선택할 것

(2) 직류전압이나 전류 측정 시에는 극성에 유의할 것
측정 전에 반드시 절환 스위치의 위치를 확인할 것. 저항측정 위치나 전류 위치에 두고 전압을 측정하면 미터가 파손되기 쉽다.

(3) 저항을 측정할 경우 여러 저항 범위에 대하여 각각의 영점 조정을 하도록 한다.
멀티 테스터의 종류로는 아날로그 멀티테스터와 디지털 멀티테스터로 구분되며 다음과 같은 시험을 할 수 있다.

① 통전 시험 : 단선, 저항 시험

② 직류 전압과 전류의 측정

③ 교류 전압과 전류의 측정

④ 작동기 저항 측정

⑤ 다이오드 및 트랜지스터의 점검

1.1.2 구조 및 명칭

(1) 눈금판 : 저항(Ω), DC(직류) 전압, AC(교류) 전압, 전류(A) 등의 수치를 읽을 수 있는 계기판을 말한다.
(2) 0점 조정나사 : 전압 및 전류 등을 점검할 때 지침을 왼쪽 0점에 미세 조정할 때 사용한다. 이때는 적색과 흑색의 테스트 리드선을 서로 접촉시키지 않는다.
(3) 저항(Ω) 0점 조정기 : 저항 측정시 메인 셀렉터를 해당 저항에 선정한 후 적색과 흑색의 테스트 리드선을 서로 접촉시킨 상태에서 0점 조정을 한다.
(4) PNP 파일럿 램프 : 트랜지스터를 EBCE 커넥터에 접속하였을 때 PNP 트랜지스터이면 소등된다.
(5) NPN 파일럿 램프 : 트랜지스터를 EBCE 커넥터에 접속하였을 때 NPN 트랜지스터이면 소등된다.
(6) EBCE 커넥터 : PNP, NPN 트랜지스터를 구분하고자 할 때 설치하는 커넥터이다.
(7) COM 커넥터 : 측정할 때 흑색 테스트 리드선을 접속하는 커넥터이다.
(8) DC 10A 커넥터 : 직류 10 A 이하의 전류를 측정할 때 적색 테스트 리드선을 연결하는 커넥터이다.
(9) V, Ω, A 커넥터 : 전압, 전류, 저항을 측정할 때 적색 테스트 리드선을 연결하는 커넥터이다.

1.1.3 전압 측정

(1) 적색 리드선을 V, Ω, A 커넥터에 접속한다.
(2) 흑색 리드선을 COM 커넥터에 접속한다.
(3) 메인 셀렉터를 해당 위치에 전환한다.
  ① 직류 전압일 경우 : DC V
  ② 교류 전압일 경우 : AC V
  ③ 측정하고자 하는 전압보다 크거나 같은 수치에 맞춘다.
(4) 지침이 왼쪽 0점에 일치하는가를 확인한 후, 필요시 0점 조정나사를 이용하여 조정한다.
(5) 적색 리드선을 측정하고자 하는 단자의 (+)에, 흑색 리드선은 (-)단자에 접속한다. 단, AC 전압 측정시는 (+)와 (-)의 구분이 없으며, 리드선은 반드시 병렬로 접속하여야 한다.

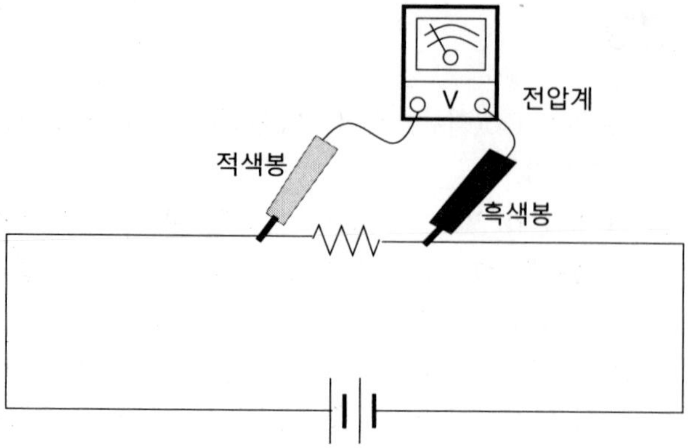

그림 1-3 전압측정 방법

(6) 눈금판을 판독한다.
① DC일 경우 : DC 0~10까지의 눈금에 ×5를 하여 읽는다.
② AC일 경우 : AC 0~50까지의 눈금을 그대로 읽는다.

1.1.4 저항 측정

(1) 적색 리드선을 V, Ω, A 커넥터에 접속한다.
(2) 흑색 리드선을 COM 커넥터에 접속한다.
(3) 메인 셀렉터를 해당 위치에 전환한다.
① OHM ×1 : 낮은 저항(50Ω 이하)일 때 선택한다.
② OHM ×10 : 비교적 높은 저항(50 Ω 이상)일 때 선택한다.
③ OHM ×1 K : 상당히 높은 저항(2 KΩ 이상)일 때 선택한다.
④ OHM ×10 K : 매우 높은 저항(20 KΩ 이상)일 때 선택한다.
(4) 적색과 흑색 리드선을 서로 접촉시켜 0 Ω 조정기로 0점을 조정한다. 0점은 테스터가 냉간일 때와 온간일 때가 달라지며, 내부 축전지 용량에도 민감하므로 항상 축전지는 용량이 충분한 것을 사용하여야 하고 테스터를 사용하기 전에 스위치를 ON 시켜 충분히 워밍업을 시켜두어야 한다. 따라서 매번 측정할 때마다 0점 조정은 반드시 실시하여야 한다.
(5) 0점을 조정한 다음에는 다시 0점이 맞는가를 확인한다.

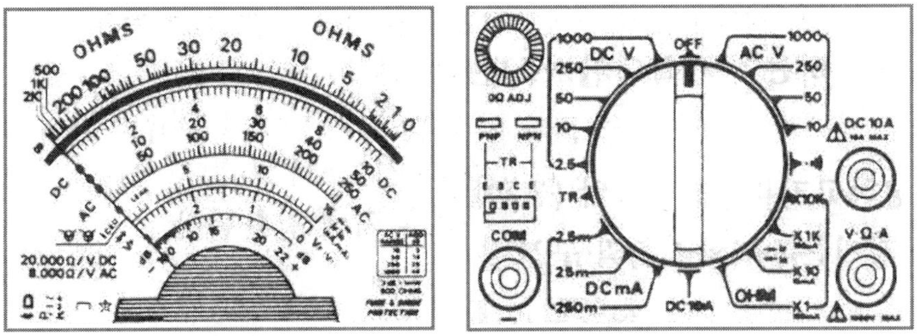

그림 1-4 테스터 계기판 및 조정레버 패널

(6) 리드선을 측정 부위에 접속한다. 저항을 측정할 때는 극성의 구별을 하지 않아도 된다.

(7) 눈금판의 가장 윗부분 수치를 판독한다.

① OHM ×1 : 눈금판의 수치를 그대로 읽는다.

② OHM ×10 : 눈금판의 수치에 ×10을 하여 읽는다.

③ OHM ×1 K : 눈금판의 수치에 ×1000(1 K)을 하여 읽는다.

④ OHM ×10 K : 눈금판의 수치에 ×10,000(10 K)을 하여 읽는다.

1.1.5 전류 측정

(1) 적색 리드선을 DC 10 A 또는 V, Ω, A 커넥터에 접속한다.

(2) 흑색 리드선을 COM 커넥터에 접속한다.

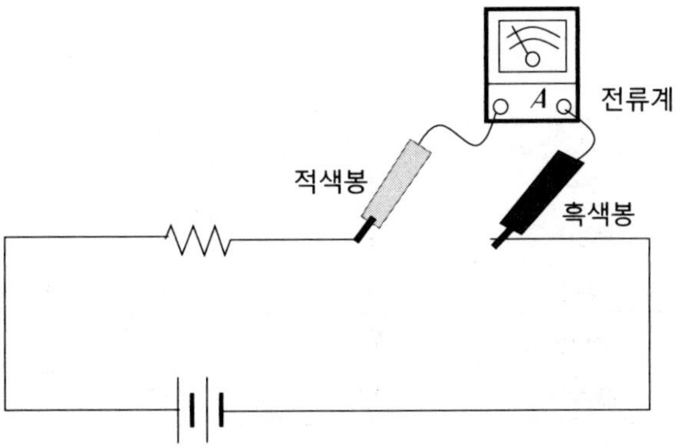

그림 1-5 전류측정 방법

① 적색 리드선 DC 10A : 직류 10 A 이하를 측정할 경우에 접속한다.
: 메인 셀렉터를 DC 10 A 에 전환한다.
② 적색 리드선 V, Ω , A : 직류 250 mA 이하를 측정할 경우에 접속한다.
: 메인 셀렉터를 DC mA에 전환한다.

(3) 테스트 리드선을 측정 부위에 직렬로 접속한다.
(4) 눈금판의 눈금을 판독한다.

1.1.6 트랜지스터의 구분

(1) 메인 셀렉터를 TR 위치에 선정하고, PNP, NPN 파일럿 램프가 점등되는가 확인한다.
(2) 트랜지스터 단자를 EBCE 커넥터에 접속할 때 해당 파일럿 램프가 소등되므로 PNP와 NPN을 구분할 수 있다.

1.1.7 통전 시험

(1) 적색 리드선을 VΩA 커넥터에 접속한다.
(2) 흑색 리드선을 COM 커넥터에 접속한다.
(3) 메인 셀렉터를 OHM 또는 부저에 접속한다.

[SI 접두사]

인자	접두사	기호	인자	접두사	기호
10^{18}	exa	E	10^{-18}	atto	a
10^{15}	peta	P	10^{-15}	femto	f
10^{12}	tera	T	10^{-12}	pico	p
10^{9}	giga	G	10^{-9}	nano	n
10^{6}	mega	M	10^{-6}	micro	μ
10^{3}	kiro	K	10^{-3}	mili	m

(4) 테스트 리드선을 측정 부위에 접속시킨다. 극성의 구별이 없다.

① OHM일 때 : 지침이 움직이면 정상, 움직이지 않으면 단선 상태이다.

② 부저일 때 : 부저가 울리면 정상, 울리지 않으면 단선 상태이다.

1.1.8 유의사항

(1) 눈금은 수직 상단에서 측정하여 오차가 없도록 한다.

(2) 테이블에서 떨어뜨리거나 충격을 주는 일이 없도록 한다.

(3) 미 측정물일 경우에는 최대 범위로 놓고 측정하여 계기에 무리가 가지 않도록 한다.

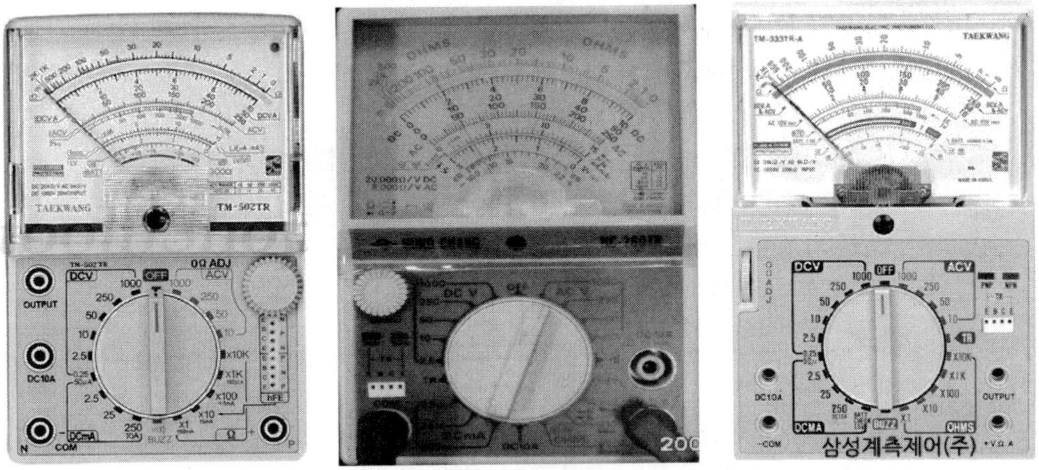

그림 1-6 아날로그 멀티 테스터의 다양한 종류

1.2 디지털 멀티 테스터(Digital Multitester)

⇨ **실습목적 :** 디지털 멀티 테스터의 정확한 사용법을 익히고 간단한 전기회로를 구성하여 단자별 전압, 저항 그리고 전류값을 측정한다.

⇨ **기계기구 :** 아날로그 멀티 테스터, 디지털 테스터, 축전지, 개자로형 점화코일, 폐자로형 점화코일, 교류발전기, 기본공구 세트

1.2.1 구조 및 명칭

디지털 멀티 테스터는 지침이 없이 LCD 액정 화면에 숫자로서 표시되는 것으로 전자제어 엔진 및 자동 변속기 등의 점검에 널리 사용되고 있다.

(1) 액정화면(LCD) : 측정값을 숫자로 나타내는 화면이다.

(2) 전원 스위치 : 테스터의 전원을 ON, OFF 시키는 스위치

(3) 메인 셀렉터 : 측정하고자 하는 위치를 선택하는 스위치

(4) 배선 커넥터 : 테스트 리드선의 접속부이다.

① 10 A : 10 A 이하의 DC 전류를 측정할 때 적색 리드선을 접속한다.

② TACHO, DWELL, V, Ω : 엔진 회전수, 드웰, 전압, 저항을 측정할 때 적색 리드선을 접속한다.

③ COM : 모든 측정시 흑색 리드선을 접속한다.

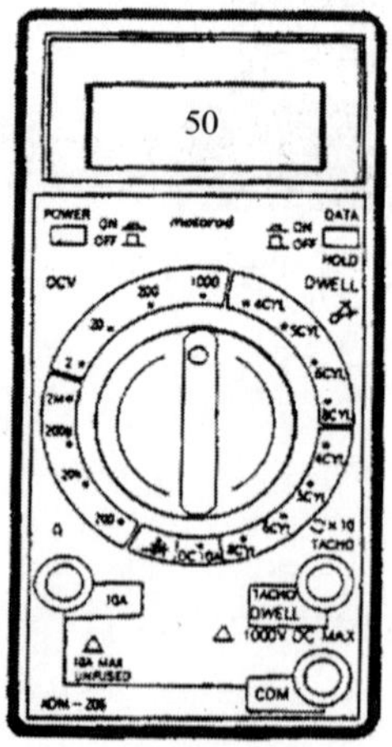

그림 1-7 디지털 멀티 테스터

1.2.2 전압 측정

(1) 적색 리드선을 TACHO, DWELL, Ω, V 커넥터에 접속한다.
(2) 흑색 리드선을 COM 커넥터에 접속한다. 리드선의 접속이 바뀌면 LCD에서는 (-) 전압을 나타낸다.
(3) 메인 셀렉터를 해당 전압에 전환한다. 이 때 측정하고자 하는 전압보다 높은 전압으로 선택하여야 하고, 크기를 모를 경우에는 최대 전압을 선택한다.
① 2 V : 1 mV~2 V까지 측정 가능
② 20 V : 10 mV~20 V까지 측정 가능
③ 200 V : 100 mV~200 V까지 측정 가능
④ 1000 V : 1 V~1000 V까지 측정 가능
(4) 전원 스위치를 ON 시킨다. 이 때 스위치는 내려가 있어야 한다.
(5) 적색 리드선을 (+)쪽에, 흑색 리드선은 (-)쪽에 병렬로 접속시킨다.
(6) LCD 화면에 나타난 수치를 읽는다.

1.2.3 저항 측정

(1) 적색 리드선을 TACHO, DWELL, Ω, V 커넥터에 접속한다.
(2) 흑색 리드선을 COM 커넥터에 접속한다. 극성 구분은 하지 않아도 된다.
(3) 메인 셀렉터를 Ω 위치로 전환한다.
① 200 : 0.1~200 Ω : 실제값 = 측정눈금 그대로
② 20 K : 10~20,000 Ω(20 kΩ) : 실제값 = 측정눈금×K
③ 200 K : 100~200 kΩ(200,000 Ω) : 실제값 = 측정눈금×K
④ 2 M : 1 k~2,000 kΩ(2 MΩ) : 실제값 = 측정눈금×M
(4) 전원 스위치를 ON 시킨다.
(5) 적색 리드선과 흑색 리드선을 서로 접촉시켜 LCD 화면에 0이 나타나는가 확인한다. 초기 화면은 1로 되어있다. 이것은 무한대의 저항을 나타낸다.
(6) 리드선을 측정 부위에 접속하여 LCD 화면에 나타난 수치를 읽는다.

1.2.4 전류 측정

(1) 적색 리드선을 10 A 커넥터에 접속한다.
(2) 흑색 리드선을 COM 커넥터에 접속한다.
(3) 메인 셀렉터를 DC 10 A에 전환한다.
(4) 전원 스위치를 ON 시킨다.
(5) 적색 리드선과 흑색 리드선을 측정 단자에 직렬로 접속하고 LCD 화면의 수치를 읽는다.

1.2.5 엔진 회전수(TACHO) 측정

(1) 적색 리드선을 TACHO, DWELL 커넥터에 접속한다.
(2) 흑색 리드선을 COM 커넥터에 접속한다.
(3) 메인 셀렉터를 TACHO 위치에서 측정하고자 하는 엔진의 실린더 수에 맞도록 설정한다.
  ① 4CYL : 4실린더 엔진
  ② 5CYL : 5실린더 엔진
  ③ 6CYL : 6실린더 엔진
  ④ 8CYL : 8실린더 엔진
(4) 전원 스위치를 눌러 ON 시킨다.
(5) 적색 리드선을 점화 코일 (-)단자 또는 배전기 사이드 단자에 접속한다.
(6) 흑색 리드선을 축전지 (-)단자나, 차체에 접지 시킨다.
(7) 엔진 시동을 건 후 LCD화면에 나타나는 수치에 ×10을 하여 읽는다.

1.2.6 드웰(DWELL : 캠각) 측정

(1) 적색 리드선을 TACHO, DWELL 커넥터에 접속한다.
(2) 흑색 리드선을 COM 커넥터에 접속한다.
(3) 메인 셀렉터를 DWELL 위치에서 측정하고자 하는 엔진의 실린더 수에 맞도록 설정한다.
  ① 4CYL : 4실린더 엔진

② 5CYL : 5실린더 엔진

③ 6CYL : 6실린더 엔진

④ 8CYL : 8실린더 엔진

(4) 전원 스위치를 눌러 ON 시킨다.

(5) 적색 리드선을 점화 코일 (-)단자 또는 배전기 사이드 단자(전자제어 엔진에서는 노이즈 필터 단자)에 접속한다.

(6) 흑색 리드선을 축전지 (-)단자나, 차체에 접지 시킨다.

(7) 엔진 시동을 건 후 LCD화면에 나타나는 수치를 읽는다.

1.2.7 다이오드, 트랜지스터 저항 측정

(1) 적색 리드선을 TACHO, DWELL 커넥터에 접속한다.

(2) 흑색 리드선을 COM 커넥터에 접속한다.

(3) 메인 셀렉터를 에 전환한다.

(4) 전원 스위치를 ON시킨다.

(5) 테스트 리드선을 측정 부위에 접속하고 LCD 화면에 나타난 수치를 읽는다.

① 정극성으로 접속하였을 때

- 정상일 때 : LCD에 0.400~0.800 사이의 수치를 나타낸다.
- 단락일 때 : LCD에 00.0을, 단선일 때 LCD에 1.00(무한대)을 나타낸다.

② 역극성으로 접속하였을 때 : 정상일 때 LCD에 1.00을, 단락일 때 LCD에 00.0을 나타낸다.

[금속의 고유저항, [%] 전도율, 온도계수]

물 질	고유저항	[%] 전도율	온도지수
은	1.584	109	0.004505
순동	1.7241	100	0.003930
경동선	1.7774	97	0.003810
순 알루미늄	2.733	63.3	0.004200
순 니켈	7.5	23.1	0.005400
아연도금 철선	13.262	13	-
니크롬 1	109	1.57	0.0001900
니크롬 2	112	1.54	0.0001720

그림 1-8 디지털 멀티 테스터의 다양한 종류

✔ 유의사항

① 테이블에서 떨어뜨리거나 충격을 주는 일이 없도록 한다.
① 미 측정물일 경우에는 최대 범위로 놓고 측정하여 계기에 무리가 가지 않도록 한다.

1.2.8 클램프 타입 디지털 멀티테스터

클램프 타입의 디지털 멀티테스터는 전류를 측정하기 위하여 회로를 단선시킬 필요가 없이 전선에 클램프를 물리면 바로 측정할 수 있는 장점이 있으나 정밀한 측정 및 소전류 측정에는 무리가 있다는 단점이 있다.

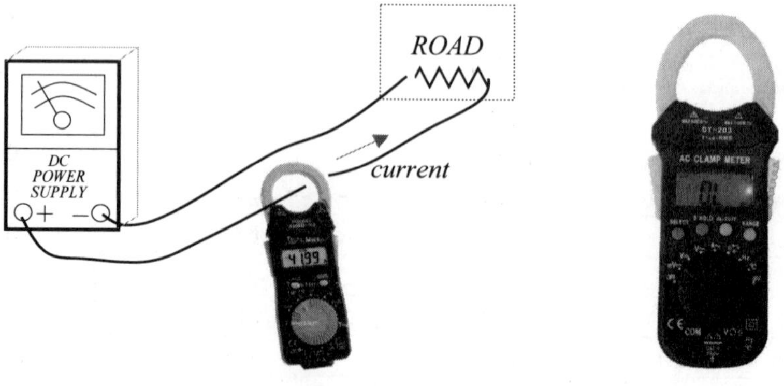

그림 1-9 클램프 타입 회로 시험기의 연결 방법

모델명	측정범위(Max. Range)		
	AC Current	AC Volt	Resistance
HS-300K	6/15/60/150/300A	150/300/600V	0~5kΩ
HS-700K	6/15/60/300/700A	150/300/600V	0~5kΩ

1.3 방전전류 측정

- **실습목적 :** 아날로그 및 디지털 멀티테스터의 기본적인 사용방법을 바탕으로 자동차의 전기적인 고장의 원인 분석을 위하여 시동된 엔진의 각 부위 값을 측정하여 고장의 원인을 분석한다.
- **기계기구 :** 아날로그 테스터, 디지털 테스터, 시동용 엔진, 튠업용 엔진, 기본 공구 세트
- **예비지식 :** 전류계는 측정하고자 하는 부위에 항상 직렬로 연결하고, 전압계는 측정부위에 병렬로 연결한다.

1.3.1 방전전류 측정

(1) 방전이란 : 이그니션 스위치를 OFF 시켜놓아도 전기장치의 전원이 계속 흘러 축전지가 방전되는 현상을 말한다. ECU, 라디오, 시계 등에는 이그니션 스위치를 OFF 시켜도 계속 전원이 공급되도록 되어있다.

(2) 이그니션 스위치 OFF상태에서 점검(휴즈 박스에서 점검) : 전원스위치를 OFF시켜 놓은 상태에서 전류가 방전되는 곳이 있다면 아주 미세한 전류가 흐른다고 볼 수 있다. 따라서 멀티테스트를 (DC 10 A까지 측정 가능) 이용하여 1차적으로 점검 가능하다.

① 멀티테스터의 적색 리드선을 V,Ω,A 단자 구멍에 삽입시키고 흑색 리드선은 COM 단자에 연결한다.

② 선택 스위치를 DC 250 mA에 위치한다.

③ 엔진룸과 운전석에 있는 휴즈 박스에서 예상되는 장치의 휴즈를 뽑고 적색 테스터 봉과 흑색 테스터 봉을 휴즈가 뽑아진 곳에 대어 전류값이 체크되는지 확인한다. 만약 전류가

체크되면 해당 장치에서 방전되고 있다는 증거이므로 해당 장치를 세밀히 검토한다.

(3) 축전지에서 점검:

① 모든 전원을 OFF 한다.

② 축전지의 (-)단지를 분리하여 테스터를 연결한다(전류계). 테스터 적색 리드선은 분리된 단자, 적색 리드선은 축전지(-)단자에 연결.

③ 방전전류가 높을 경우에는 키이 OFF시 전원이 공급되는 장치(시계, 라디오 등)의 휴즈를 뽑고 다시 측정한다.

④ 차종에 따라 다르지만 방전전류는 1A 이하 이어야한다.

[방전전류의 일반적인 규정값]

차종	규정값	차종		규정값
소형승용	10mA	에쿠스	약 1분 후	약 400mA
			약 1분 30초 후	약 70mA
준준형 승용	15mA	제네시스	약 1분 후	약 570mA
			약 1분 30초 후	약 20mA
중형	25mA	프린스 브로엄		약 50mA
		마이티Ⅱ		약 35mA
대형	50mA	에어로타운 버스		약 50mA
		카운티		약 40mA

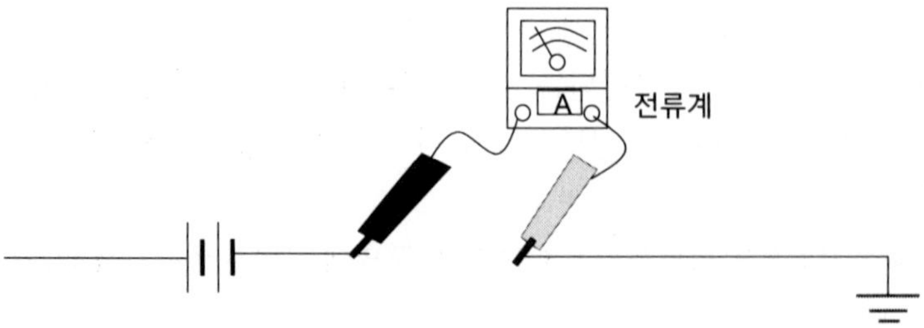

그림 1-10 방전전류 체크

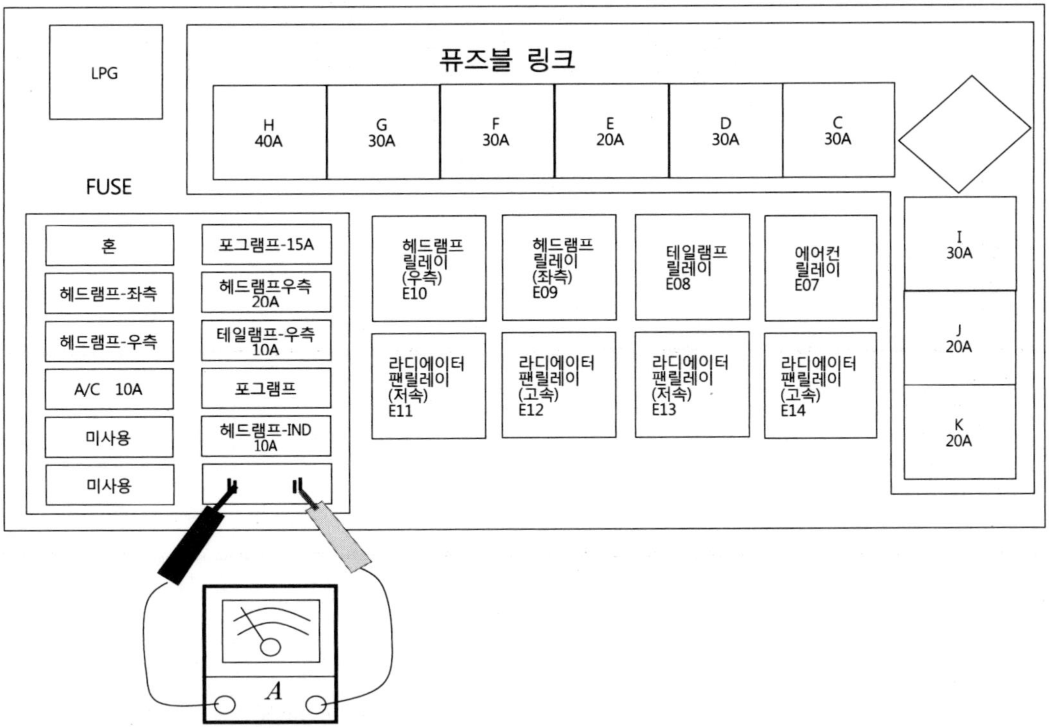

그림 1-10 방전전류 체크

✔ 유의사항

측정하고자하는 단자의 전압이나 전류의 측정범위가 명확하지 않는 경우에는 최대 범위로 놓고 측정하여 계기에 무리가 가지 않도록 한다.

실험결과 보고서[1]

- **실험내용 :** 멀티테스터 사용방법 및 전류.전압.저항 측정
- **실험일자 :** 년 월 일
- **실 험 자 :** 조
- **제 출 일 :** 월 일

□ 실험목적

1) 멀티테스터 잭 연결 및 단자 설정하기
2) 멀티테스터 계기판의 눈금 읽기
3) 간단회로 구성하여 각 단자별 전류/전압 측정하기
4) 색띠 저항 읽기

1. 아날로그 멀티테스터 계기판 눈금읽기

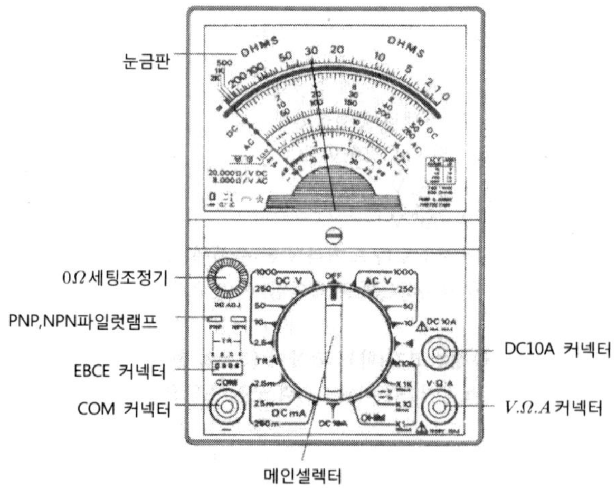

메인 셀렉터		값읽기(단위)
DCmA	250	
	25	
	2.5	
DCV	2.5	
	10	
	50	
	250	
	1000	
OHM	×1	
	×10	
	×1K	
	×10K	

* 단 눈금바늘은 30/4/20/100으로 가정

그림 1-11 아날로그 멀티테스터

주의) 측정하고자하는 단자의 전압이나 전류의 측정범위가 명확하지 않는 경우에는 최대 범위로 놓고 측정하여 계기에 무리가 가지 않도록 한다.

2. 저항의 색띠(칼러코드) 저항값 측정

구분	흑	갈	적	등	황	녹	청	보	회	백	금	은
유효숫자	0	1	2	3	4	5	6	7	8	9		
승 수	10^0	10^1	10^2	10^3	10^4	10^5	10^6	10^7	10^8	10^-	10^{-1}	10^{-2}
허용오자		±1(%)	±2(%)			±0.5(%)	±0.25(%)	±0.1(%)	±0.05(%)		±5(%)	±10(%)

* 등 : 오렌지색, 황: 노랑색 / 조밀한 색대를 왼쪽에, 간격이 넓은 부분을 오른쪽으로 하여 왼쪽에서 오른쪽으로 읽는다.

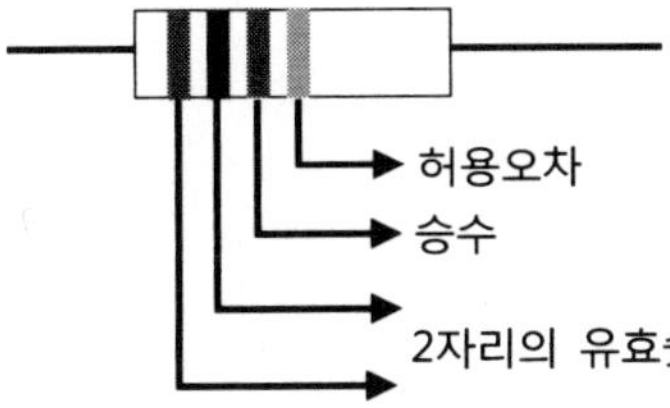

[예]: 적색/청색/녹색/금색
2 6 × 10^5 ±5(%)

그림 1-12 저항의 칼러코드 읽기

3. 디지털 멀티테스터 계기판 눈금읽기

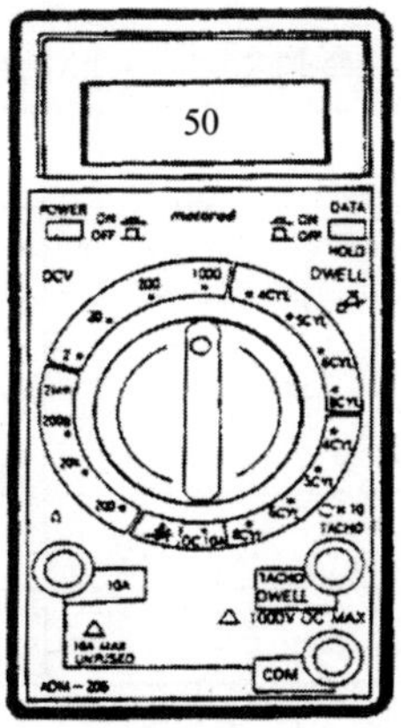

그림 1-13 디지털 멀티테스터

메인셀렉터		값읽기(단위)
TACO	4CYL	
DWELL	4CYL	
DCV	2	
	20	
	200	
	1000	
	1000	
OHM	200	
	20K	
	200K	
	2M	

* 단 계기판눈금은 50으로 가정

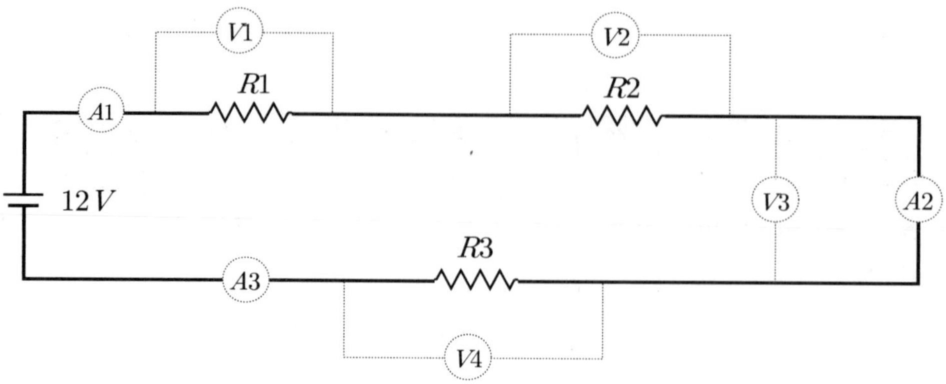

그림 1-14 직렬회로 구성

4. 각 단자별 전압 및 전류 측정하기(직렬회로)

	실 험 내 용	구분	색띠 읽기	아날로그 멀티테스터	비고(오차)
1	저항 측정	R1			
		R2			
		R3			
	실 험 내 용	구분	이론치	측정치	비고(오차)
2	전압 측정	V1			
		V2			
		V3			
		V4			
3	전류 측정	A1			
		A2			
		A3			

* 조별 저항을 각각 달리 사용함.

2
CHAPTER

전기적인 고장

2.1 키르히호프(Kirchihoff)의 법칙

- **실습목적 :** 저항을 직•병렬 연결한 경우 각 단자에 걸리는 전압 및 흐르는 전류의 관계를 알아본다.
- **기계기구 :** 아날로그 테스터, 디지털 테스터, 전원공급 장치, 튠업용 엔진, 브레드보드, 저항
- **예비지식 :** 저항이 직렬로 연결된 경우 각 저항에 흐르는 전류는 동일하고, 저항이 병렬로 연결된 경우 각 저항에 걸리는 전압은 동일하다.

2.1.1 제 1법칙(전하량 보존의 법칙)

아무리 복잡한 회로일지라도 어떤 한 점에 유입한 전류는 곧 다른 회로를 거쳐 유출된다. 따라서 "회로 내의 어떤 한 점에 유입된 전류의 총합과 유출된 전류의 총합은 똑같다"이러한 관계를 키르히호프의 제 1법칙이라고 한다.

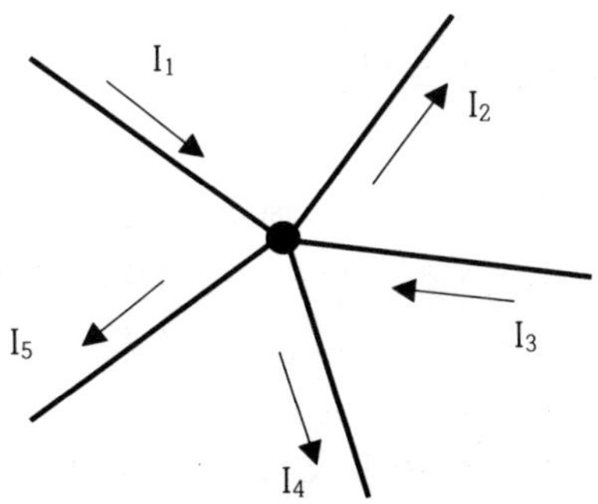

그림 2-1 키르히호프의 제1법칙

그림 2-1의 점에 있어서는 다음 식이 성립된다.

$$I_1 + I_3 = I_2 + I_4 + I_5$$
$$(I_1 + I_3) - (I_2 + I_4 + I_5) = 0$$

키르히호프(Kirchhoff)(1824-1887)

- 구스타프 키르히호프(Gustabv Kirchhoff)는 20세기 물리학의 토대를 마련한 사람이다. 1859년에 그는 화학 원소들이 저마다 특징적인 광선 스펙트럼을 발산한다는 일반 원리를 발표하며 로베르트 분젠과 함께 분광학이라는 유력한 분석 수단을 수립했다. 분광학은 자연계의 모든 원소를 구별하는 수단을 제공했다. 키르히호프는 곧 그것이 훨씬 폭넓은 의미를 지님을 깨달았다. 즉 분광학이 천체의 화학적 성분을 판별하는 새로운 기초가 될 수 있다는 사실이었다. 키르히호프는 곧 '흑체 복사'라는 까다롭지만 매우 중대한 문제를 물리학계에 제기했다. 영향력 있는 교수인 키르히호프는 "경험의 수량적 진술에서 직접적이고 복잡하지 않은 접근 방법과 단순한 개념을 써서 명료함과 엄격함을 추구했다"고 레온 로젠펠드(Leon Rosenfeld)는 썼다.

Kirchhoff

2.1.2 제 2법칙(전압강하의 법칙)

이 법칙은 회로망 중의 폐회로(closed circuit) 내에서 그 폐회로를 따라 한 방향으로 일주하면서 생기는 전압 강하의 합은 그 폐회로 내에 포함되어 있는 기전력의 합과 같다는 것이다. 즉 두 번째 법칙은 '회로에 가해진 전원전압과 소비되는 전압강하의 합은 같다'라는 것입니다. 그림에서 전원전압은 3개의 저항에서 나누어져 소비되며 저항마다 전압강하가 생기게 되며 이 전압강하를 모두 합하면 전원 전압과 같다는 것입니다. "임의의 폐회로에 있어 기전력의 총합과 저항에 의한 전압 강하의 총합은 같다."

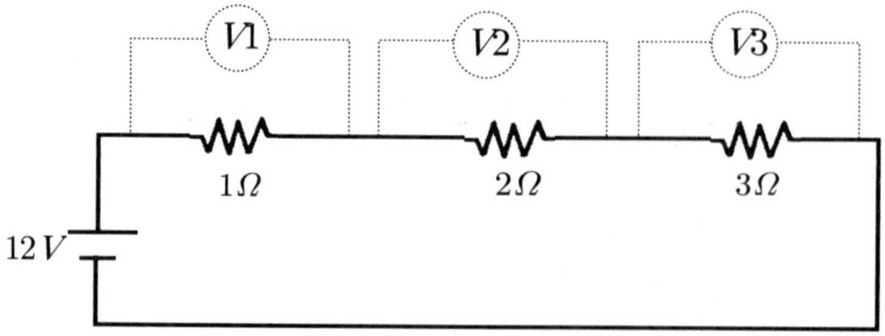

그림 2-2 키르히호프의 제 2법칙의 예

부하는 3개의 저항이 되고 각 저항마다 전압강하가 생길 것이다. 각 저항의 전압강하를 모두 합하면 가해진 전원 전압이 된다.

$$12[V] = V1 + V2 + V3$$

$$12[V] = 2[V] + 4[V] + 6[V]$$

2.2 전기적인 고장원인 분석

⇨ **실습목적 :** 자동차의 전기장치를 구성하고 있는 전기회로에서 전기적인 고장의 원인인 단선, 단락, 누전, 접지불량 등이 발생하였을 경우에 각 전기회로에서 발생하는 전기적인 현상을 알아본다.

⇨ **기계기구 :** 아날로그 테스터, 디지털 테스터, 전원공급 장치, 튜업용 엔진, 브레드보드, 저항, LED

2.2.1 단선(open)회로 구성

단선회로(斷線:open circuit)란 와이어(wire)가 절단되어 커넥터(connector)의 결합이 해제되어 회로가 끊어진 것을 말한다. 예를 들면 퓨즈 용단, 필라멘트 용단, 커플러(coupler)의 빠짐 등이며 회로가 개방될 때는 전류가 흐르지 않는다.

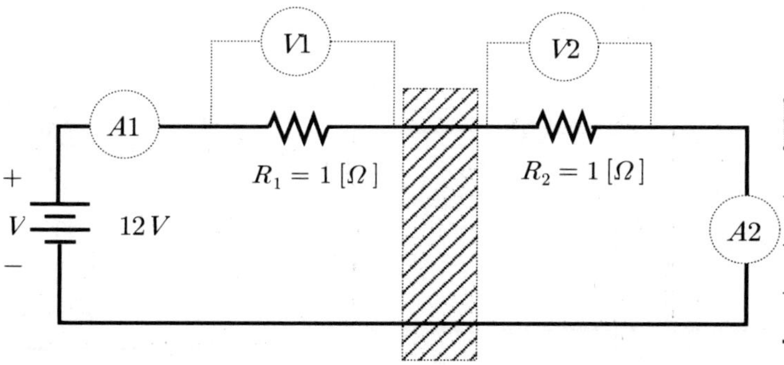

항목	이론치
A1	6A
A2	6A
V1	6V
V2	6V

그림 2-3 정상회로

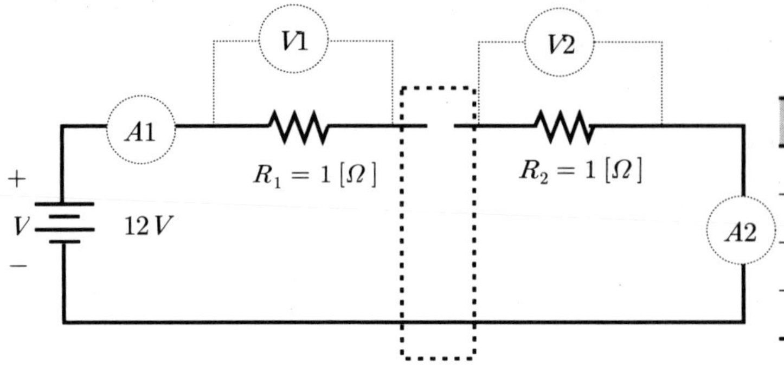

항목	이론치
$A1$	$0A$
$A2$	$0A$
$V1$	$0V$
$V2$	$0V$

그림 2-4 단선회로

자동차의 전기회로에서 일부분을 단선 시키고 측정장비를 사용하여 단선부위를 체크하고 단선 시 각 부위별 발생하는 현상을 체크한다.

2.2.2 단락(short, 합선)회로 구성

전류가 목적된 회로가 아닌 다른 곳을 통하여 흐르는 경우, 예를 들면, 목적된 도체의 절연이 파괴되거나 의도되지 않은 도체 표면에 접촉된 경우에 단락회로(短絡:short circuit)가 형성될 수 있다. 이로 인해서 과도한 전류가 흐를 때 결국 퓨즈가 용단된다.
예) 자동차의 전기회로에서 일부분을 단락 시키고 측정장비를 사용하여 단락부위를 체크하고 단락시 각 부위별 발생하는 현상을 체크한다.

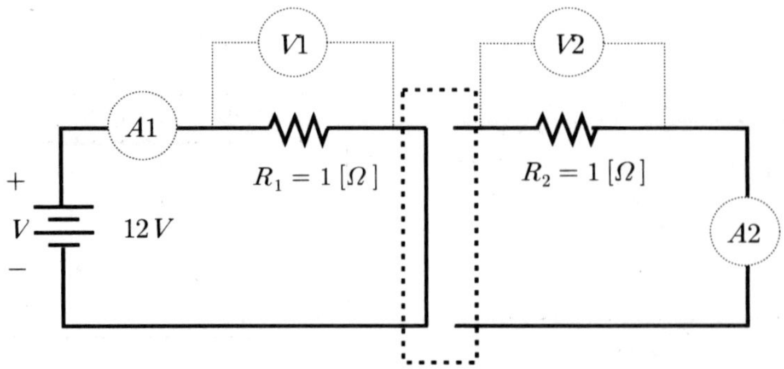

항목	이론치
$A1$	$12A$
$A2$	$0A$
$V1$	$12V$
$V2$	$0V$

그림 2-5 단락회로(Short)

2.2.3 누전(절연불량)회로 구성

절연물의 균열, 물, 오물 등에 의해 절연이 파괴되는 현상을 누전(漏電)이라 말하며, 이때 전류가 누설된다. 스파크 플러그 케이블의 절연 파손 등을 예로 들 수 있다

예) 자동차의 전기회로에서 일부분을 누전 시키고 측정장비를 사용하여 누전부위를 체크하고 누전 시 각 부위별 발생하는 현상을 체크한다.

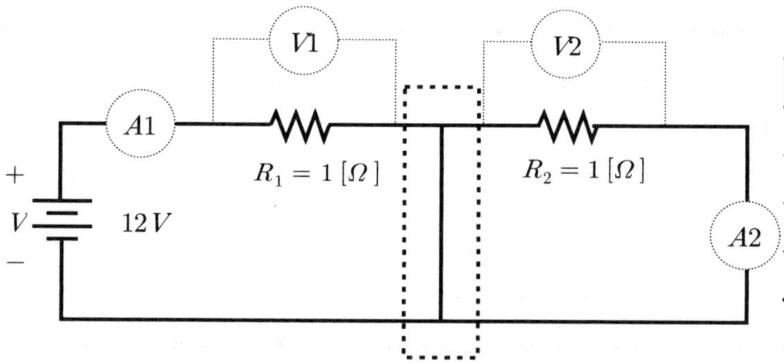

항목	이론치
A1	12A
A2	0A
V1	12V
V2	0V

그림 2-6 누전회로(절연불량)

✔ 유의사항

측정하고자하는 단자의 전압이나 전류의 측정범위가 명확하지 않는 경우에는 최대 범위로 놓고 측정하여 계기에 무리가 가지 않도록 한다.

실험결과 보고서[2]

- **실험내용 :** 전기적인 고장원인(단선, 단락, 누전)분석 시험
- **실험일자 :** 년 월 일
- **실 험 자 :** 조
- **제 출 일 :** 월 일

□ 실험목적

1) 직렬 및 병렬회로의 특성 알기
2) 키르히호프의 제1법칙(전하량 보존의 법칙)
3) 키르히호프의 제2법칙(에너지 보존의 법칙)
4) 전기적 고장원인 종류 및 분석
5) 단선, 단락, 누전 회로 구성
6) 단선, 단락, 누전 회로 구성시 각 부위별 발생현상(전류,전압) 분석

1. 직-병렬회로에서 각각에 흐르는 전류 및 전압 측정하기

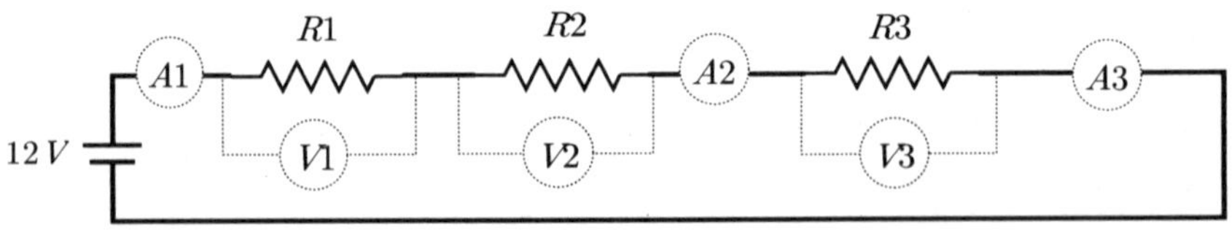

그림 2-7 직렬회로

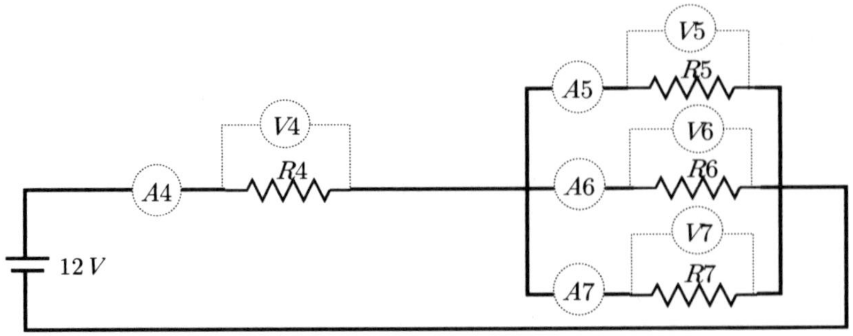

그림 2-8 병렬회로

병렬회로		A4	A5	A6	A7	V4	V5	V6	V7
	이론치								
	측정치								

저항	R1	R2	R3	R4	R5	R6	R7

* 저항은 각각 다른 값을 사용하며, 색띠 저항값으로 기록한다.
* 전류계는 측정 소자에 직렬연결, 전압계는 병렬연결

① 키르히호프의 제1법칙(전하량 보존의 법칙) 입증하기

② 키르히호프의 제2법칙(에너지 보존의 법칙) 입증하기

2. 전기적 고장의 발생시 부위별 전압 및 전류의 변화값 측정

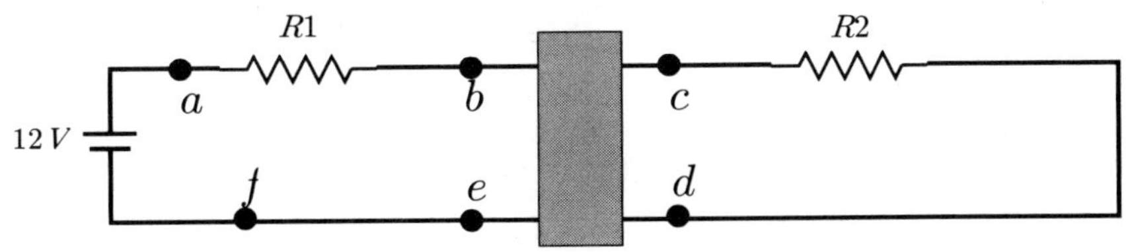

그림 2-9 전기적인 고장회로 구성

* 그림의 블록부분에 전기적 고장 발생.
* 이론치는 색띠 저항값을 읽어 계산.

구분		전압(V)				전류(A)		
측정단자		a−b	b−c	c−d	a−f	a	c	f
정 상	이론치							
	측정치							
단 선	이론치							
	측정치							
단 락	이론치							
	측정치							
누 전	이론치							
	측정치							

저 항	R1	R2

* 단선, 단락, 누전 시 각 부위 전압 및 전류의 증감상태 설명하기

3
CHAPTER

단선회로 점검

3.1 전기회로 단선 진단

⇨ **실습목적 :** 자동차 혹은 임의의 구성회로에서 전원이 공급될 경우, 단선된 부분을 전압계 혹은 전류계를 사용하여 체크하는 방법을 알아본다.

⇨ **기계기구 :** 아날로그 멀티테스터, 전원 공급장치, 브레드보드, 점프선

3.1.1 단선부위 점검

회로에 인가된 전압, 전압강하 등을 알 수 있으며 특히 개방회로 또는 절연 불량회로를 찾는데 상용된다. 개방회로란 전류의 흐름이 끊김으로 해서 전기 장치가 동작할 수 없는 상태를 말한다. 단선의 위치를 확인하려 하는 경우 다음의 그림처럼 순차적인 절차에 의한 전압측정으로 밝혀낼 수 있다.

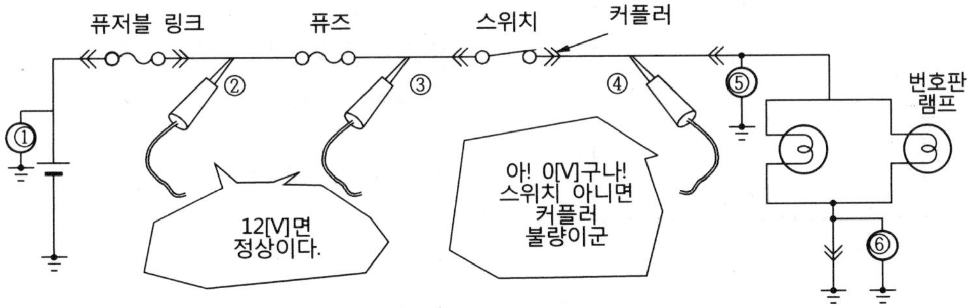

그림 3-1 고장부위 진단

[단자별 전압측정]

측정단자	정상전압	비정상	비정상 원인
①	12V	10.5V	축전지 방전
②	12V	0V	퓨즈블 링크 용단, 커플러 연결불량
③	12V	0V	퓨즈 단선, 홀더 연결불량
④	12V	0V	라이트 스위치고장, 커플러 연결불량
⑤	12V	0V	소프트셀 커넥터 연결불량
⑥	0V	12V	커넥터 연결불량, 접지불량

3.2 스위치회로의 전압측정

3.2.1 스위치 회로의 전압측정

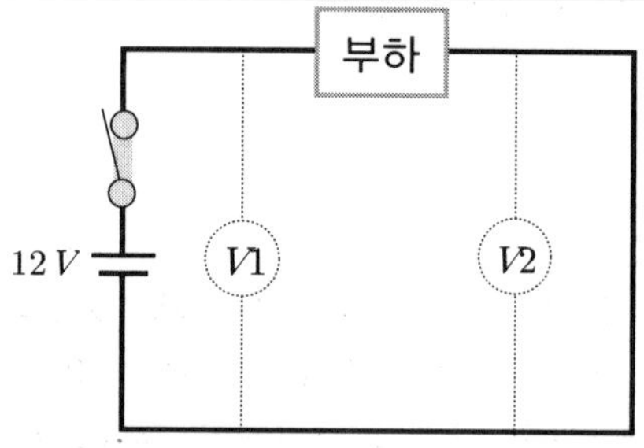

구분	V1	V2
스위치 ON	12[V]	0[V]
스위치 OFF	0[V]	0[V]

(a)

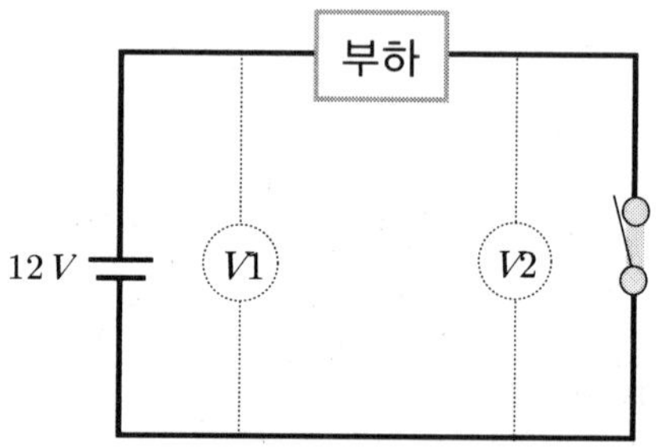

구분	V1	V2
스위치 ON	12[V]	0[V]
스위치 OFF	12[V]	12[V]

(b)

그림 3-2 부위별 측정전압

(1) 리드선을 테스터에 삽입한다.
   ① 적색 리드선 : (+)
   ② 흑색 리드선 : (-)

(2) 측정대상의 전압이 테스터의 레인지 범위에 있는지를 확인한다.

(3) 측정하고자 하는 대상(부하, 공급전원)이 양 끝에 테스터 리드선을 나란히 연결한다(전류가 적색리드선(+측)으로부터 흑색리드선(-측)으로 흐를 수 있도록 연결한다). 공급전원의 ⊕측에 인접한 지점에 적색 리드선을 연결하고, 공급전원의 ⊖측에 흑색 리드선을 연결한다.

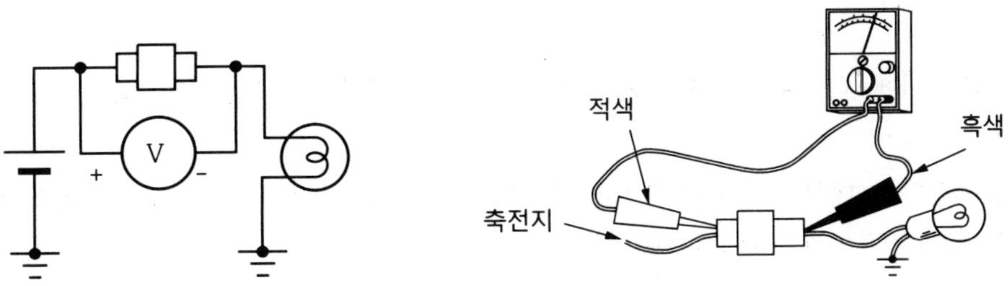

(b) 커플러의 전압강하 측정

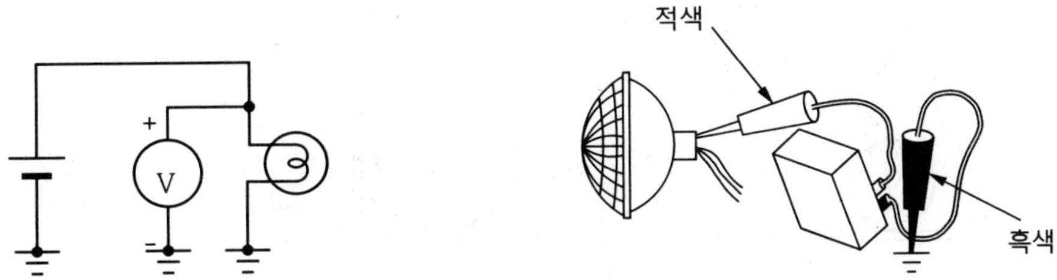

(a) 헤드램프의 전압 측정

그림 3-3 전압 및 전압강하 측정

(4) 테스터에 표시된 여러 가지 눈금 중 레인지 전환 노브가 가리키는 단위의 눈금을 읽는다.

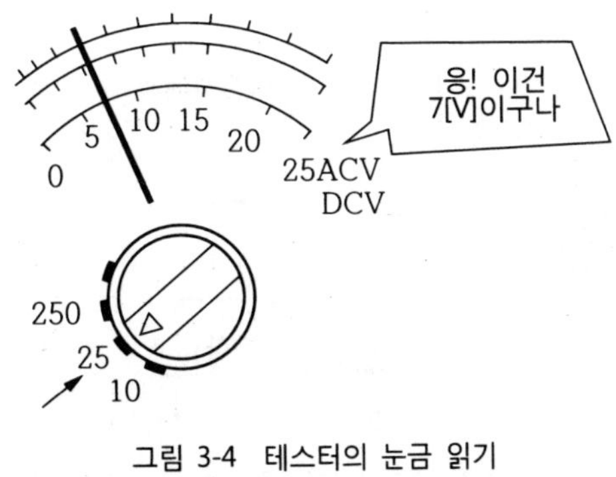

그림 3-4 테스터의 눈금 읽기

3.2.2 전류측정

회로 내에 흐르는 전류의 양을 알 수 있으며 전기 고장 중 단락회로를 찾는데 사용된다.

(1) 측정하는 대상에 흐르는 전류량을 고려하여, 그보다 높은 레인지를 선택한다.
(2) 테스터 리스선을 테스터에 끼운다.

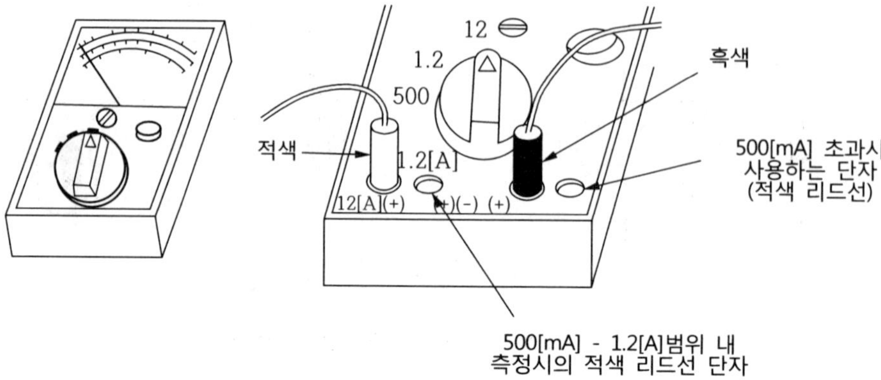

그림 3-5 전류 측정방법

(3) 측정대상 부하에 직렬로 테스터 리드선을 연결한다. 회로의 측정 대상점을 개방시키고, 공급전원 ⊕측에 적색 리드선을, 다른 한쪽에 흑색 리드선을 연결한다.

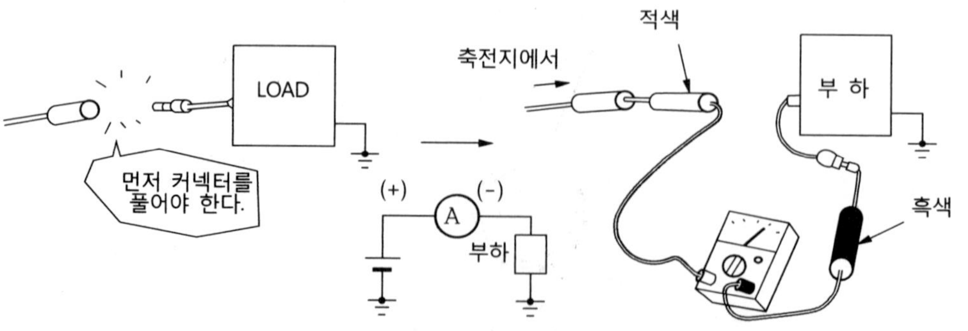

그림 3-6 전류측정을 위한 테스터의 구성법

(4) 레인지 전환 노브(knob)가 지시하고 있는 단위의 눈금을 읽는다.

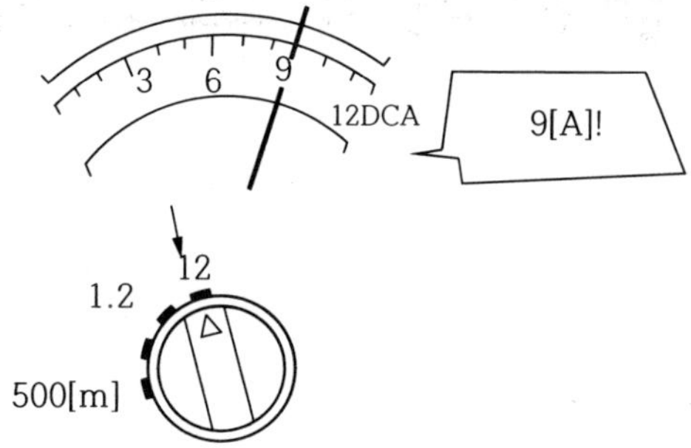

그림 3-7 테스터의 눈금 읽기

3.2.3 저항측정(절연검사)

회로 내에 걸리는 저항값을 알 수 있으며 절연 및 접촉불량을 찾는데 사용된다.

(1) 테스터 리드선을 테스터에 끼운다. 두 개의 테스터 리드선을 연결하여 조정노브를 이용하여 지침이 영점을 지시하도록 조정한다. 조정되지 않으면 테스터 내부의 건전지를 교환한다.

(2) 적당한 레인지를 선택한다. 테스터의 눈금이 일정간격으로 배열되지 않았기 때문에, 눈금의 중앙으로부터 우측으로 지침이 가리킬 수 있을 때 정확한 값을 읽을 수 있다.

(3) 테스터 리드선을 측정대상물에 연결한다. 저항 측정의 경우 극성은 중요하지 않으나 테스터 내부에 있는 건전지로부터 전류가 흐르는 방향이 흑색 리드선에서 적색 리드선으로 흐르기 때문에 다이오드와 같은 극성을 가진 소자(부품) 측정시에는 주의하여야 한다.

(4) 지시 레인지에 상응하는 눈금을 읽는다. 회로의 연결상태 검사는 1[Ω]레인지에서 실시하며 측정값이 0[Ω]이면 연결 접속된 것이고 ∞[Ω]이면 연결되지 않은 개방상태이다.

실험결과 보고서[3]

- **실험내용 :** 단선회로 점검 및 스위치 ON/OFF시 부위별 전압
- **실험일자 :** 년 월 일
- **실 험 자 :** 조
- **제 출 일 :** 월 일

□ 실험목적

1) 회로 단선 시 전압계 혹은 전류계를 사용한 점검
2) 단선 각 부위별 발생현상(전류,전압) 분석

1. 각 부위별 단선시 전압 및 전류계를 사용하여 값의 존재여부를 체크하는 방법

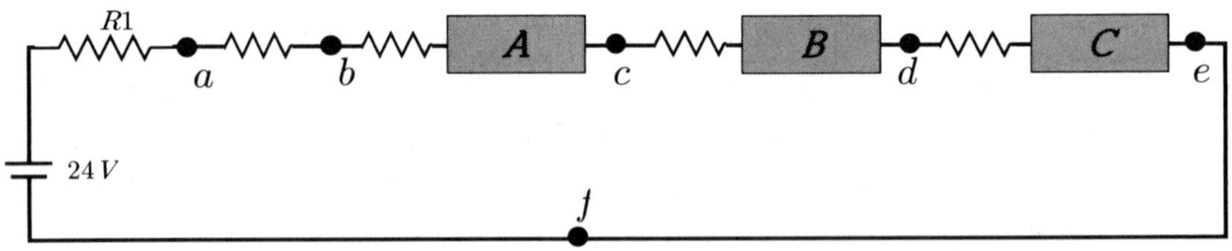

그림 3-8 단선 점검회로

* 예상 및 측정에는 측정값의 존재여부로 표시(있음:○, 없음:×)

단선 부위	전압계			전압계		
	측정단자	예상	측정	측정단자	예상	측정
정상	a - f			a - f		
	a - e			b - f		
	a - d			c - f		
	a - c			d - f		
	a - b			e - f		

단선 부위	전압계			전압계		
	측정단자	예상	측정	측정단자	예상	측정
A	a - f			a - f		
	a - e			b - f		
	a - d			c - f		
	a - c			d - f		
	a - b			e - f		

단선 부위	전압계			전압계		
	측정단자	예상	측정	측정단자	예상	측정
B	a - f			a - f		
	a - e			b - f		
	a - d			c - f		
	a - c			d - f		
	a - b			e - f		

단선 부위	전압계			전압계		
	측정단자	예상	측정	측정단자	예상	측정
A,C	a - f			a - f		
	a - e			b - f		
	a - d			c - f		
	a - c			d - f		
	a - b			e - f		

* R1은 전류 측정시 short 회로 방지를 위하여 설치(충분히 큰 저항 사용)
* 점프선 사용 가능
* 체크램프를 사용하여 단선부위 확인
* 전조등회로에서 전조등 미 점등 시 단선부위 점검하기

2. 스위치 on/off시 단자별 전압 체크

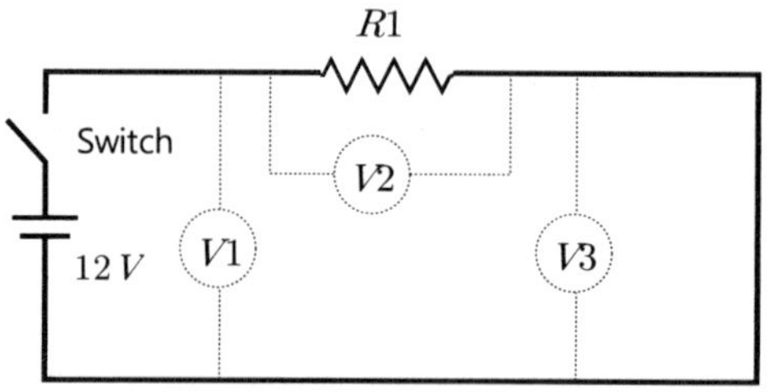

그림 3-9 스위치 on/off 구성회로

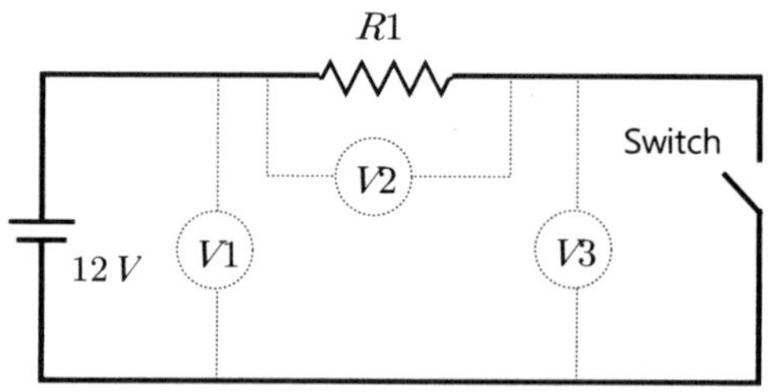

그림 3-10 스위치 on/off 구성회로

구 분	스위치	V1		V2		V3		비교
		이론	측정	이론	측정	이론	측정	
그림 3-9	ON							
	OFF							
그림 3-10	ON							
	OFF							

저항	*R1*

* 테브난의 정리

4
CHAPTER

반도체(다이오드)특성실험

4.1 반도체 소자 종류 및 특성
4.2 반도체 소자 특성이해

4.1 반도체 소자 종류 및 특성

- **실습목적 :** 자동차의 전장부분에 이용되고 있는 여러 가지의 전기·전자 소자의 원리 및 사용법을 익혀 응용력을 함양한다.
- **기계기구 :** 아날로그 테스터, 각종 전기 및 전자소자 다수
- **예비지식 :** 아날로그 테스터의 사용법 숙지

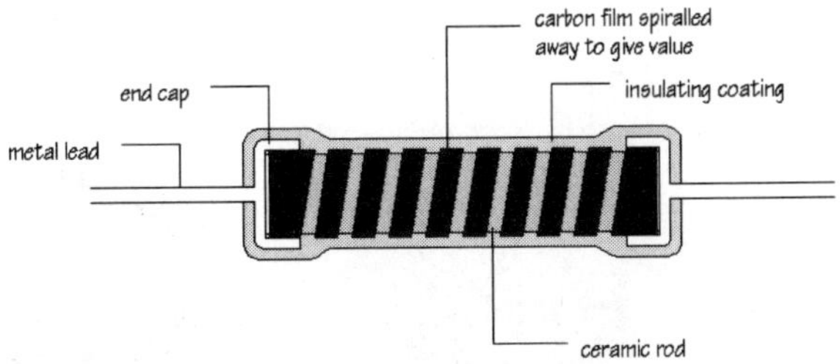

탄소피막 저항기 (Carbon Film Resistor)

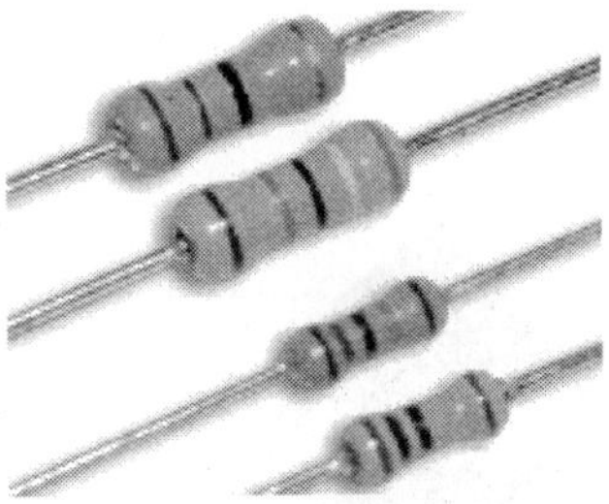

금속피막 저항기

권선형 저항기

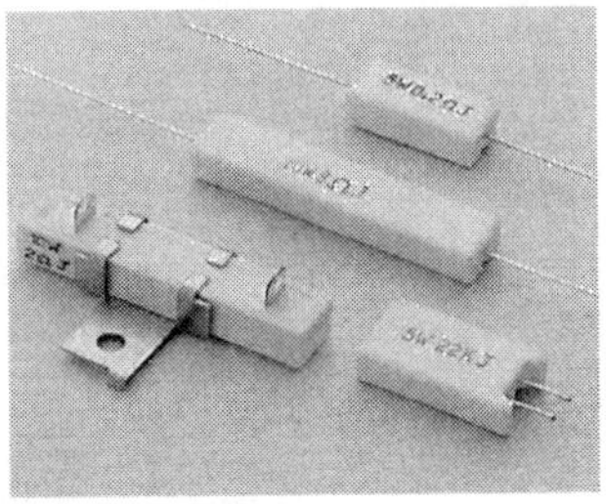

시멘트 저항기

가변 저항

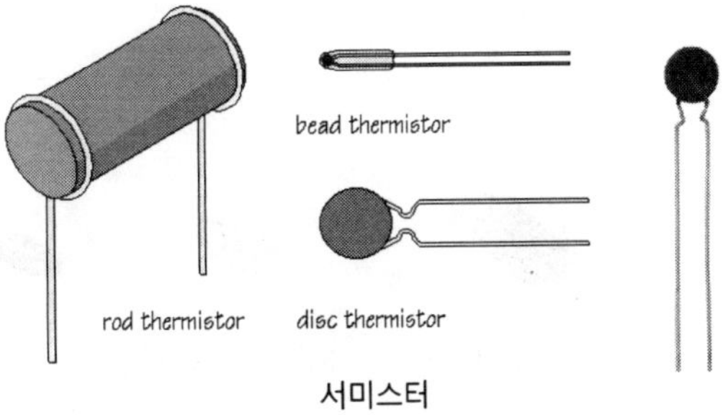

서미스터

필름 캐패시터

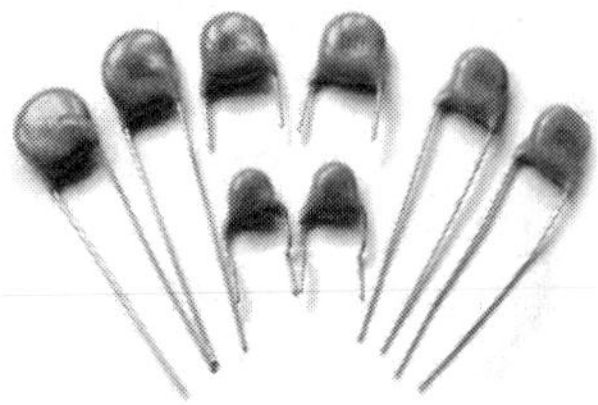
콘덴서

반고정 가변저항

폴리프로필렌 호일 콘덴서

오일 콘덴서

슈퍼 커패시터

그림 4-1 각종 전기전자 소자

인덕터 코일

릴레이 내부 및 외형

실리콘다이오드

발광다이오드

수광다이오드

제너다이오드

그림 4-2 각종 다이오드 소자

4.2 반도체 소자의 특성 이해

⇨ **실습목적 :** 자동차의 각종 전기전자 장치에 사용되고 있는 각종 반도체 소자의 특성을 이해하기 위하여 TR, 다이오드(실리콘, 제너, 발광, 수광)등을 사용하여 각종 회로를 구성하여 각 소자의 특성을 이해한다.

⇨ **기계기구 :** 아날로그 테스터, 브레드보드, 전원공급 장치, TR(NPN,PNP), 다이오드(발광, 수광, 제너, 실리콘)

⇨ **예비지식 :** 반도체소자의 특성을 이해하기 위하여 단자별 도통여부를 판단하기 위한 디지털 및 아날로그 멀티테스터의 사용방법을 익힌다.

그림 4-3 각종 반도체소자

4.2.1 다이오드의 양부시험

아날로그 멀티테스터를 사용하여 순방향과 역방향의 저항값을 측정했을 때 이 저항값의 차이가 충분히 커야 하며, 순방향 지시상태에서 적색 리드봉이 닿은 쪽이 캐소드(K)(N형 반도체)이고 흑색 리드봉이 닿은 쪽이 애노드(A)(P형 반도체)이다.

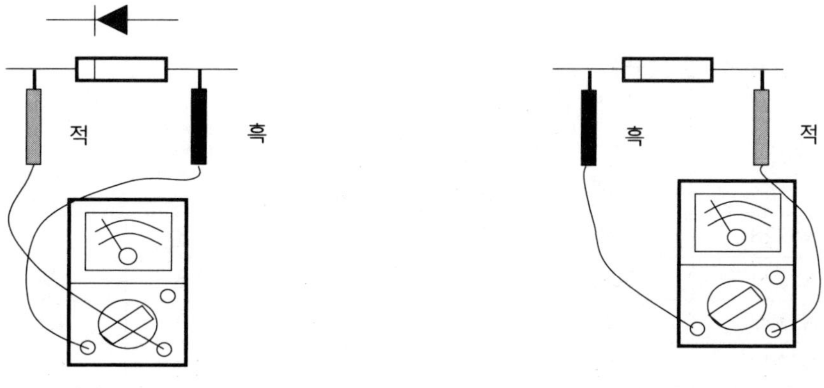

(a) 순방향 (b) 역방향

그림 4-4 다이오드 시험

4.2.2 제너 다이오드 정전압 측정

제너 다이오드는 역방향으로 일정전압(제너전압, 항복전압) 이상을 가하면 도통하는 소자로 정전압다이오드라고도 한다. 이때 도통전압을 제너전압이라 한다.

제너다이오드는 역방향으로 전류를 흘려도 파괴되지 않으나 열손실에 의한 발열 ($P = IV$)을 고려해야한다.

다이오드의 특성과 제너 다이오드의 정전압을 알아보기 위하여 간단한 회로를 구성하고 병렬로 연결한 전압계와 병렬회로에 직렬로 연결된 전류계를 통하여 도통여부를 확인한다.

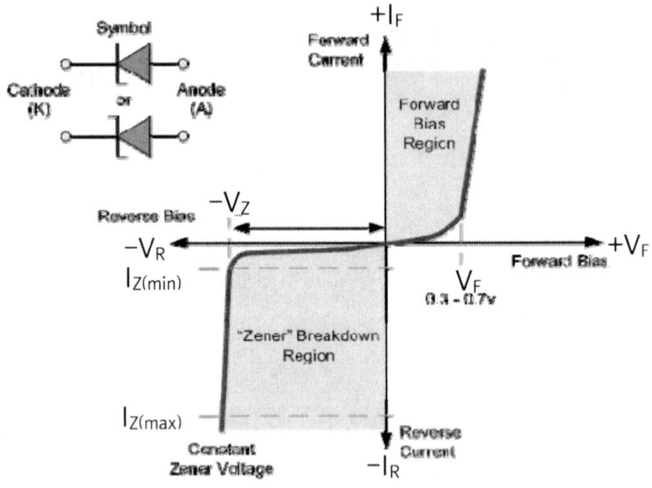

그림 4-8 제너다이오드 전류-전압 특성곡선

[제너다이오드 특성표]

형번	최대정격		제너전압			
	P (mW)	I_Z (mA)	V_Z(V)			측정조건
			min	typ	max	I_Z(mA)
1N4728	1W	276		3.3	-	76
1N5224	500	-	2.66	2.8	2.94	20
1N5228	500	-	3.7	3.9	4.1	20
1N5223	500	-	5.7	6.0	6.3	20
1N5236	500	-	-5%	7.5	+5%	20

4.2.3 수광 다이오드 특성 실험

역방향으로 전압을 가한 상태에서 PN 접합면에 빛을 받으면 전류가 흐르는 소자이다. 이때 도통의 전류는 빛의 량에 비례한다.

① 장점 : 응답성이 좋다.

② 단점 : 감도가 나쁘다.

감도를 높이기 위하여 포토 TR응 사용하는 경우도 있다.

간단한 회로를 구성하여 빛의 수신에 따른 전류의 흐름 여부와 세기를 확인하다.

4.2.4 다이오드 도통실험

종류	도통여부		
	순방향	역방향	비고
실리콘 다이오드	도통	불통	
발광 다이오드	도통	불통	
수광 다이오드	도통	도통	일정 빛 이상
		불통	일정 빛 이하
제너 다이오드	도통	도통	일정 전압 이상
		불통	일정 전압 이하

아날로그 테스터 사용법

· 아날로그 테스터를 사용하여 반도체(다이오드, 트랜지스터...)의 저항을 측정할 때 아날로그 테스터의 특성상 흑색봉을 (+), 적색봉을(-)로 간주한다.

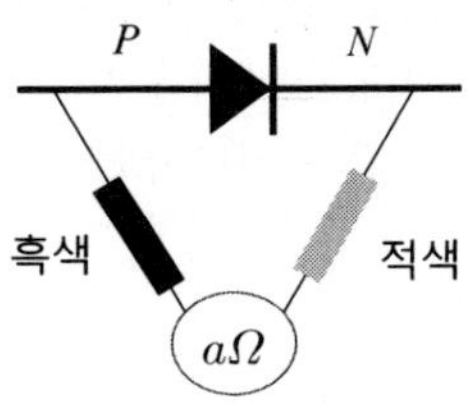

순방향연결(아날로그테스터)

다이오드

[다이오드의 구조]

다이오드는 2 극 반도체 소자로서 주로 전류를 한쪽 방향으로 흐르게 하는 역할을 한다. 주로 PN 접합구조를 가지며, 접합하는 방법에 따라 다음과 같이 여러 형태로 구분된다.

- 접촉형 - 게르마늄 또는 실리콘단 결정편에 금속침을 세움
- 본드형 - 금/은(게르마늄 경우)또는 알루미늄(실리콘의 경우)을 전기펄스로 용접
- 합금형 - N형 게르마늄에 인디움을, 실리콘의 경우 알루미늄을 합금하여 PN접합
- 확산형 - N형 실리콘 단결정에 고온의 P형 불순물가스를 가열하여 PN접합 형성
- 메사형 - PN접합을 만드는 것은 확산형과 같으나, 필요외 부분을 소거한 형태
- 플레이너형 - N형 반도체웨이퍼 P형을 확산시 마스크를 사용 일부분만 확산
- 합금확산형 - 합금형의 일종으로 합금시 확산이 일어나게 함
- 에피택셜형 - 에피택셜 성장과정에서 PN 접합을 만듬
- 쇼트키 배리어형 - 금속과 반도체와의 접촉면에 생기는 쇼트키 배리어를 이용
- 이온주입형 - 반도체에 다른 극성의 불순물을 이온주입기술로 주입하여 PN접합 형성

[다이오드의 용도]

다이오드의 주기능은 전류를 한 방향으로 흐르게 하는 정류기능이다. 그 다른 기능으로 많이 사용되며 요약하면 다음과 같다.

- 검파용, 정류용 - 전류가 한쪽 방향으로만 흐르는 작용을 이용한다.
- 리미터용 - 회로보호용, 일반다이오드, 제너다이오드 등을 사용한다.
- 변조용 - 가변용량 다이오드가 변조용으로 많이 사용된다.
- 믹서용 - 실리콘 쇼트키 배리어형이 많이 쓰인다.
- 스위칭용 - 논리연산용과 코어드라이브용이 있다.
- 가변용량 - AFC나 동조, 주파수 채배용으로 가변용량 다이오드가 사용된다.
- 주파수 채배용- 가변용량 다이오드나 스냅오프 다이오드를 사용한다.
- 정전압용 - 일정한 전압을 만들어 내기 위하여 제너다이오드를 이용한다.
- 마이크로파 발진 - 건다이오드와 임펙트 다이오드가 사용하며, 특수한 용도이다.

실험결과 보고서[4]

- 실험내용 : **반도체(다이오드)특성실험**
- 실험일자 : 년 월 일
- 실 험 자 : 조
- 제 출 일 : 월 일

□ 실험목적

1) 다이오드의 종류 및 특성을 이해한다.
2) 다이오드 별 P/N방향 구분(아날로그 멀티테스터의 특성 이해(저항측정))
3) 다이오드 별 특성 관련회로 실험

1. 실리콘 다이오드의 저항 측정

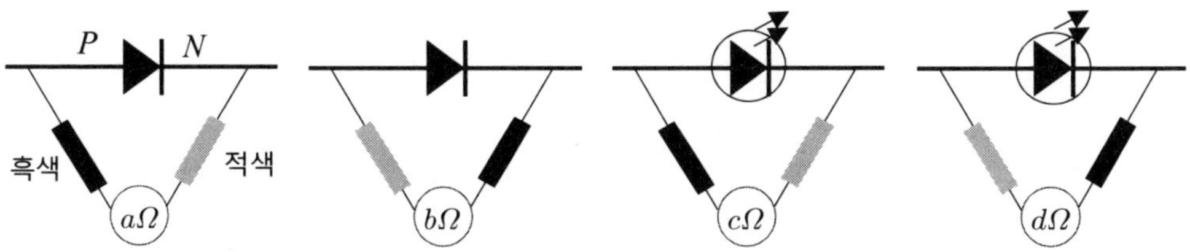

그림 4-8 실리콘 및 발광 다이오드 단자구분

구 분	$a\Omega$	$b\Omega$	$c\Omega$	$d\Omega$
아날로그 멀티테스터				
디지털 멀티테스터				

* 아날로그 멀티테스터의 특성상 다이오드,TR 측정시 (+),(-)단자가 바뀜.
* 실리콘 및 발광다이오드의 P-N단자구분

2. 각 구성회로별 발광여부 확인

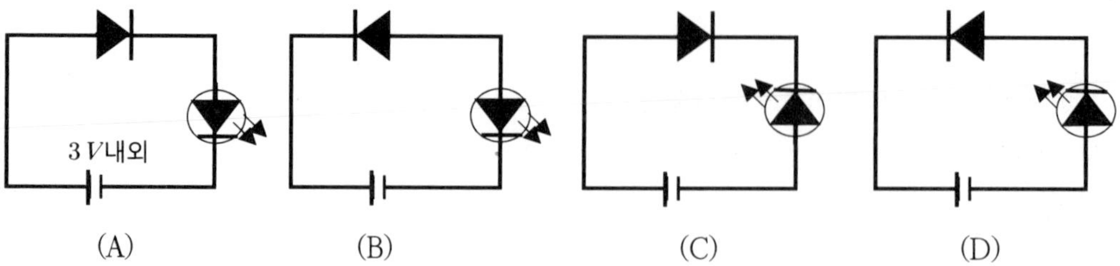

그림 4-9 실리콘 및 발광 다이오드 특성실험

구 분	LED 발광 여부	비고(이유)
그림 4-9(A)		
그림 4-9(B)		
그림 4-9(C)		
그림 4-9(D)		

* 실리콘다이오드를 사용하여 순방향 및 역방향 회로구성하기
* 저항 미 사용시 3 V 이상 걸리면 발광 다이오드 파손가능

3. 다이오드의 역방향, 순방향 연결에 따른 부위별 전압/전류값 측정

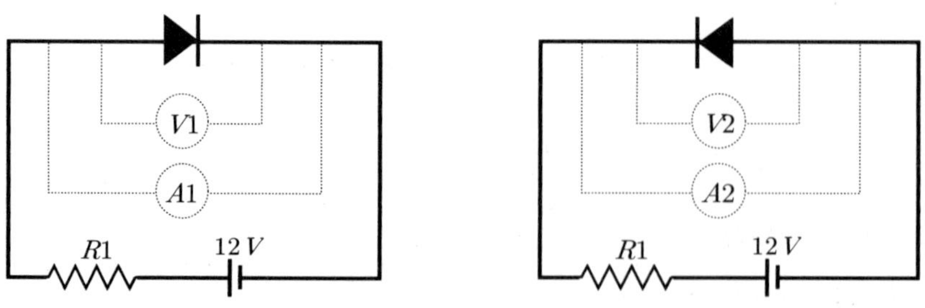

그림 4-10 순방향 및 역방향 연결시 전압/전류 실험

구 분	예상치	측정치	비고(이유)
A1			R1에 따라 전류값 변화
V1			R1에 따라 전압값 변화
A2			A1과 거의 동일
V2			12V(R1에 무관)

* 전류계 내부저항:0 ohm / 실리콘 다이오드 내부저항:5～7 ohm

라이터

4. 수광 다이오드 특성 실험

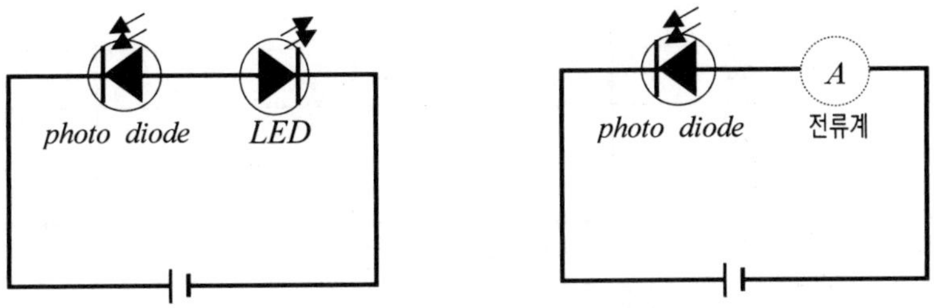

그림 4-11 수광 다이오드 실험

구 분	측정치	비고		
수광 다이오드 실험	빛의 정도	소(희미함)	중(중간)	대(밝음)
	빛의 종류			
	도통 여부			
	・수광 다이오드에 차단되는 빛의 양을 변화시키면서 발광 다이오드 발광(전류계의 전류값)정도를 관찰 ・빛의 정도 대(밝음) ➜ 라이터 불빛 사용			

* 수광 다이오드는 순방향 : 도통 / 역방향-일정 빛 이상시 도통

5. 제너 다이오드 정전압 실험

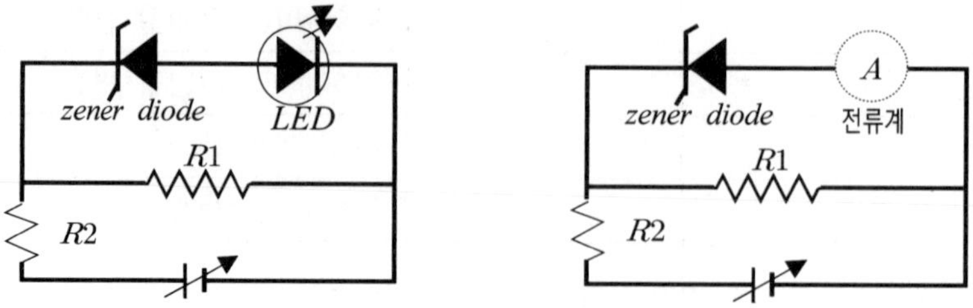

그림 4-12 제너 다이오드 정전압 실험

저항(R1)	전압	V_{Diode}	V_R	I_R
	5V			
	6V			
	9V			
	12V			

* 공급하는 전압을 0 V에서 점차 증가시키면서 발광 다이오드의 발광하기 시작하는 전압을 측정

* 혹은 전류계의 전류흐름이 시작되는 전압을 측정

5
CHAPTER

반도체(TR)특성실험

5.1 트랜지스터(Transistor)특성

⇒ **실습목적 :** 트랜지스터의 원리 및 역할을 공부하고 실험을 통하여 양부를 진단할 수 있는 능력을 배양한다.

⇒ **기계기구 :** 아날로그 테스터, 트랜지스터, 축전지, 전지(5V), 연결선, 기본 공구 세트

5.1.1 트랜지스터 특성

(1) 트랜지스터 작용

PN 다이오드의 N형쪽에 또 하나의 P형을 접합시키거나(PNP형), P형쪽에 또 하나의 N형을 접합한 것(NPN형)이며, 3개의 부분에는 각각 인출선이 붙어 있으며 중앙부분을 베이스(base ; B), 트랜지스터의 형식에 관계없이 리드선(lead wire)단자를 이미터(emitter ; E), 그리고 나머지 하나를 컬렉터(collector ; C)라고 한다. PNP형 트랜지스터의 전류 흐름은 이미터에서 베이스 방향이며, NPN형 트랜지스터는 베이스에서 이미터로 전류가 흐른다. 그리고 트랜지스터의 작용은

① 작은 신호 전류로 큰 전류를 단속하는 스위칭(switching) 작용

② 작은 전류를 큰 전류로 증폭하는 증폭작용

③ 점화코일 1차에 흐르는 전류를 단속하는 이그나이터(igniter) 작용 등이 있다.

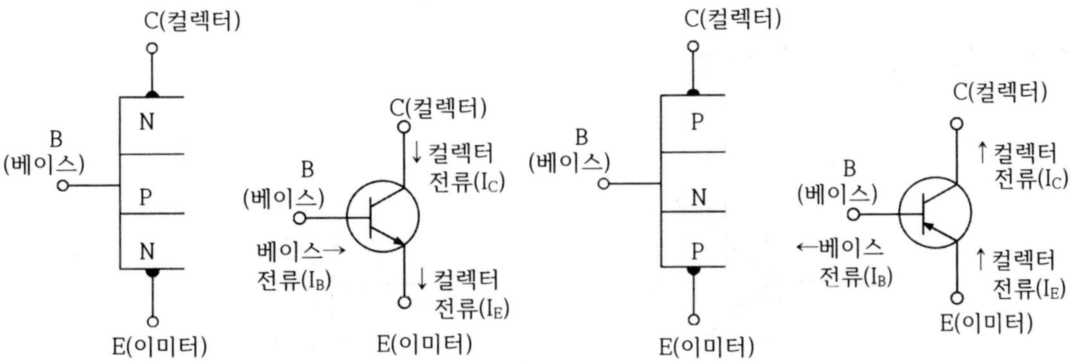

그림 5-1 트랜지스터 구분

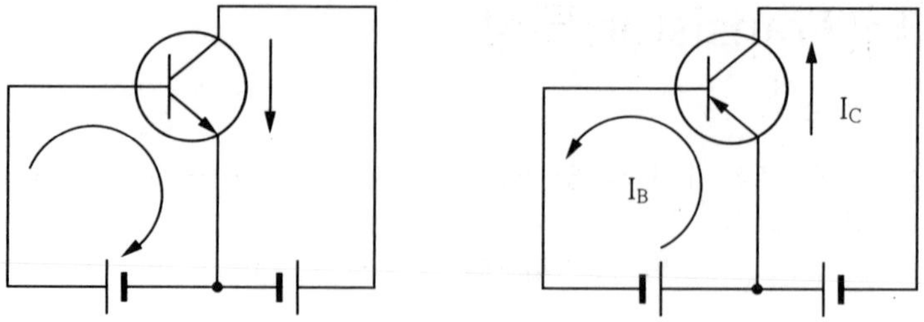

(a) NPN형 트랜지스터 (b) PNP형 트랜지스터

그림 5-2 트랜지스터 전류의 도통 방향

$$NPN, PNP\text{형} : \quad I_E = I_C + I_B$$

(2) 트랜지스터 호칭

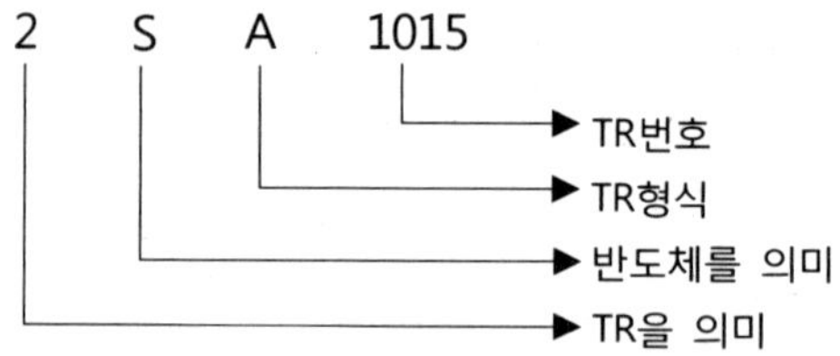

그림 5-3 트랜지스터 호칭

5.1.2 단자구분 및 도통시험

(1) 트랜지스터 종류 및 심볼

(a) PNP형 (b) NPN형

그림 5-4 그림 트랜지스터 종류 및 심볼

(2) 단자별 도통실험

회로테스터(아날로그 멀티테스터)를 사용하여 각 단자 사이의 저항을 점검하여 이상이 있을 때 교환한다.

TR 단자 구분방법

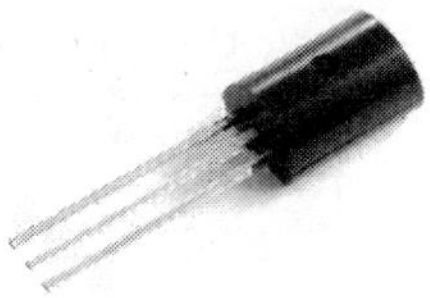

· TR의 단자 저항측정 :TR(2SA1015, 2SC1815)의 경우

- 한쪽방향: ∞Ω, ∞Ω, ∞Ω
- 다른쪽: 0Ω, 0Ω, ∞Ω ▶ ∞Ω일때 찍은 두단자 말고 나머지 단자가 "B"
- 알파벳 순서대로 B→C→E 단자임

순서 \ 항목	테스터 단자(아날로그)		도통여부
	+ 단자(적)	− 단자(흑)	
PNP	B	E	○
	E	B	×
	B	C	○
	C	B	×
	E	C	×
	C	E	×
NPN	B	C	×
	C	B	○
	B	E	×
	E	B	○
	C	E	×
	E	C	×

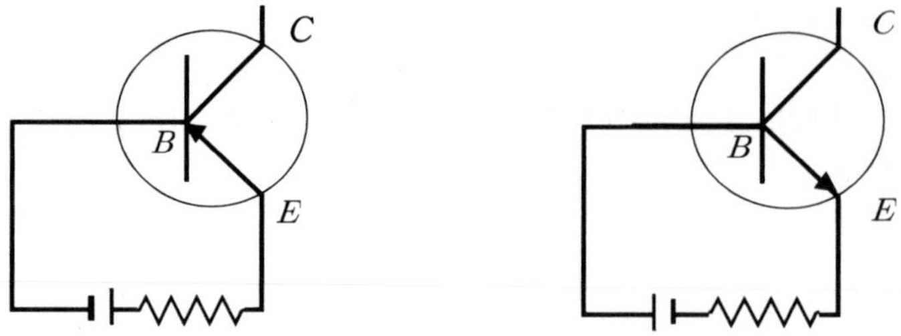

(a) PNP형 (b) NPN형

그림 5-5 트랜지스터 종류 및 특성

구분	+전원	−전원	도동단자	기타 도통
PNP	E	B	E→C	(C→E)
NPN	B	E	C→E	(E→C)

□ E-B사이 순방향 연결시 C-E 도통

5.2 파워 트랜지스터(Power Transistor)

➾ **실습목적 :** 파워 트랜지스터의 원리 및 역할을 공부하고 실험을 통하여 양부를 진단할 수 있는 능력을 배양한다.

➾ **기계기구 :** 아날로그 테스터, 파워 트랜지스터, 축전지, 전지(5V), 연결선, 기본 공구세트

➾ **예비지식 :** 파워 트랜지스터는 흡기 매니폴드에 장착되어 있으며 ECU에서 신호를 받아 점화코일 1차 전류를 ON 및 OFF로 전환함으로써 점화시기를 제어하는 역할을 한다.

5.2.1 시험방법 및 작업순서

(1) 파워 트랜지스터의 커넥터를 분리시킨다.

(2) 종류에 따라 A, B, C, D 및 E로 나누어지며 시험을 통하여 고장 여부를 판정한다.

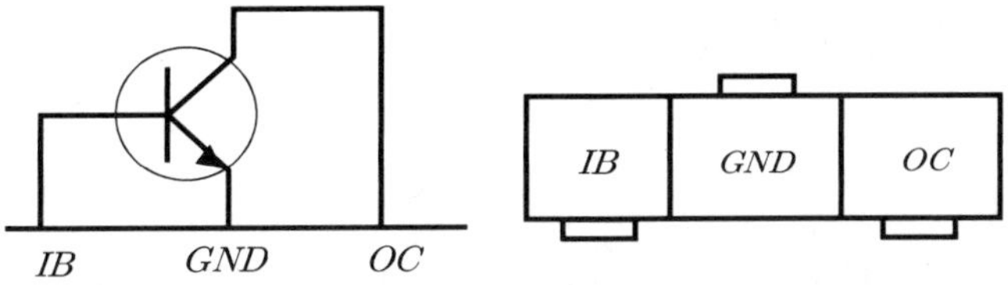

그림 5-6 파워 TR(NPN)의 측정방법

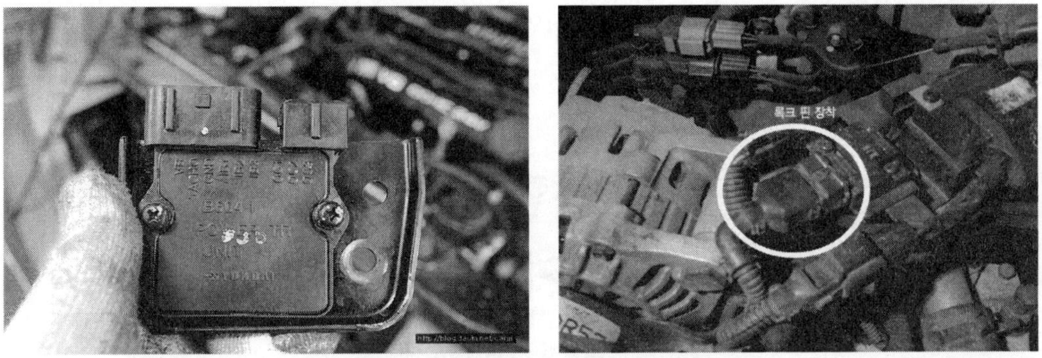

그림 5-7 파워 TR의 내부구조 및 위치

5.2.2 파워 트랜지스터의 작동

파워 TR의 기능 : 파워 TR은 전자제어 기관에서 단속기 접점 대신에 점화 1차 전류를 단속하는 단속기의 기능을 하는 것으로, ECU에 의해 제어되며, NPN 정션 트랜지스터를 사용하고 있다. 따라서 이미터(E) 단자가 접지 단자가 되며, 컬렉터(C) 단자는 점화 코일 (-) 단자와 접속되고, 베이스(B) 단자는 ECU와 접속된다.

(1) ECU에서 IB(①번 단자에 전원 공급) : OC(③번 단자)→GND(②번 단자)로 전류가 흐르기 때문에 점화 1차 코일에 전류가 흐른다.

(2) ECU에서 IB(①번 단자에 전원 차단) : OC(③번 단자)→GND(②번 단자)로 전류가 흐르기 때문에 점화 2차 코일에 고전압이 유기된다.

5.2.3 파워 트랜지스터의 점검

(1) 건전지를 이용하는 방법

① 점화 스위치를 OFF 시킨 후 파워 TR을 커넥터에서 탈거한다.

② 아날로그 테스터의 로터리 스위치를 저항에 놓는다(적색 리드선은 ②번 단자(GND)에, 흑색 리드선은 ③번 단자(OC)에 접촉시킨다).

③ 1.5 V의 건전지의 (+)을 ①번 단자(IB)에 연결하고, (-)을 ②번 단자(GND)에 접촉 또는 차단시키면서 ②번 단자와 ③번 단자 사이에 통전 여부를 확인한다.

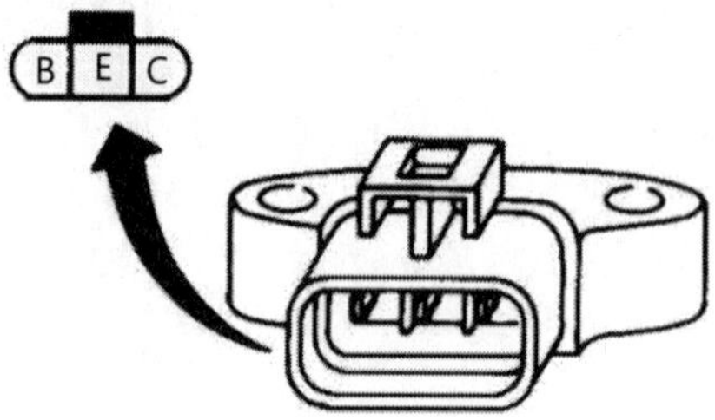

그림 5-8 파워 TR 형태

✔ 참고

통전을 점검할 때 터스터의 +측은 단자 GND에, -측은 단자 OC에 연결하여야 하며, 아날로그 테스터로 점검한다.

단자 IB와 GND	단자 GND와 OC
전원 ON	통전됨
전원 OFF	통전안됨

(2) 점검방법(Ⅱ)

회로테스터(아날로그 멀티테스터)를 사용하여 각 단자 사이의 저항을 점검하여 이상이 있을 때 교환한다.

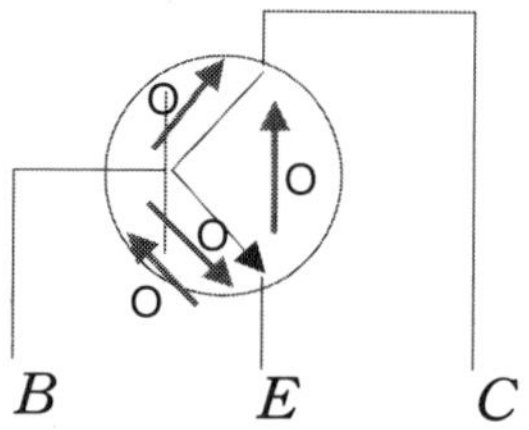

항목 / 순서	테스터 단자(아날로그)		규정값
	+ 단자(적)	− 단자(흑)	
1	IB(B)	OC(C)	∞[Ω]
2	OC(C)	IB(B)	100[Ω]
3	IB(B)	GND(E)	160[Ω]
4	GND(E)	IB(B)	500[Ω]
5	GND(E)	OC(C)	∞[Ω]
6	OC(C)	GND(E)	25[Ω]

* 아날로그 멀티테스터의 흑색봉이 (+)를 의미함

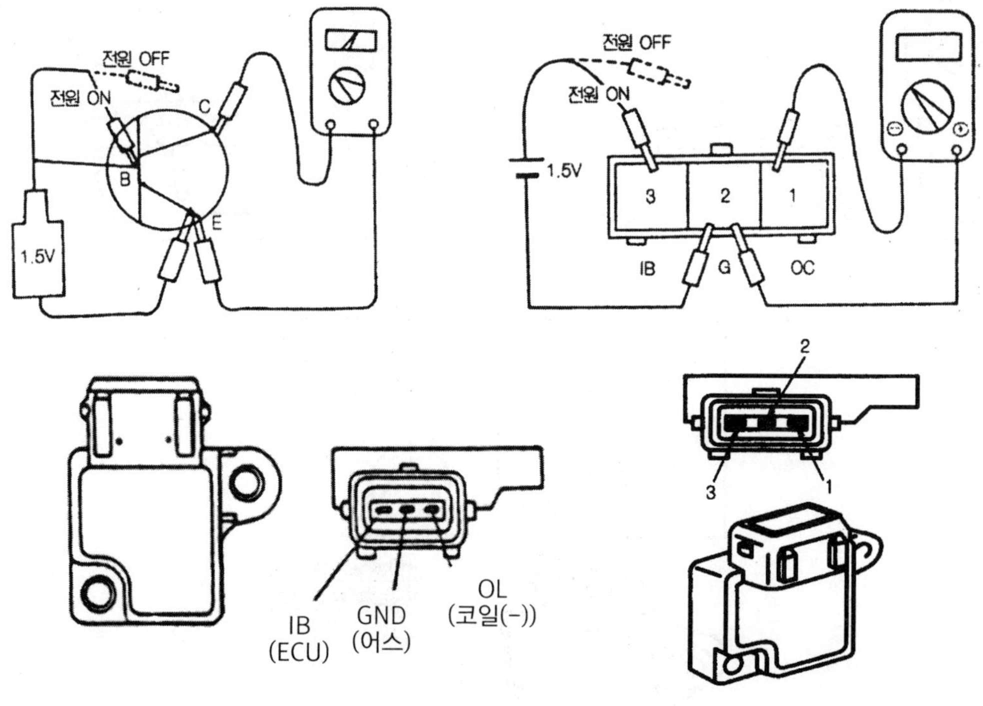

그림 5-9 파워 TR의 점검

(3) B형 파워 트랜지스터

3번과 +단자	2번과 단자 1
연 결	통전됨
분 리	통전 안됨

① 3[V] 전원의 -단자를 파워 트랜지스터의 단자 2에 연결하고 단자 3과 +단자를 연결했을 때 2와 1사이가 통전 되는가를 점검한다.

② 작동이 불량하면 파워 트랜지스터를 교환한다.

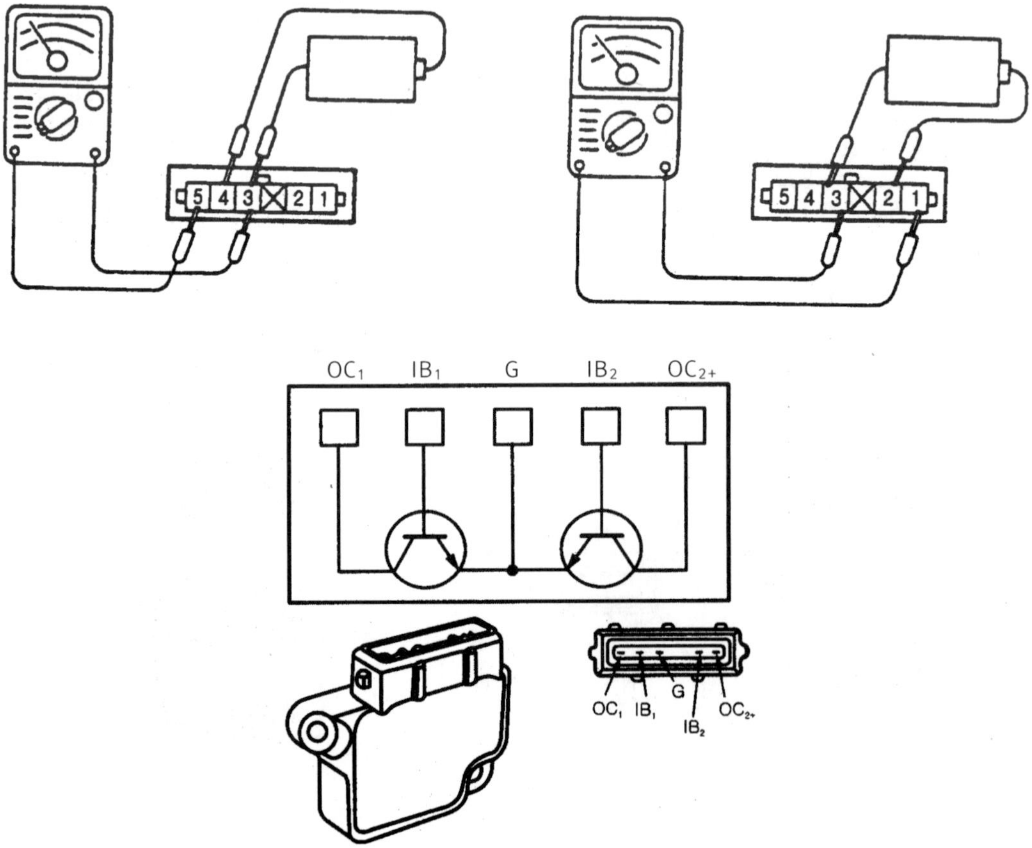

그림 5-10 파워 TR의 점검

(4) C형 파워 트랜지스터

① 1번과 4번 실린더를 위한 파워 트랜지스터

1.5[V] 전원의 - 단자를 파워 트랜지스터 3번 단자에 연결하고 - 단자를 2번 단자에 연결했을 때 단자 1번과 3번 사이에 통전을 점검한다.

2번과 +단자	1번과 단자 3
연 결	통전됨
분 리	통전 안됨

✔ 주의

① 테스터의 - 리드선을 파워 트랜지스터의 1번과 단자에 연결해야 한다.

② 아날로그 형식의 테스터를 사용해야 한다.

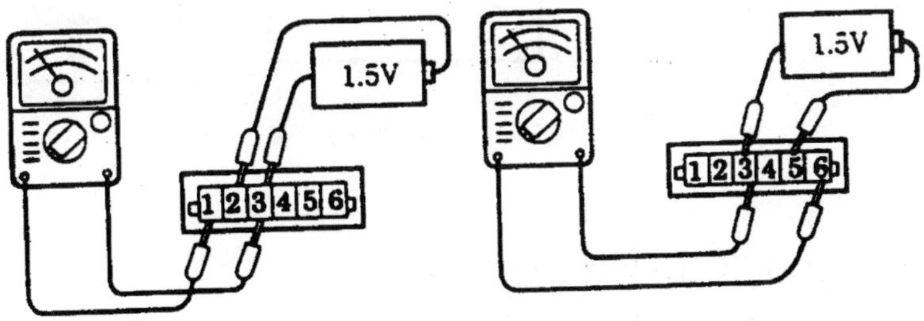

그림 5-11 파워 TR의 점검

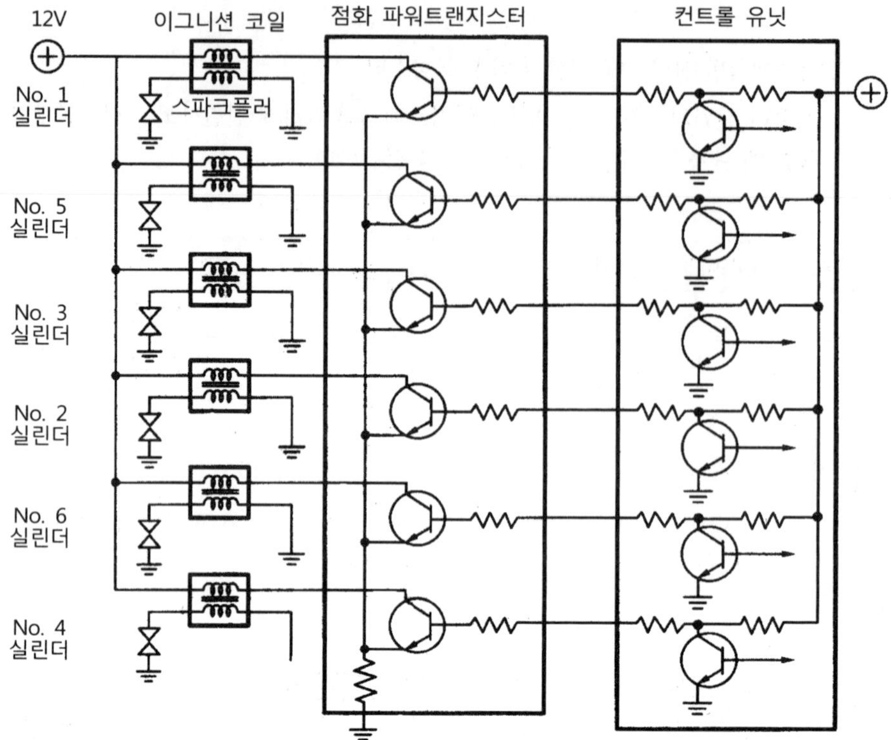

그림 5-12 파워트랜지스터 구성회로

③ 2번과 3번 실린더를 위한 파워 트랜지스터

1.5[V] 전원의 －단자를 파워 트랜지스터의 6번 단자에 연결하고 ＋단자를 5번 단자에 연결했을 때 단자 3번과 6번 사이에 통전을 점검한다.

5번과 ＋단자	3번과 6번
연 결	통전됨
분 리	통전 안됨

✔ 주 의

테스터의 －리드선을 파워 트랜지스터의 6번 단자에 연결해야 한다.

5.2.4 파워 트랜지스터를 사용한 점화코일 불꽃 시험

① 파워 TR과 폐자로형 점화코일을 사용하여 TR의 B단자에 순방향 전원의 ON, OFF에 따른 점화 코일의 불꽃시험을 실시한다. (회로구성하기)

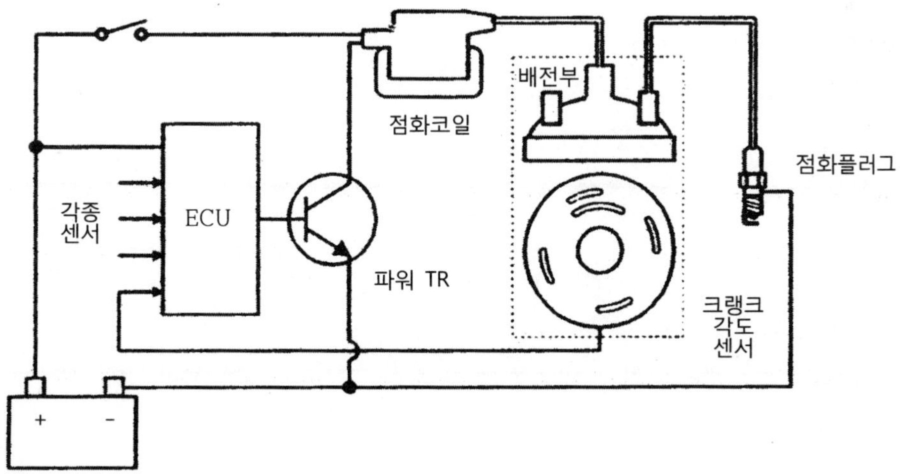

그림 5-13 파워트랜지스터 이용한 점화회로(HEI식)

실험결과 보고서[5]

- 실험내용 : **반도체(TR) 특성실험**
- 실험일자 : 년 월 일
- 실 험 자 : 조
- 제 출 일 : 월 일

□ 실험목적

1) 트랜지스터의 종류 및 동작특성을 이해
2) TR의 단자 구분하기
3) 아날로그 멀티테스터를 사용한 TR의 특성 및 종류 구분

1. 트랜지스터 종류(PNP, NPN형) 및 단자(E-B-C)구분

* TR(2SA1015, 2SC1815) 사용하여 종류 및 단자 구분

* 일반 TR : E-C-B, 파워 TR: B-E-C(NPN형)

2. 트랜지스터 단자별 도통실험

(a) PNP형 (b) NPN형

그림 5-14 트랜지스터 종류

종류	단자 (흑-적)	도통여부	종류	단자 (흑-적)	도통여부
PNP	E-B		NPN	E-B	
	B-E			B-E	
	B-C			B-C	
	C-B			C-B	
	E-C			E-C	
	C-E			C-E	

* 아날로그 멀티테스터 사용

3. 트랜지스터 특성실험

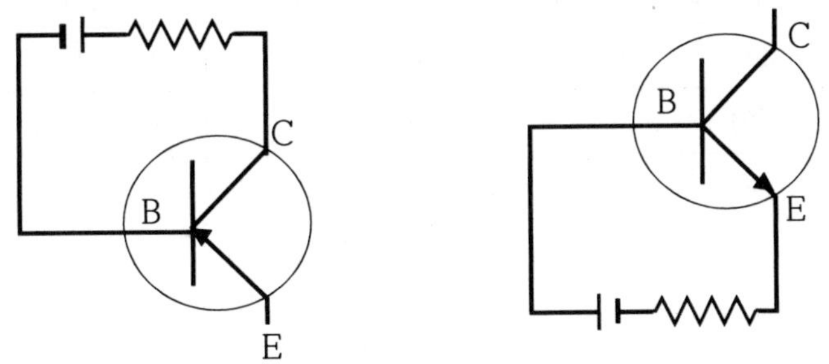

(a) PNP형　　　(b) NPN형

그림 5-15 트랜지스터 특성

종류	단자 (흑-적)	전원	도통여부	종류	단자 (흑-적)	전원	도통여부
PNP	E-C	유		NPN	C-E	유	
		무				무	

* E-B가 기본단자임.

4. 트랜지스터 특성실험(2)

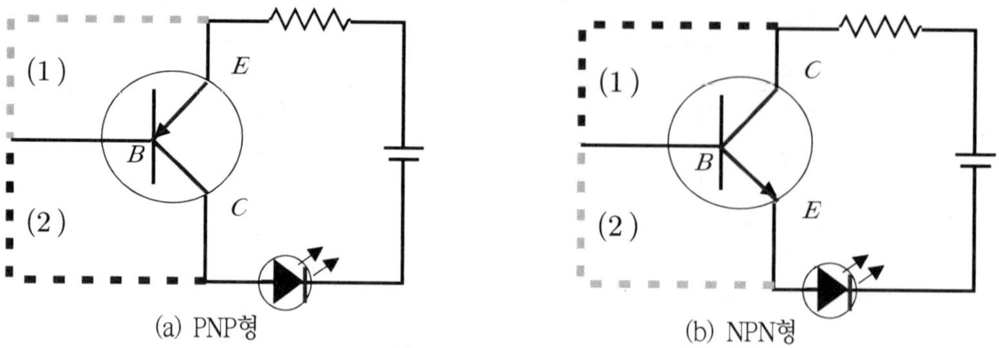

그림 5-16 트랜지스터 특성(2)

종류	구성회로	발광여부	종류	구성회로	발광여부
PNP	(1)		NPN	(1)	
	(2)			(2)	

5. 트랜지스터의 특성을 이용한 회로구성

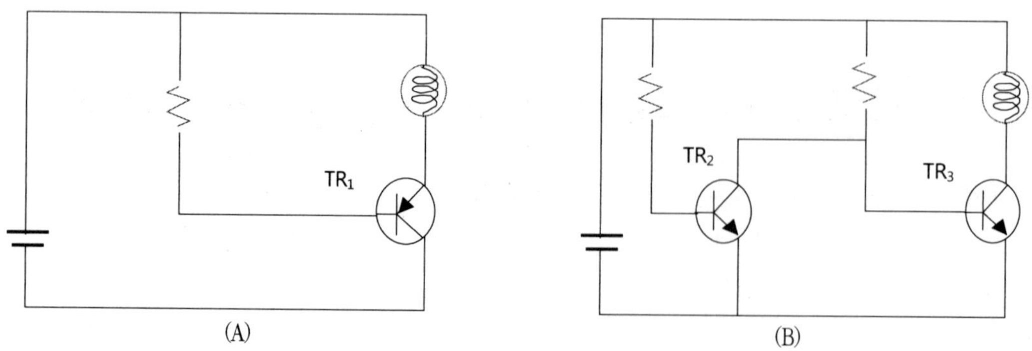

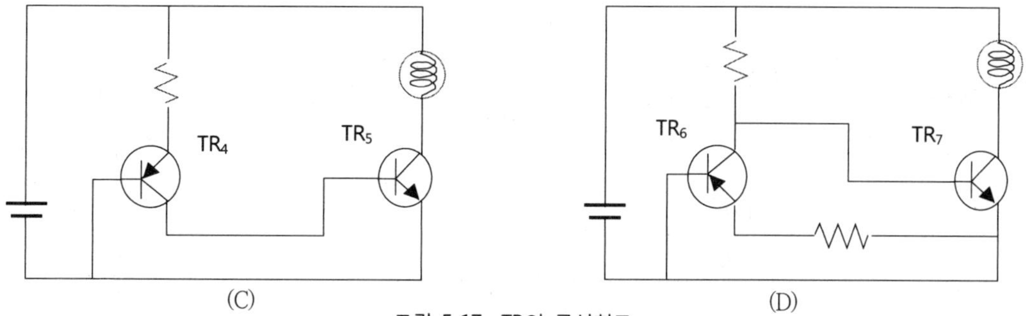

그림 5-17 TR의 구성회로

회로(A)	TR_1		램프1
작동여부			
회로(B)	TR_2	TR_3	램프2
작동여부			

회로(C)	TR_4	TR_5	램프3
작동여부			
회로(D)	TR_6	TR_7	램프4
작동여부			

6. power TR의 단자별 도통 실험

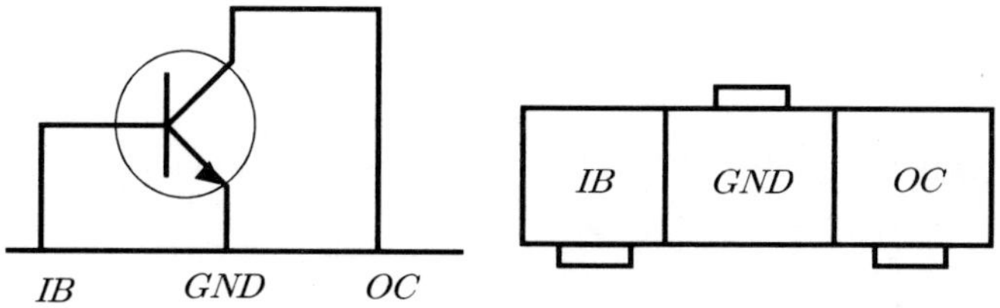

그림 5-18 Power TR의 구성회로

종류	측정단자 아날로그(흑-적)	도통여부		판단
		규정	측정	
Power TR (NPN)	E-B			양, 부
	B-E			양, 부
	B-C			양, 부
	C-B			양, 부
	E-C			양, 부
	C-E			양, 부

* 도통여부 : O, X로 판정

6
CHAPTER

논리게이트

6.1 논리게이트 특성

6.1 논리게이트 특성

부울 대수를 기초로 구성되는 마이크로컴퓨터의 회로를 논리 회로라 부르는데 논리 회로를 구성하는 기본적인 논리게이트의 특성에 대하여 알아본다.

논리 회로의 기본에는 다음과 같은 4개가 있다.

① 논리합 : OR회로

② 논리곱 : AND 회로

③ 부정 : NOT 회로

④ 배타적 논리합 : Exclusive OR회로

위 4개의 논리로 가감승제를 조립하는 것이 가능하다.

6.1.1 OR회로

논리 합 또는 OR회로라 부르는 것이며 그림은 논리 심벌을 나타낸 것이다. 또 OR 게이트라고도 부른다. 스위치 A, B가 있어 어느 한 쪽이 on이 되면 램프가 켜진다.

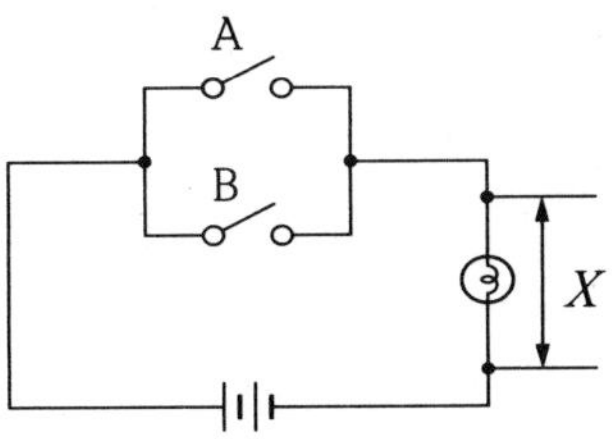

(a) 논리회로

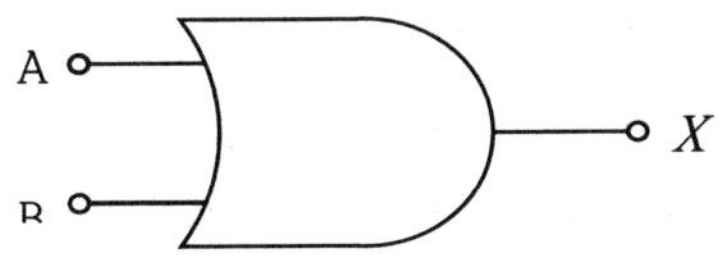

(b) 논리기호

A	B	X
0	0	0
0	1	1
1	0	1
1	1	1

(c) 진리표

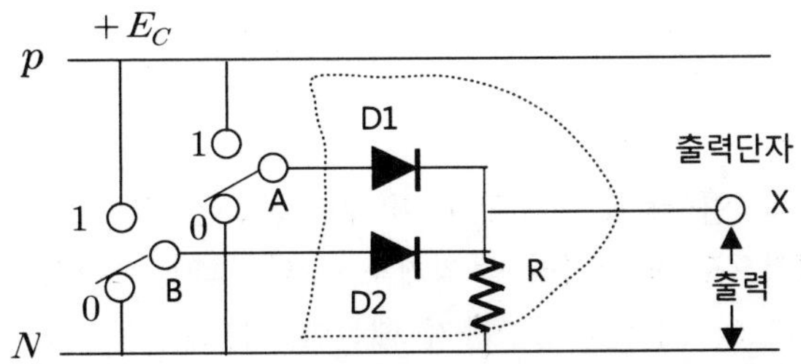

(d) 다이오드에 의한 OR회로 구성

그림 6-1 OR회로의 등가회로 및 기호

6.1.2 AND 회로

AND 회로란 논리곱 회로라 하며 논리 심벌은 그림 6-2(b)와 같이 나타내고, 이것을 AND 게이트라고도 부른다. 그림의 회로에서 A와 B의 양쪽 스위치가 on이 되면 램프가 켜진다. A와 B의 어느 한쪽이 off로 되면, 램프는 켜지지 않는다. 물론 A와 B양자가 off이면 램프는 켜지지 않는다.

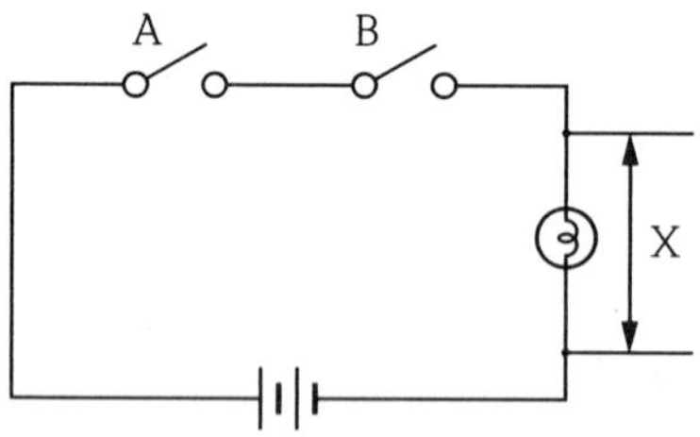

(a) 논리회로

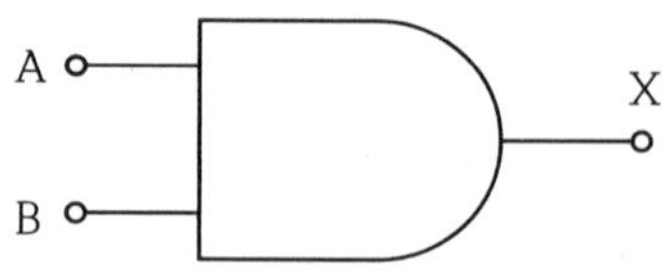

(b) 논리기호

A	B	X
0	0	0
0	1	0
1	0	0
1	1	1

(c) 진리표

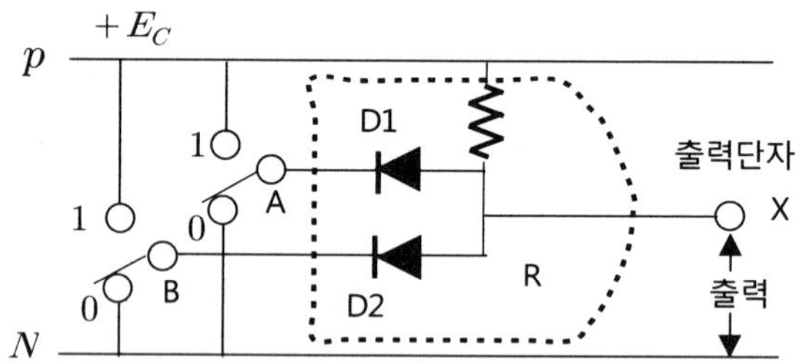

(d) 다이오드에 의한 AND 회로 구성

그림 6-2 AND회로의 등가회로 및 기호

6.1.3 NOT 회로

NOT 회로는 부정 연산회로라고도 하며 논리심벌은 그림과 같다. 입력과 출력이 항상 반대이므로, 별칭으로 인버터라 불리기도 한다. A의 스위치를 0의 위치에 놓고 off로 하면, 전류는 램프의 회로를 형성하기 때문에 램프는 켜진다.

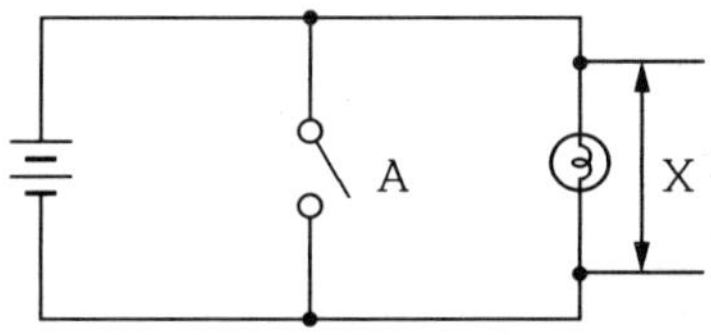

(a) 논리회로

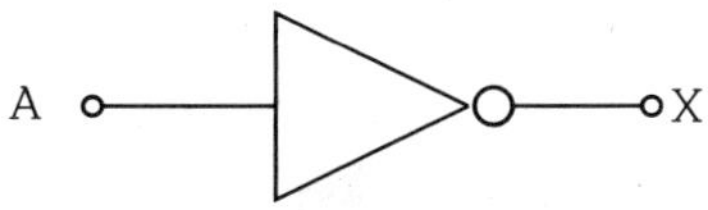

(b) 논리기호

A	X
0	1
1	0

(c) 진리표

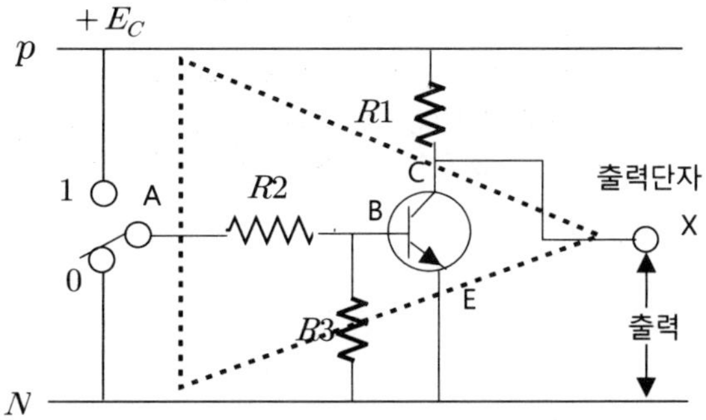

(d) 트랜지스터에 의한 NOT 회로 구성

그림 6-3 NOT회로의 등가회로 및 기호

6.1.4 NOR 회로

OR, AND, NOT 3개의 논리 회로를 이해한다면 이들 회로를 결합하여 하나의 회로를 만드는 것을 생각해 보자. 논리합인 OR에 부정의 NOT 회로를 결합하면 NOR 회로 즉 부정 논리합 회로가 형성된다. A, B 양쪽의 스위치가 0. 즉 off일 때는 램프가 켜진다. A나 B의 어느 한 쪽 또는 양쪽이 1로 되면 램프는 꺼진다(소등).

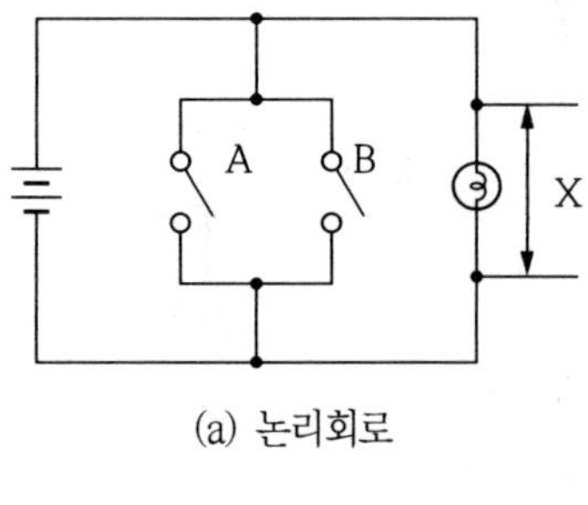

(a) 논리회로

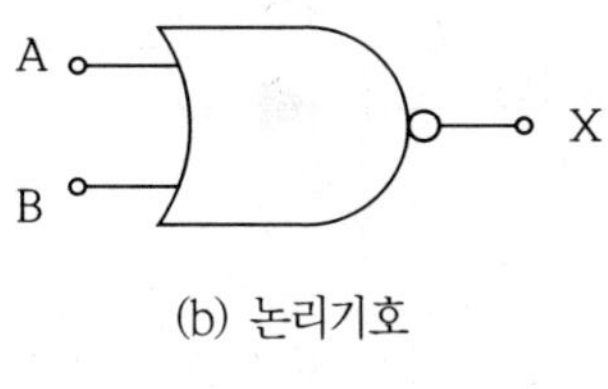

(b) 논리기호

A	B	X
0	0	1
0	1	0
1	0	0
1	1	0

(c) 진리표

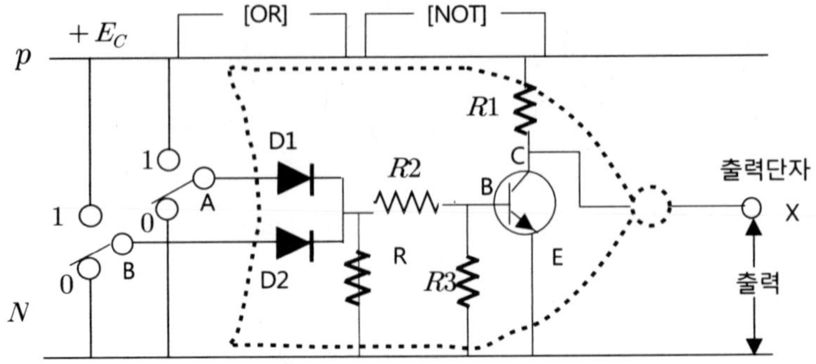

(d) 다이오드와 트랜지스터에 의한 NOR 회로 구성

그림 6-4 NOR회로의 등가회로 및 기호

6.1.5 NAND 회로

논리곱의 AND에 부정의 NOT회로를 결합한다면 NAND회로가 된다.

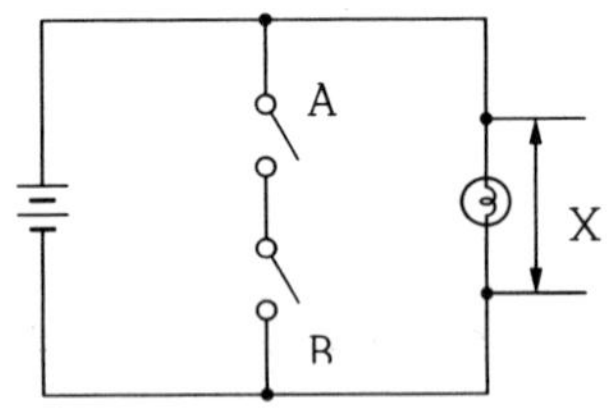

(a) 논리회로

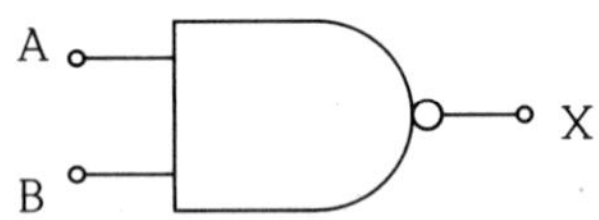

(b) 논리기호

A	B	X
0	0	1
0	1	1
1	0	1
1	1	0

(c) 진리표

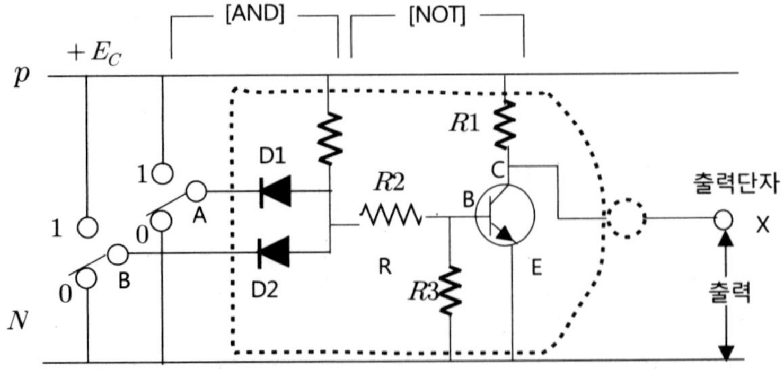

(d) 다이오드와 트랜지스터에 의한 NAND 회로 구성

그림 6-5 NAND회로의 등가회로 및 기호

그림에서 A또는 B의 한 쪽의 스위치가 off 즉 0일 때는 램프는 켜진다. 또 A, B 양쪽의 스위치가 off인 때도 램프는 켜진다. 그리고 A와 B의 두 스위치가 on 즉 1로 되었을 때 비로소 램프는 꺼진다.

6.1.6 XOR 회로

논리 회로 기본인 4개의 최후가 배타적 논리합이라 하는 XOR 회로이다. 지금까지 설명한 OR, AND, NOT회로를 결합하여 하나의 회로를 만든 것이다. 별칭으로 Exclusive OR회로, XOR회로로 불리는 것이다.

A와 B의 어느 하나가 1일 때 램프가 켜진다. 또 A와 B가 0또는 1로 양자가 같은 경우는 램프는 켜지지 않는다.

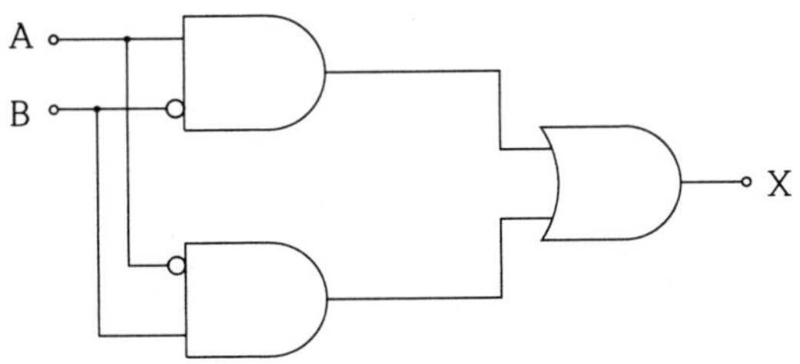

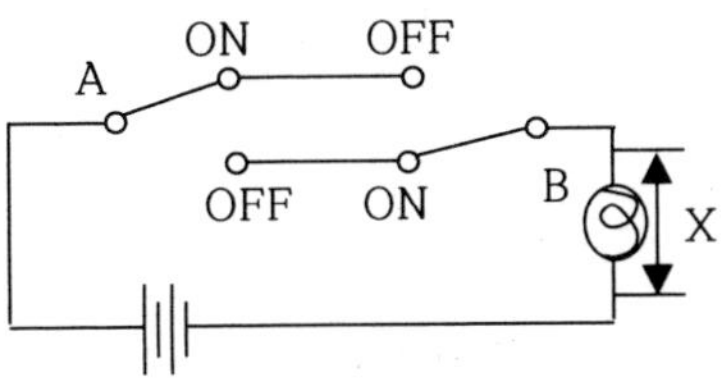

(a) 논리회로

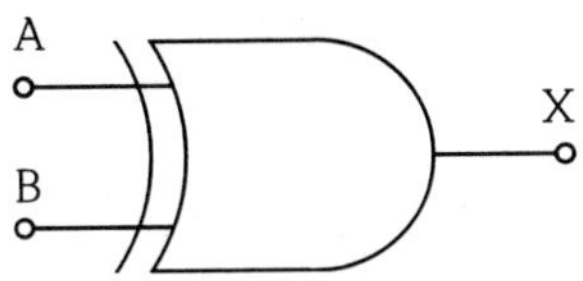

(b) 논리기호

A	B	X
0	0	0
0	1	1
1	0	1
1	1	0

(c) 진리표

그림 6-6 XOR회로

실험결과 보고서[6]

- **실험내용 : 논리회로(게이트)실험**
- **실험일자 :** 년 월 일
- **실 험 자 :** 조
- **제 출 일 :** 월 일

□ 실험목적

1) 논리회로 구성을 위한 논리게이트의 특성실험
2) 논리게이트를 이용한 논리회로 구성

다이오드 및 TR에 의한 논리게이트 회로를 구성하여 A, B 스위치 ON, OFF 시 나타나는 출력을 구하시오.

1. OR 논리게이트 특성실험

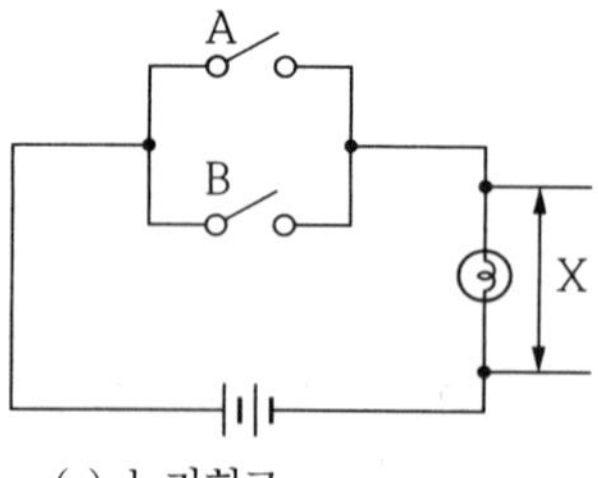

(a) 논리회로

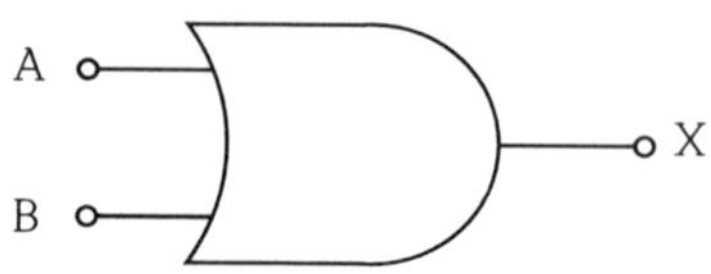

(b) 논리기호

A	B	X
0	0	
0	1	
1	0	
1	1	

(c) 진리표

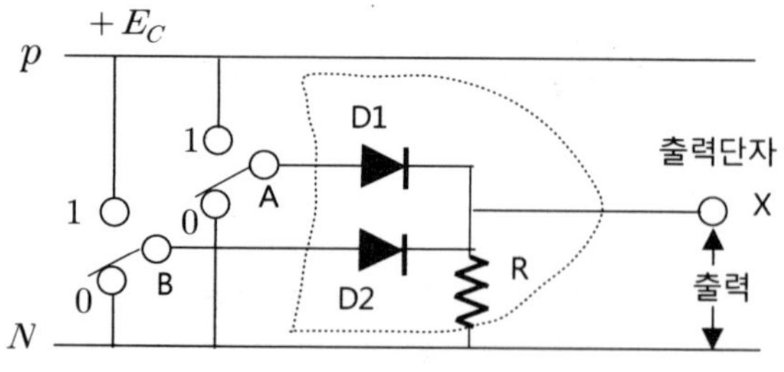

(d) 다이오드에 의한 OR회로 구성

그림 6-7 OR회로의 등가회로 및 기호

2. AND 논리게이트 특성실험

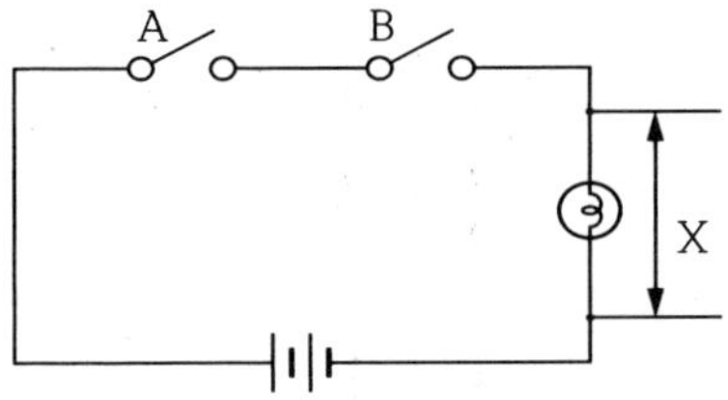

(a) 논리회로

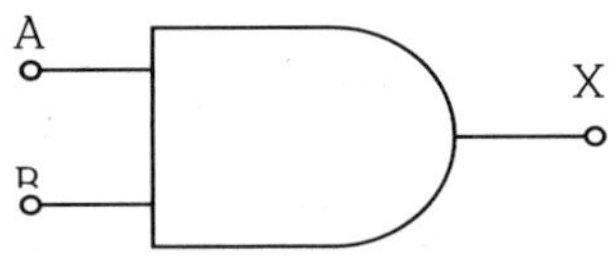

(b) 논리기호

A	B	X
0	0	
0	1	
1	0	
1	1	

(c) 진리표

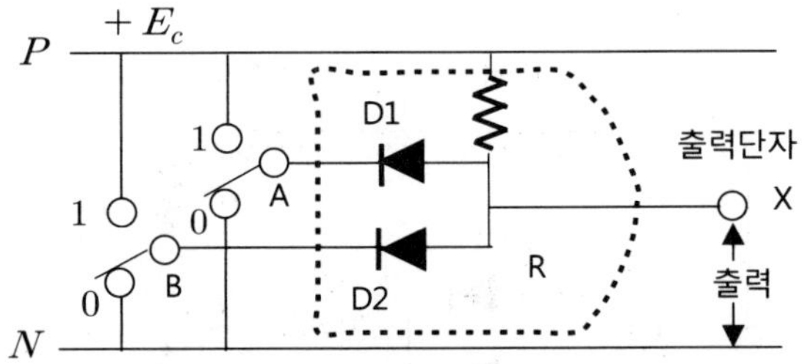

(d) 다이오드에 의한 AND 회로 구성

그림 6-8 AND회로의 등가회로 및 기호

3. NOT 논리게이트 특성실험

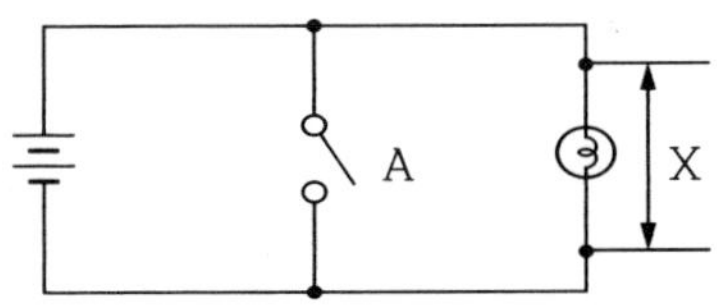

(a) 논리회로

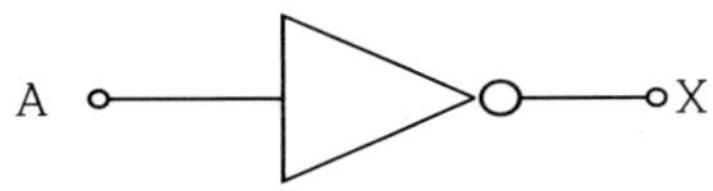

(b) 논리기호

A	X
0	
1	

(c) 진리표

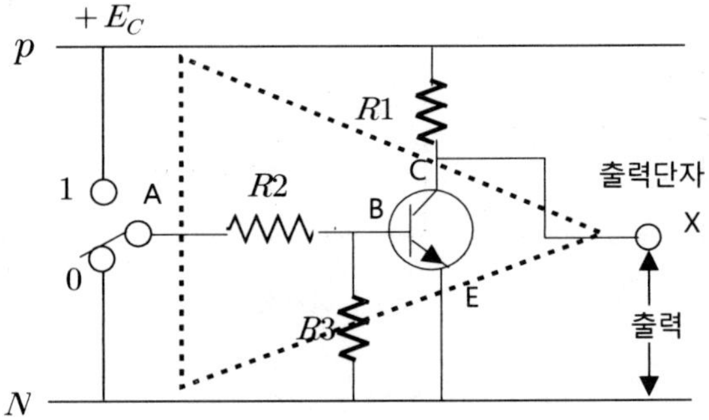

(d) 다이오드에 의한 AND 회로 구성

그림 6-8 AND회로의 등가회로 및 기호

4. NOR 논리게이트 특성실험

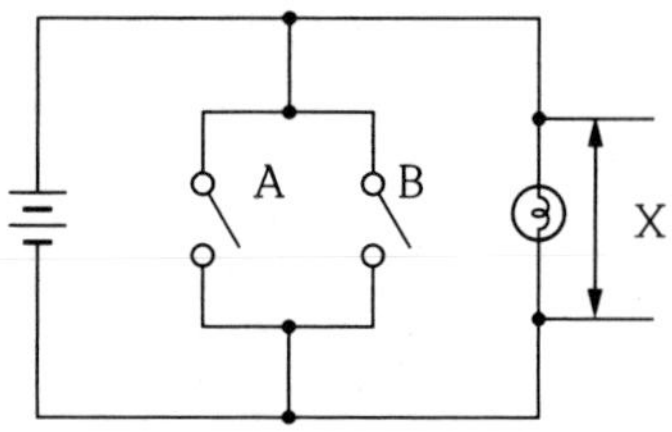

(a) 논리회로

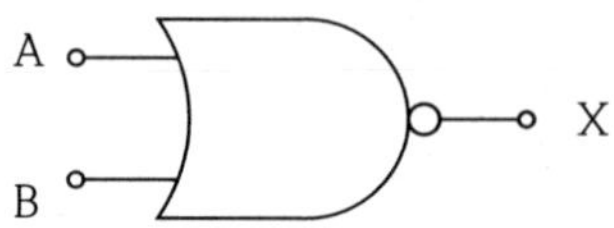

(b) 논리기호

A	B	X
0	0	
0	1	
1	0	
1	1	

(c) 진리표

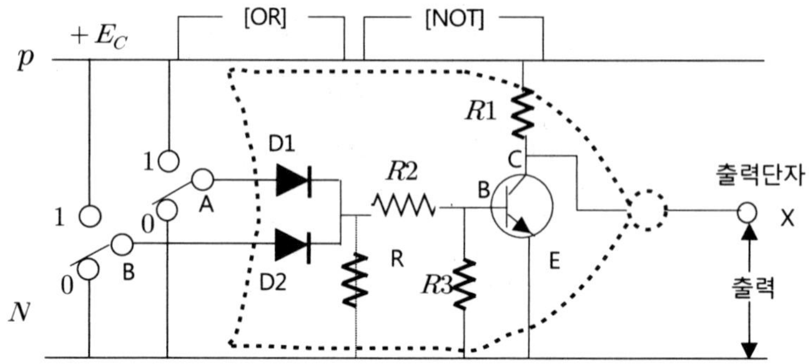

(d) 다이오드와 트랜지스터에 의한 NOR 회로 구성

그림 6-10 NOR회로의 등가회로 및 기호

5. NAND 논리게이트 특성실험

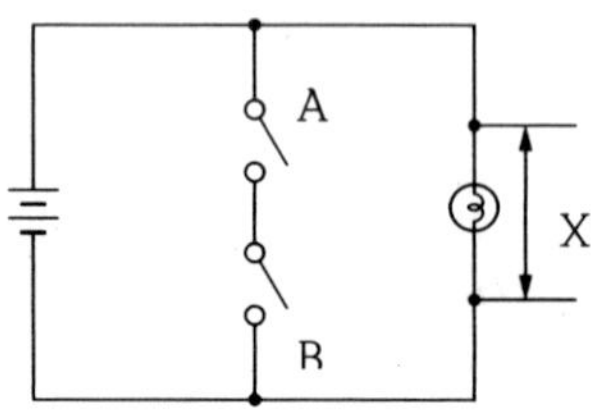

(a) 논리회로

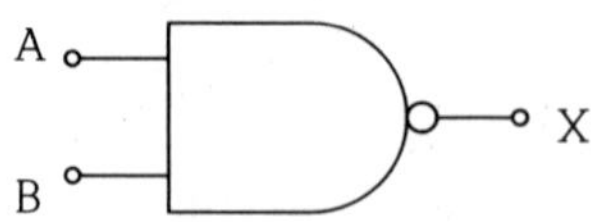

(b) 논리기호

A	B	X
0	0	
0	1	
1	0	
1	1	

(c) 진리표

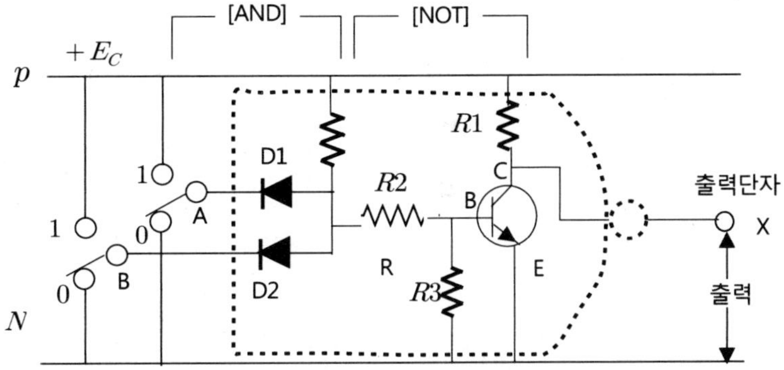

(d) 다이오드와 트랜지스터에 의한 NAND 회로 구성

그림 6-11 NAND회로의 등가회로 및 기호

6. Exclusive-OR 게이트 회로 구성 및 특성실험

① 논리회로 그리기

② 논리회로 구성하기(다이오드, 저항, 트랜지스터 등)

③ 진리표 작성하여 이론 및 실험결과 비교

(단,A⊕B=$\overline{A}B+A\overline{B}$ 이다)

7. 논리회로의 논리함수 및 특성실험

① 아래 회로에 대한 논리함수 구하기

② 진리표 작성하여 이론 및 실험결과 비교

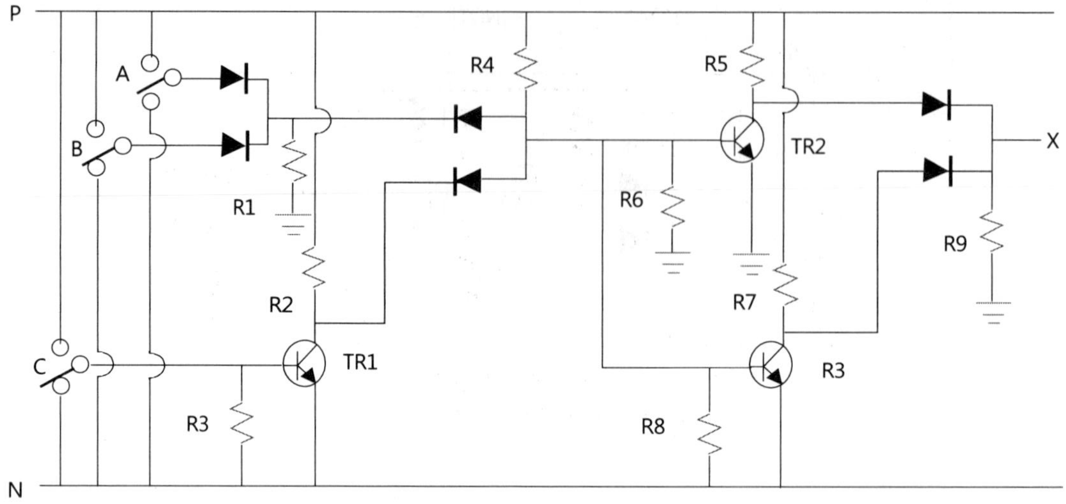

그림 6-12 논리회로

□ **진리표 작성**

A	B	C	(논리함수 기재)			출력 X
0	0	0				
0	0	1				
0	1	0				
0	1	1				
1	0	0				
1	0	1				
1	1	0				
1	1	1				

8. 자동차에서 전자제어장치인 마이크로 컴퓨터(ECU)를 교환 (탈·부착)하고, 시동을 확인 하시오.

7
CHAPTER

축전지

7.1 축전지 외부 점검 및 전해액량 점검

7.1.1 외부 점검

(1) 벤트 플러그의 공기구멍 막힘상태 및 과충전에 의한 솟아오름 점검
(2) 케이스의 균열 및 오염상태 점검
(3) 단자 및 배선의 부식상태
(4) 전해액 기준 높이

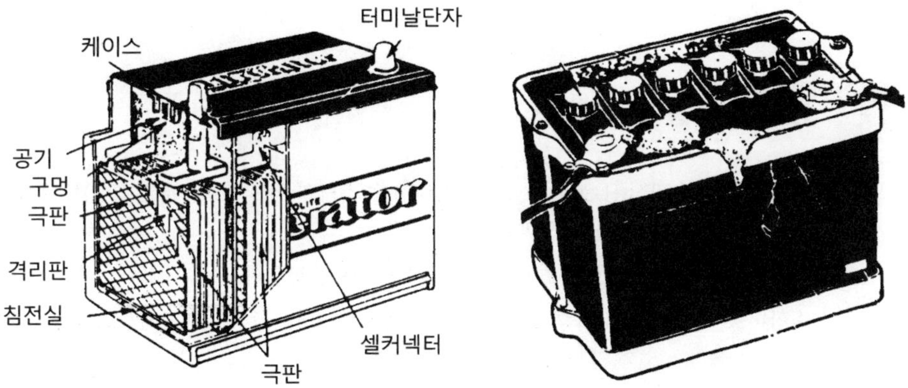

그림 7-1 축전지 케이스의 변형

7.1.2 전해액량 점검

(1) 육안점검 :

축전지 케이스에 표시된 최고선(Upper)과 최저선(Low) 중간 부분에 있으면 정상이며 벤트 플러그에 확산 링이 있는 경우에는 확산 링이 검은 색과 투명한색이 보이면 정상이다.

(2) 측정기구에 의한 점검

전해액과 화학 반응을 하지 않는 비금성의 물질(나무 젓가락, 플라스틱 막대)이나 유리관을 이용하여 벤트 플러그를 열고 전해액 주입구 내로 극판에 가볍게 닿을 때까지 넣었다가 꺼내어 액이 잠기었던 높이를 측정자로 측정한다. 유리관을 사용할 경우에는 전해액에 담근 후 위부분의 구멍을 손가락으로 막고 조심스럽게 꺼낸 후 측정한다.

(3) 판정 및 조치 :

전해액 규정 높이는 약 10~13 ㎜(대형 차량은 13~20 ㎜) 정도이며 부족시에는 극판의 산화 방지 및 용량 감소를 초래하고, 과다하면 전해액의 넘쳐흐름 및 자기 방전량이 증대된다.

전해액 만들기

- 전해액은 묽은황산(H_2SO_4)과 증류수(H_2O)를 적당한 비율로 혼합하여 20℃에서 1.260 ~1.280되게 혼합하여 사용한다.
- 반드시 증류수에 황산을 조금씩 부어 저으면서 혼합한다.
- 혼합비율은 묽은 황산(비중 1.400, 원액 1.835임) 35%, 증류수(비중 1) 65% 정도로 한다.

7.2 축전지 비중계의 사용법

- **실습목적 :** 비중계의 종류 및 사용법을 확인하고 축전지 전해액 비중을 측정하여 충전상태를 확인한다.
- **기계기구 :** 흡입식 비중계, 광학식 비중계, 축전지, 기본 공구 세트

납산 축전지는 +극이 과산화납, -극이 해면상납으로 되어 있으며, 전해액으로 묽은 황산을 사용한다. 화학전 반응을 통하여 전기에너지를 얻기 위한 반응식은 다음과 같다.

$$Pb + H_2SO_4 + PbO_2 \quad \leftrightarrow \quad PbSO_4 + H_2O + PbSO_4$$

충·방전을 통하여 반영구적으로 사용할 수 있는 2차 전지이며, 비중을 통하여 충전상태를 확인한다.

7.2.1 흡입식 비중계

(1) 축전지의 벤트 플러그를 연다.
(2) 비중계를 축전지의 전해액 주입구에 넣는다.
(3) 고무밸브를 조용히 눌렀다가 놓아 비중계의 유리관 속으로 전해액을 흡입시킨 후 뜨개가 유리관 중심부에 뜨도록 한다.
(4) 눈의 높이가 유리관 속의 전해액 높이와 평행이 되게 한 후 뜨개의 눈금을 읽는다.
(5) 전해액의 온도를 측정한다.
(6) 계산식

$$S_{20} = S_t + 0.0007(t - 20)$$

여기서, S_{20} : 표준온도 20℃로 환산한 비중

S_t : 현재 온도의 전해액 비중

t : 현재 측정한 전해액 온도

[온도 환산식]

·섭씨[℃]→화씨[℉] : (9/5)[℃]+32

·화씨[℉]→섭씨[℃] : (5/9)[℉]-32

7.2.2 광학식 비중계

(1) 광선 굴절덮개를 열고 덮개와 측정 유리면을 깨끗이 닦는다.
(2) 계심봉으로 전해액을 측정 유리면에 충분히 바른다.
(3) 광선 굴절덮개를 가볍게 닫는다.

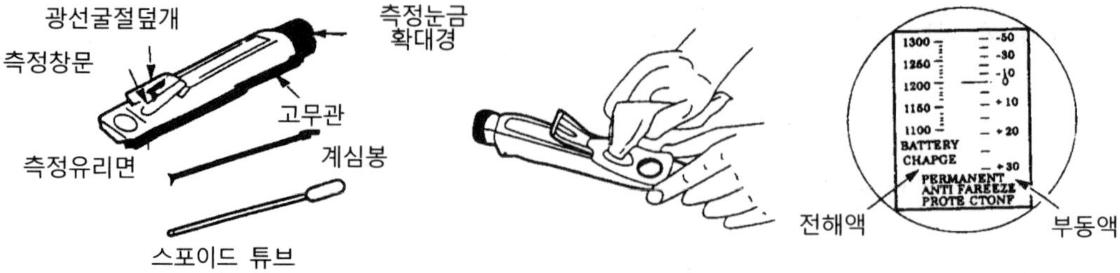

(a) 구조명칭 (b) 눈금

그림 7-3 광학식 비중계 눈금읽기

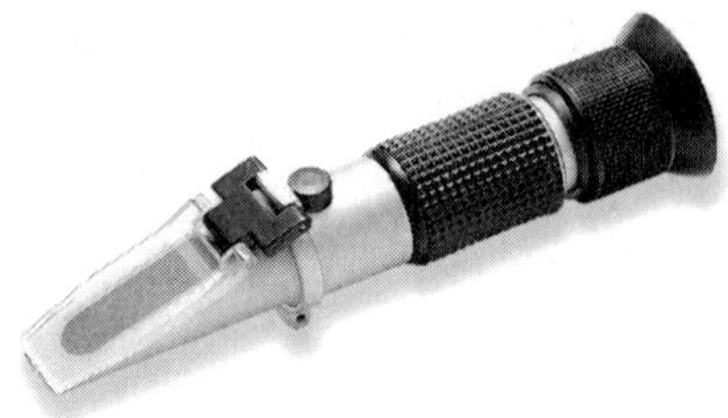

그림 7-4 광학식 비중계 외형

(4) 광선 굴절덮개를 빛이 밝은 쪽으로 향하게 하고 렌즈를 들여다 본다.

(5) 밝은 부분과 어두운 부분의 경계선 눈금을 읽는다.

✔ 유의사항

(1) 흡입식 비중계를 사용할 때 전해액을 최대한 흡입하여 뜨개가 확실히 뜨도록 한다.

(2) 전해액이 옷 및 신체 등에 튀지 않도록 유의한다.

[판정도표]

20[℃]		충전 상태		판 정
A(온대)	B(한대)			
1.260	1.280	완전 충전	100[%]	정상(사용가)
1.210	1.230	3/4충전	75[%]	양호(사용가)
1.160	1.180	1/2충전	50[%]	불량(충전요)
1.110	1.130	1/4충전	25[%]	불량(층전요)
1.060	1.080	완전 방전	0	블량(교환요)

7.3 축전지 전압 측정

- **실습목적 :** 셀 전압계 및 축전지 테스터를 이용하여 축전지 전압을 측정하고 각 계기의 사용방법을 익힌다.
- **기계기구 :** 셀 전압계, 축전지 테스터, 아날로그 테스터, 축전지, 기본 공구 세트
- **예비지식 :** 일반 승용차의 축전지 셀당 전압은 약 2.1～2.2[V](100% 충전시) 이므로 6개의 셀로 이루어진 축전지의 경우 약 12.6～13.2[V]를 나타낸다.

7.3.1 단자 전압 측정

(1) 셀 전압계 : 셀 전압계를 극성에 유의(붉은 리드선: +선, 검정 리드선: -)하면서 전압계 눈금을 읽는다.

(2) 축전지 테스터

① 측정하고자 하는 축전지의 명판(name plate)을 보고 용량(AH)을 확인하고 축전지 테스터의 용량과 일치하도록 스위치를 조정한다(또는 지정모델을 지정할 수 있음).

② 축전지 테스터의 붉은색 리드선을 축전지의 +극에 연결하고 검정색 리드선을 축전지의 -극에 연결한다.

③ 축전지 테스터의 측정용(붉은색) 누름 스위치를 누른다.

④ 축전지 테스터의 전압계 눈금을 통하여 전압을 확인하고 양부를 판정한다.

(3) 아날로그 테스터를 이용하여 축전지의 전압을 앞의 두 측정방법과 비교하여 본다.

✔ 유의사항

① 전해액이 옷 및 신체 등에 튀지 않도록 유의한다. 또한, 피부에 묻었을 경우 빨리 물로 닦아낸다.

② 축전지 테스터의 측정용 누름 스위치 1~3[sec]내로 빨리 측정하도록 한다. 오래 누를 경우 내부회로에 영향을 주므로 유의하도록 한다.

[판정방법]

전체[V] 단자 전압	셀당[V] 단자 전압	20[℃]		충전 상태		판 정
		A(온대)	B(한대)			
12.6[V]이상	2.1[V]이상	1.260	1.280	완전 충전	100[%]	정상(사용가)
12.0[V]	2.0[V]	1.210	1.230	3/4충전	75[%]	양호(사용가)
11.7[V]	1.95[V]	1.160	1.180	1/2충전	50[%]	불량(충전요)
11.1[V]	1.85[V]	1.110	1.130	1/4충전	25[%]	불량(층전요)
10.5[V]	1.75[V]	1.060	1.080	완전 방전	0	블량(교환요)

7.3.2 셀 전압 측정(MF 축전지 제외)

(1) 충전부족일 경우 보충전을 하고 다시 확인토록 한다(전해액 부족의 경우 보충하고 다시 확인).

(2) 2차 전지의 다른 종류에 대해서도 알아보도록 한다.

(3) 측정방법

① 멀티 테스터의 선택 레인지를 D.C 2.5로 선정한다.

② 축전지의 모든 벤트 플러그를 연다.

③ 멀티 테스터의 적색 리드선은 축전지(+)단자기둥에, 흑색 리드선은 각 셀의 전해액에 넣는다.

④ 결과 분석

㉮ 정상 : 셀당 전압이 1.95 V이상, 각 셀당 전압차이가 0.05 V 이하

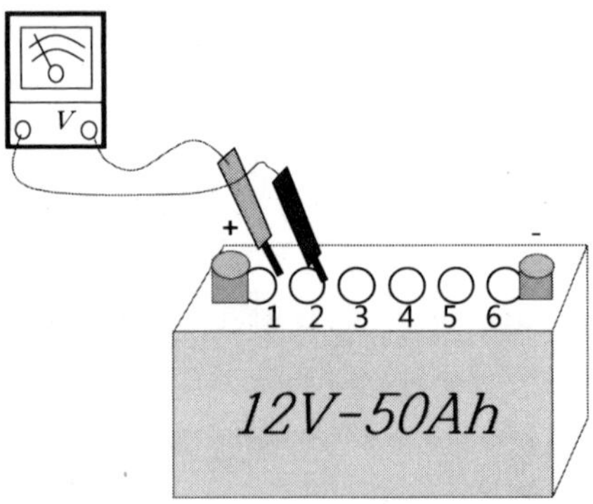

구분	측정단자(방법1)	측정단자(방법2)
1번셀	1～2	(+)～2 - (+)～1
2번셀	2～3	(+)～3 - (+)～2
3번셀	3～4	(+)～4 - (+)～3
4번셀	4～5	(+)～5 - (+)～4
5번셀	5～6	(+)～6 - (+)～5
6번셀	(+)～1 + 6～(-)	(+)～(-)-(+)～6+(+)～1

그림 7-5 셀 전압측정

㉯ 불량 : 셀당 전압이 1.95 V이하, 각 셀당 전압차이가 0.05 V 이상
㉰ 불량시 비중을 조종한 후 다시 측정하였을 때 이상이 있으면 축전지를 교환한다.

7.4 축전지 용량 테스터

⇒ **실습목적 :** 축전지의 상태에 따른 용량을 테스터하고 정도에 따라 충전을 실시한다.
⇒ **기계기구 :** 축전지 용량 테스터, 축전지, 기본 공구 세트

7.4.1 시험방법 및 작업순서

축전지 용량 테스터의 사용방법은 다음과 같다.

(1) 전해액의 높이가 규정치 인가를 점검한다. 부족하면 보충한다.
(2) 비중이 1.220 이상인가를 점검한다.
(3) 전류 조정기를 축전지 용량과 비슷한 값으로 조정한다(50 Ah일 경우에는 60에)
(4) 적색클립은 축전지(+)단자에, 흑색클립은 축전지(-)단자에 연결한다.
(5) 푸시버튼을 누르고 2~3초 후 계기판의 지침 안정되었을 때 지침이 가리킨 값을 읽는다. 이때 푸시버튼을 5초 이상 눌러서는 안 된다.

[용량테스터기 판정]

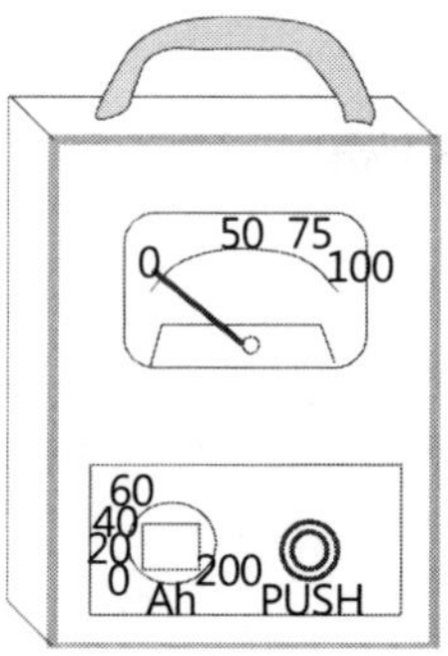

표시값	색깔	판정
75 ~ 100	녹색	양호
45 ~ 75	황색	충전요망
0 ~ 45	적색	불량(축전지 교환)

그림 7-6 축전지 용량테스터

7.5 축전지 충전방법

- **실습목적 :** 충전기의 종류 및 사용법을 확인하고 축전지의 상태에 따라 적절한 충전방법을 선정하여 방전된 축전지의 보충전을 실시한다.
- **기계기구 :** 충전기, 축전지, 기본 공구 세트
- **예비지식 :** 발전기의 고장, 피부하 방전, 자기방전등에 의하여 축전지 용량이 저하된 축전지에 충전기를 이용하여 용량(전류)를 보충하는 방법이다.

7.5.1 축전지 연결방법

(1) 직렬연결법

충전기의 최대 정격전압에 의하여 연결하는 축전지의 개수가 결정됨.

직렬연결이므로 (+)～(-)～(+)～(-)...순서로 연결한다.

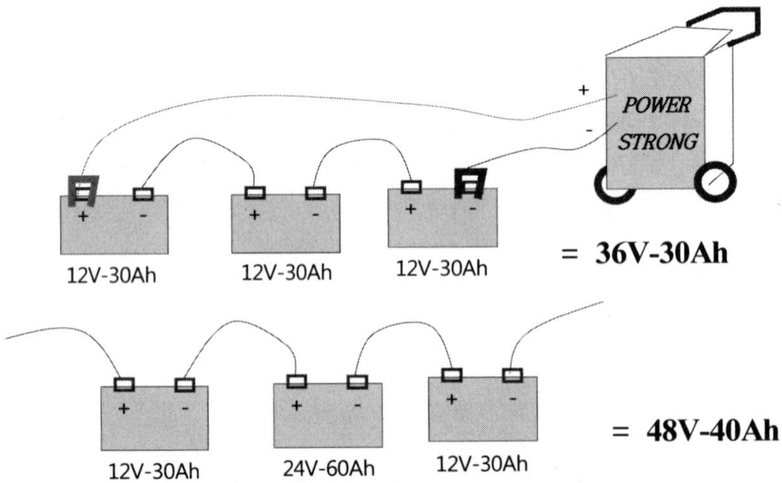

그림 7-7 축전지 직렬 연결방법

(2) 병렬연결법

충전기의 최대 정격전류에 의하여 연결하는 축전지의 개수가 결정됨.

직렬연결이므로 (+)는 (+)끼리 연결하고 (-)는 (-)끼리 연결한다.

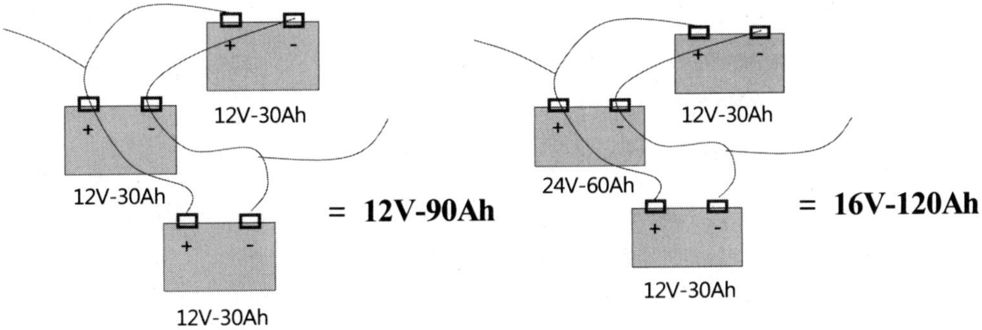

그림 7-8 축전지 병렬 연결방법

7.5.2 충전기 사용방법

(1) 급속충전기

1) 사용 설명

① 전압계 : 축전지 충전 및 엔진 시동 시 출력 전압을 나타내는 DC 전압계

② 전류계 : 축전지 충전 및 엔진 시동 시 출력 전류를 나타내는 DC 전류계

③ 전원 스위치 : 충전기에 공급되는 전원을 ON, OFF시키는 스위치로서 과부하시에는 자동으로 전원을 차단하는 기능도 한다.

④ 선택 스위치 : OFF, 시동 충전의 3개 위치로 분류되어 있으며 기능은 다음과 같다.

㉮ 셀렉터 OFF 위치 : 충전기에서 외부에 공급되는 DC 출력 전원을 차단하는 위치

㉯ 셀렉터 시동 위치 : 충전기에서 DC 출력 전원을 공급하여 엔진이 시동할 때 선택하는 위치.

㉰ 셀렉터 충전 위치 : 충전기에서 DC 출력 전원을 공급하여 엔진이 시동할 때 선택하는 위치.

⑤ 위치 스위치 : OFF, 12 V, 24 V, 시험의 4개 위치로 분류되어 있으며 기능은 다음과 같다.

㉮ 셀렉터 OFF 위치 : 충전기에서 외부에 공급되는 DC 출력 전압을 차단하는 위치

㉯ 셀렉터 12 V 위치 : 충전하고자 하는 축전지 전압이 12 V일 때 선택하는 위치

㉰ 셀렉터 24 V 위치 : 충전하고자 하는 축전지 전압이 24 V일 때 선택하는 위치

㉣ 셀렉터 시험위치 : 충전하고자 하는 축전지 충방전 정도를 점검할 때 선택하는 위치

⑥ 전압정밀 조정 셀렉터 : 충전기를 사용하여 엔진의 시동이나 축전지를 충전할 때 전압계에 나타내는 전압은 현재 사용하고 있는 축전지전압이므로 전류를 조절하는 셀렉터이다.

⑦ 충전시간 조절 셀렉터 : 자동과 수동의 2개 위치로 분류되어 있으며 기능은 다음과 같다.

㉮ 셀렉터 자동 위치 : 0~60분까지 분활되어 있으며 충전 시간을 선정하여 셀렉터를 오늘쪽으로 회전시켜 선정된 시간에 위치시키면 충전이 이루어지며 충전이 완료되면 자동으로 OFF됨과 동시에 멜로디가 울린다(충전 시간의 선택은 위치 스위치의 셀렉터를 시험에 위치시키고 전압계의 눈금에서 6, 5, 4, 3, 2, 1의 지침이 정지된 눈금에 ×10을 하면 충전 시간이 된다).

㉯ 셀렉터 수동 위치 : 축전지를 정전류 충전을 할 때 선택하는 위치

⑧ 램프 : 전원 램프, 12 V 램프, 24 V 램프, 시험 램프의 4개로 분류되어 있다.

㉮ 전원 램프 : 전원 스위치를 ON 시키면 점등되어 충전기에 AC전원이 공급되는 것을 나타내는 램프

㉯ 12 V 램프 : 위치 스위치 셀렉터를 12 V에 위치시키면 점등되어 12 V의 전압으로 출력되는 것을 나타내는 램프

그림 7-13 급속 충전기

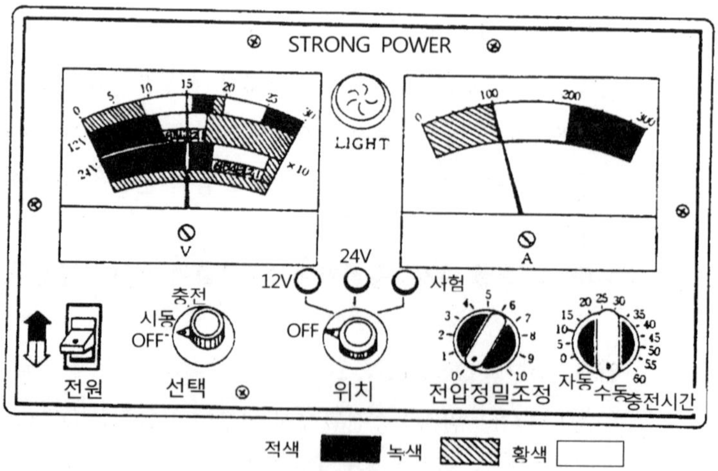

그림 7-14 급속충전기 판넬

㉰ 24 V 램프 : 위치 스위치 셀렉터를 24 V에 위치시키면 점등되어 24 V의 전압으로 출력되는 것을 나타내는 램프

㉱ 시험 램프 : 위치 스위치 셀렉터를 시험에 위치시키면 점등되어 축전지 전압이 충전기에 입력되는 것을 나타내는 램프

2) 정전류 충전 램프

① 충전할 축전지의 벤트 플러그르 모두 푼다(전해액을 점검하여 부족한 경우 보충한다).

② 충전기의 전원 스위치, 선택 스위치, 위치 스위치, 전압 정밀 조정기, 충전 시간 조절기를 모두 OFF 시킨다.

③ 충전기의 AC 전원 케이블을 AC 전원 플러그에 연결한다.

④ 충전기의 축전지 연결 케이블의 적색 클립은 축전지 ⊕터미널에, 흑색 클립은 ⊖터미널에 접속한다.

⑤ 전원 스위치를 ON시킨다.

⑥ 선택 스위치를 충전 위치에 셀렉터를 선정한다.

⑦ 위치 스위치를 축전지 전압(12 V 또는 24 V)에 셀렉터를 선정한다.

⑧ 전압 스위치 조정 셀렉터를 사용하여 축전지의 충전 전류를 알맞게 조절한다.

⑨ 충전시간 조절 셀렉터를 수동 위치에 선정한다.

⑩ 축전지에서 기포가 발생되면 위치 스위치의 셀렉터를 시험 위치에 선정하여 충전 상태를 점검한다.

⑪ 충전이 완료되면 모든 스위치를 OFF시킨다.

⑫ AC 전원 케이블 및 축전지 연결 케이블을 탈거한다.

⑬ 축전지의 벤트 플러그를 닫는다.

3) 급속 충전 방법

① 충전할 축전지의 벤트 플러그를 모두 푼다(전해액을 점검하여 부족한 경우 보충한다).

② 충전기의 전원 스위치, 선택 스위치, 위치 스위치, 전압 정밀 조정기, 충전 시간 조절기를 모두 OFF시킨다.

③ 충전기의 AC 전원 케이블을 AC 전원 플러그에 연결한다.

④ 충전기의 축전지 연결 케이블의 적색 클립은 축전지 ⊕터미널에, 흑색 클립은 ⊖터미널에 접속한다.

⑤ 전원 스위치를 ON시킨다.

⑥ 선택 스위치를 시험 위치에 셀렉터를 선정하여 전압계의 지침이 6, 5, 4, 3, 2, 1의 지시 눈금에 ×10을 하여 충전 시간을 선정한 다음 선택 스위치 셀렉터를 충전에 위치시킨다.

⑦ 위치 스위치를 축전지 전압(12 V 또는 24 V)에 셀렉터를 선정한다.

⑧ 전압 정밀 조정 셀렉터를 상용하여 전류계를 보면서 충전기의 출력 전류를 축전지 용량의 50%가 되도록 조정한다(예 60 Ah인 축전지의 충전 전류는 30 A).

⑨ 충전시간 조절 셀렉터를 자동 위치의 시간에 선택한다(전압계의 지침이 6, 5, 4, 3, 2, 1의 지시 눈금에 ×10을 하여 시간을 설정한다).

⑩ 충전이 완료되면 멜로디가 울린다.

⑪ 멜로디가 울리면 스위치를 OFF시킨다.

⑫ 전원 케이블 및 축전지 연결 케이블을 탈거한다.

⑬ 축전지의 벤트 플러그를 닫는다.

7.5.3 보충전의 방법

(1) 초충전

제작회사에서 전해액을 넣고 최초로 행하는 충전을 말한다.(현재는 건식 축전지 이므로 초충전을 하지 않는다)

① 충전전압 : 축전지 전압보다 1 ~ 2 V 높게

② 충전정류 : 용량(AH)의 1/20 ~ 1/40로 한다.

③ 충전시간 : 60 ~ 70시간

(2) 보충전

사용하든 축전지가 방전되었을 때 보충하는 충전방법이다.

① 정전류 충전 : 일정한 전류로 충전하는 방법으로 많이 사용한다.

② 정전압 충전 : 일정한 전압으로 충전하는 방법으로 초기에 많은 전류가 충전 되므로 축전지의 수명이 단축된다.

③ 단계별전류 충전 : 충전초기에는 많은 전류가 충전되며, 시간의 경과에 따라 전류를 2-3 단계씩 감소하며 충전.

(3) 급속충전

시간적인 여유가 없을 때 단시간 내에 많은 량의 전류로 충전

① 충전전압 : 축전지 전압보다 1 ~ 2 V 높게

② 충전전류 : 용량의 1/2 ~ 1/5로 한다.

③ 충전시간 : {방전량(AH)/충전전류(A)} ×(1.2-1.5)

[보충전의 방법]

구분	전 압	전 류	기 타
정전류 충전	· 축전지전압 보다 1~2 V 높임	· 표준:축전지 용량의 10%	· 최대 충전전류: 용량의 20% · 최소 충전전류: 용량의 5%
정전압 충전	· 15.5 V~16.0 V		· 20~24시간정도
단계별 충전		· 전류값 2~3단계별로 감소	
급속 충전	· 축전지전압 보다 1~2 V 높임	· 축전지 용량의 50%	· 축전지 용량의 1/2~1/5의 전류로 충전

실험결과 보고서[7]

- **실험내용 : 축전지 실험**
- **실험일자 :** 년 월 일
- **실 험 자 :** 조
- **제 출 일 :** 월 일

□ 실험목적

1) 축전지의 기능 및 내부구조 이해
2) 비중측정을 통한 방전률 확인
3) 축전지 충전방법 및 충전기 사용법
4) 충방전 화학방정식
5) 직·병렬 연결 충전시 주의사항

1. 축전지 각부 명칭 및 점검

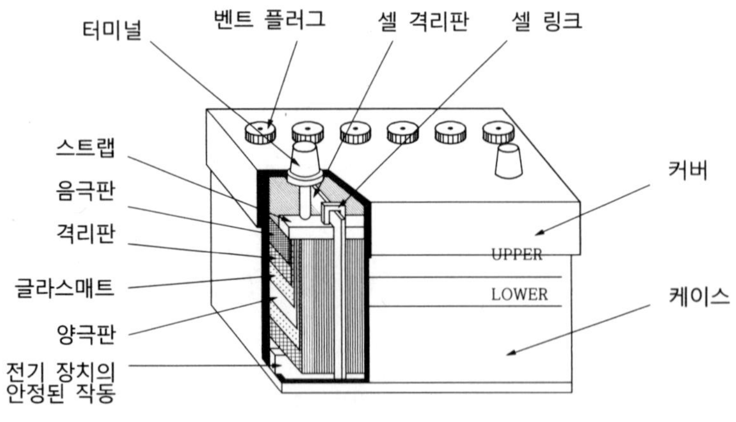

그림 7-15 축전지 구조

(1) 전해액량 측정(MF축전지 제외)

실험내용	측 정 값						비 고
전해액량	1번 셀	2번 셀	3번 셀	4번 셀	5번 셀	6번 셀	70Ah 이상:13-20mm 70Ah 이하:10-13mm
판 정	양 . 부	양 . 부	양 . 부	양 . 부	양 . 부	양 . 부	

(2) 전해액 비중 측정

실험내용	측정값	전해액 온도	환산 비중	방전률	판 정
1번 셀					양 . 부
6번 셀					양 . 부

(3) 단전지(셀) 전압 측정(MF축전지 제외)

실험내용	측정방법	측정값	규정치	판 정
2번 셀				양 . 부
5번 셀				양 . 부

(4) 축전지 단자전압 측정

축전지 구분	측정값	규정치	판 정
1번 축전지			양 . 부
2번 축전지			양 . 부
6번 축전지			양 . 부

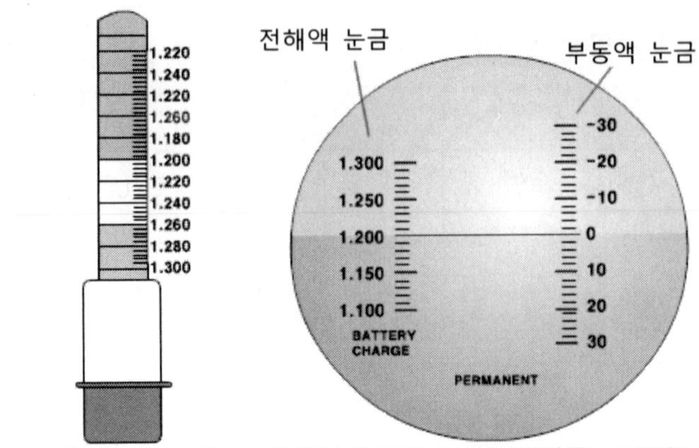

튜브식 비중계 뜨개　　공학식 비중계 눈금(현재비중 : 1,200)

그림 7-16 비중계 눈금읽기

2. 축전지 충전방법

(1) 충전기 조작방법(충전방법에 따른 각 셀렉터의 선정위치 기재하기)

실험내용	충전기 (+)리드선	충전기 (−)리드선	전원 스위치	선택 스위치	위치 스위치	전압정밀 조정스위치	충전시간 스위치
정전류충전							
급속충전							

* 병렬연결 충전 및 직렬연결 충전의 특징

(2) 축전지 사용시간 계산

방전전류 / 축전지용량	1[A]	5[A]	6[A]	10[A]	30[A]
12V-30Ah					
24V-60Ah					

3. 축전지 용량테스터

구분	측정값	규정	판정
1번 축전지			양 . 부
2번 축전지			양 . 부

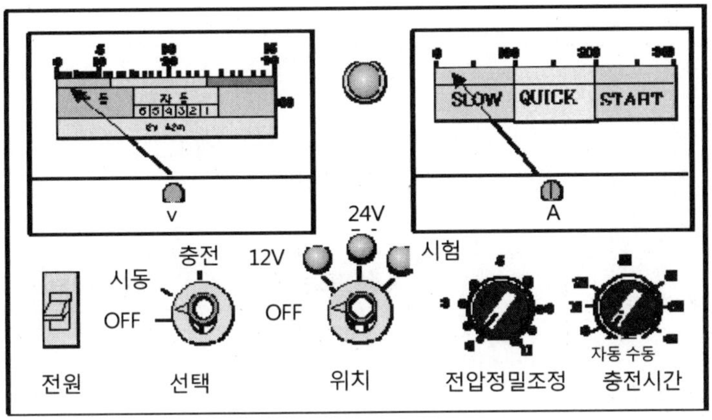

그림 7-17 축전지 충전기(Strong Power)

[비중에 의한 충 · 방전상태]

전체[V] 단자 전압	셀당[V] 단자 전압	20[℃]		충전 상태		판 정
		A(온대)	B(한대)			
12.6[V]이상	2.1[V]이상	1.260	1.280	완전 충전	100[%]	정상(사용가)
12.0[V]	2.0[V]	1.210	1.230	3/4충전	75[%]	양호(사용가)
11.7[V]	1.95[V]	1.160	1.180	1/2충전	50[%]	불량(충전요)
11.1[V]	1.85[V]	1.110	1.130	1/4충전	25[%]	불량(층전요)
10.5[V]	1.75[V]	1.060	1.080	완전 방전	0	블량(교환요)

4. 주어진 자동차의 축전지 비중을 점검하여 축전지(축전지)의 이상유무를 확인 하시오.

측정 항목	① 측정 또는 점검		② 판정 및 정비(또는 조치)사항	
	측 정 값	규정(정비 한계)값	판 정	정비 및 조치사항
비 중			양호, 불량	
용 량				

5. 주어진 자동차에서 축전지를 시험위원의 지시에 따라 급속 충전한 후 충전압을 측정하여 기록표에 기록하시오.

측정 항목	① 측정 또는 점검		② 판정 및 정비(또는 조치)사항	
	측 정 값	규정(정비 한계)값	판 정	정비 및 조치사항
충전 전압			양호, 불량	

8
CHAPTER

기동장치

8.1 기동장치의 작동 원리

8.1.1 기동전동기 작동원리

자동차의 엔진은 자기 스스로 작동하지 못하므로 이것을 움직이기 위하여 기동시키는 장치를 기동장치라 하며 축전지 점화 스위치, 기동전동기 등으로 구성된다.

전류는 기동전동기 솔레노이드 스위치의 ST단자를 통하여 풀인코일을 거쳐 접지로 흐른다. 이때 풀인코일은 플런지와 접촉판을 닫힘 위치로 당기는 전자력을 형성한다. 이렇게하여 기동전동기 솔레노이드 스위치 B단자와 M단자 사이의 접촉이 이루어진다. 솔레노이드 스위치 B단자와 M단자 사이의 접촉은 고전류 회로에 에너지를 전달하고, 계자 코일 및 브러시에 축전지 전압을 인가하여 기동전동기가 크랭킹을 하게된다. 솔레노이드 스위치의 플런저는 시프트 레버를 통하여 피니언으로 연결된다. 풀인코일의 전자력이 플런저를 이동시키면 피니언은 엔진 플라이 휠 링기어로 이동한다.

즉, 접촉판이 솔레노이드 스위치 B단자와 M단자 사이를 접촉시키면 피니언과 플라이 휠 링기어가 완전히 물리고 기동전동기의 회전으로 플라이 휠이 회전하게 된다. 한편 홀드 인 코일은 솔레노이드 스위치의 ST단자를 통하여 에너지를 받아 기동전동기로 흐르고 시스템 전압이 떨어질 때 접촉판을 맞물린채로 있도록 하는 추가 전자력을 공급한다.

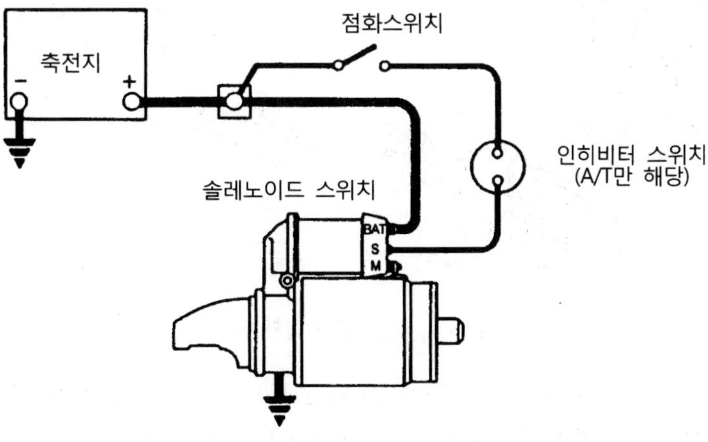

그림 8-1 기동장치의 회로

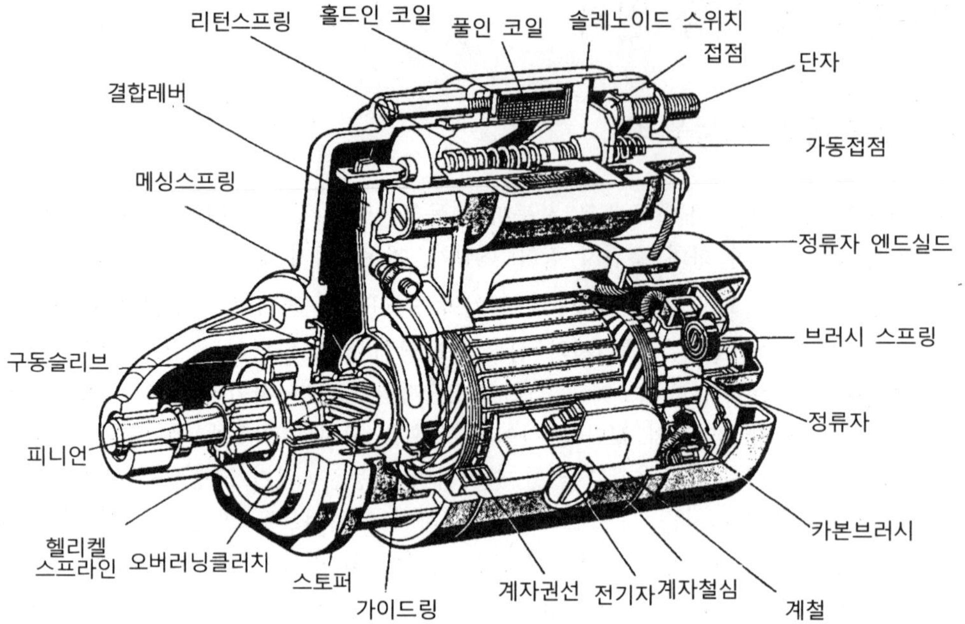

그림 8-2 전자피니언 섭동식 기동전동기

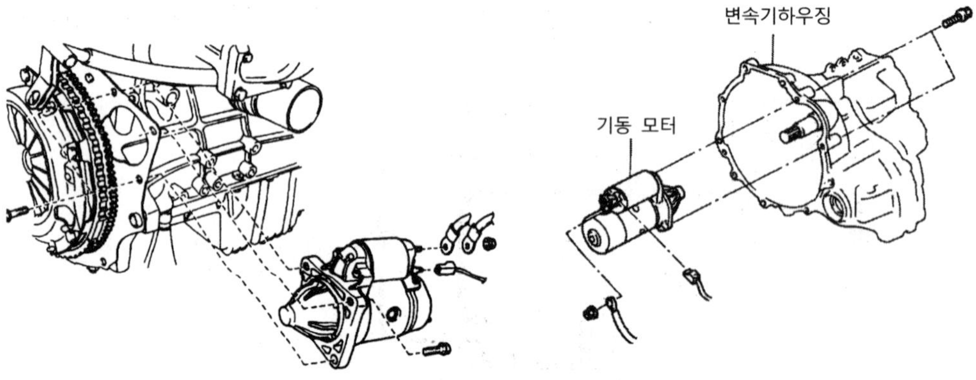

그림 8-3 기동전동기 설치 위치

그리고 자동변속기 차량에 설치된 인히비터 스위치는 접점이 닫혀져 있는 동안에 점화 스위치를 ST단자로 돌리면 솔레노이드 스위치의 ST 단자에 축전지 전압을 인가 한다. 또 엔진을 기동할 때 전기자 코일의 과다한 회전에 의한 손상을 방지하기 위하여 피니언에 오버런닝 클러치를 두고 있다.

8.1.2 기동 장치 고장 진단 방법

고장 현상	고장원인
1) 크랭킹이 되지 않음	· 축전지 전압이 낮거나 축전지 케이블의 느슨해짐, 부식 또는 마멸 · 자동변속기 차량에서 인히비터 스위치의 결함 · 퓨저블 링크의 단락 · 기동 전동기 결함 · 점화 스위치 결함
2) 크랭킹이 느림	· 축전지 전압이 낮다. · 축전지 케이블의 느슨해짐, 부식 또는 마멸 · 기동 전동기 결함
3) 기동 전동기가 계속 회전함	· 기동 전동기 결함 · 전화 스위치 결함
4) 회전하나 크랭킹 되지 않음	· 배선의 단락 · 피니언의 이빨이 부러졌거나 전동기의 결함 · 링기어 이빨이 부러졌음

8.2 기동장치 분해조립

8.2.1 시험방법 및 작업순서

(1) 기동전동기의 구조를 분해, 조립을 통하여 익히고 주요 명칭을 숙지하도록 한다.

(2) 아날로그 테스터를 이용하여 기동전동기의 각 부분의 양부를 판정하는 방법을 습득하도록 한다.

① 회전자 코일 ② 정류자

③ 브러시 및 홀더 ④ 요크 구조

⑤ 마그네틱 스위치 ⑥ 오버런닝 클러치 구조

⑦ 고정자 코일 ⑧ 그 밖의 여러 부위

(3) 엔진 시뮬레이터 통하여 보고 각 상태를 확인하여 보도록 한다.
(4) 아날로그 테스터를 이용하여 키 박스(key box)의 접점을 확인하여 보도록 한다.

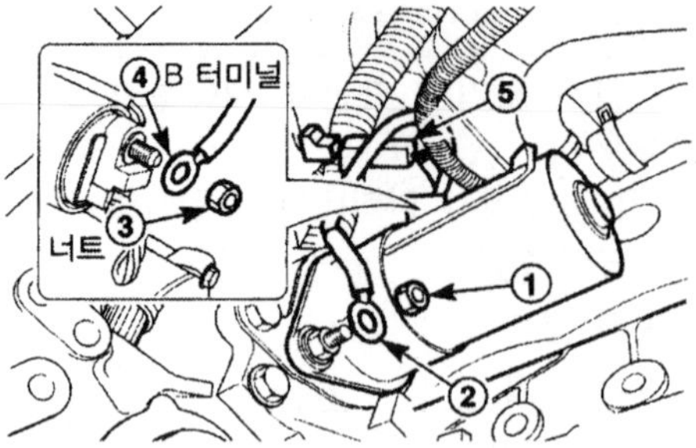

그림 8-4 기동전동기 배선 분리 순서

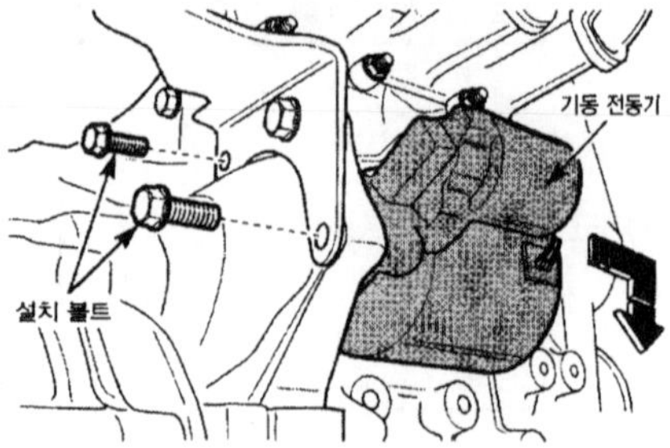

그림 8-5 기동전동기 탈거

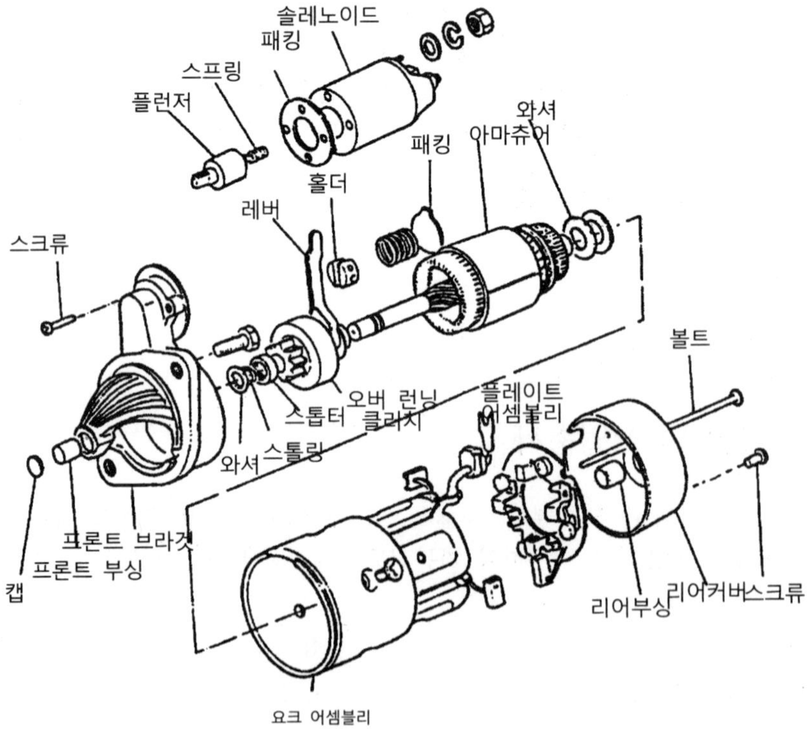

그림 8-6 기동전동기의 분해도

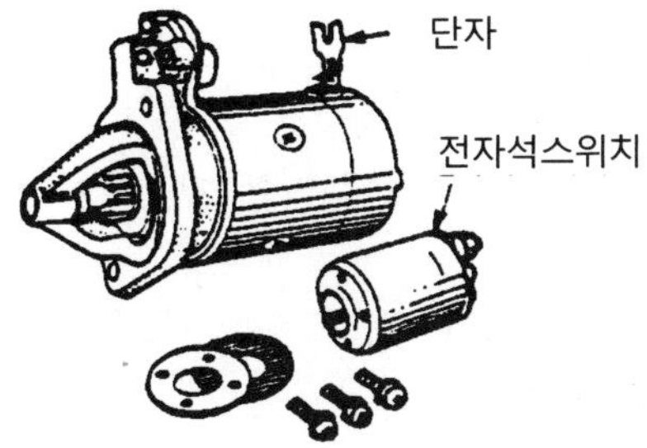

그림 8-7 마그네틱 스위치 탈착

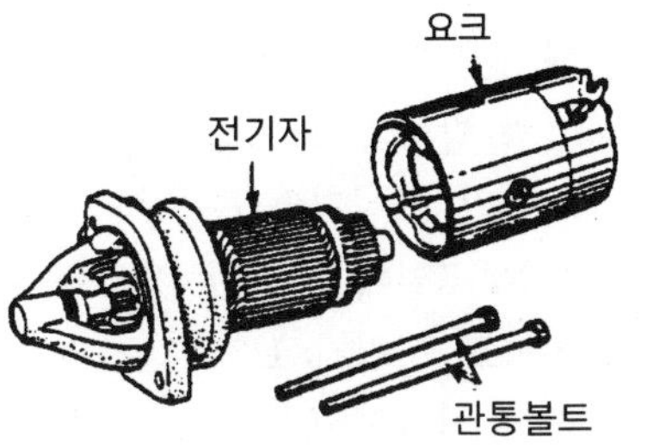

그림 8-8 관통 조립볼트 탈착

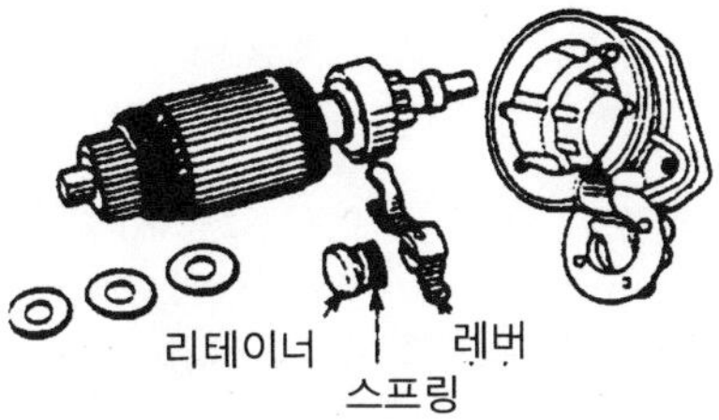

그림 8-9 전기자와 레버 탈착

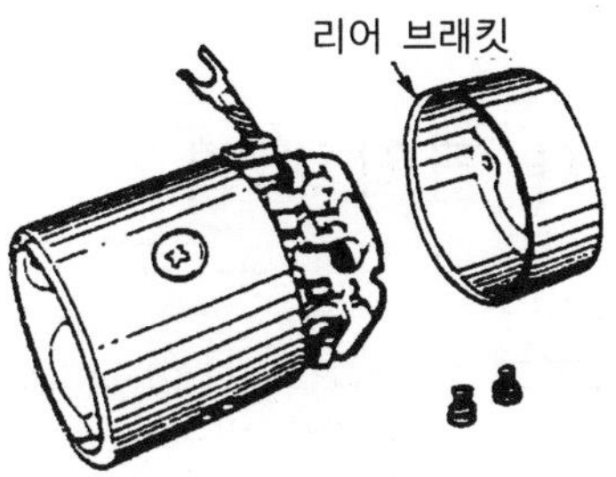

그림 8-10 리어 브리킷 탈착

그림 8-11 브러시 홀더 어셈블리 탈착

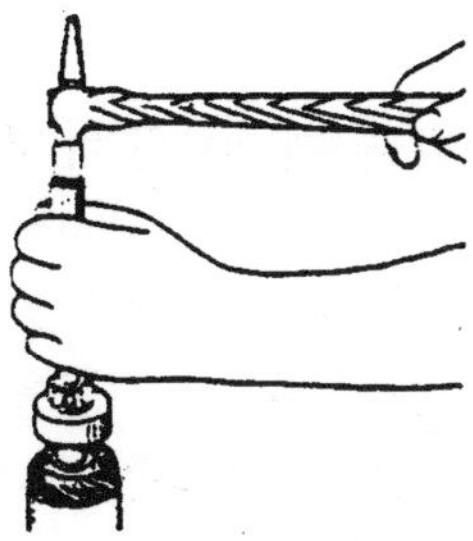

그림 8-12 오버런닝 클러치의 탈착

✔ 분해 조립시 유의사항

(1) 분해 순서대로 정리하며 조립은 분해의 역순으로 한다.
(2) 레버의 방향과 스프링 홀더의 순서를 혼돈하지 말 것
(3) 마그네틱 스위치의 B단자와 F(M)단자의 구분에 주의할 것. 여기서 마그네틱 스위치의 내부코일이 연결된 것이 F(M)단자이다.
(4) 관통볼트 조립시 브러시 선과 접촉에 주의할 것
(5) 브러시 배관 하우징과의 접촉에 주의할 것
(6) 전기자 뒷면에 와셔가 있는 것이 있으므로 분실에 주의할 것
(7) 점검 및 수정

8.3 전기자 코일 시험

⇨ **실습목적 :** 그라울러 테스터(Growler Tester), 아마추어 테스터(Armature Tester)의 사용법을 익히고, 그라울러 테스터를 이용하여 기동전동기 전기자(Armature)의 단선(개회로), 단락 및 접지 특성을 확인한다.

⇨ **기계기구 :** 그라울러 테스터, 기동전동기, 기본 공구 세트, 절연 저항계

⇨ **예비지식 :** 직류전동기 특히 직류 직권전동기의 특성을 파악한다.
기동전동기의 분해, 조립을 통하여 구조 및 명칭을 파악한다.

8.3.1 그라울러 테스터 사용법

(1) AC 리드선 : AC 100[V]에 접속하는 리드선
(2) 전원스위치 : 전원을 투입할 경우에 사용한다.
(3) 시험램프 : 테스터 리드선이 도통할 경우 점등된다.
(4) 테스터 리드선 : 시험에 사용되는 적색 리드선 (+)과 흑색 리드선(-)
(5) 암미터(Ammeter) : 단선 시험시 지침이 움직여 코일 이 감긴 수와 균형이 맞는가를 표시한다.
(6) 전류 리드선 : 통전 전류 시험시 사용되는 리드선
(7) V형 철심 : 전원스위치 ON시에 여자되는 철심

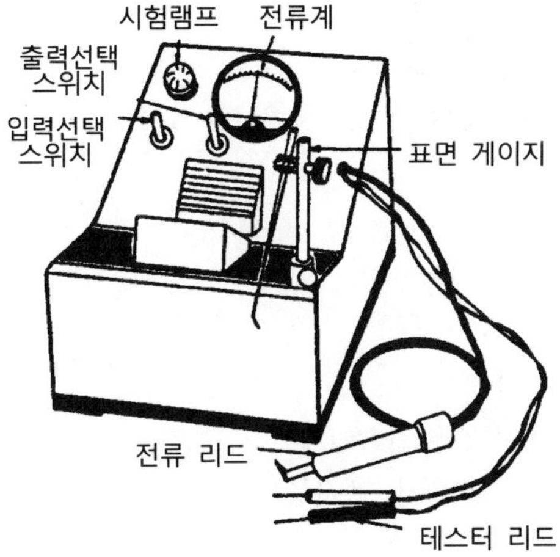

그림 8-13 그라울러 테스터

8.3.2 단선(개회로) 시험

(1) 전원스위치를 OFF한다.
(2) AC 리드선 : AC 100[V]에 접속한다.
(3) V형 철심 위에 전기자 코일을 올려놓는다.
(4) 테스터 리드선을 연결한다.
(5) 테스터 리드선을 서로 접속하여 전구가 점등되는가를 확인한다.
(6) 테스터 리드선을 그림과 같이 정류자편에 각각 접속하여 점등을 확인한다.

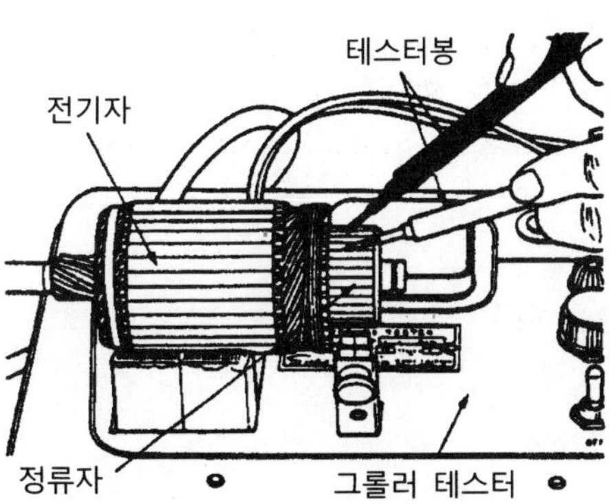

그림 8-14 전기자코일 단선 시험

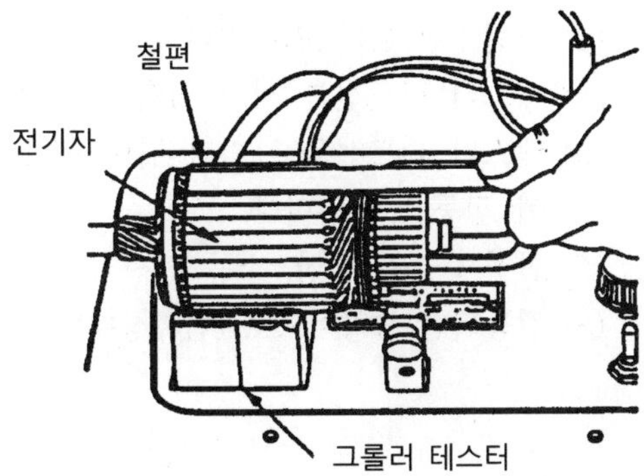

그림 8-15 전기자 코일 단락시험

(7) 판정 : 점등-정상, 소등-단선 또는 접속 불량
(8) 정류자편에 각각 접속하였을 경우 테스터 시험전구가 한번이라도 점등되지 않으면 전기자 코일이 단선된 상태이므로 전기자를 교환한다.

8.3.3 단락시험

(1) 전원스위치를 OFF한다.
(2) AC 리드선 : AC 100[V]에 접속한다.
(3) V형 철심 위에 전기자 코일을 올려놓는다.
(4) 전원스위치를 ON시킨다.
(5) 철편 또는 쇠톱날을 그림과 같이 전기자 위에 평행하게 댄다.
(6) 전기자를 천천히 회전시키며 철편 또는 쇠톱날의 흡인, 진동을 점검한다.
(7) 판정 : 아무런 변화가 없음-정상, 달라붙거나 떨림-불량
(8) 불량일 경우 전기자 코일의 층간단락(layer short circuit)이므로 전기자를 교환한다.

8.3.4 접지시험

(1) 전원스위치를 OFF한다.
(2) AC 리드선 : AC 100[V]에 접속한다.
(3) V형 철심 위에 전기자 코일을 올려놓는다.
(4) 전원스위치를 ON시킨다.
(5) 테스터 리드선을 서로 접속하여 전구가 점등되는가를 확인한다.
(6) 테스터 리드선을 그림과 같이 정류자편에, 다른 한쪽은 전기자 축 또는 편에 접속하여 점등을 확인한다.
(7) 판정 : 점등-정상, 소등-단선
(8) 점등되면 불량이므로 (접지상태) 전기자를 교환한다.

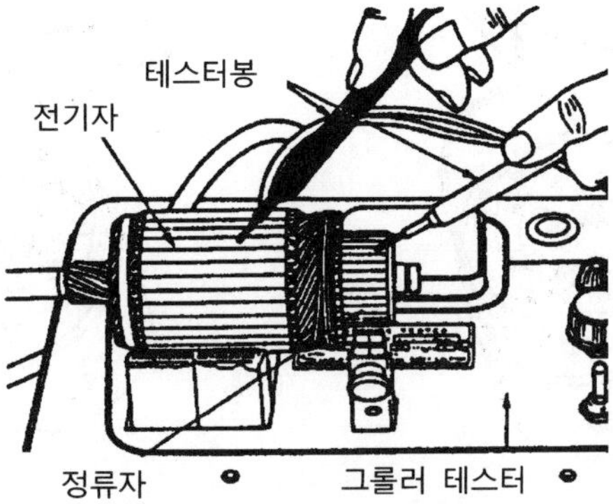

그림 8-16 전기자 코일 접지시험

✔ 유의사항

① 전원스위치를 ON시킨 상태에서 AC 리드선을 접속하지 않도록 한다.

② 테스터의 중량이 큰 관계(∵ 철심 포함)로 이동시 떨어지지 않도록 주의한다.

③ 입력전원이 교류 220[V]이므로 이점에 유의한다.

8.4 계자 코일 시험

8.4.1 단선(개회로)시험

(1) 그로울러 또는 멀티 테스터 등을 이용하여 F(M)배선과 ⊕브러시간의 단선을 시험한다.
(2) 점등되거나 도통해야 한다.
(3) 판정 : 납땜 부분을 재점검하여 단선일 때는 계자코일을 교환한다.

8.4.2 단락시험

(1) 멀티 테스터 등을 이용하여 F(M)배선과 ⊕브러시간의 저항을 시험한다.

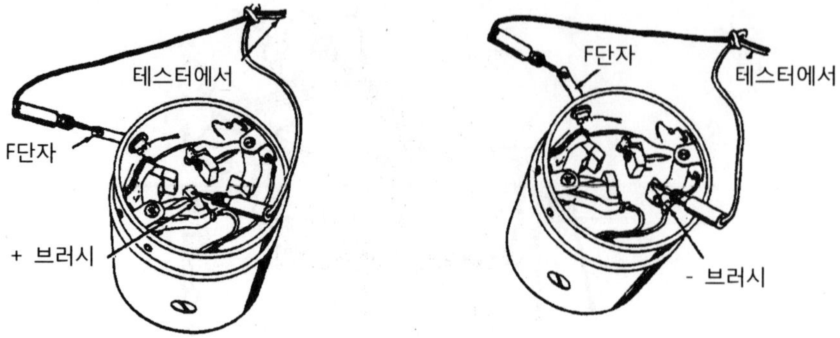

그림 8-17 계자코일 점검

(2) 규정치 이내 : 정상
규정치 이하 : 단락
규정치 이상 : 노화

(3) 판정 : 단락 또는 노화일 때는 계자코일을 교환한다.

8.4.3 절연시험

(1) 멀티 테스터 등을 계자코일과 계자철심을 시험한다.
(2) 저항이 무한대 이어야 한다.
(3) 판정 : 도통되거나 저항이 발생하면 계자코일을 교환한다.

✔ 유의사항

기동전동기 분해, 조립이 원활히 될 수 있도록 숙지하면서 진행되도록 한다.

8.5 브러시 점검

(1) 브러시 길이점검

① 측정 : 버어니어 캘리퍼스 또는 직선자를 이용하여 길이를 측정한다.

② 판정 : 일반적으로 브러시 위로부터 1/3이 마모 한계선이다.

브러시 끝으로부터(와이어부분) 8 mm 되는 곳이 마모한계선이다. 이 한계값 이하 시 교환

(2) 브러시 스프링 장력 점검

① 측정 : 스프링 저울, 끈 또는 가는 철사를 이용하여 측정한다.

② 판정 : 한계값 이하시 교환

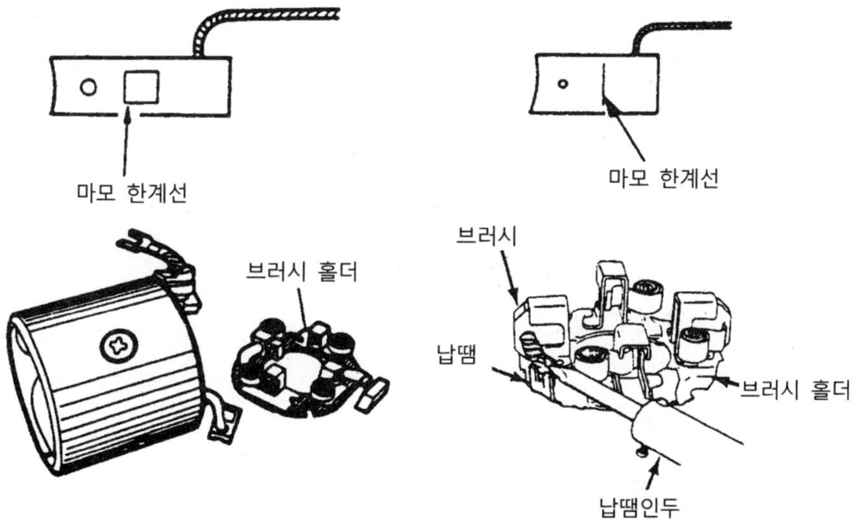

그림 8-18 브러시의 한계선과 납땜

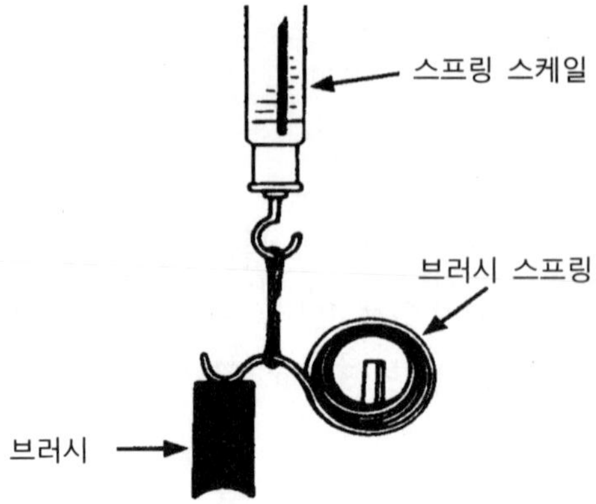

그림 8-19 브러시 스프링의 장력 측정

항목	차종	아반테 HD	베르나 MC	프라이드
브러시 길 이	표준	18.5[mm]	-	17[mm]
	한계	11.5[mm]	마모한계선	11.5[mm]
스프링 장 력	표준	-	-	0.9 ~ 1.95[kg/cm2]
	한계	-	-	0.9[kg/cm2]

(3) 브러시 홀더 접지시험

① 측정기 : 멀티 테스터, 그로울러 테스터 등

② 측 정 : ⊕브러시, 홀더와 홀더 프레임 사이에 통전시험을 한다.

③ 판 정 : 통전되면 불량, 교환한다.

(4) 전기자 코일 점검

① 축의 휨 점검 : V블록과 다이얼 게이지를 이용하여 점검한다.

- 판정 : 규정값 이상시에는 교환

② 축과 부시와의 간극 점검 : 내·외측 마이크로미터 또는 텔레스코핑 게이지를 사용하여 간극을 측정한다(내경 - 외경 = 간극).

- 판정 : 한계값 이상일 때 부시를 교환한다.(외경 한계값 이하시 전기자 를 교환한다).

③ 전기자 코일시험

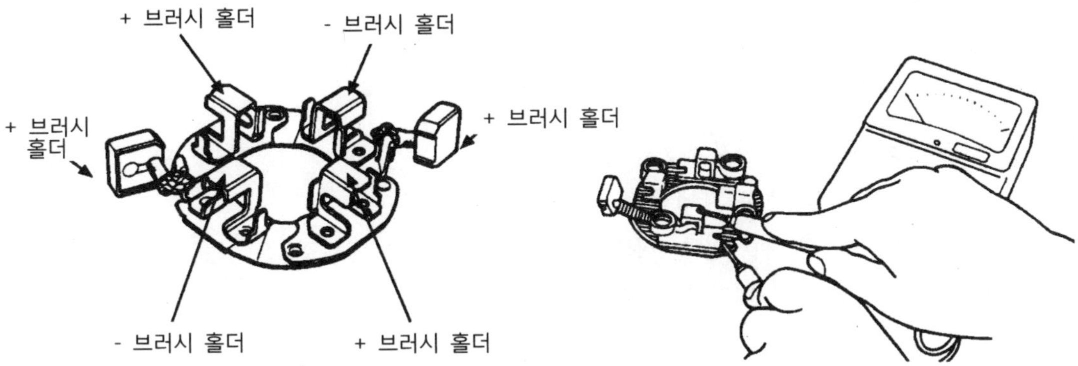

그림 8-20 브러시 홀더 접지시험

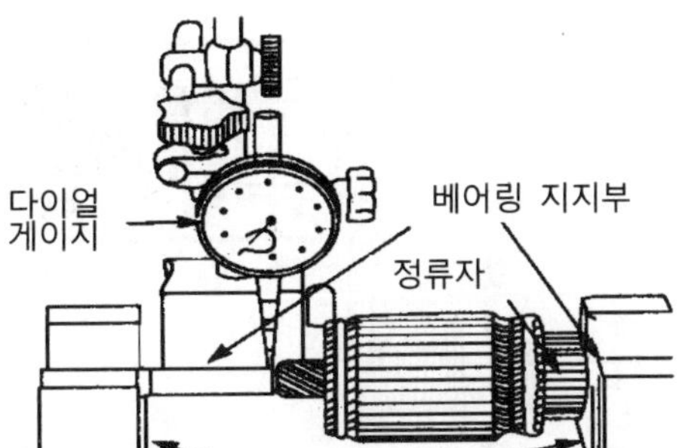

그림 8-21 전기자 축 휨 측정

8.6 마그네틱 스위치의 솔레노이드 시험

- **실습목적 :** 기동전동기에 부착되어 있는 마그네틱 스위치의 솔레노이드 시험을 통하여 풀인 코일과 홀드인 코일의 정상여부를 판독하고 더불어 피니언 기어 및 오버런닝 클러치의 양부도 함께 확인한다.
- **기계기구 :** 아날로그 테스터, 기동 전동기, 기본공구세트, 축전지
- **예비지식 :** 솔레노이드의 원리를 비롯하여 기초적인 전기이론에 대하여 미리 숙지한다.

8.6.1 솔레노이드 작동 점검

(1) 풀인(pull in) 시험

① 기동전동기에 축전지 배선을 분리한다.

② S(ST)단자와 F(M)단자에 축전지 +, - 를 접속한다.

③ 판정 : · 정상 : 피니언이 전진한다.

· 불량 : 피니언이 전전하지 않는다.

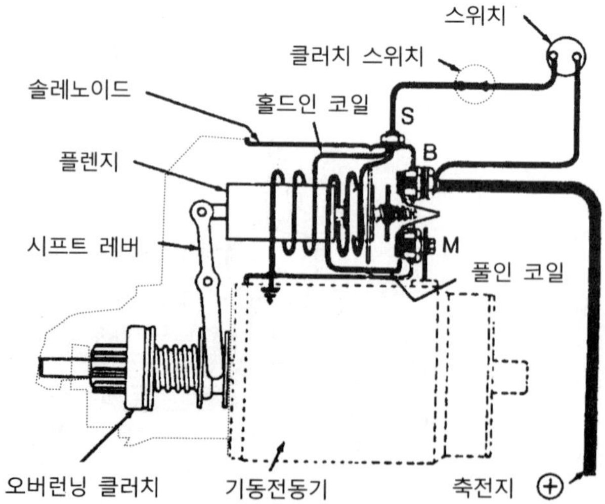

그림 8-22 솔레노이드 구조

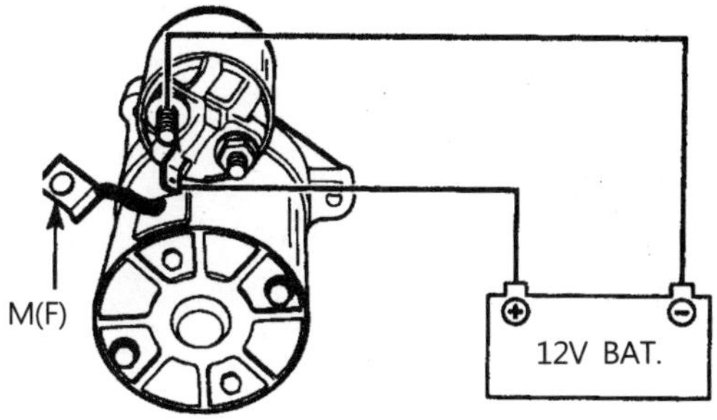

그림 8-23 솔레노이드 풀인 시험

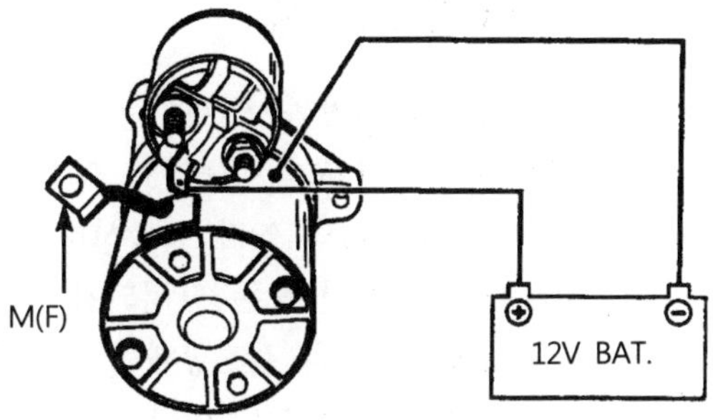

그림 8-24 풀인 시험 - 홀드인 시험

(2) 홀드인(hold in) 시험

① 기동전동기에서 축전지 배선을 분리한다.

② S(ST)단자와 몸체에 축전지 +, -를 접속한다.

③ 몸체와 F(M)단자를 접속하였다 분리한다. 이 경우 코일의 소손을 방지하기 위하여 시험시간은 10초 이내로 한다.

④ 판정 : · 정상 : 피니언이 전진한 상태로 유지한다.
　　　　· 불량 : 피니언이 전진한 상태에서 원 위치된다.

✔ 유의사항

시험시간이 길지 않도록 유의한다.

8.7 기동전동기 무부하 및 부하시험

⇨ **실습목적 :** 축전지의 충전여부와 기동전동기의 이상유무를 점검하기 위함이다. 또한 엔진에서 저항이 발생하는 경우를 점검하기도 한다.

⇨ **기계기구 :** 축전지의 충전여부와 기동전동기의 이상유무를 점검하기 위함이다. 또한 엔진에서 저항이 발생하는 경우를 점검하기도 한다.

⇨ **예비지식 :** 기동전동기의 원리를 비롯하여 높이를 점검한다.

8.7.1 기동회로 점검

(1) 축전지 전압과 전해액 높이를 점검한다.
(2) 축전지 단자가 이물질로 인하여 접속에 이상이 있는가를 점검한다.
(3) 기동전동기의 단자 접촉상태를 점검한다.
(4) 배선이 접지 또는 단선되지 않았는가를 점검한다.
(5) 기동전동기의 접지상태를 점검한다.
(6) 점화스위치를 점검한다.

8.7.2 무부하시험(기동장치만 분리 시험)

(1) 기동전동기만 따로 분리하여 그림과 같이 전압계, 전류계 및 회전계를 설치한다.
(2) 스위치를 접속하고 부하조정기로 규정의 전압에 맞춘다.
(3) 전류와 회전수를 측정한다.
(4) 제작회사의 제원을 보고 판정한다. 사용배선은 가능한 굵은 것을 사용하고 각 단자의 접촉을 양호하게 하며 시험시간은 10초 이내로 한다.

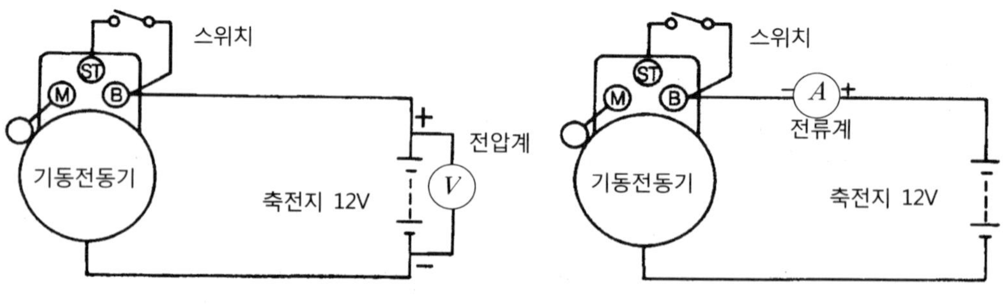

그림 8-25 기동전동기 무부하 시험(크랭킹 전압시험, 전류시험)

✔ 참 고

차종별 무부하시험 규정값

차종		기준전압[V]	최대전류[A]	최소회전수[rpm]
아반테 XD	1.5 DOHC	11.5	60	5500
	2.0 DOHC	11.0	90	3000
	1.5 Diesel	11.0	90	2600
뉴 EF 소나타	1.8 DOHC	11.0	90	2800
	2.0 DOHC	11.0	90	2800
	2.5 DOHC	11.0	90	2800
NF 소나타	2.0 DOHC	11.5	85	2600
	2.4 DOHC	11.5	85	2600
	3.3 DOHC	11.5	85	2600
그랜저 XG	2.0/2.5 DOHC	11.0	90	2800
	3.0 DOHC	11.0	90	2800
옵티마	2.0/2.5 DOHC	11.0	60	3000
	3.0 DOHC	11.0	60	3000
라노스	1.3/1.5 SOHC	10.0	60 ~ 98	6000 ~ 12000
	1.5 DOHC	10.0	60 ~ 98	6000 ~ 12000
레간자	1.8/2.0 SOHC	10.2	40 ~ 90	3200 ~ 4800
	1.8/2.0 DOHC	10.2	40 ~ 90	3200 ~ 4800
엘란트라	1.5 DOHC	11.5	60	6500
	1.5 DOHC	11.0	90	3000
	1.6/1.8 DOHC	11.0	90	3000
산타페	D4EB(Diesel)	11.5	120	4000

[부하특성실험 규정치]

항목＼차종	클릭	NF 소나타	아반테 HD	베르나	프라이드
전 압	6[V]	6[V]	8[V]	8[V]	5[V]
전 류	400[A]이하	400[A]이하	380~460	380~460	430[A]이하
토 크	0.93[m-kg]이상	0.93[m-kg]이상	0.7[m-kg]이상	0.7[m-kg]이상	1[m-kg]이상

자동차 종류 알기

[기량별 크랭킹 전류]

자동차 배기량(cc)	크랭킹 전류	비 고
2500 이상	150A~220A	
1500~2000	120A~140A	
1000~1500	90A~120A	40A~60A
1000 이하	70A~ 90A	배기량 800cc 이하

*위의 수치는 차종에 따라 다소 차이가 날수 있다.

[고장원인]

고 장 상 태	고 장 원 인
1) 큰 전류가 흐르나 회전속도 및 토크는 적다.	· 베어링이 윤할 상태 불량 · 전기자와 계자 간극간 마찰 · 전기자 코일 혹은 계자코일이 접지됨 · 전기자 코일 단락
2) 큰 전류는 흐르나 전기자가 회전하지 않음	· 마그테틱 스위치 접지 · 전기자 코일 혹은 계자코일이 접지됨
3) 전류가 흐리지 않음	· 전기자나 계자코일의 단선 · 브러시 연결선 단선 · 정류자와 브러시간 접촉불량
4) 전류도 적게 흐르고 회전속도 및 토크도 적다.	· 계자코일 연결상태 불량
5) 큰 전류 및 고속회전은 하나 토크는 적다.	· 계자코일 단락

8.7.3 부하시험(실차에서 시험)

(1) 크랭킹 전압 시험(전압강하)

① 완전 충전된 축전지가 설치된 엔진 상태에서 실시한다.

② 엔진 시동이 되지 않도록 배전기 중심 고압케이블을 빼놓거나 점화 1차 회로를 단선 시킨다.

③ 전압계를 축전지 ⊕,⊖단자에 설치한다.

④ 기동 전동기 Ⓑ단자와 Ⓜ단자를 점퍼 와이어로 접속하여 엔진을 회전시킨다.(또는 점화 스위치로)

⑤ 10초정도 크랭킹 시키며 전압계의 눈금을 확인한다.

⑥ 판정 : 부하시험 제원표 참조

✔ 참 고

전압강하는 규정전압의 20%까지 적용되므로 9.6 V이상 나와야 한다.

(2) 크랭킹 전류 시험(전류 소모 시험)

① 완전 충전된 축전지가 설치된 엔진 상태에서 실시한다.

② 엔진 시동이 되지 않도록 배전기 중심 고압케이블을 빼놓거나 점화 1차 회로를 단선 시킨다.

③ 축전지와 기동전동기에 전류계를 직렬로 연결한다.

④ 점화 스위치를 넣고 10초정도 크랭킹 시키며 전류계의 눈금을 확인한다.

⑤ 판정 : 부하시험 제원표 참조

✔ 참 고

부하시 전류 소모는 축전지 용량의 3배 이하가 정상

예) 50 Ah인 경우에 150 A 이하가 된다.

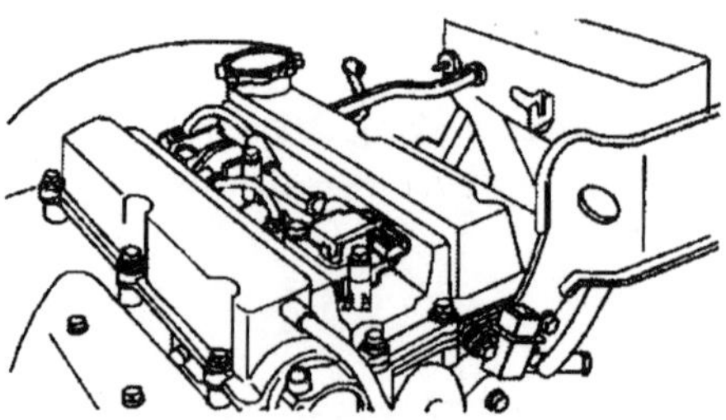

그림 8-26 점화 1차회로 분리

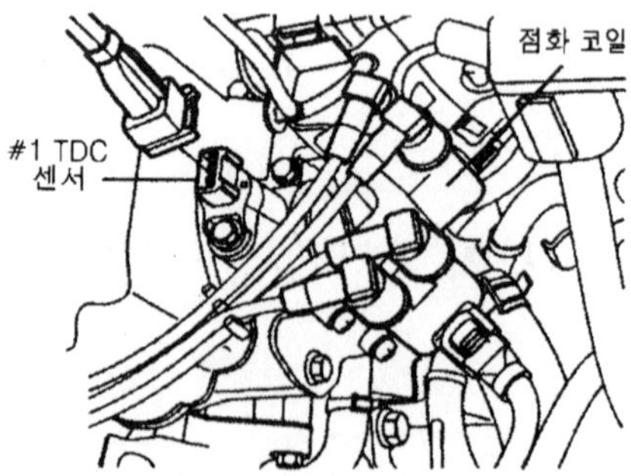

그림 8-27 1번 TDC단자 커넥터 분리

항목 / 구분	전압	전류	전압강하
무부하시험	축전지 단자전압의 90%이상	축전지 용량의 ±10%이내	10%이내
부하시험	축전지 단자전압의 80%이상	축전지 용량의 3배 이하	20%이내

항목 / 구분	전압강하(V)	소모전류(A)
부하시험	축전지 전압의 20%까지 허용	축전지 용량의 3배 이하
예(12V-45Ah)	9.6V 이상	135A 이하

8.8 기동 전동기 성능 테스터(BENCH TESTER)

8.8.1 기동 전동기 성능 테스터 사용법(무부하 시험)

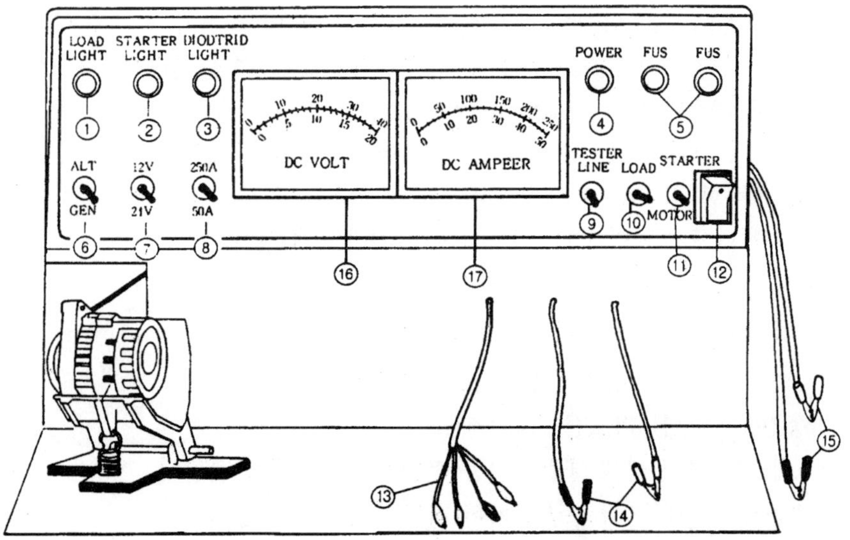

그림 8-28 벤치 테스터(UJIN 802)

8.8.2 성능 테스터기의 구조

(1) 로드 램프(LOAD LAMP) : 축전지 부하 테스트할 때 ①의 로드 스위치를 ON 시키면 약 5초 정도 점등된다.
(2) 기동 전동기 램프(STARTER MOTOR TEST) : 기동 전동기를 테스트할 때 ②의 스타팅 모터/모터 스위치를 스타터(STARTER) 위치로 하면 점등된다.
(3) 레귤레이터, 다이오드 트리오 램프(REGULATOR, DIODETRIO LAMP) : 발전기 테스트할 때 ②의 스타트 모터/모터 스위치르 모터(MOTOR) 위치로 하면 점등된다(단, 레귤레이터가 불량이면 점등되지 않는다).
(4) 파워 램프(POWER LAMP) : ④의 파워 스위치를 ON 시키면 점등된다.
(5) 파워 스위치(POWER SW) : 축전지 전원을 테스터에 공급 또는 차단하는 스위치
(6) 퓨즈(FUSE)
(7) 퓨즈(FUSE)
(8) 기동 전동기 발전기 선택(STARTER /MOTOR) 스위치 : 발전기 성능 테스터를 할 때는 모터(MOTOR) 위치에, 스타팅 모터의 성능 테스트는 스타터(STARTER) 위치에 선정한다.
(9) 로드 스위치(LOAD SWITCH) : 축전지 부하 테스터 할 때 사용하는 스위치
(10) 전류계(AMPERE METER) : 발전기 출력 전류 및 기동 전동기 부하 전류를 나타낸다.
(11) 전압계(VOLTAGE METER) : 발전기 출력 전압 및 축전지 전압을 나타낸다.
(12) 전류 선택 스위치(200 A /50 A) : 발전기 성능 시험을 할 때 50 A에, 기동 전동기 부하 테스트할 때는 200 A 선정한다.
(13) 전압 선택 스위치(12 V /24 V) : 벤치 테스터에 사용하는 축전지의 전압에 선정한다.
(14) 발전기 시험 리드선
  · 적색 리드선 - 발전기, 기동 전동기 B단자에 연결
  · 흑색 리드선 - 발전기, 기동 전동기 접지
  · 백색 리드선 - 발전기 L단자에 연결
  · 녹색 리드선 - 기동 전동기 ST단자에 연결
(15) 기동전동기 시험 리드선
  · 테스터 정면 적색 클립 : 기동 전동기 B단자에 연결한다.
  · 테스터 정면 흑색 클립 : 기동 전동기에 접지 시킨다.
(16) 축전지 시험 리드선

· 테스터 측면 적색 클립 : 축전지(+) 커넥터에 연결한다.
· 테스터 측면 흑색 클립 : 축전지(-) 커넥터에 연결한다.

8.8.3 무부하 시험

(1) 완전 충전된 축전지를 준비한다.
(2) 테스터의 모든 스위치를 OFF 또는 중립에 위치시킨다.
(3) 기동 전동기를 V블록에 설치한다.
(4) 테스터의 사이드에 설치되어 있는 전원 케이블의 적색 클립을 축전지 (+) 커넥터에 접속시킨다.
(5) 테스터의 사이드에 설치되어 있는 전원 케이블의 흑색 클립을 축전지(-) 커넥터에 접속시킨다.
(6) 테스터에 전면에 설치되어 있는 케이블의 적색 클립을 기동 전동기 B단자에 접속한다.
(7) 테스터의 전면에 설치되어 있는 케이블의 흑색 클립을 기동 전동기 몸체에 접속시킨다.
(8) 테스터 라인의 적색 클립은 B단자에, 흑색 클립은 접지, 녹색 클립은 ST 단자에 접속시킨다.
(9) 전류 선택 스위치를 200 A에 선정한다.
(10) 전압 선택 스위치를 테스터에 연결된 전압으로 선정한다.
(11) 파워 스위치를 ON 시킨다.
(12) 기동 전동기 발전기 선택 스위치를 스타터(STARTER)에 선정한다(이때 스타터 라이트가 점등된다).
(13) 전류계와 전압계에 나타난 무부하 전압과 전류의 특성을 측정한다.
(14) 측정이 완료되면 모든 스위치를 OFF 시키고 케이블을 분리시킨다.

✔ 유의사항

① 전압계 및 전류계의 결선시 극성에 유의한다.
② 기동전동기는 직류직권 전동기이므로 제어시 과속이 되지 않도록 유의한다.

실험결과 보고서[8]

- **실험내용 : 기동장치 실험**
- **실험일자 :** 년 월 일
- **실 험 자 :** 조
- **제 출 일 :** 월 일

□ 실험목적

1) 기동전동기의 구조 및 작동원리 이해
2) 기동장치 관련 배선도의 이해
3) 기동장치 구동을 위한 회로 구성

1. 기동전동기 각부명칭 및 작동원리(시동회로 구성 및 구동)

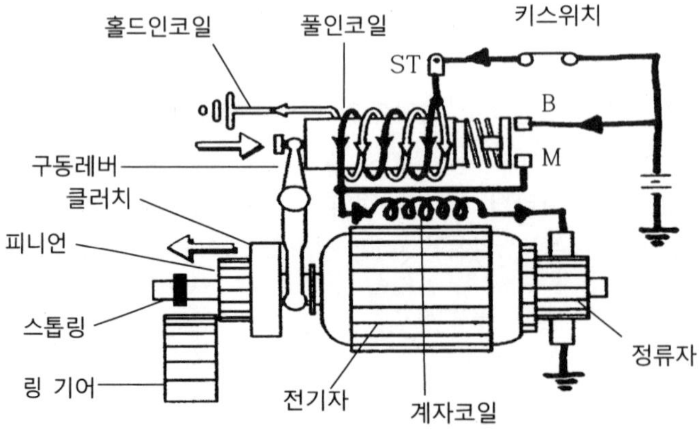

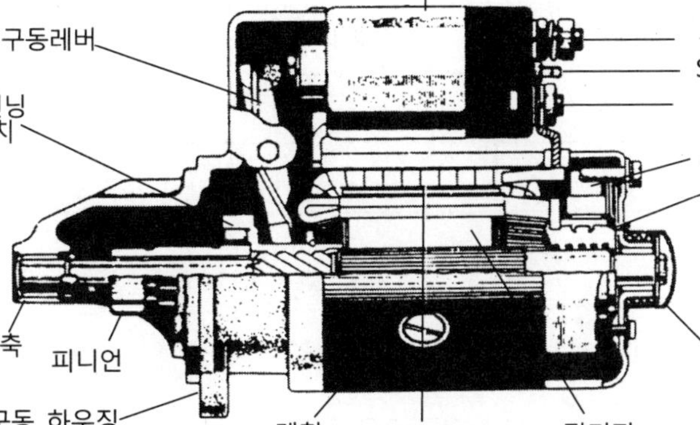

그림 8-29 기동장치 구성

2. 기동전동기 작동시험(회로구성)

실험내용	축전지(+)	축전지(−)	스위치	비고(판단)
작동시험				양, 부

3. 분해 및 각 부위 점검

실험내용		측정단자	규정치	측정치	비고(판단)
계자코일 시험	단선 시험	F ↔ (+)브러시			양, 부
	단락 시험				양, 부
	절연 시험				양, 부
전기자코일 시험	단선 시험				양, 부
	단락 시험				양, 부
	절연 시험				양, 부
브러시 길이점검					양, 부
브러시 홀더 절연시험					양, 부
풀인코일 내부저항					양, 부
홀딩코일 내부저항					양, 부

4. 조립 및 각 부위 점검(회로구성)

실험내용	축전지(+)	축전지(-)	기타특징	비고(판단)
풀인코일 작동시험				양, 부
홀딩코일 작동시험				양, 부

5. 기동전동기 부하 및 무부하 시험

실험내용		측정단자	규정치	측정치	비고(판단)
무부하시험 (기동장치 별도)	축전지 단자전압				양, 부
	시험전압				양, 부
	소모전류				양, 부
	전압강하				양, 부
부하시험 (차체부착)	축전지 단자전압				양, 부
	시험전압				양, 부
	소모전류				양, 부
	전압강하				양, 부

* 실차에서 부하시험 시 시동은 걸리지 않도록 주의(예:고압케이블 분리)

6. 주어진 자동차에서 기동전동기의 크랭킹 부하시험을 하여 기동전동기의 고장 유무를 확인하시오.

측정 항목	① 측정 또는 점검		② 판정 및 정비(또는 조치)사항		득 점
	측 정 값	규정(정비 한계)값	판 정	정비 및 조치사항	
전류소모		180A이하	양호, 불량		
전압강하		9.6V 이상			

7. 주어진 전자제어 기관에서 시동에 필요한 시동 및 점화회로 시동에 관련된 부품을 점검하고 이상이 있으면 조정 및 교환하여 시동하시오.

8. 자동차에서 기동전동기를 교환(탈 부착)하고, 크랭킹을 하여 기동전동기가 작동 되는지 확인하시오.

9
CHAPTER

점화장치

9.1 점화장치의 작동원리
9.2 점화코일 시험
9.3 배전기 분해조립 및 단품 점검
9.4 점화플러그 테스터
9.5 점화 시기 조정
9.6 컨트롤 릴레이 점검
9.7 DLI 점화회로 점검
9.8 타코 드웰 테스터

9.1 점화장치의 작동원리

9.1.1 점화장치 구성회로

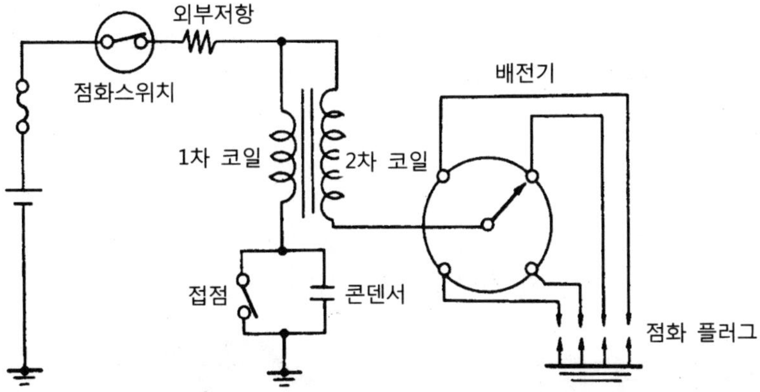

그림 9-1 접점식 점화회로(축전지식)

점화장치의 기본작동원리를 알기위해 가장 기본이 되는 축전지식 점화방식에 대해 설명한다. 축전지식 점화장치는 접점식 점화방식의 하나로서 그림에서처럼 점화스위치, 점화코일, 단속기, 축전기, 진각기구, 배전기구, 그리고 점화플러그로 구성되며 1차 전원으로 축전지를 사용한다. 점화 스위치를 닫으면 축전지 또는 발전기의 전류는 점화 1차 코일을 거쳐 접지 쪽으로 흐른다. 이때 점화 1차 코일에 자력선을 발생시킨다. 기관이 회전하여 점화방식에 따라 각각의 장치에 의하여 점화코일 1차에 흐르는 전류를 단속하는 순간, 점화 1차 코일로 흐르는 전류는 차단되고, 급격한 자력선 감소로 인한 고전압이 2차 코일에 발생한다.

9.1.2 점화회로 전류의 흐름

점화장치(ignition system)는 연소실 내의 압축된 혼합기에, 전기적 불꽃으로 적절한 시기에 점화하여 연소를 일으키게 하는 장치이다. 그 종류에는 축전지식, 트랜지스터식, HEI식, DLI식 점화방식 등이 있다. 구성요소는 축전지, 점화코일(ignition coil), 배전기(distributor), 고압 케이블(high tension cable) 및 점화 플러그(spark plug) 등으로 구성되어 있다.

(1) DLI방식 전류의 흐름 :

축전지에서 메인 휴즈, 퓨즈블 링크를 지나 점화 스위치에 있든 전원은 점화 스위치가 ON되면 점화1차 코일에 도달 ECU내부의 파워TR로 들어간다. 이때 크랭크각 센서로부터 신호를 받은 ECU가 연산하여 ECU내부 파워 TR의 베이스에 전원을 단속하여 2차 코일에 고전압을 형성하게하고 점화코일로부터 2차 코일에 유도된 전류는 직접 각 점화 플러그를 통하여 각 실린더에 전원을 공급하게 된다.

(2) HEI방식 회로의 전류 흐름 :

HEI방식의 회로도 전류의 흐름은 DLI방식과 거의 동일하며 다만 2차 코일에 유도된 고전압을 배전기를 통하여 각 점화 플러그로 보내진다.

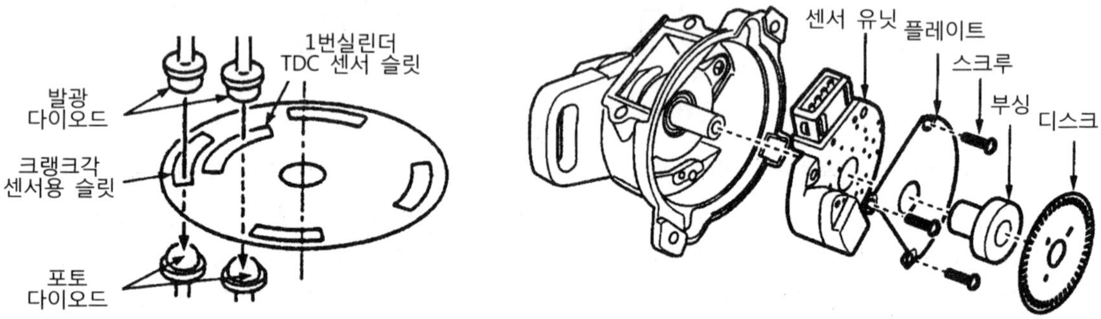

그림 9-2 점화장치의 배전기구조(HEI 점화방식)

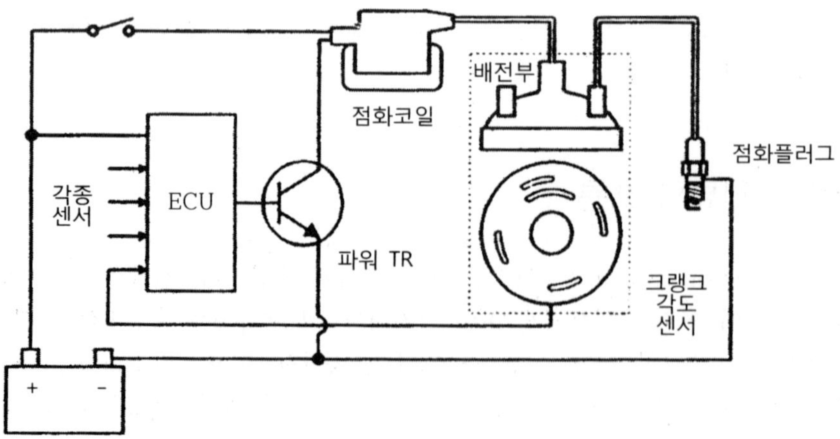

그림 9-3 점화장치의 구성 및 회로(HEI 점화방식)

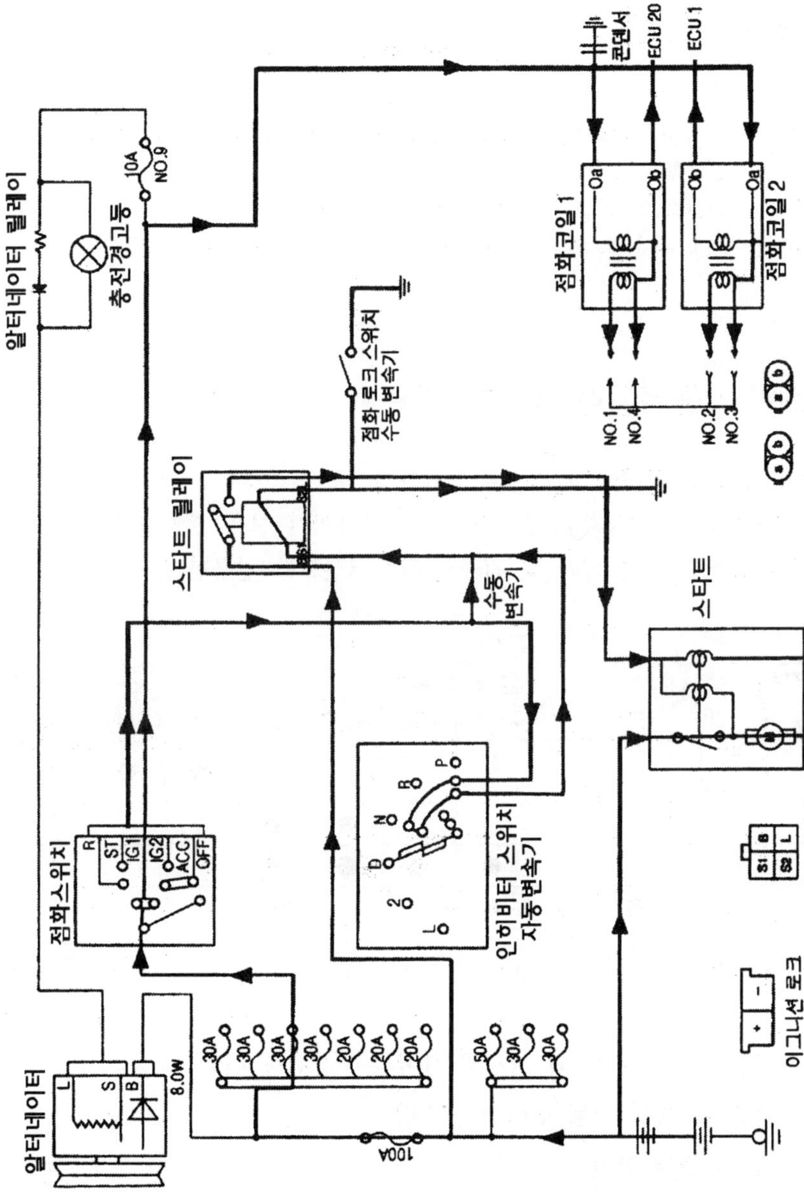

그림 9-4 점화 및 시동회로(아반테-DLI 점화방식)

9.2 점화스위치 점검

⇨ **실습목적 :** 차종에 따라 점화스위치 상태를 점검할 수 있는 방법을 습득하며, 관련 배선도를 보는 방법을 익힌다.

⇨ **기계기구 :** 아날로그 테스터, 점화 스위치, 기본공구 세트

⇨ **예비지식 :** 차종에 따른 각 단자의 기능에 대하여 연구한다.

9.2.1 점화스위치 통전점검 및 연결회로

(1) 스티어링 칼럼 아래의 커넥터를 분리한다.

(2) 점화 스위치를 각 위치로 조작하면서 단자간의 통전을 점검한다.

(3) 별첨을 참조로 하여 점화 및 기동회로의 배선도를 연구한다.

작동		점화 스위치								LOCK	
위치	키	ST	R	IG1	IG2	ACC	B	B	D	RO	RE
LOCK	탈거 장착							●	●	L	L
ACC						●	●			L	F
ON				●	●	●	●			F	F
START		●	●	●			●			F	F

✔ 참고

○—○ : 터미널과 터미널 사이의 도통됨을 나타낸다.

RO : 록킹 바를 한바퀴 돌린다.

L : 핸들 잠김

F : 핸들 잠기지 않음

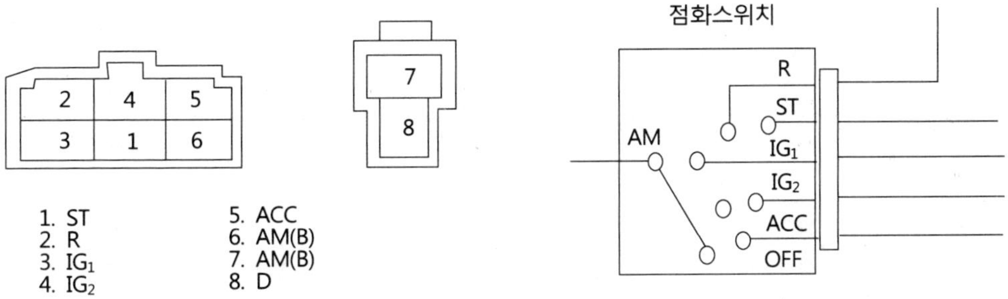

1. ST
2. R
3. IG_1
4. IG_2
5. ACC
6. AM(B)
7. AM(B)
8. D

그림 9-6 엑셀 엔진의 점화스위치

① 소나타

작동		점화 스위치						스티어링 록크		도어경고등 스위치	
위치	키	6	3	4	2	1	5	RO	RE	7	8
LOCK	P							L		●	●
								L	F		
ACC	I	●	●					F			
ON		●	●	●	●						
START		●		●		●	●				

그림 9-7 점화스위치(소나타)

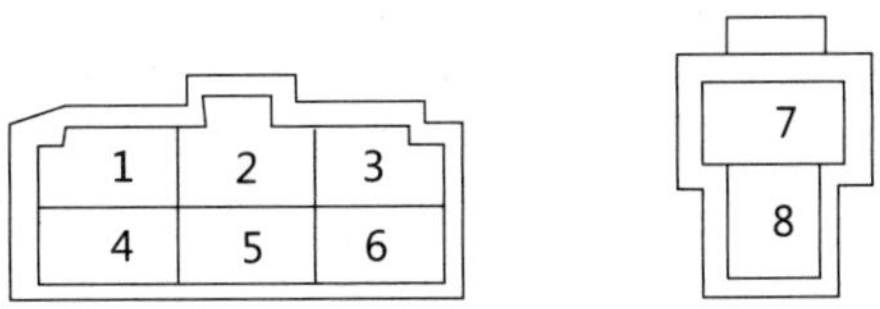

1. ST
2. IG_2
3. ACC
4. IG_1
5. R
6. AM(B)
7. AM(B)
8. D

그림 9-8 점화 스위치(소나타)

② 프라이드

위치	B	St	IG1	IG2	ACC
	백	측정	흑백	흑적	청적
OFF					
ACC	●				●
IG	●		●	●	●
ST	●	●	●		

9.2.2 단자의 기능

단자	기능(연결)
LOCK	자동차 도난방지를 위하여 핸들을 잠그는 단자
B(AM)	축전지 (+)단자
ACC	시계, 라디오, 시가라이터 등
IG1	자동차 주행 시 필요한 전원 점화코일, ECU, 컨트롤릴레이, 계기판 등
IG2	윈도우와이퍼, 파워윈도우, 방향지시등, 에어컨압축기 등
IG	구형, 자동차주행 시 필요한 점화1차 전원공급
R	구형, 크랭킹시 점화1차 코일에 직접 전원공급
ST	기동전동기 ST단자

9.2.3 커넥터 단자찾기

(1) 1단(ACC) 위치로 하고 아날로그 테스터를 이용하여 두 단자간에 통하는 것이 AM(B)단자와 ACC 단자이다. 그러나 AM(B)과 ACC가 구분되지 않는다.

(2) 2단(ON) 위치로 하고 테스터로 도통하는 것 중 추가된 단자가 IG 단자이다. 단, IG 단자가 두 개가 될 수도 있다.(IG1, IG2).

(3) 3단(START) 위치로 하고 테스터로 도통하는 것 중 1단자에서 도통되었던 단자와

도통하는 것이 AM(B) 단자이고 추가된 단자가 ST와 R 단자이다. 단, R 단자가 없는 것도 있으며, IG 단자가 2개 있는 형식의 경우 3단자에서도 계속 도통하는 단자가 IG1 단자이다.

9.2.4 점화스위치 교환

(1) 조향 핸들 커버(혼 패드)를 탈거한다.
(2) 혼 스위치를 탈거 한다.
(3) 조향 축과 핸들에 조립 마크를 하고 조향 휠 풀러를 이용하여 조향 핸들을 탈거한다.
(4) 어퍼 및 로어 커버를 탈거한다.
(5) 로어 크래시 패드를 탈거한다.
(6) 컴비네이션 스위치 커넥터를 분리한다.
(7) 컴비네이션 스위치 장착 볼트를 풀로 컴비네이션 스위치를 탈거한다.
(8) 특수 공구를 사용하여 점화(스타트) 스위치 장착 볼트를 푼다.
(9) 조향 핸들 컬럼 스위치 브래킷 및 키 박스를 탈거한다.

9.2.5 점화스위치 단자 구분

(1) 운전석 하단에 있는 크래시 패드(하단 커버)를 떼어내고, 스티어링 컬럼 아래에 있는 커넥터를 분리시킨다.
(2) 아날로그 멀티 테스터의 셀렉터를 경고음(알람) 위치로 선택하고, 테스터 리드선을 서로 마주대어 소리가 나는지 확인한다.
(3) 점화 스위치를 1단만 돌려 ACC 위치로 한다.
(4) 멀티 테스터 리드선을 단자에 서로 번갈아 가면서 접촉시켰을 때 소리가 나는(통전이 되는) 단자가 5번과 6번 단자이다.
(5) 점화 스위치를 다시 2단을 더 돌리면 ST 위치로 한 다음 ④에서 찾은 두 개의 단자 중 한 개의 단자에 테스터 리드선을 고정시킨 후, 한 쪽 리드선을 이용하여 ④에서 통전이 되지 않은 4개의 단자를 각각 접촉시켜 보았을 때 소리가 나면, 테스터 리드선을 고정시킨 단자가 6번 단자이며, 소리가 나지 않으면 5번 단자이다. 또한 소리가 나는 단자는 1번, 2번, 3번 단자가 되며, 소리가 나지 않는 나머지 한 단자는 4번 단자가 된다.

(6) 점화 스위치를 S 위치로 돌린 위치에서 손을 떼면 2단 스위치 ON 상태된다. 여기서 4번 단자에 테스터 리드선을 고정하고, 5번과 6번 단자를 제외한 나머지 단자에 한 쪽 리드선을 접촉시켰을 때 소리가 나는 단자가 3번 단자이다. 따라서 나머지 단자는 1번과 2번 단자가 된다.

9.3 점화코일 시험

⇨ **실습목적 :** 점화코일의 양부를 확인하고 종류에 따른 점검법을 배운다.

⇨ **기계기구 :** 아날로그 테스터, 점화코일-개자로형, 절연 저항계, 연결선, 점화코일(폐자로형)

⇨ **예비지식 :** 12[V]의 축전지 전압을 점화에 필요한 고압으로 승압시키는 승압기로서 내부의 1차, 2차 코일의 점검 및 외부의 1차 저항(가변저항), 절연저항을 점검하여야 한다.

9.3.1 개자로형 점화코일

(1) 1차 코일의 시험

① 아날로그 테스터의 저항 셀렉터를 R에 선정한다.

② 리드선을 서로 접속하고 0점을 조정한다.

③ 리드선을 점화 코일에 접속한다. 즉 점화 코일 +단자에 적색 리드선을, 점화코일 -단자에 흑색 리드선을 접속한다.

④ 계기판의 수치를 읽는다.

⑤ 판정:

[판정]

항목 / 구분	정상	불량		
		단락	노화	단선
점화1차 코일	규정값 이내	규정값 이하	규정값 이상	∞[Ω]

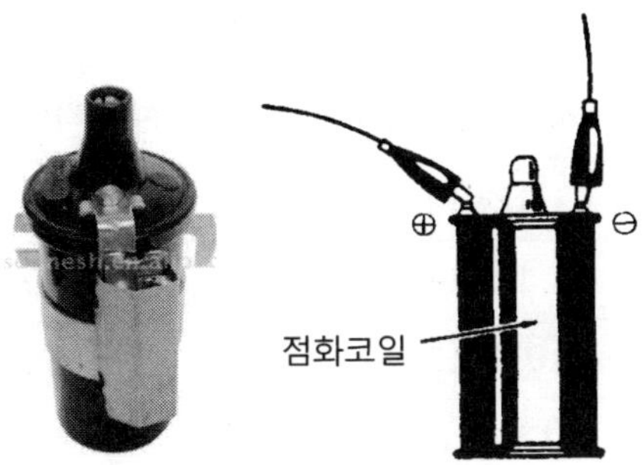

그림 9-10 1차 코일 점검(개자로형)

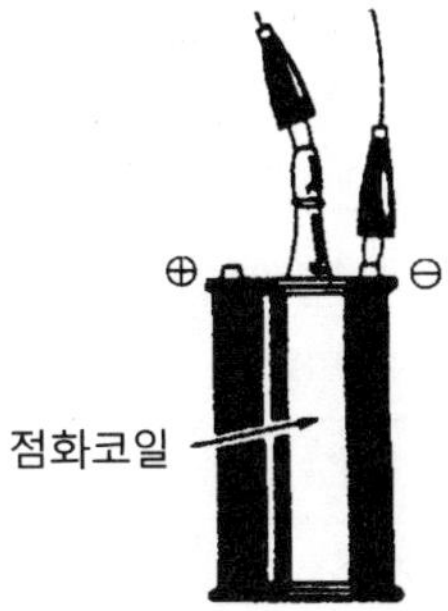

그림 9-11 2차 코일 점검(개자로형)

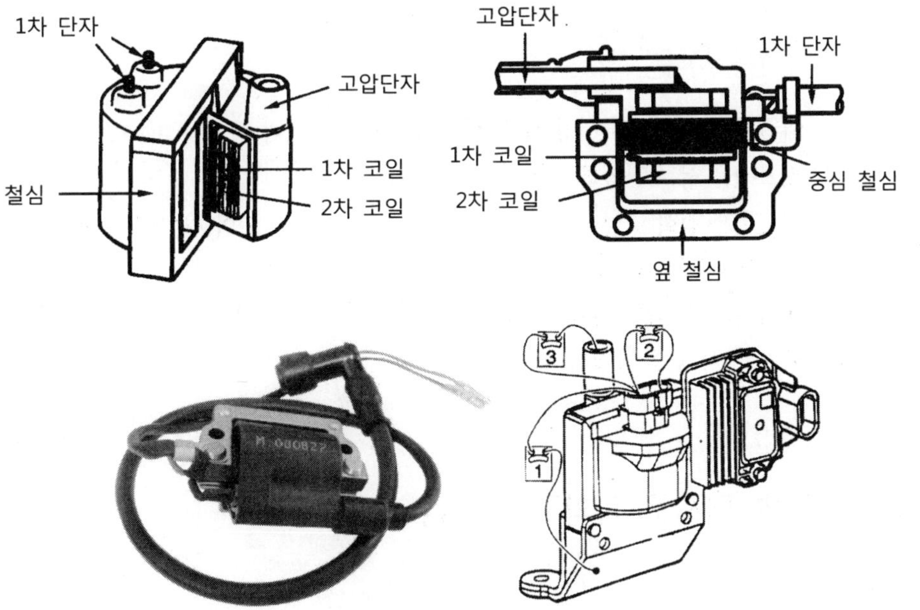

그림 9-12 점화코일(폐자로형)

[점화코일 저항 제원표]

항목 / 종류	1차 저항[Ω]	2차 저항[KΩ]	절연저항[MΩ]
베르나 MC	1.2~1.4	12~14	50
라비타 XD	1.2~1.4	12~14	50
아반테	0.5±0.05	10.8~13.2	50
옵티마	0.86±0.09	12.1±1.8	50
티뷰론	0.67~0.81	11.3~15.3	50
그랜져 XG	0.77~0.95	10.3~13.9	50
포르테	0.6~0.9	6.3~9.3	∞
프라이드	1.15±0.015	10~16	10

(2) 2차 코일의 점검

① 아날로그 테스터의 저항 셀렉터를 1 KR에 선정한다.

② 리드선을 서로 접속하고 0점 조정을 한다.

③ 리드선을 점화 코일에 접속한다. 즉 점화 코일 중심(고압)단자에 적색 리드선을, 점화코일 -단자에 흑색 리드선을 접속 한다.

④ 계기판의 수치를 읽는다.

⑤ 판정 : 1차 코일 판정란 참조.

9.3.2 몰드형 폐자로 점화코일 점검

(1) 현대차량

① 1차코일 점검 : ⊕단자와 ⊖단자 사이

② 2차코일 점검 : ⊖단자와 고압단자 사이

③ 절연저항 : ⊖단자와 몸체

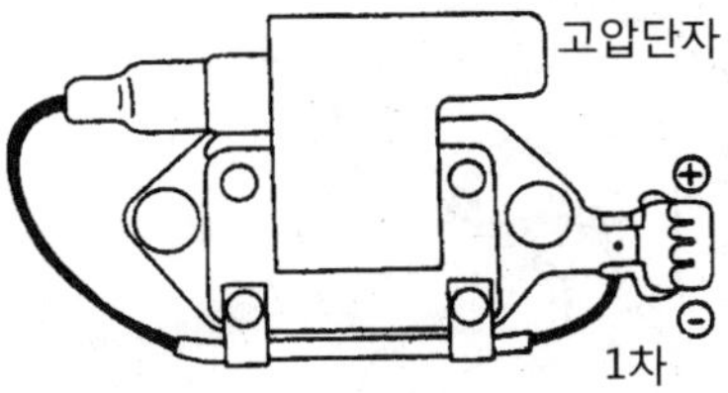

그림 9-13 점화코일의 단자

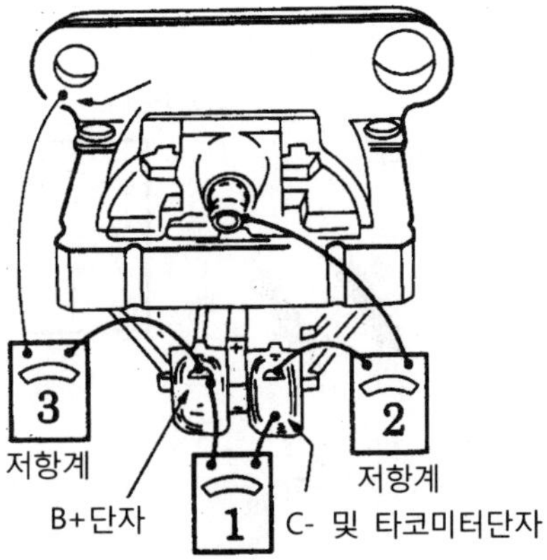

그림 9-14 점화코일의 점검

(2) GM대우 차량

① 1차 코일 점검 : 그림 9-14의 1과 같이 점검(0.6~0.9[Ω])
② 2차 코일 점검 : 그림 9-14의 2와 같이 점검(6.3~9.3[kΩ])
③ 절연저항 점검 : 그림 9-14의 3과 같이 점검(∞[Ω])

9.3.3 DLI엔진 점화코일 점검-현대차량

(1) 1차코일 및 2차 코일 저항측정

차종 / 항목	측정단자(핀)	비고	측정치
1차 코일[Ω]	*1 - 4*	1, 4번 실린더	*0.86±0.09[Ω]*
	2 - 4	3, 2번 실린더	*0.86±0.09[Ω]*
2차 코일[KΩ]	*1 - 2*	1, 4번 실린더	*12±1.8[KΩ]*
	3 - 4	2, 3번 실린더	*12±1.8[KΩ]*

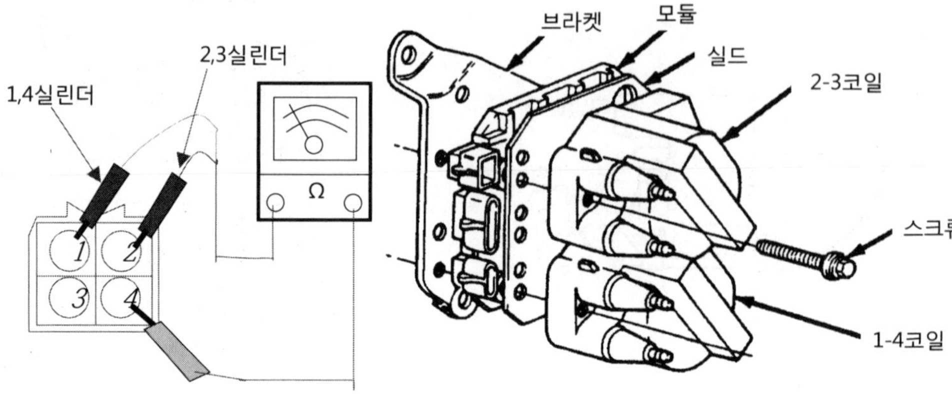

그림 9-15 DLI점화장치의 점화코일 형태(A)

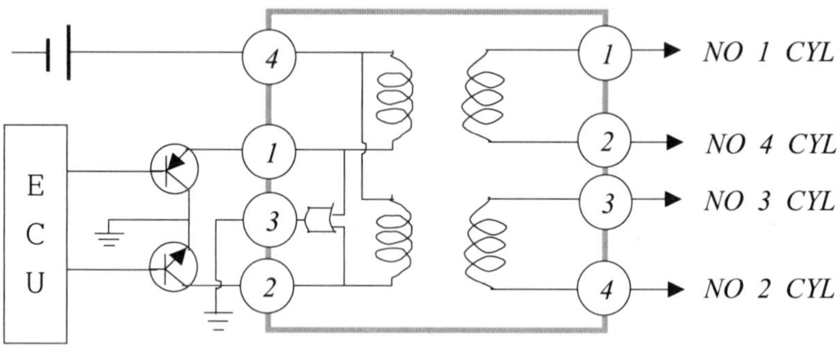

그림 9-15 DLI점화장치의 점화코일 형태(B)

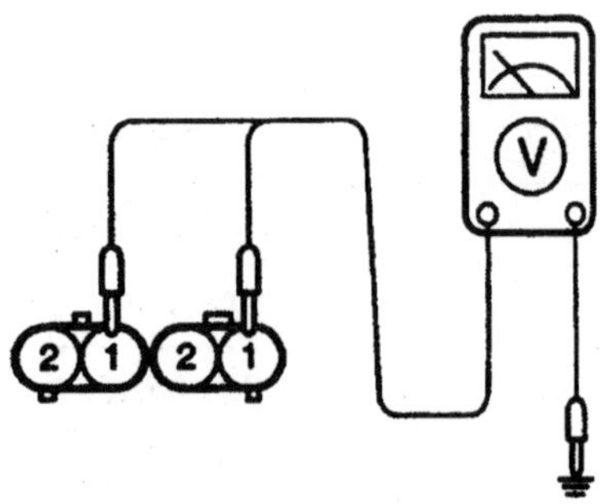

그림 9-16 점화 1차코일의 측정

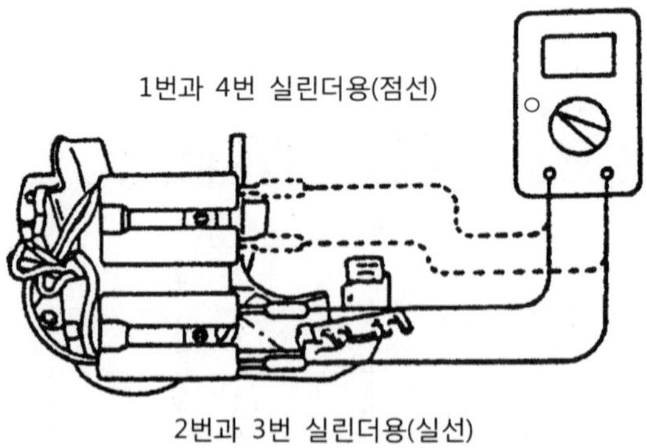

그림 9-17 점화 2차코일의 측정

(2) 절연저항 점검

① 테스터 리드선을 테스터에 연결한다.

② 리드선을 점화코일에 접속한다. 즉, 점화코일 +단자에 적색 리드선을, 점화코일 몸체에 흑색 리드선을 접속한다.

③ 수동계기인 경우 작동핸들을 100~200[rpm]의 속도로 돌려주며, 자동계기인 경우 측정 스위치를 누른다.

④ 계기판의 수치를 읽는다.

⑤ 판정

[판정]

구분 \ 항목	정상	불량
점화코일 절연저항	규정값 이상	규정값 이하

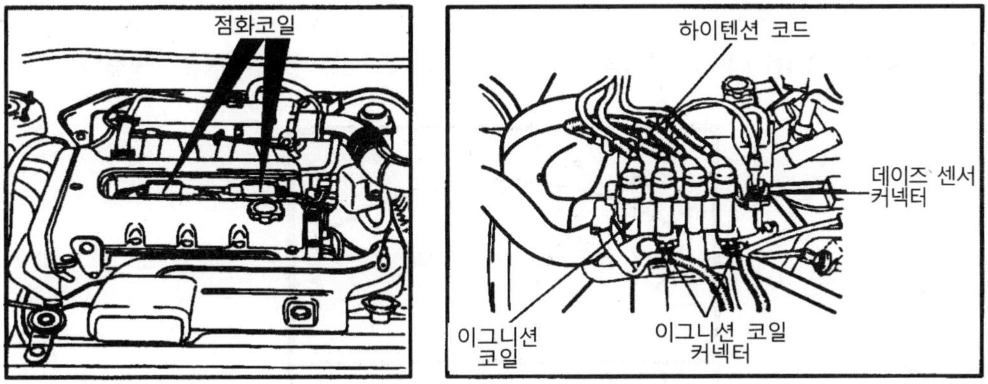

그림 9-18 점화코일의 위치

9.3.4 점화코일 테스터 사용법

(1) 사용방법

① AC SOURCE : 계기에 전원을 공급하기 위한 전원선

② 토글 스위치(OFF, 6[V], 12[V]) : 전원을 OFF하거나 6[V] 또는 12[V]를 공급하는 스위치

③ PRI. LEAD : 점화코일 1차측 테스트 리드선

④ 고압 테스터 리드선 : 점화코일 2차측 테스트 리드선

⑤ GAP : 고압불꽃이 발생하는 간극 조정

(2) 점화코일 시험

① 고압케이블의 + 리드선을 점화코일의 중앙단자에 연결하고 - 리드선을 점화코일의 - 측에 연결한다.

② 저압케이블(PRI. LEAD)의 + 리드선을 점화코일의 + 측에 연결하고 - 리드선을 점화코일이 - 측에 연결한다.

③ GAP을 이용하여 간극을 조정한다.

④ 토글스위치를 12[V]측에 놓아 고압불꽃을 발생시켜 보고 정상여부를 판정한다.

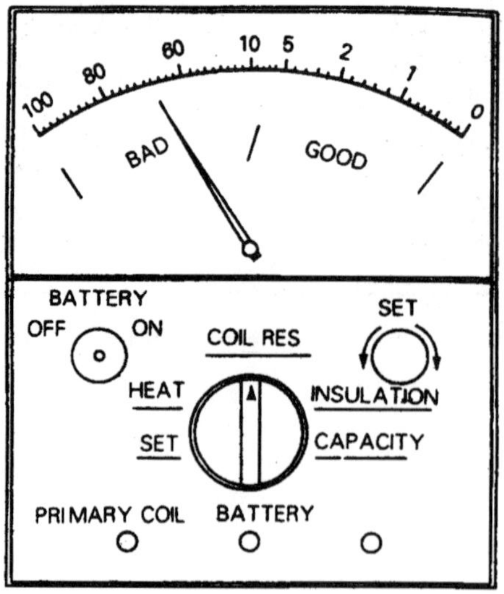

그림 9-19 점화코일 테스터

9.4 배전기 분해조립 및 단품 점검

⇨ **실습목적 :** 점화회로를 이해하고 구성하는 구성품에 대한 특성 및 원리를 이해한다.

⇨ **기계기구 :** 아날로그 테스터, 점화회로 각 부품, 배전기, 튠업용 엔진, 기본 공구 세트

⇨ **예비지식 :** 기본적인 점화회로를 이해하고 특히 배전기의 내부 구조뿐만 아니라 점화방식의 종류에 대해서도 연구한다.

9.4.1 시험방법 및 작업순서

(1) 배전기의 구조를 분해, 조립을 통하여 익히고 주요 명칭을 숙지하도록 한다.

(2) 아날로그 테스터를 이용하여 배전기 각 부분의 양부를 판정하는 방법 및 점화방식의 종류에 대해서 연구하도록 한다.

① 접점식 점화장치

② 비접점식 점화장치

(3) 고압 케이블의 상태 및 점화 플러그의 상태를 확인하도록 한다.

(4) 튠업용 엔진을 통하여 점화시켜 보고 각 상태를 확인하여 보도록 한다.

9.4.2 배전기 분해(FBC-전TR방식)

12 V 1차 전류를 단속하고 점화코일의 고전압을 점화순서에 맞게 배전하며, 기관의 회전속도, 부하에 따라 점화시기를 적절히 변화시키는 기구이다.

(1) 배전기탈거

① 축전지 접지 케이블 탈거

② 하이텐션 코드와 스파크 케이블 분리

③ 와이어링 하니스 분리

④ 진공호스 분리

⑤ 엔진으로부터 배전기 탈거

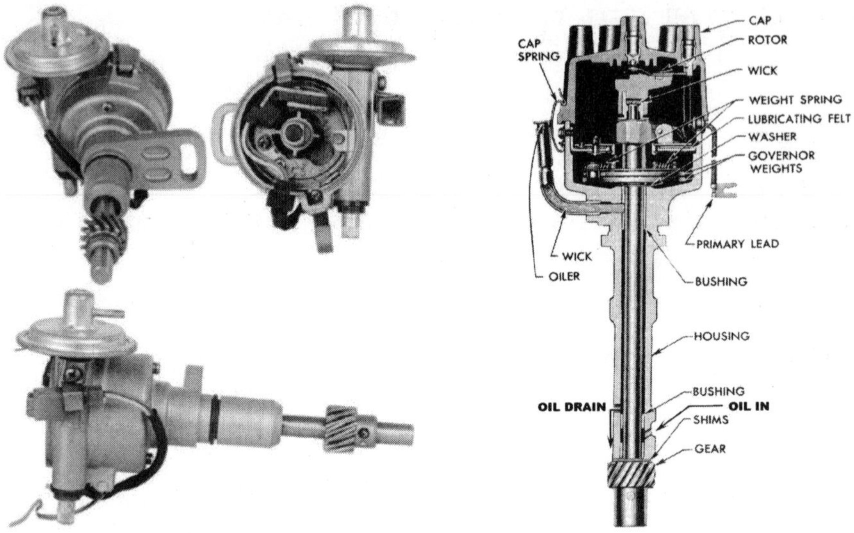

그림 9-20 배전기 구조

(2) 배전기분해

① 바이스에 배전기 고정

② 배전기 캡과 실링 탈거

③ 로터 탈거

④ 진공컨트롤러 탈거

⑤ 이그나이터 탈거

⑥ 리드 와이어(흑색) 탈거

⑦ 시그날로터 축과 브레이커 플레이트 어셈블리 탈거

⑧ 시그널 로터에서 로터 샤프트 탈거

⑨ 핀 펀치로 롤핀 제거

⑩ 드라이브 기어와 와셔 탈거

⑪ 하우징에서 배전기 탈거

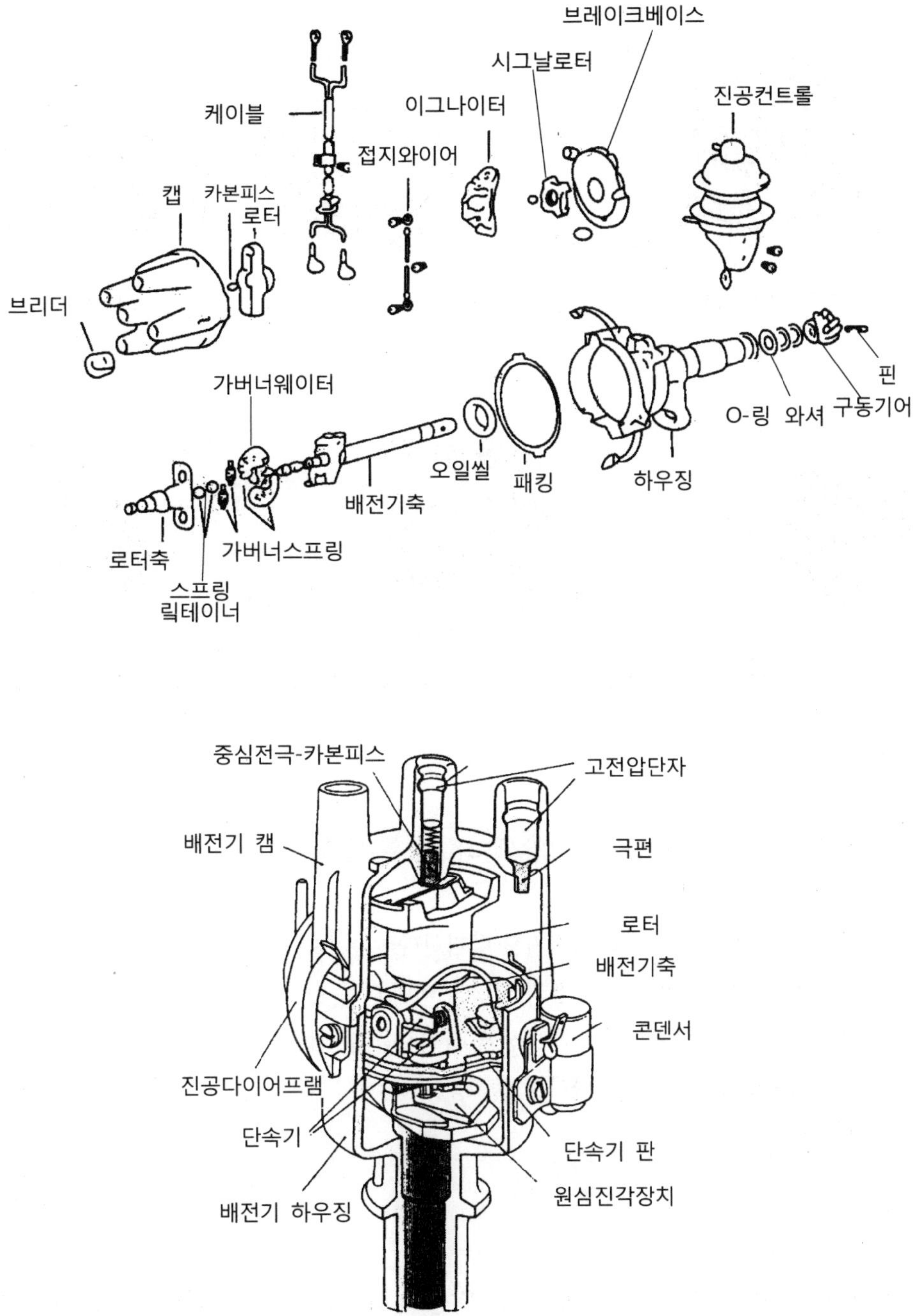

그림 9-21 배전기의 구조 및 명칭 (전TR식)

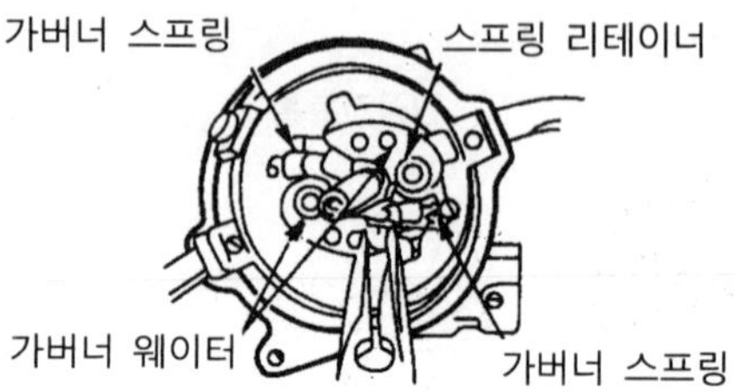

그림 9-22 거버너 어셈블리 조립

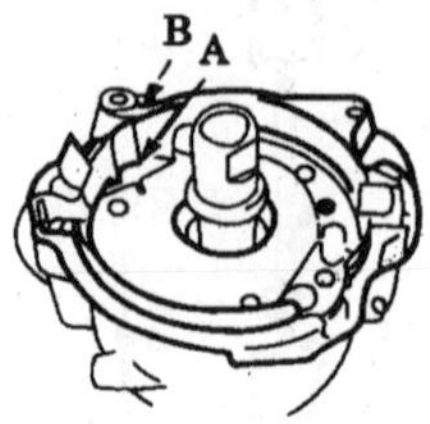

그림 9-23 브레이커 플레이트 조립

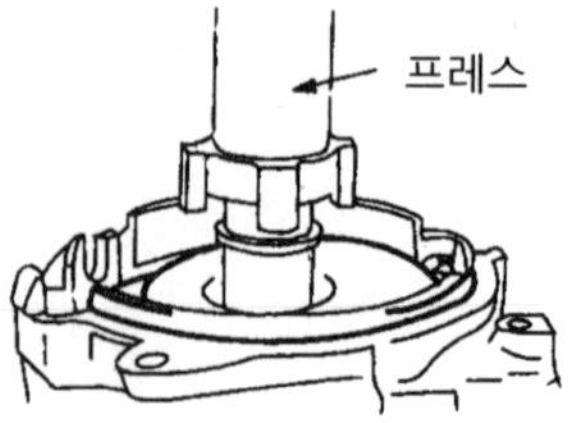

그림 9-24 로터 축 조립

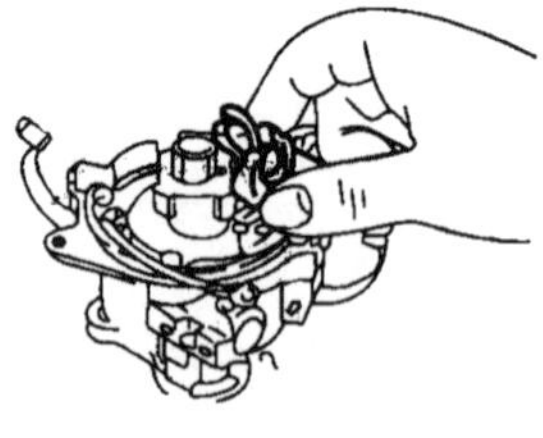
그림 9-25 이그나이터 조립

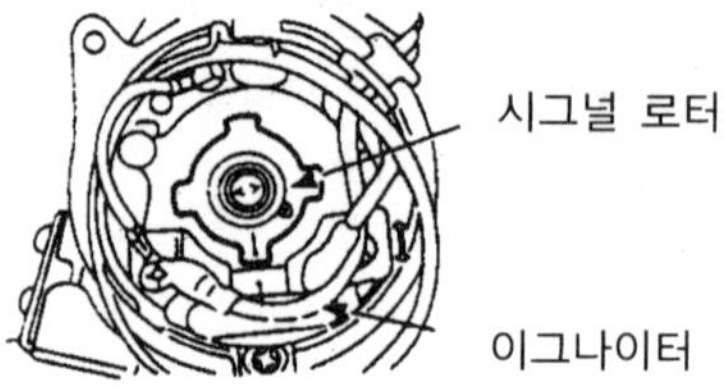

그림 9-26 로터와 이그나이터 간극조정

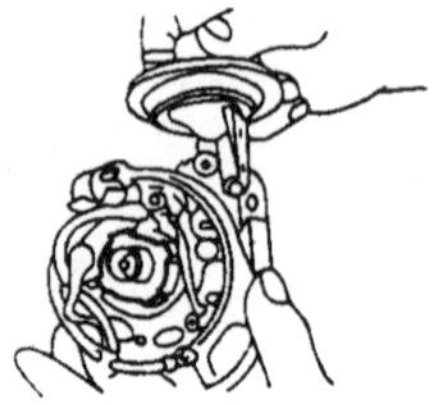
그림 9-27 진공 컨트롤 조립

(3) 이그나이터의 분해

① 배전기 캡에서 점화 케이블(고압 케이블)을 분리한다.

② 진공 호스를 분리한다.

③ 배전기 고정 볼트를 풀고 배전기를 탈거한다.

④ 배전기 캡 클립을 탈거하고 캡과 실링을 빼낸 다음 로터를 빼낸다.

⑤ 이그나이터 C단자와 B단자 리드선과 접지선을 분리한다.

⑥ 이그나이터 양쪽의 고정 나사를 풀고, 시그널 로터를 약간 들어 올리면서 이그나이터를 빼낸다.

(4) 이그나이터의 점검

이그나이터의 점검은 멀티 테스터로 통전 시험으로 한다. 점검은 총 6개소를 하며, 4곳이 통전이고, 2곳(C→E, C→B)이 비통전이면 이그나이터는 정상이다.

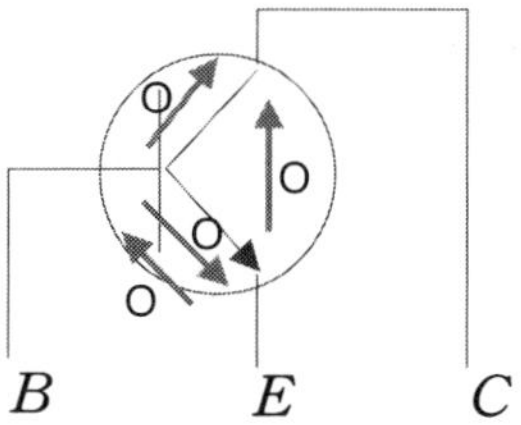

항목 순서	디지털 멀티 테스터		아날로그 멀티 테스터		판정
	다이오드 레인지.		10 MΩ 레인지.		
	(+)리드선	(−)리드선	(+)리드선	(−)리드선	
1	B	E	E	B	통전
2	E	B	B	E	통전
3	E	C	C	E	통전
4	C	E	E	C	비통전
5	B	C	C	B	통전
6	C	B	B	C	비통전

✔ 참 고

이그나이터 검사는 간이 방법으로 2번만 점검하여 알 수 있다. 위 표의 5와 6번 점검으로 한쪽으로만 통전이 되고, 반대쪽으로는 통전이 되지 않으면 정상, 두 번 모두 통전이 되거나, 모두 통전이 안되면 이그나이터가 불량한 것이라고 판정해도 된다.

(5) 이그나이터의 조립

① 신품의 이그나이터 하단부의 접지 부분 가장자리에 있는 고정 구멍을 잘 맞추어 끼운 후, 고정 나사를 약간만 조인다. 고정 나사를 조일 때 반드시 접지선을 같이 장착하여야 한다.

② 고정 나사를 완전히 조이지 않는 상태에서 필러 게이지를 사용하여 이그나이터 감응부와 시그널 로터 사이의 간극이 0.8 mm가 되도록 조정한다.

③ 고정 나사를 완전히 조인다.

④ 이그나이터 B단자와 C단자에 배선을 틀리지 않도록 단자를 확인하며 접속한다.

⑤ 하우징 커버를 조립 방향에 맞추어 조립한 후 로터를 장착한다.

⑥ 배전기 축과 하우징에 설치된 타이밍 마크를 일치시킨 후, 배전기 플랜지에 있는 마크를 고정 스텃 볼트의 중심을 일치시키면서 배전기 설치 홈에 삽입한다.

⑦ 배전기 하우징을 돌려 로터 돌기가 이그나이터 감응부의 1/2 정도에 위치하도록 조정한 후 고정 너트를 체결한다.

⑧ 점화 고압 케이블을 점화 순서에 따라 연결한다.

✔ 참 고

이그나이터의 기능 : 이그나이터는 점화 1차 코일에 흐르는 전류를 트랜지스터에 의해 단속하므로서 2차 코일에 고압이 유기 되도록 하는 단속 장치이다. 배전기 축과 함께 회전하는 로터의 돌기가 자석을 통과할 때, 픽업 코일에 발생되는 유도 기전력에 의해 트랜지스터가 1차 전류를 차단하게 되어, 2차 코일에 고전압이 유도된다.

9.4.3 배전기 분해(MPI용-HEI방식)

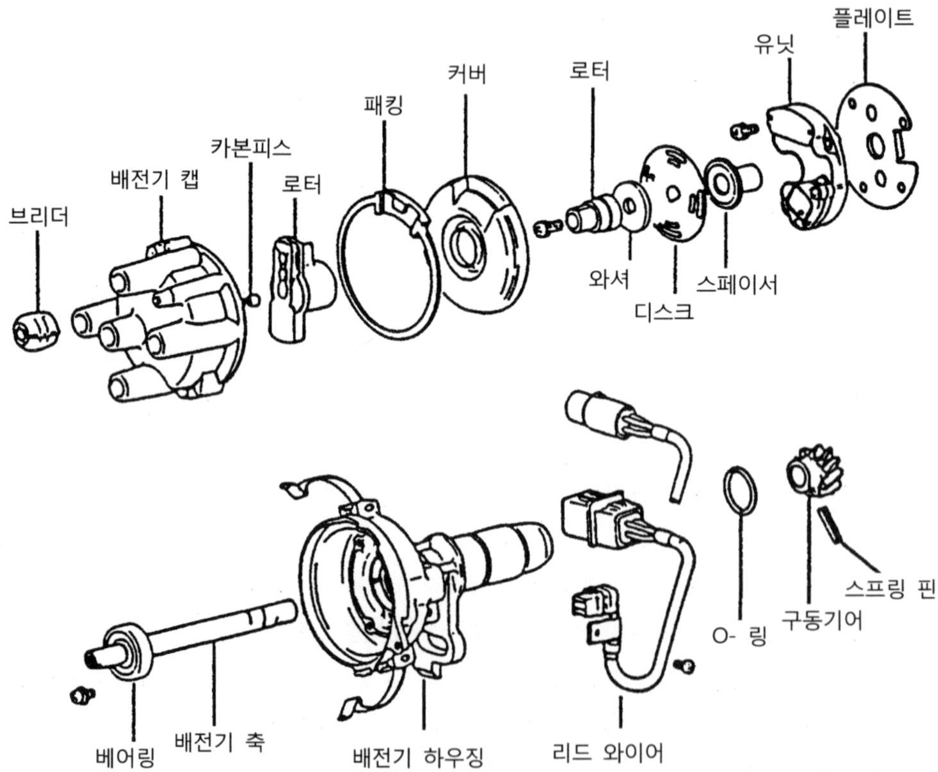

그림 9-28 배전기의 구조 및 명칭 (HEI식)

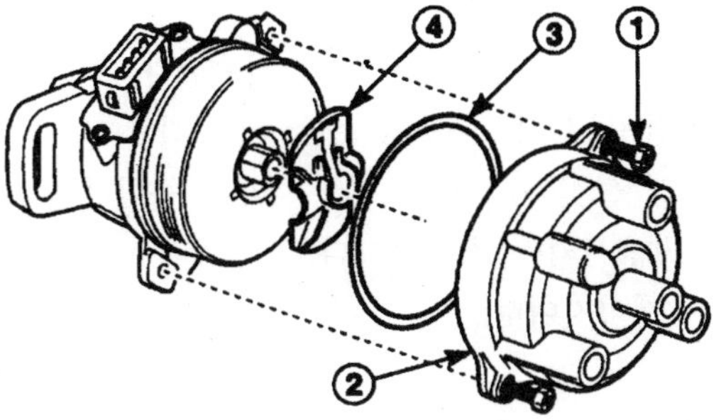

그림 9-29 캡 및 로터 분리

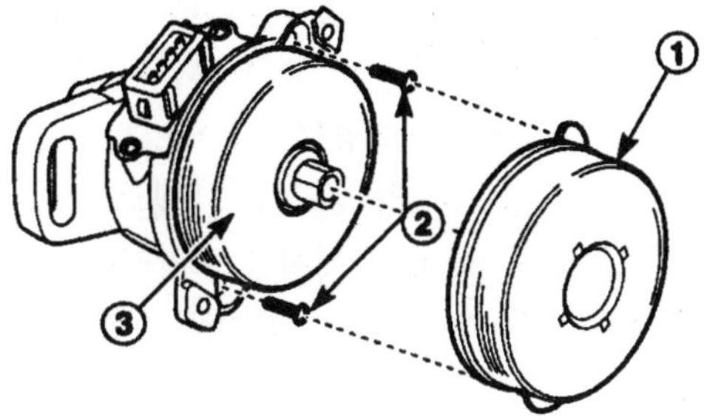

그림 9-30 커버분리

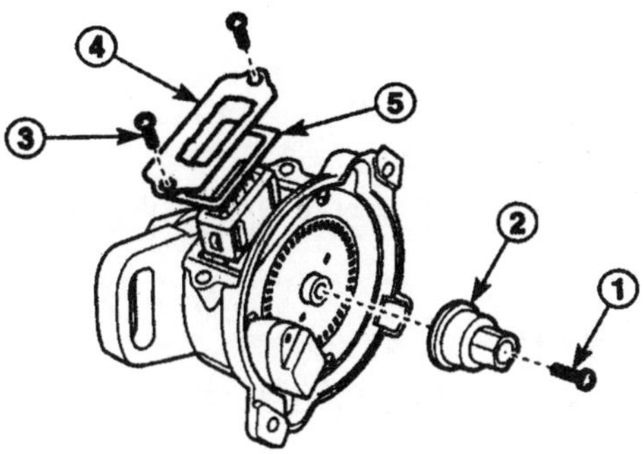

그림 9-31 어댑터 및 센서커버 분리

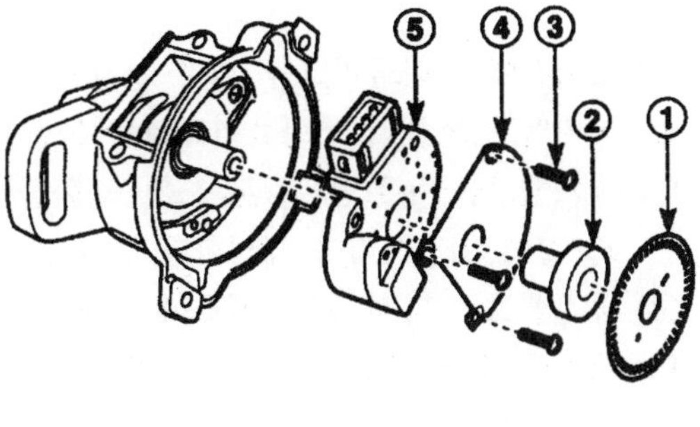

그림 9-32 디스크 및 센서 유닛분리

9.5 점화플러그 테스터(Spark-plug Tester)

- **실습목적 :** 사용된 점화플러그의 재사용 여부를 판단하고 계기의 사용법을 익힌다.
- **기계기구 :** 점화플러그 테스터, 점화플러그, 기본 공구 세트
- **예비지식 :** 점화플러그의 일반적인 구조를 공부하고 명칭을 익히도록 한다.

9.5.1 기기 사용방법

(1) 공기밸브(air valve) : 청소홈의 점화플러그에 압축공기를 불어넣는 밸브

(2) 샌드밸브(sand valve) : 청소홈의 점화플러그에 컴파운드를 불어 청소시키는 밸브

(3) 청소홈(hood) : 점화플러그를 청소할 때 이곳에 끼어서 청소한다.
(4) 테스트 홈 : 점화플러그를 테스터하기 위하여 설치하는 곳
(5) 고압 케이블 : 고압이 발생되는 케이블로서 시험시 점화플러그에 접속한다.
(6) 압력조정밸브 : 테스트시 점화플러그에 불꽃을 눈으로 볼 수 있는 곳이다.
(7) 점검창(반사경) : 테스트할 때 점화플러그의 불꽃을 눈으로 볼 수 있는 곳이다.
(8) 불꽃 스위치 : 고압케이블에 점화고압을 발생시키는 스위치이다.
(9) 압력계 : 점화플러그에 주는 압력을 보는 게이지이다.

9.5.2 점화플러그 청소 및 시험 방법

(1) 청소홈에 점화플러그를 끼워 설치한다.
(2) 공기밸브를 눌러 점화플러그의 이물질을 불어낸다.
(3) 샌드밸브를 누르면 컴파운드가 점화플러그를 타격하여 세척이 된다. 이 경우 그림과 같이 회전시키며 세척한다(약 10초간 시행).
(4) 공기밸브를 다시 눌러 깨끗이 이물질을 불어낸다.
(5) 테스트 홈에 점화플러그를 끼워 청소이전 상태와 비교하여(점검창을 보며 색깔 확인) 판정한다.
(6) 판정

점검 및 불꽃 색깔	압력 차이	판 정
자 색	30 PSI 이내	정 상
황 색	30~60 PSI	양 호
적 색	60 PSI 이상	불 량

✔ 유의사항

점화플러그 청소시 콤파운드가 밖으로 튀지 않도록 주의한다. 단, 종류에 따라 실제 시험하는 점화플러그 테스터와 다른 부분이 있으니 사용할 때 유의할 것

9.6 점화 시기 조정

➾ **실습목적 :** 차종별로 점화시기 및 공전속도 조정 방법을 익힌다.

➾ **기계기구 :** 타이밍 라이트, 튠업용 엔진, 기본 공구 세트, 타코메타, 디지털 멀티테스터

➾ **예비지식 :** 차종에 따른 각 단자의 기능에 대하여 연구한다.

9.6.1 점화 시기 조정(DLI 형식은 제외)

(1) 점화 시기 조정은 먼저 이그나이터 간극(접점식에서는 단속기 접점 간극)을 정확하게 조정한 후에 실시한다.

(2) 전자제어 엔진인 경우에는 점화 시기 자동 진각 차단용 접지 단자(SST단자)를 차체에 접지시킨 후에 조정한다.

(3) 일반적으로 점화 시기 조정은 배전기 하우징 몸체를 좌우로 돌려서 조정한다. 시계방향 : 지각(늦어짐), 반시계 방향 : 진각(빨라짐)

(4) 배전기가 없는 DLI 형식은 ECU가 자체적으로 조정함으로, 원칙적으로 점화 시기 조정을 하지 않음.

(1) 현대 차량

① 엑셀, FBC

㉮ 주차 브레이크를 작동시킨다.

㉯ 전조등 및 기타 등화 장치와 모든 전기장치 스위치를 OFF 한다.

㉰ 에어컨을 OFF 한다.

㉱ 수동 변속기인 경우에는 시프트 레버를 중립위치로 하고, 자동변속기인 경우에는 P 또는 N위치로 한다.

㉲ 파워 스티어링 차량은 조향 핸들을 직진 상태로 한다.

㉳ 엔진을 가동시켜 정상 온도로 한다.

㉴ 타코미터와 타이밍 라이트를 연결한다.

㉵ 엔진 시동을 걸고 공회전 속도로 운전한다.

㉶ 기본 점화시기를 점검하여 필요시에는 배전기 하우징을 좌우로 돌려 조정한다.

㉷ 규정값 : BTDC 5±1°

② 현대 MPI

㉮ 주차 브레이크를 작동시킨다.

㉯ 전조등 및 기타 등화장치와 모든 전기장치 스위치를 OFF 한다.

㉰ 에어컨을 OFF 한다.

㉱ 수동 변속기인 경우에는 시프트 레버를 중립위치로 하고, 자동변속기인 경우에는 P 또는 N위치로 한다.

㉲ 파워 스티어링 차량은 조향 핸들을 직진 상태로 한다.

㉳ 엔진을 가동시켜 정상 온도로 한다.

㉴ 엔진을 정지 시킨 후 타이밍 라이트를 연결한다.

㉵ 노이즈 커넥터 뒤로 클립을 끼운 후 클립과 타코미터(회전 속도계)를 연결한다.

ⓐ 엑셀　　　　ⓑ SOHC 엔진

ⓒ 엘란트라　　ⓒ DOHC 엔진

㉶ 리드 와이어 한쪽을 점화시기 조정용 커넥터에, 다른 한쪽은 접지시킨다.

㉷ 엔진 시동을 걸고 공회전을 시키면서 기본 점화시기를 점검하고 필요시는 배전기 하우징을 돌려 조정한다.

㉸ DLI방식의 전자제어 차량에 있어서는 크랭크 각 센서 장착 너트를 풀고 크랭크 각 센서 하우징을 좌우로 돌려 조정한다.

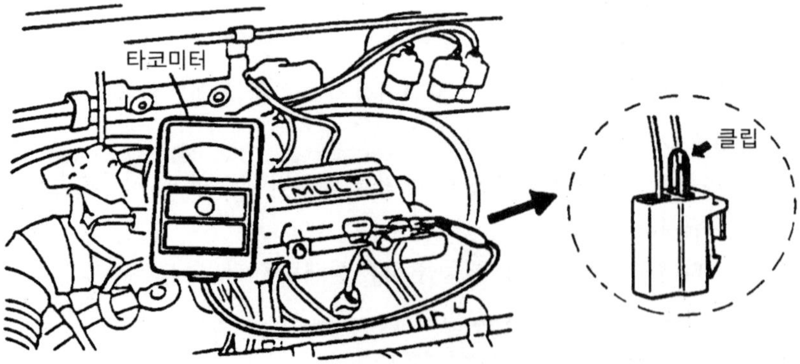

그림 9-33　타코메타 설치방법 (엑셀-MPI)

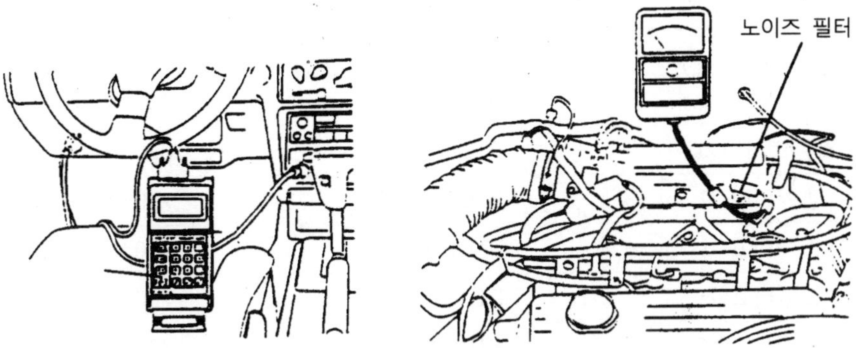

그림 9-34 타코메타 설치방법 (소나타 -II)

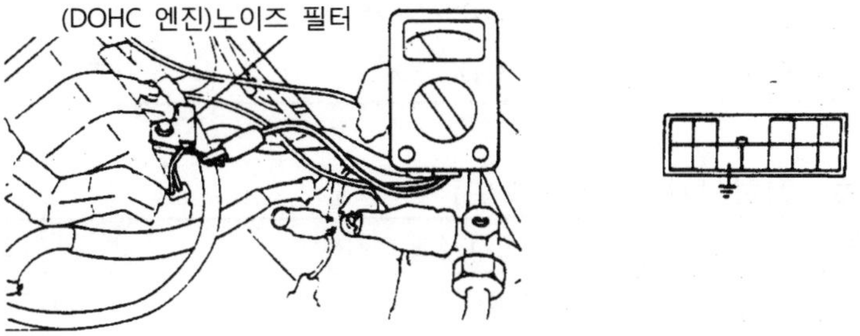

그림 9-35 타코메타 설치방법 (DOHC)

[기본 점화 시기]

차　　종	점화시기
엑　　셀	BTDC 5°±1°
스쿠프-a 엔진 제외 전차종	BTDC 5°±2°

㉫ 엔진을 정지시킨 후 리드 와이어를 분리시킨 다음 다시 시동을 걸고 공회전 상태에서 점화시기가 정확한지 점검한다. 일반적으로 실제 점화시기는 ECU의 제어 모드에 따라 변화되므로, 기본 점화시기를 점검하여 변동이 없으면 정상으로 판단하여도 된다.

[현대차량 초기점화시기 및 공전속도]

차종	초기점화시기	공전속도
엑셀	BTDC 5±1°	700±100rpm
엘란트라 1.5S	BTDC 5±2°	825±100rpm
엘란트라 D	BTDC 5±2°	750±100rpm
소나타Ⅱ S	BTDC 5±1°	750±100rpm
소나타Ⅱ D	BTDC 5±2°	750±100rpm
마르샤 2.0 D	BTDC 5±2°	750±100rpm
아반테 1.5 D	BTDC 9±5°	800±100rpm
아반테 1.5 D	BTDC 10±5°	800±100rpm
그랜져 2.4 S	BTDC 5±2°	750±100rpm
그랜져 2.4 S	BTDC 5±2°	750±100rpm

[기아차량 초기점화시기 및 공전속도]

차종	초기점화시기	공전속도
프라이드(수동)	BTDC 10°	700±25rpm
프라이드(자동)	BTDC 10°	850±25rpm
아벨라	BTDC 10°	780±50rpm
세피아Ⅱ	BTDC 8±5°	800±50rpm
포텐샤	BTDC 2±1°	850±50rpm
엔터프라이즈	BTDC 10±1°	750±40rpm

✔ 참 고

DLI란 Distributor Less Ignition system의 약자로 배전기가 없는 형식으로, DIS(Direct Ignition System : 직접배전방식)라고도 한다. 즉, 배전기가 없이 점화 코일에서 직접 점화 플러그로 고압을 공급하는 것으로 배전기가 없는 만큼 기계적, 전기적 손실이 적다. DLI 형식은 배전기가 없으므로, 점화 시기 조정은 원칙적으로 하지 않으나(ECU가 자체조정), 필요시에는 실린더 블록에 설치된 크랭크 각 센서 하우징을 좌우로 돌려 조정한다.

✔ 참 고

① ISC 서보 커넥터를 분리하는 이유 : 커넥터를 분리하지 않고 시동을 걸면, ECU가 ISC 서보를 제어하게 되어, 정확 한 공전 속도를 검출할 수 없기 때문에, 점검 및 조정을 하는 동안 ECU의 제어 를 방지하기 위함이다.

② 둥근 머리 나사의 역할과 2~3회 풀어두는 이유 : 둥근 머리 나사는 일종의 스토퍼 역할을 하는 것으로, 스로틀 밸브와 스로틀 보디가 마모되어 스로틀 밸브가 뒤집히는 것을 방지하기 위하여, 둥근 머리 나사 이상으로 스로틀 밸브가 닫히지 않도록 한다.

③ 점화 스위치를 OFF시킨 후 커넥터를 연결 또는 분리하는 이유 : 전원이 공급되는 동안에 배선이나 커넥터를 연결 또는 분리하면, 순간적으로 접촉 저항이 커지게 되어, 전압이 상승하게 되면, ECU 등의 전자 부품에 나쁜 영향을 주게되고, 심하면 단락이 될 수 있다. 이것을 방지하기 위하여, 반드시 점화 스위치를 OFF시키고 접속 또는 분리하여야 한다.

✔ 참 고

작업 후 축전지 (-)단자를 15초간 분리하는 이유 : ECU 내에 기억된 고장 부분의 자료를 삭제하기 위함이며, 이것을 지우지 않으면 시동 직후에는 고장된 상태로 작동을 하게 된다. 축전지 (-) 단자를 자주 분리 결합하면, 터미널이 마모될 수 있으므로, 터미널 대신에 메인 퓨즈를 15초간 분리하였다가 접속하여도 된다.

9.7 컨트롤 릴레이 점검

- **실습목적 :** 릴레이의 원리 및 역할을 공구하고 실험을 통하여 양부를 진단할 수 있는 능력을 배양한다.
- **기계기구 :** 아날로그 테스터, 컨트롤 릴레이, 연결선, 완성차, 기본 공구 세트
- **예비지식 :** 컨트롤 릴레이는 ECU, 연료펌프, 인젝터, AFS 등에 축전지 전원을 공급하는 장치이다.

9.7.1 시험방법 및 작업순서

(1) 릴레이를 분리시킨다.
(2) 종류에 따라 A, B, C 및 D로 나눠진다.

메인 컨트롤 릴레이의 기능 : 메인 컨트롤 릴레이는 ECU를 비롯하여, 연료 펌프, 인젝터, 공기 유량 센서 등에 전원을 공급하는 릴레이로서 스위칭 기능을 한다. 이 메인 컨트롤 릴레이가 불량하면 시동이 되지 않으며, 점화 스위치 ON 상태에서 기관 회전이 정지하여도 기관 시동이 정지한다.

9.7.2 A형 컨트롤 릴레이

실전에서는 축전지와 연료 펌프, 그리고 전기 배선을 주고 연료 펌프를 구동시켜보라는 과제를 부여하기도 한다. 따라서 단순히 단자의 명칭만을 암기하기 보다는 릴레이 기본 회로 구성과 기능에 대해 이해하고 숙지하는 것이 실전을 도움이 된다.

(1) 회로도(8핀)

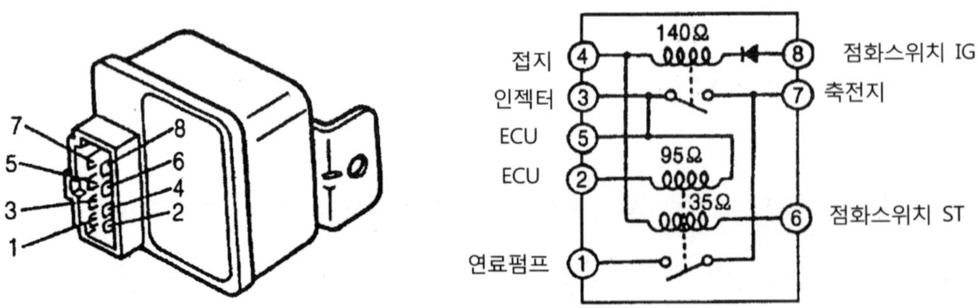

그림 9-36 A형 컨트롤 릴레이

(2) 커넥터 단자의 기능

① 1번 단자 : 연료 펌프에 전원을 공급한다.
② 2번 단자 : ECU에 연결되어 엔진 정지시 연료 펌프를 정지시키는 단자로 릴레이 L1 코일을 작동시킨다.
③ 3번 단자 : 인젝터와 퍼지 컨트롤 솔레노이드 밸브(PCSV)에 전원을 공급한다.
④ 4번 단자 : 릴레이 접지 단자
⑤ 5번 단자 : ECU에 전원을 공급한다.
⑥ 6번 단자 : 점화 스위치 St 단자로부터 전원이 공급되는 단자로, 릴레이 L2 코일을 작동시킨다.
⑦ 7번 단자 : 축전지 전원이 직접 공급되는 단자
⑧ 8번 단자 : 점화 스위치 IG 단자로부터 전원이 공급되는 단자로 릴레이 L3 코일을 작동시킨다.

(3) 회로 작동의 이해

릴레이 코일이 여자되었을 때와 여자되지 않았을 때의 단자 사이의 저항을 측정한다.

✔ 참고

컨트롤 릴레이의 회로도에 있는 다이오드 표시는 전류가 흐르는 방향을 나타내는 것이므로 저항을 점검하기 전에 테스터의 극성을 확인한다.

① 코일 L_1, 및 L_2

상 태	측정 단자	규정 저항값
여자가 안 됨	1과 7	∞[Ω]
	2와 5	약 95[Ω]
	2와 3	
	6과 4	약 35[Ω]
여자가 됨	1과 7	0 [Ω]

② 코일 L_3

상　태	측정 단자	규정 저항값
여자가 안 됨	3과 7	∞[Ω]
	4→8	∞[Ω]
	4←8	약 140[Ω]
여자가 됨	3과 7	0[Ω]

여자가 된다는 것은 단자 8과 4 사이에 전압이 걸리는 것을 의미한다.

9.7.3 B형 컨트롤 릴레이(A형과 동일함)

B형 컨트롤릴레이는 A형과 동일한 구조이나 핀 번호부여 순서만 달리함

9.7.4 C형 컨트롤 릴레이

(1) 코일 L1 및 L2
여자가 된다는 것은 단자 6과 2사이에 전압이 걸리는 것을 의미한다.

(2) 시험한 결과 규정저항과 일치하지 않을 때에는 컨트롤 릴레이를 교환하여야한다.

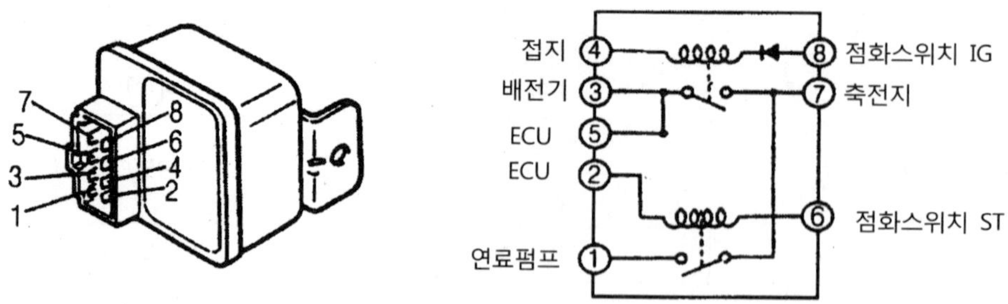

그림 9-37 C형 컨트롤 릴레이

	상 태	측정 단자	규정 저항값
L_1	여자가 안됨	1 - 7	통전안됨(∞[Ω])
		2 → 6	통전됨(약 95[Ω])
		2 ← 6	통전됨(약 95[Ω])
	여자가 됨	1 - 7	통전됨(0[Ω])
L_2	여자가 안됨	3 - 7	통전안됨(∞[Ω])
		4 → 8	통전안됨(∞[Ω])
		4 ← 8	통전됨(1[MΩ])
	여자가 됨	3 - 7	통전됨(0[Ω])

9.7.5 D형 컨트롤 릴레이(10핀)

(1) 컨트롤 릴레이의 단자 6에 12[V] +전원단자를 연결시키고 8 단자에 -전원단자를 떼었다, 붙였다하여 단자 6-1과 6-2의 도통을 측정한다.

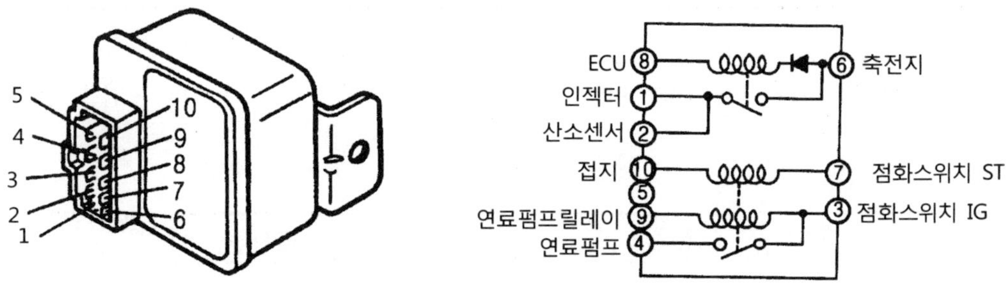

그림 9-38 D형 컨트롤 릴레이

단자 6-8 순방향전원	단자 6-1	단자 6-2
연 결	통전	통전
분 리	통전안됨	통전안됨

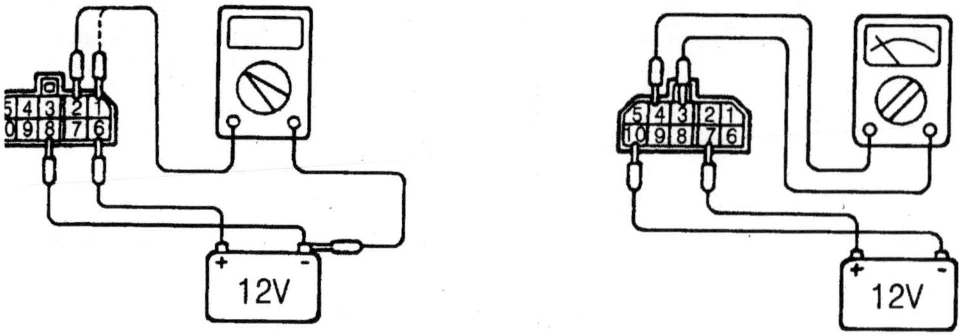

그림 9-39 컨트롤 릴레이 점검

(2) 컨트롤 릴레이의 단자 7과 10에 12[V] 전원연결. 분리하면서 3-4 단자의 통전을 점검한다.

단자 7 - 10 전원	단자 3과 단자 4
연 결	통전 됨
분 리	통전 안됨

(3) 컨트롤 릴레이의 단자 3과 9에 전원 연결, 분리하면서 3-4 단자의 통전을 점검한다.

단자 3 - 9 전원	단자 4 - 3
연 결	통 전
분 리	통전 안됨

9.8 DLI 점화회로 점검

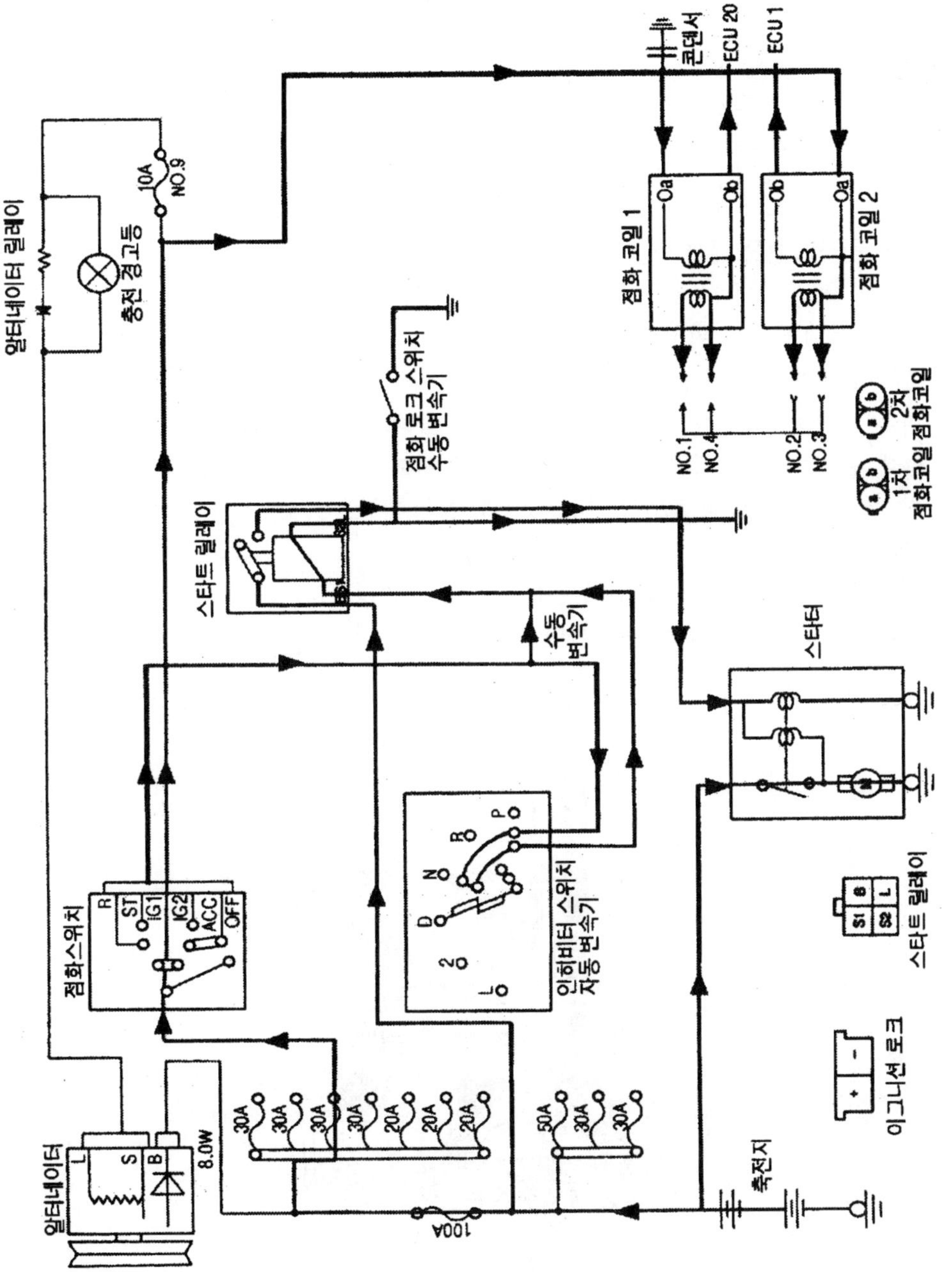

그림 9-40 DLI 점화회로

9.9 타코 드웰 테스터(TACHO-DWELL TESTER)

⇒ **실습목적 :** 차종별 타코 드웰 테스터(TACHO-DWELL TESTER)를 사용한 RPM의 측정과 조정방법에 대하여 익힌다.

⇒ **기계기구 :** 타코드웰 테스터, 튠업용 엔진

9.9.1 PRO-TESTER 10

(1) 셀렉터를 TACHO 위치로 한다.

(2) 실린더 수에 맞추어 8, 6, 4를 선택한다.

(3) 적색 클립을 축전지 (+) 단자에 접속하고, 흑색 클립을 축전지 (-) 단자에 접속한다.

(4) 녹색 클립을 점화 코일 (-) 단자나 배전기 사이드 단자에 접속한다.

(5) 기관을 시동하고 눈금판의 가장 윗부분의 스케일을 판독한 후 ×100을 하여 회전속도를 확인한다.

(6) 셀렉터를 DWELL 위치로 한다.

(7) 눈금판에서 드웰(캠각)을 판독한다.

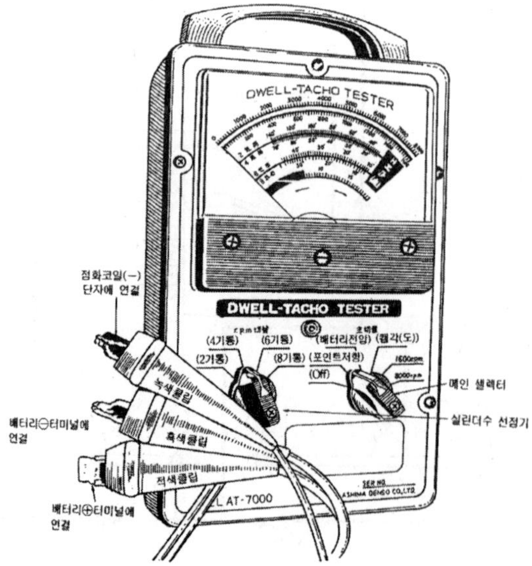

그림 9-41 PRO-TESTER 10

9.9.2 OTC-3391

(1) 테스터의 적색 리드선을 MAG,TACHO 위치에 꽂은 다음 한 쪽 클립을 점화 코일 (-)단자나 배전기 사이드 단자에 접속한다.
(2) 테스터의 흑색 리드선을 COM 위치에 꽂은 후, 한 쪽 클립을 기관 몸체에 접지시킨다.
(3) 셀렉터를 TACHO HI 위치로 한다.
(4) 전원 스위치를 ON시킨다.
(5) 셀렉터를 LO 위치로 하고 액정 표시판에 나타난 숫자를 판독한다.
(6) 셀렉터를 DWELL의 4,5,6,8 위치로 한다. 여기서 4,5,6,8은 실린더 수이므로 측정기관에 알맞는 실린더 수를 선택한다.
(7) 액정 표시판에 나타난 숫자를 판독한다.

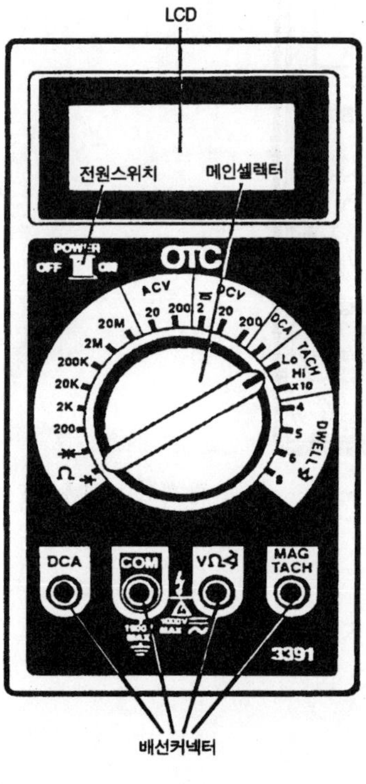

그림 9-42 OTC-3391

9.9.3 ADM-206

(1) 테스터의 적색 리드선을 TACHO 위치에 꽂은 후, 점화 코일 (-) 단자나 배전기 사이드 단자에 접속한다.
(2) 테스터의 흑색 리드선을 COM 위치에 꽂은 후, 차체나 기관 몸체에 접지시킨다.
(3) 셀렉터를 실린더 수에 맞는 TACHO에 위치시킨다.
(4) 전원 스위치를 ON시킨다.
(5) 기관을 시동하고 액정 표시판에 나타나는 숫자에 ×10을 하여 판독한다.
(6) 셀렉터를 실린더 수에 맞는 DWELL 위치로 한다.
(7) 액정 표시판에 나타나는 숫자를 그대로 판독한다.

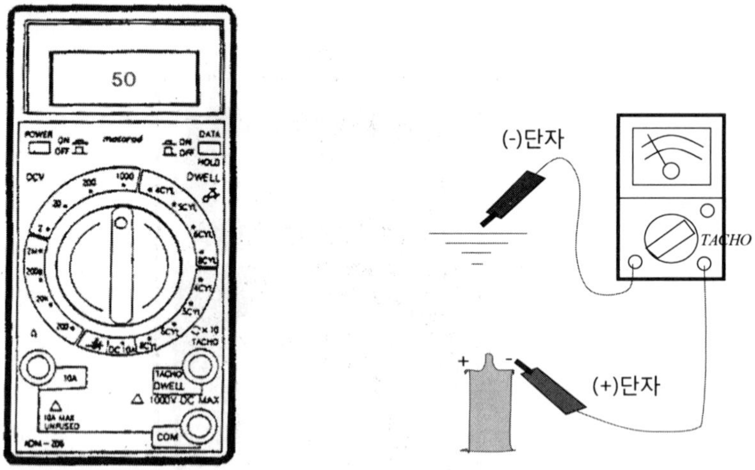

그림 9-43 ADM-206

실험결과 보고서[9]

- **실험내용 : 점화장치 실험**
- **실험일자 :** 년 월 일
- **실 험 자 :** 조
- **제 출 일 :** 월 일

□ 실험목적

1) 점화장치 종류별 구성회로 및 작동원리 이해
2) 점화스위치 단자구분
3) 자동차별 점화장치 종류 구분 및 특성알기
4) 점화장치 구성을 통한 불꽃실험

1. 점화장치별 구성요소 특성 및 작동원리 알기

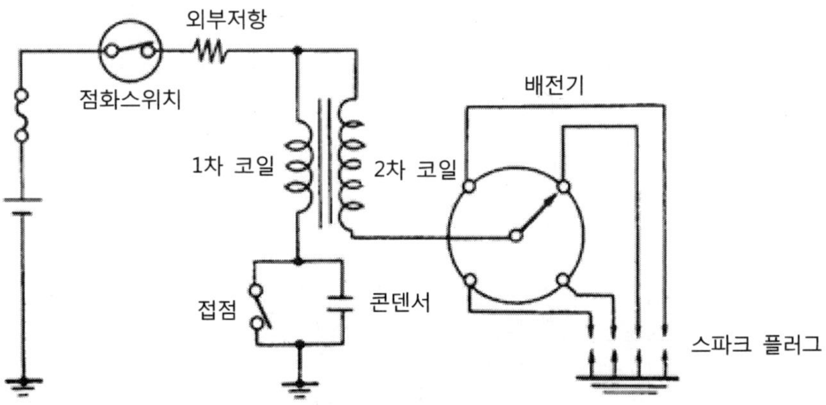

그림 9-44 축전지식 점화 회로도

실험내용	종류	특징	차종	구성회로
점화장치별 특 징	축전지식			별도의 용지 작성
	반TR식			
	전TR식			
	HEI식			
	DLI식			

2. 차종별 점화장치 종류 구분

종류	차종	제작회사	점화장치 구분	판단 기준
차종별 점화장치 종류구분				

3. 점화스위치의 단자구분

단자		B	ACC	IG1	IG2	R	ST	비고
점화(KEY)스위치 도통여부 및 단자구분	LOCK							차종에 따라 차이
	ACC							
	ON							
	ST							

4. HEI 점화장치의 점화플러그 불꽃시험

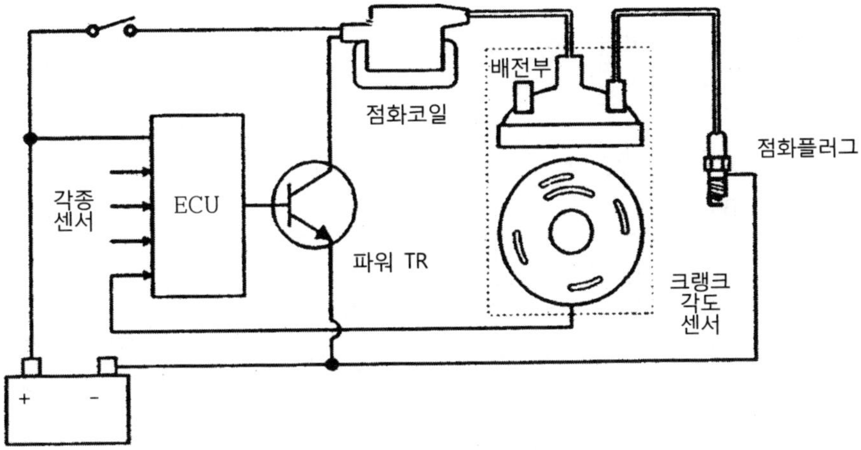

그림 9-45 HEI식 점화 회로도

실험내용	실험방법(회로구성)	비고
점화회로 불꽃실험		HEI식

5. 개자로형 및 폐자로형 점화코일 점검

실험내용			측정단자	규정치	측정치	비고(판단)
점화코일 저항측정	개자로형	1차				양, 부
		2차				양, 부
	폐자로형	1차				양, 부
		2차				양, 부
	DLI형	1차				양, 부
		2차				양, 부

6. 이그나이터 도통시험

종류	단자(흑-적)	도통여부	비고(판단)	비고
이그나이터 도통시험	E-B		양, 부	
	B-E		양, 부	
	B-C		양, 부	
	C-B		양, 부	
	E-C		양, 부	
	C-E		양, 부	

* 전 TR 점화방식에 한정

7. power TR 도통시험

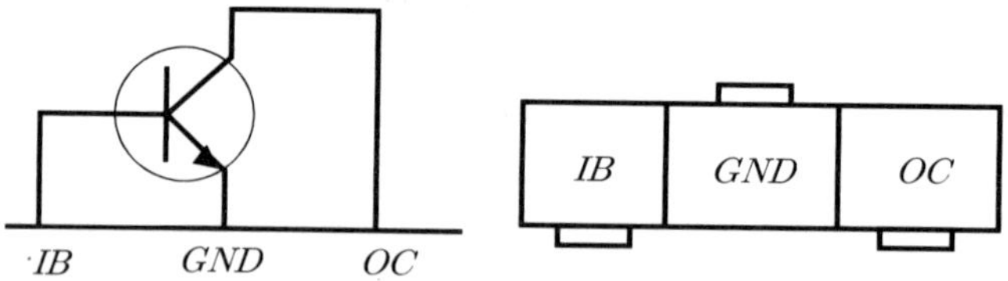

그림 9-46 Power TR의 구성회로

종류	측정단자 아날로그(흑-적)	도통여부		판단
		규정	측정	
Power TR (NPN)	E-B			양, 부
	B-E			양, 부
	B-C			양, 부
	C-B			양, 부
	E-C			양, 부
	C-E			양, 부

8. 컨트롤 릴레이 단자구분 시험

(1) 컨트롤 릴레이 타입 구분하기

측정 단자	측정치[Ω}	판정	참고
4 - 6		A, B, C, D	
2 - 6		A, B, C, D	

(2) A, B 타입 컨트롤 릴레이 시험

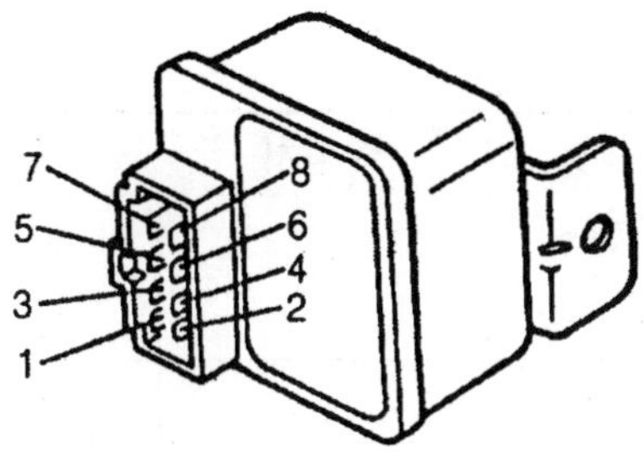

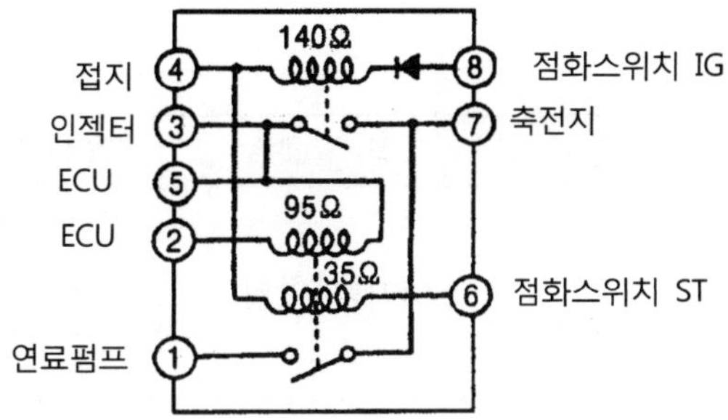

그림 9-47 A형 컨트롤 릴레이

단자	상 태	측정 단자	규정치	측정치	판정
4-6	여자가 안 됨	1 - 7	∞[Ω]		양, 부
		2 - 5	95[Ω]		양, 부
		2 - 3	95[Ω]		양, 부
		6 - 4	35[Ω]		양, 부
	여자가 됨	1 - 7	0 [Ω]		양, 부
4-8	여자가 안 됨	3 - 7	∞[Ω]		양, 부
		4→8	∞[Ω]		양, 부
		4←8	140[Ω]		양, 부
	여자가 됨	3 - 7	0[Ω]		양, 부

(3) C 타입 컨트롤 릴레이 시험

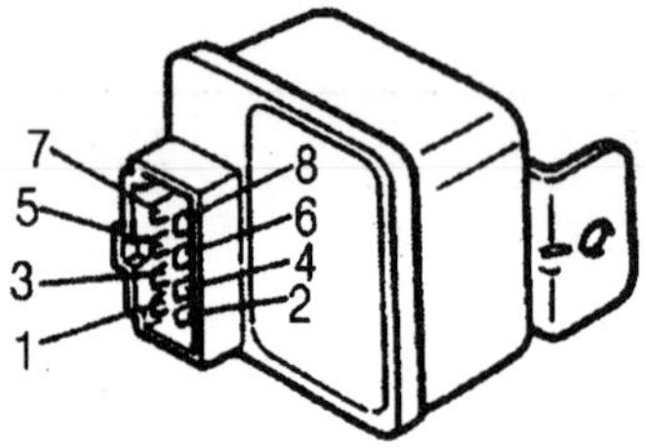

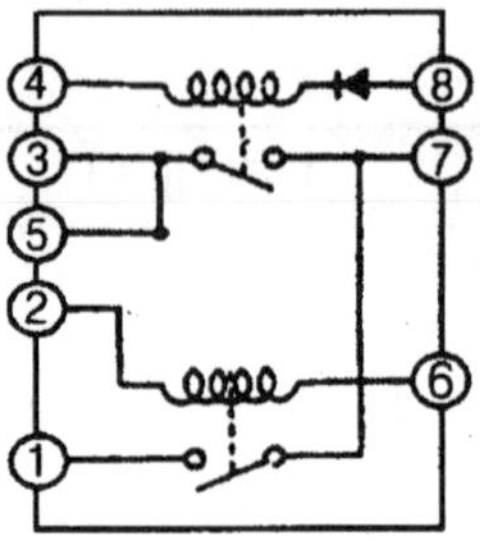

그림 9-48 C형 컨트롤 릴레이

단자	상 태	측정 단자	규정치	측정치	판정
2-6	여자가 안됨	1 - 7	∞[Ω]		양, 부
		2 → 6	95[Ω]		양, 부
		2 ← 6	95[Ω]		양, 부
	여자가 됨	1 - 7	0[Ω]		양, 부
4-8	여자가 안됨	3 - 7	∞[Ω]		양, 부
		4 → 8	∞[Ω]		양, 부
		4 ← 8	1[MΩ]		양, 부
	여자가 됨	3 - 7	0[Ω]		양, 부

9. 점화 1, 2차 파형분석 시험

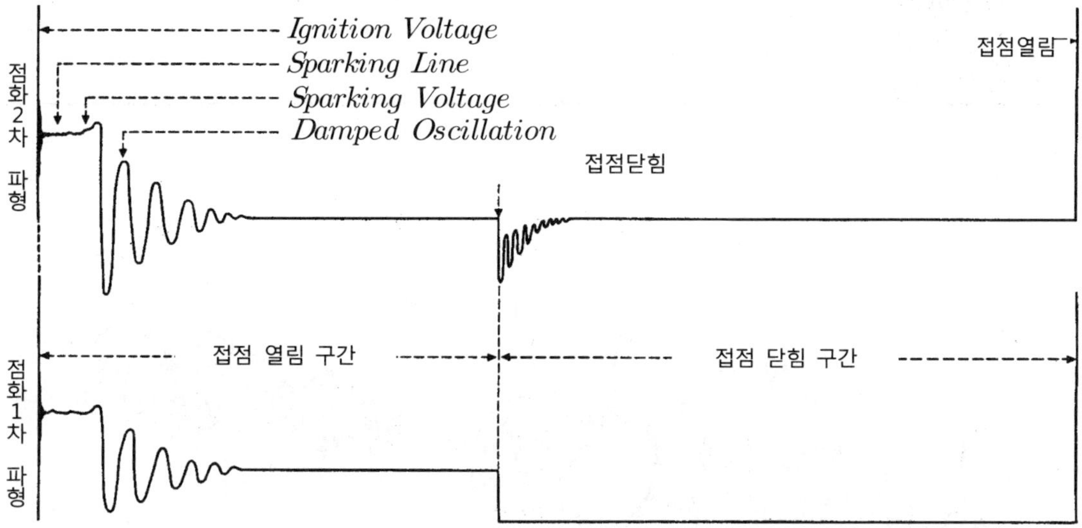

그림 9-49 점화 1차, 2차 파형의 부분별 구분

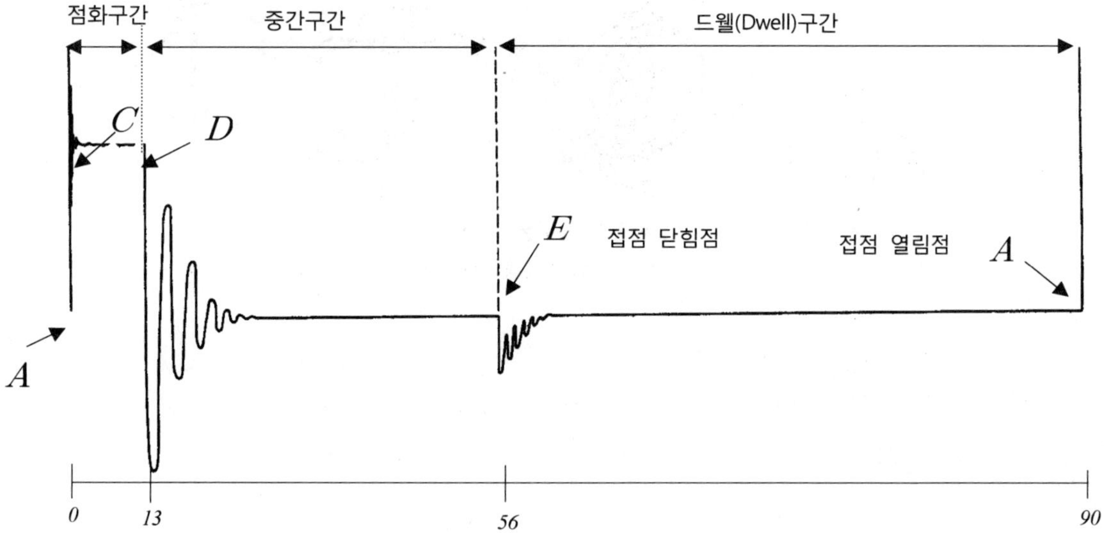

그림 9-50 점화 2차 파형

상 태	Sparking Line	Dwell Angle	1 Cycle Time
1. NUMBER OF CAR 01 2. NUMBER OF CYLINDER 4 3. NUMBER OF CYCLE 4 4. SPARK NUMBER 1 - 3 - 4 - 2 5. SPARK STYLE : DISTRIBUTORLESS 6. RPM : 830 7. BATTERY 14.2V	Sec	Sec	Sec

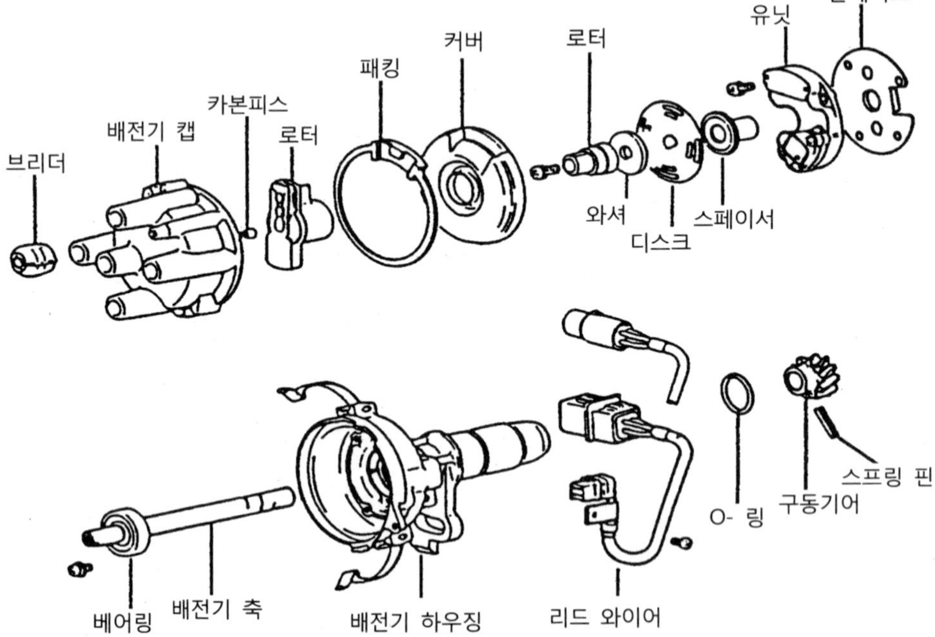

그림 9-51 HEI 점화장치 배전기 분해도

10. 주어진 전자제어 기관에서 시동에 필요한 시동 및 점화회로 시동에 관련된 부품을 점검하고 이상이 있으면 조정 및 교환하여 시동하시오.

11. 주어진 자동차에서 점화코일 1,2차 저항을 측정하여 코일의 고장유무를 확인하시오.

측정 항목	① 측정 또는 점검		② 판정 및 정비(또는 조치)사항	
	측 정 값	규정(정비 한계)값	판 정	정비 및 조치사항
1차 저항			양호, 불량	
2차 저항				

12. 주어진 자동차에서 파워 트랜지스터(TR)를 점검하여 파워 트랜지스터의 이상유무를 확인하시오.

측정 항목	① 측정 또는 점검		② 판정 및 정비(또는 조치)사항	
	점검조건	내용 및 상태	판 정	정비 및 조치사항
통전시험	전원 ON		양호, 불량	
	전원 OFF			

13. 자동차에서 다기능 스위치(콤비네이션 S/W)을 교환(탈 부착)하고, 다기능 스위치가 작동되는지 확인하시오.

14. 주어진 자동차에서 연로펌프의 소모전류를 점검하여 연료 펌프의 고장 유 무를 확인하시오.

측정 항목	① 측정 또는 점검		② 판정 및 정비(또는 조치)사항	
	측 정 값	규정(정비 한계)값	판 정	정비 및 조치사항
소모 전류			양호, 불량	

15. 주어진 자동차에서 컨트롤 릴레이를 점검하여 릴레이 이상유무를 확인하시오.

측정 항목	① 측정 또는 점검	② 판정 및 정비(또는 조치)사항	
	측 정 값	판 정	정비 및 조치사항
코일 여자	양호 불량	양호, 불량	
코일 미 여자	양호 불량		

16. 주어진 자동차의 점화 코일에서 코일 2차 파형을 분석하여 그 결과를 기록표에 기록하시오

측정 항목	① 측정(또는 점검)상태	② 판정 및 정비(또는 조치)사항	
		판 정	정비 및 조치사항
점화2차 출력파형		양호, 불량	

10
CHAPTER

충전장치

10.1 충전장치 작동원리

⇨ **실습목적 :** 충전회로를 이해하고 이를 구성하는 구성품에 대한 특성 및 원리를 이해한다.
⇨ **기계기구 :** 아날로그 테스터, 충전회로 각 부품, 기본 공구 세트, 교류 발전기, 튠업용 엔진

10.1.1 발전기의 작동원리

충전장치는 운행 중 자동차와 각종 전기장치에 전력을 공급하는 전원인 동시에 축전지의 충전전류를 공급하는 장치이다. 충전장치는 기관에 의하여 구동되는 발전기, 충전회로를 적정한 상태로 조정하기 위한 조정기, 충전상태를 알려 주는 전류계 또는 충전 경고등으로 구성되어 있다.

자동차에는 기관의 기동장치나 점화장치의 전장품을 비롯하여 램프류, 에어컨 장치 등 많은 전기장치가 있으며, 이러한 전기장치에 전력을 공급하는 전원으로 축전지와 발전기가 있다. 발전기는 벨트로 기관과 연결되어 구동된다.

발전기와 함께 사용하는 전압조정기(voltage regulator)는 발전기의 계자 코일에 흐르는 전류(계자 전류)를 제어하여 출력 전압을 조절한다. 발전기에서 발생하는 교류 전기를 직류로 바꾸는 정류방식에 따라 직류 발전기(정류자 정류방식)와 교류 발전기(반도체 정류방식)로 분류된다.

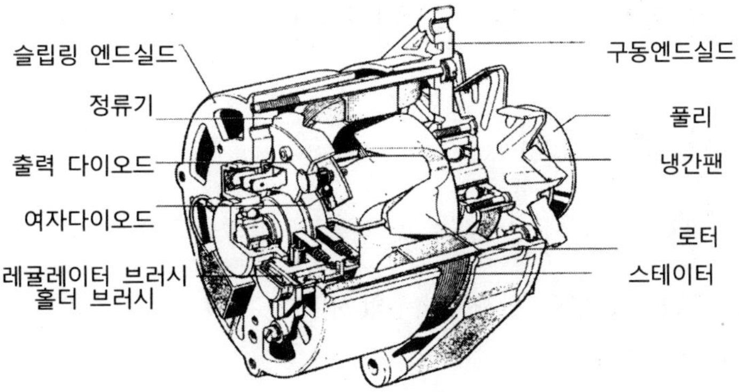

그림 10-1 AC발전기의 구조

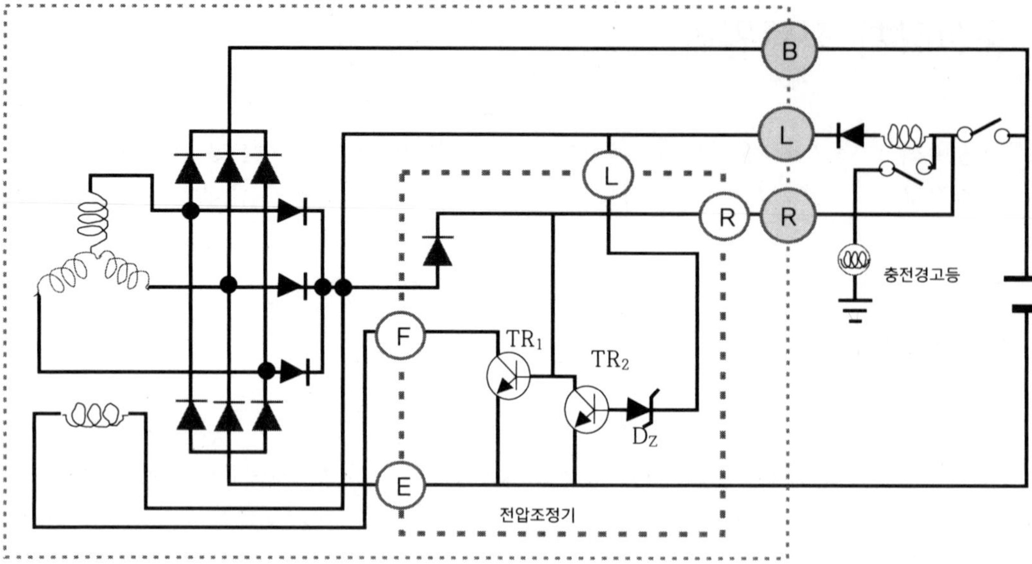

그림 10-2 전압조절기의 작동원리

교류 발전기는 3상 교류 발전기의 출력을 실리콘 다이오드에 의해 전파 정류하여 직류로 바꾸는 방식이며, 현재는 직류(DC) 발전기보다 교류(AC) 발전기를 많이 사용되고 있다. Key On시 발전기내의 전류의 흐름과 전압 조절작용은 [그림 10-2]와 같이 이루어진다.

10.2 발전기의 탈부착 및 분해조립

10.2.1 발전기의 분해 조립

(1) 차량에서 발전기 탈거시 주의 사항

① BATTERY GROUND 단자분리(주의 사항)

② 발전기 B 단자 분리

③ 발전기 탈거

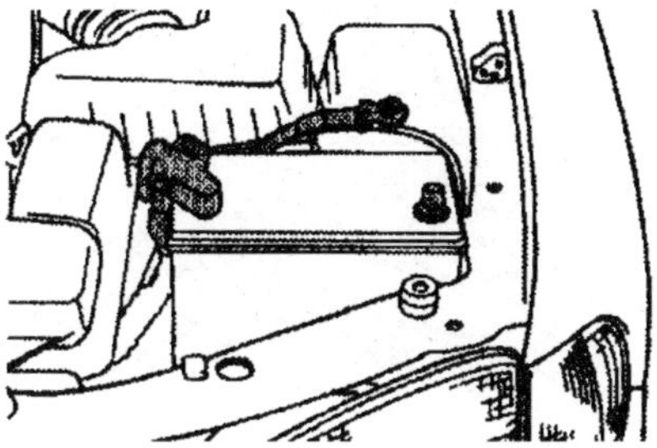
그림 10-3 축전지 (-)단자 케이블 분리

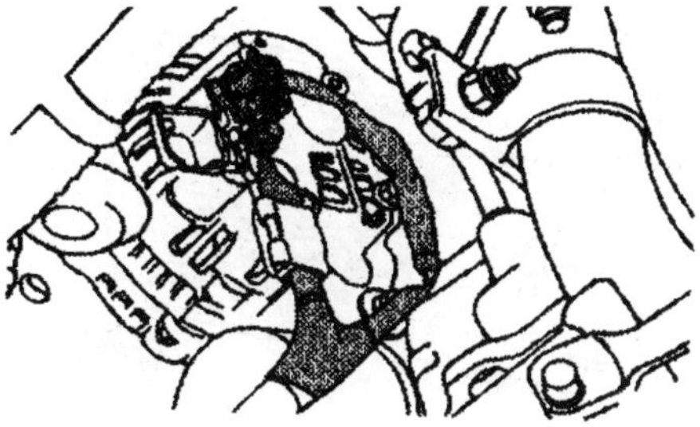
그림 10-4 B단자와 커넥터 분리

(2) 분해

① 3개의 관통볼트를 탈거한다.

② 프론트 브라켓트와 스테이터 코어 사이에 (-)자 드라이브를 집어 넣어 아래쪽으로 민다. 스크류 드라이버를 너무 깊게 집어 넣으면 스테이터 코일이 손상될 수 있으므로 주의 해야한다. 리어 커버는 리어 베어링의 외측레이스를 잡고 있기 때문에 탈거하기 어려울 경우 베어링 박스 부위를 200와트 납땜기로 가열시키면 쉽게 탈거할 수 있다. (참고: 시험장에서의 발전기는 분해조립을 여러 번 한 것이 대부분이므로 이렇게 하지 않아도 된다.)

③ 풀리쪽이 위로 가게하여 로터를 바이스에 물린다. 이때 바이스 이빨에 로타가 손상되지 않도록 주의한다.

④ 풀리너트를 탈거하고 스프링 와셔, 풀리, 스페이서를 탈거한다.

⑤ 프론트 브라켓트와 두개의 씰을 탈거한다.

⑥ 바이스에서 로터를 탈거한다.

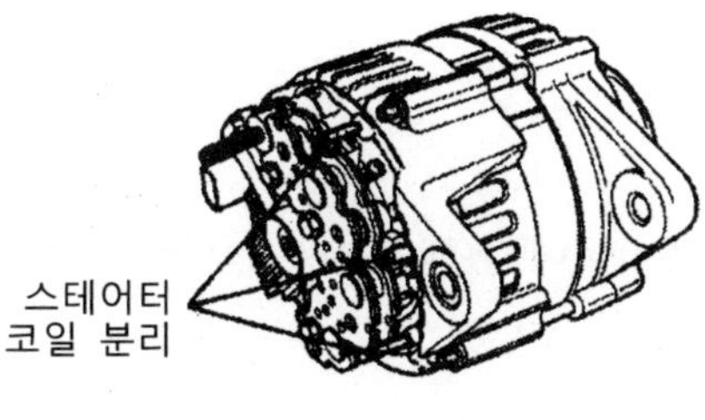

그림 10-5 스테이터 코일과 다이오드 분리

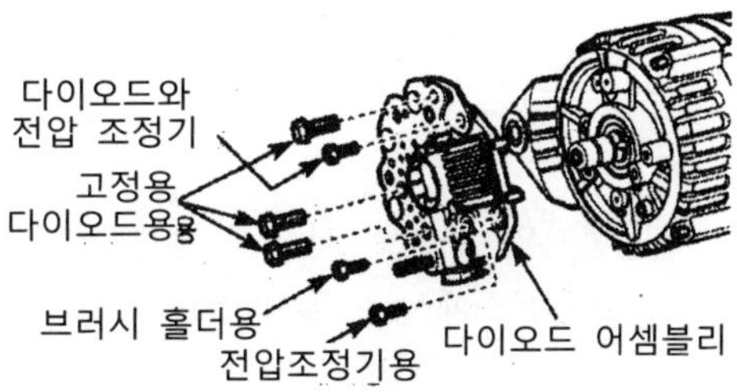

그림 10-6 고정볼트와 스크류 분리

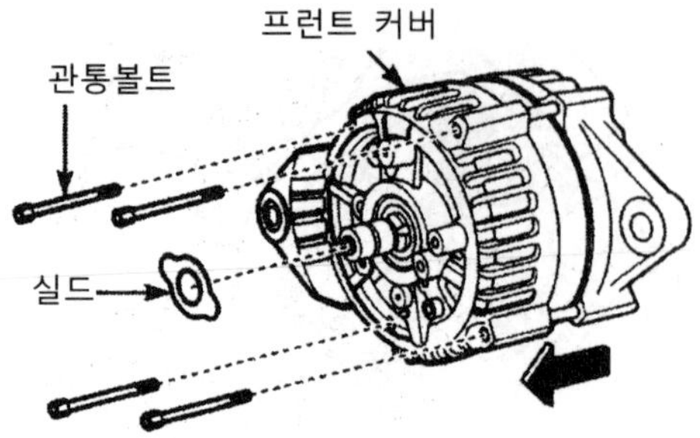

그림 10-7 프론트 커버와 리어커버 분리

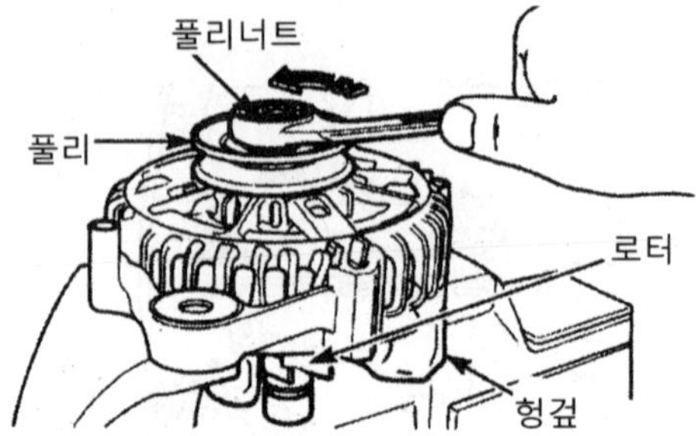

그림 10-8 풀리 탈거

⑦ 브러시 홀더 스크류, 정류기 스크류를 탈거하고 "B"터미널에서 너트를 탈거한다.

⑧ 리어 브라켓트에서 스태어터 어셈블리를 탈거한다.

⑨ 브러시 홀더에서 슬링거(slinger)를 탈거한다

⑩ 스테이터를 탈거할 때 3개의 스테이터 납땜을 떼고 정류기에서 메인 다이오를 탈거한다. 납땜을 할때나 뗄 때 장기간 납땜 인두의 열이 다이오드에 전달되지 않도록 한다.

⑪ 브러시 홀더에서 정류기를 분리시킬 때 정류기에 납땜되어 있는 2개의 플레이트를 떼어낸다.

(3) 조립

조립은 분해의 역순으로 행하되 다음 사항을 주의해야 한다.

① 로터를 리어 브라켓에 장착하기에 앞서 와이어를 작은 구멍에 집어넣어 리어 브라켓 브러시를 잡아 준다.

② 로터를 장착한 후에 와이어를 탈거한다.

(4) 장착

발전기의 프런트 레그와 엔진의 프런트 케이스사이에 스페이스를 유동이 없도록 끼우고 조립함(스페이스 두께 0.198 을 필요 수량만큼 장착)

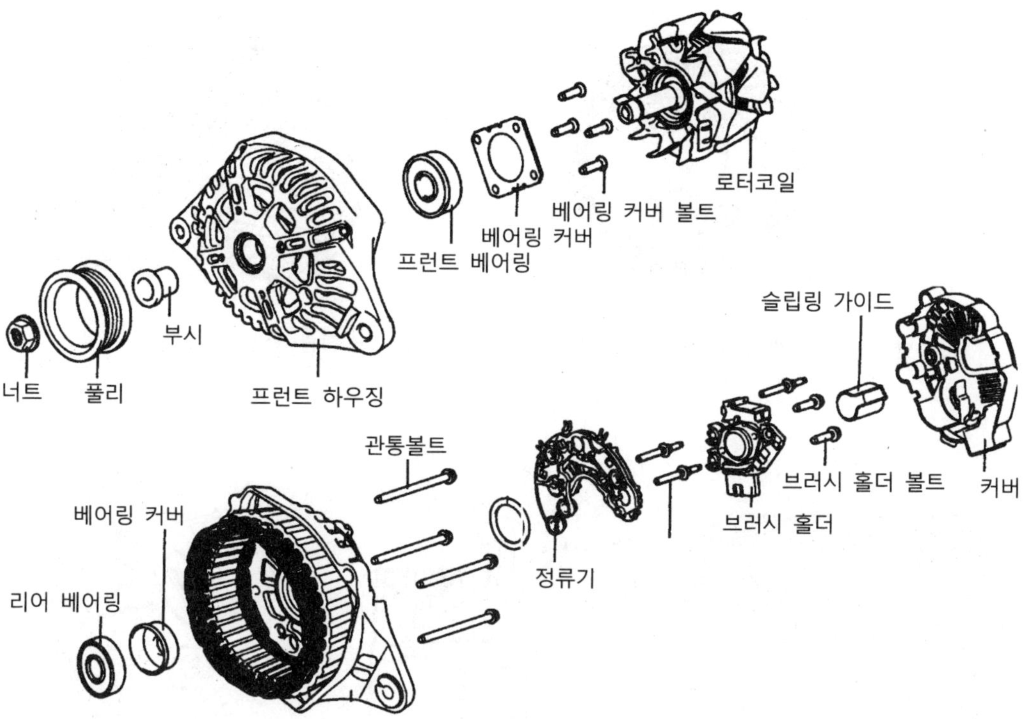

그림 10-9 발전기 구조와 명칭

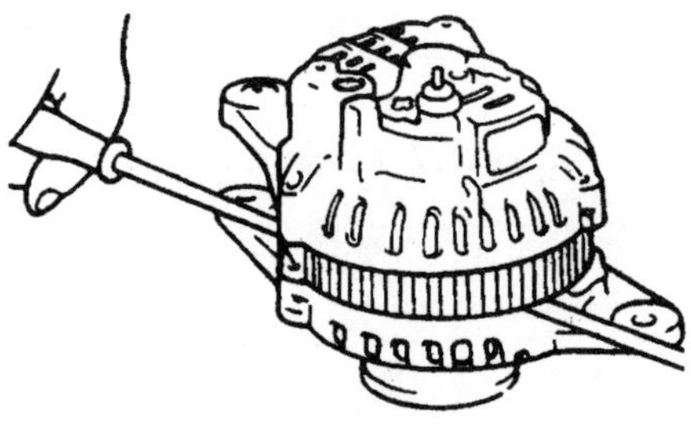

그림 10-10 브래킷과 고정자 분리

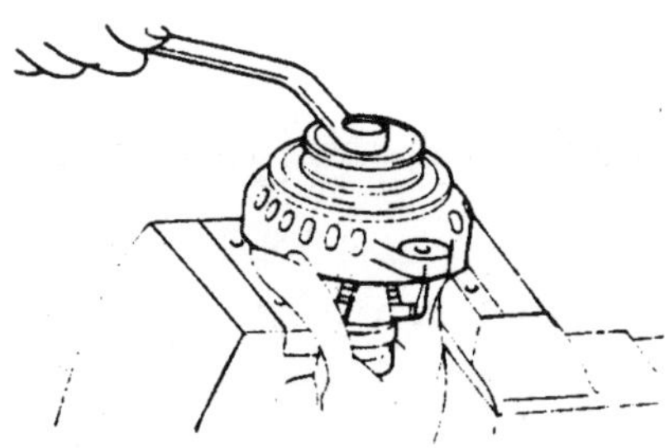

그림 10-11 풀리 분해

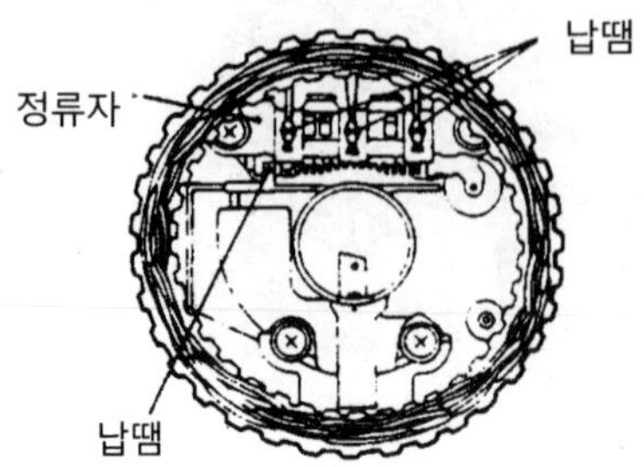

그림 10-12 다이오드와 브러시 홀더의 납땜 분리

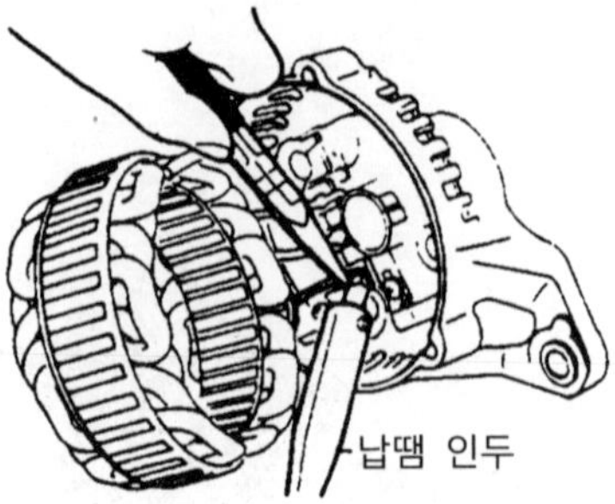

그림 10-13 납땜 인두 사용

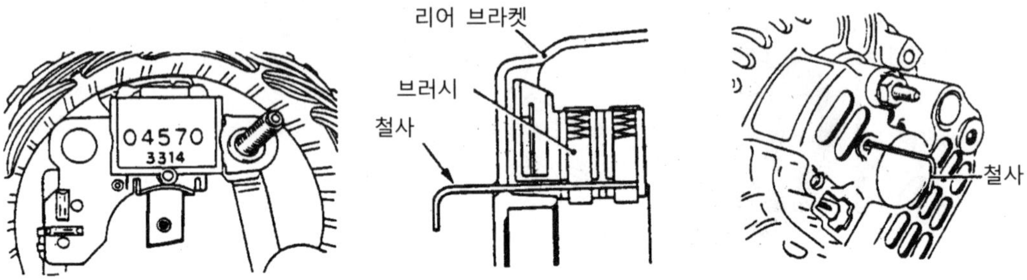

그림 10-14 브러시 위치와 로터의 조립

10.3 발전기의 회전자 점검

슬립링과 코어사이에 통전 여부를 점검하여 통전이 되면 로터 어셈블리를 교환한다. (저항치가 수 MΩ 이상 되어야 정상)

10.3.1 회전자 코일의 단선/단락 점검

(1) 아날로그 테스터 및 각종 회로 시험기로 한다.

(2) 슬립링과 사이의 저항을 측정한다.

(3) 판정

① 정상 : 규정 저항값 이내이다.

② 불량 : 규정 저항값 이하 또는 이상일 때 교환 조치한다.

[판정]

구분 \ 항목	정상	단락	노화	단선
로터코일 단선.단락 시험	규정치 이내	규정치 이하	규정치 이상	∞[Ω]

[차종별 로터코일 저항]

차종	코일저항[Ω]	차종	코일저항[Ω]
엑셀,프레스토	4~5	소나타,그랜져	4.1~4.3
소나타Ⅲ	3.1	르망	2.4~3.5
NF소나타	2.75±0.2	캐피탈	2.6~3.5
프라이드	2~3	포텐샤	2~4
세피아,아벨라	3.5~4.5	아반테HD	2.5~3.0

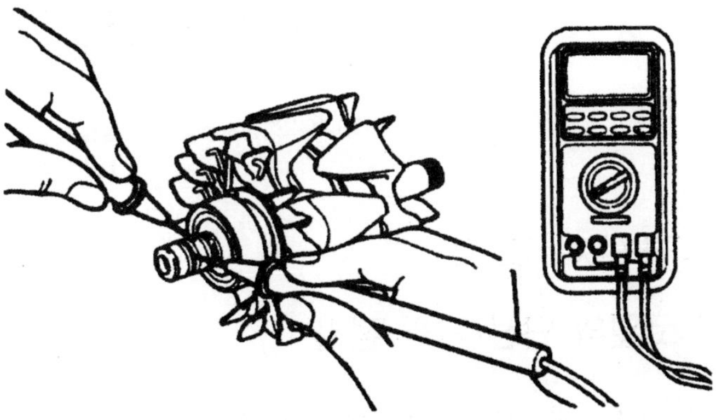

그림 10-15 회전자코일 단선점검

10.3.2 회전자 코일의 절연점검

(1) 아날로그 테스터 및 각종 회로 시험기로 한다.

(2) 슬립링과 회전자 철심 사이의 도통을 측정한다.

(3) 판 정

구분 \ 항목	정상	불량
로터코일 절연시험	∞[Ω]	임의 저항 값

✔ 참 고

저항값이 나온다는 것은 전류가 흐른다는 것이다.

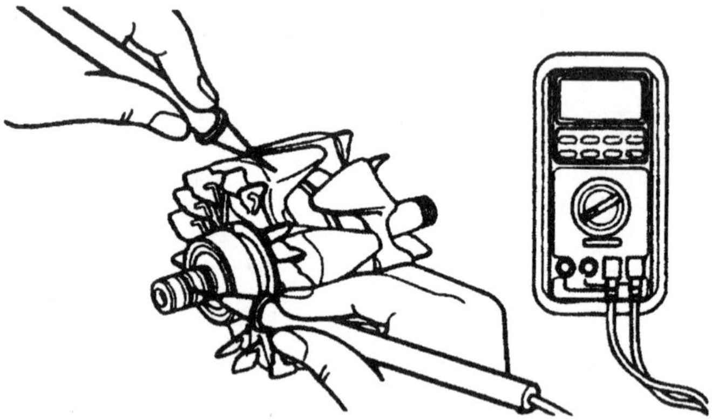

그림 10-16 회전자코일 절연점검

10.4 발전기 고정자 점검

10.4.1 고정자 코일의 단선/단락 점검

(1) 아날로그 테스터 및 각종 회로 시험기로 한다.

(2) 다이오드와 분리된 상태에서 점검해야 한다.

(3) 코일 끝부분을 각각 모두 점검한다.

(4) 판 정

- 정상 : 코일간에 서로 전류가 통한다.
- 불량 : 코일간에 서로 전류가 통전되지 않는다.

[판정]

구분 \ 항목	정상	단락	노화	단선
고정자코일 단선.단락 시험	규정치 이내	규정치 이하	규정치 이상	∞[Ω]

10.4.2 고정자 코일의 절연점검

(1) 아날로그 테스터 및 각종 회로 시험기로 한다.
(2) 다이오드와 분리된 상태에서 점검해야 한다.
(3) 각각의 코일 끝부분과 고정자 철심 사이의 도통을 점검한다.
(4) 판 정

- 정상 : ∞ 저항값(절연)
- 불량 : 저항값이 나오면 교환

[판정]

구분 \ 항목	정상	불량
고정자코일 절연시험	∞[Ω]	임의 저항 값

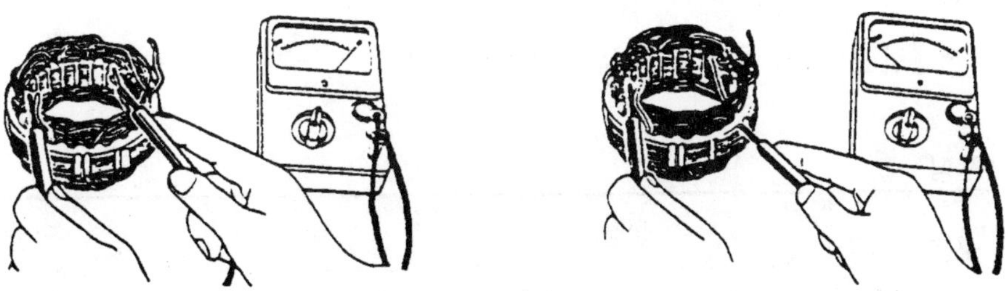

그림 10-17 고정자 코일 점검

10.5 발전기의 정류기 점검

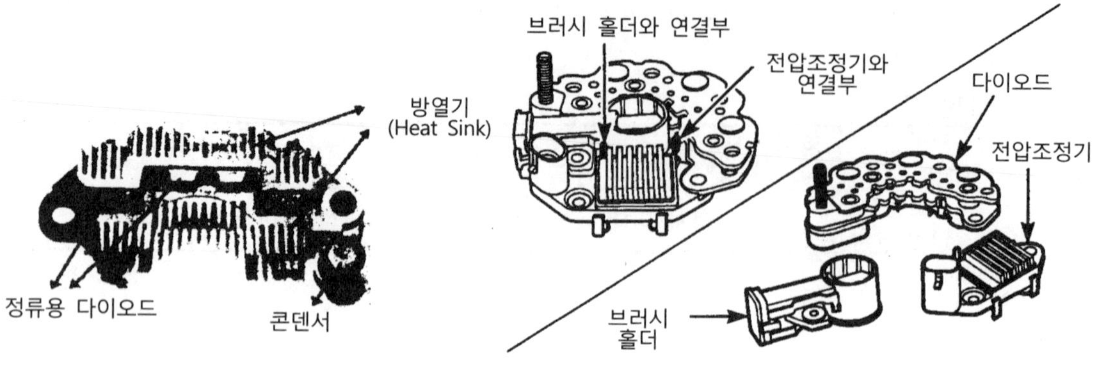

그림 10-18 교류발전기의 주요 구성부분

아날로그 테스터 및 각종 회로 시험기로 한다.

10.5.1 ⊕다이오드 점검

저항계(ohmmeter)로 (+)정류기의 스테이터 코일 리드 연결단자 사이의 통전을 점검했을 때 저항계가 한방향으로 통전이 되어야 한다. 만일 양쪽 방향으로 전부 통전되면 다이오드가 단락된 것이므로 정류기 어셈블리를 교환한다.

(1) ⊕방열기(Heat Sink)와 고정자 코일 리드선이 접속되었던 단자와의 도전성을 점검한다.

(2) 판정

- 정상 : 한쪽 방향으로만 전류가 흐름
- 단락 : 양쪽 방향으로 전류가 흐름
- 단선 : 양쪽 방향 모두 전류가 흐르지 않음

판정

항목 구분	정상	단락	단선
다이오드 점검	한쪽방향으로 도통	양쪽으로 도통	양쪽 모두 도통안됨

✔ 참 고

단락, 단선시는 다이오드 어셈블리를 교환한다.

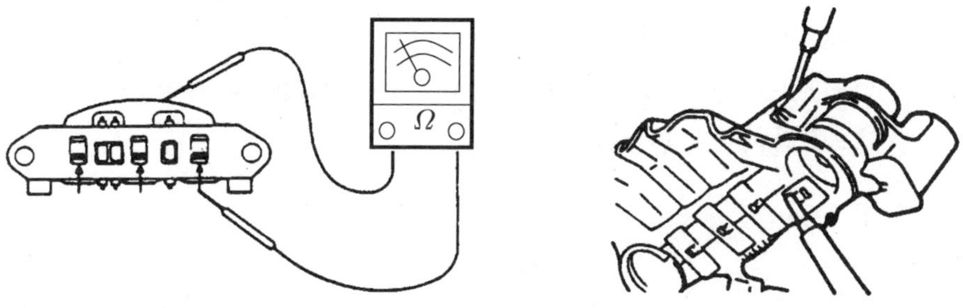

그림 10-19 ⊕ 다이오드 점검

10.5.2 ⊖다이오드 점검

(-)정류기와 스테이터 코일 리드 연결단자 사이에 통전을 점검했을 때 저항계가 한 방향으로만 통전되어야 한다. 양쪽방향으로 전부 통전되면 다이오드가 단락된 것이므로 정류기 어셈블리를 교환해야 한다.

(1) ⊖방열기(Heat Sink)와 고정자 코일 리드선이 접속되었던 단자와의 도전성을 점검한다.

(2) 판정 : ⊕다이오드 판정과 같으나 반대방향으로 전류가 흐른다.

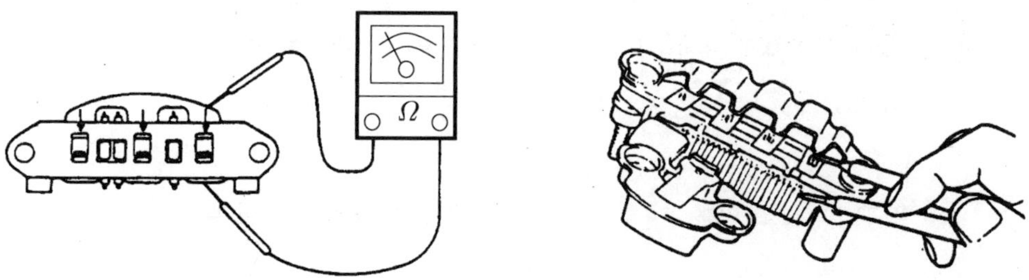

그림 10-20 ⊖다이오드 점검

10.5.3 다이오드 트리오 점검

3개의 다이오드 사이에 저항계를 연결하여 통전을 시험했을 때 한방향으로만 통전되는지를 점검한다. 만일 양쪽방향으로 전부 통전되면 다이오드가 단락된 것이므로 히트싱크(heat sink) 어셈블리를 교환해야 한다.

(1) 각 다이오드(3개)의 양 끝에 테스터 리드를 바꿔가면서 접속한다.

(2) 판정 : ⊕다이오드 판정과 같다.

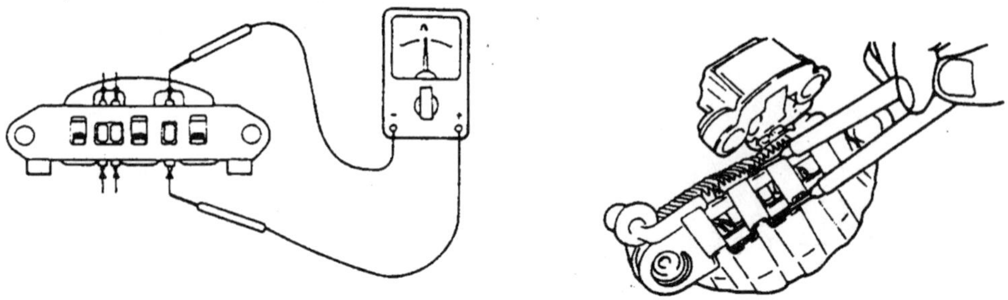

그림 10-21 트리오 다이오드 점검

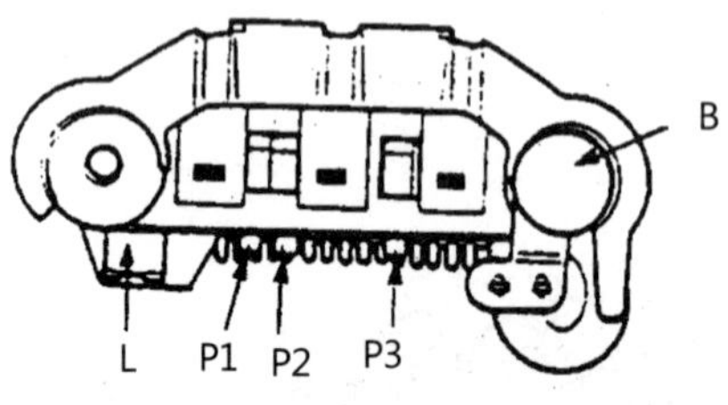

그림 10-22 다이오드 단자

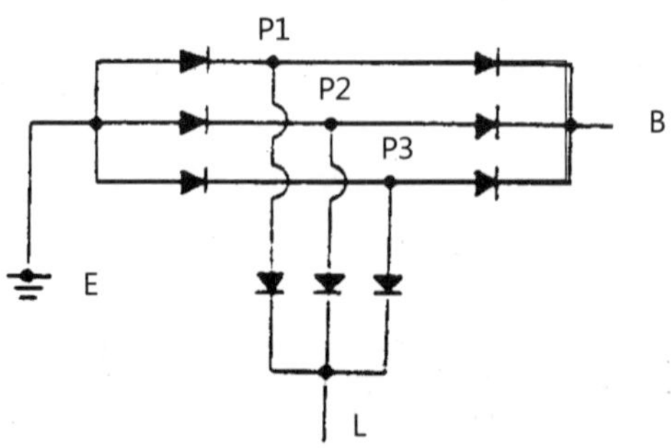

그림 10-23 다이오드 회로도

✔ 참 고 : 다이오드 점검표

흑색 단자(−)	적색 단자(+)	측정 결과
E	P1, P2, P3	도통
B		불통
L		불통
P1, P2, P3	E	불통
	B	도통
	L	도통

10.6 발전기의 브러시 점검

브러시가 마모 한계선까지 마모되었으면 다음 순서대로 브러시를 교환한다.

(1) 피그테일(pig tail)을 떼내고 구품 브러시와 스프링을 탈거한다.
(2) 러시 홀더에 신품의 브러시 스프링과 브러시를 장착한다.
(3) 브러시를 브러시 홀더 엔드 후레임에 집어넣어 2~3 mm의 간격이 되게 한다.

10.6.1 브러시 길이 점검

(1) 마모 한계선까지 마모되면 교환한다.

✔ 참고

일반적으로 1/3 마모가 한계선이다.

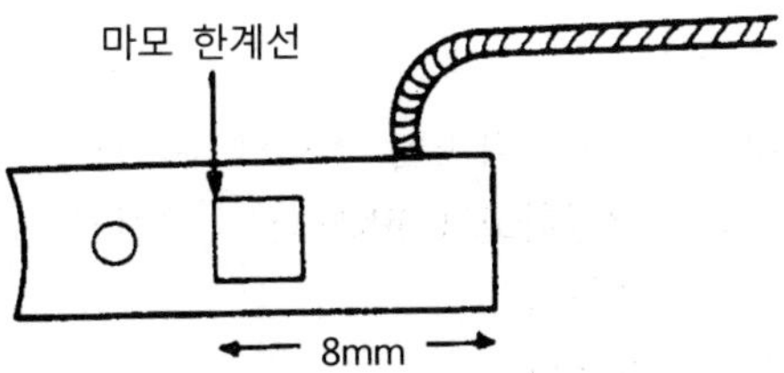

그림 10-24 브러시 마모 한계선

10.6.2 브러시 교환

(1) 브리시 리드의 납땜 부분을 납땜인두로 녹여 빼낸다.
(2) 브러시 리드에 스프링을 삽입하여 리드선을 끼운다.
(3) 브러시 홀더에 5 mm정도 들어 가도록하여 납땜한다.

그림 10-25 납땜 인두장소

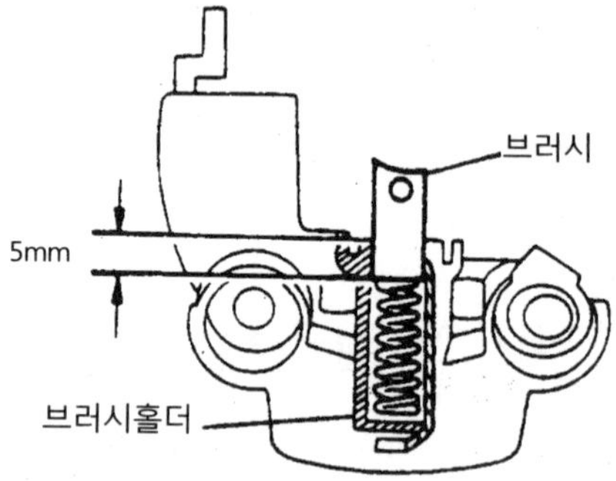

그림 10-26 브러시 조립시 길이

10.7 발전기 출력배선의 전압 강하시험

- **실습목적 :** 발전기(B) 단자와 축전지 +단자 사이의 배선의 접촉상태를 확인하는 시험이다.
- **기계기구 :** 전압계(20[V]), 발전기, 기본 공구 세트, 전류계(50[A]), 완성차, 연결선, 튜업용 엔진

10.7.1 준비 작업

(1) 점화스위치를 OFF한다.
(2) 발전기 "B" 터미널과 축전지(+)터미널 사이에 디지털 전압계를 연결한다. 전압계의 (+)리드선을 "B"터미널에 연결하고 (-)리드선은 축전지 (+)터미널에 연결한다.
(3) 축전지 접지 케이블을 연결하다.
(4) 후드를 개방 시킨채로 놓아둔다.

10.7.2 전압 강하시험

(1) 엔진의 시동을 켠다.
(2) 전류계의 눈금이 20[A]가 되도록 엔진 회전수를 높인다. 전류계의 눈금이 상승하지 않을 때는 전조등을 점등시킨다.
(3) 전압계의 눈금을 판독한다.
(4) 측정 후 모든 상태를 원 위치한다.

✔ 판정

① 규정전압 이하이면 정상이다.
② 만일 전압계의 측정치가 규정치 보다 크면 와이어링이 불량일 경우가 있으므로 이런 경우에는 발전기 "B" 터미널과 휴저블 링크, 발전기와 축전지(+)터미널 사이의 와이어링을 점검한다.
③ 또한 재시험을 하기 전에 연결부의 풀림, 과열로 인한 하니스의 변색 등을 점검하여 수리한다.

항　목	규정값
배선 전압강하	0.2[V] 이하

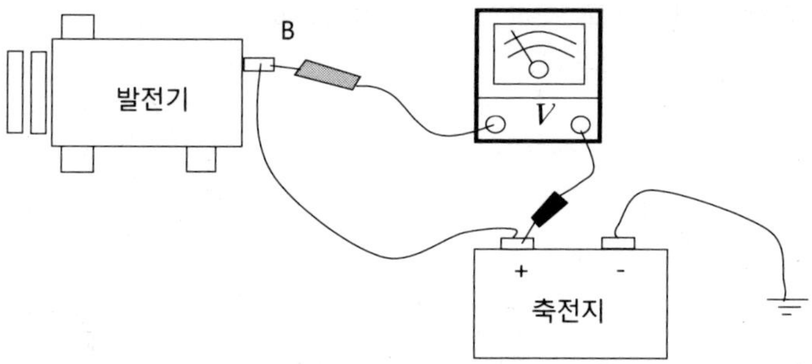

그림 10-27 발전기 배선 전압강하 시험

10.8 발전기 출력 전류시험

⇨ **실습목적 :** 발전기의 출력전류와 정격전류가 일치하는가를 확인하고 계속사용 가능 여부를 판정하기 위한 시험이다.

⇨ **기계기구 :** 전압계(20[V]), 발전기, 기본 공구 세트, 전류계(50[A]), 완성차, 연결선, 튠업용 엔진

10.8.1 준비작업

(1) 차량에 장착된 축전지가 정상인가를 확인한다. 출력전류를 측정할 때에는 약간 방전된 축전지를 사용하는 것이 좋다. 완전 충전된 축전지는 출력전류 측정이 불확실하다.

(2) 점화스위치를 OFF한다.

(3) 축전지 접지 케이블을 분리시킨다.

(4) 발전기 "B" 터미널에서 발전기 출력 와이어를 분리시킨다.

(5) "B"터미널과 분리된 출력 와이어에 직류 전류계(0~100 A)를 연결한다. 전류계의 (-) 리드선을 분리된 출력 와이어에 연결한다. 대 전류가 흐르므로 클립등으로 연결하지 말고 볼트와 너트를 사용하여 각 연결부를 완전히 조인다.

(6) "B"터미널과 접지사이에 전압계(0~20 V)를 연결한다. 이때(+)리드선은 발전기 "B"터미널과 연결하고 (-)리드선을 적당한 위치에 접지시킨다.

(7) 엔진 타코미터를 연결하고 축전지 접지 케이블을 연결한다.

(8) 엔진후드는 계속 열어 놓는다.

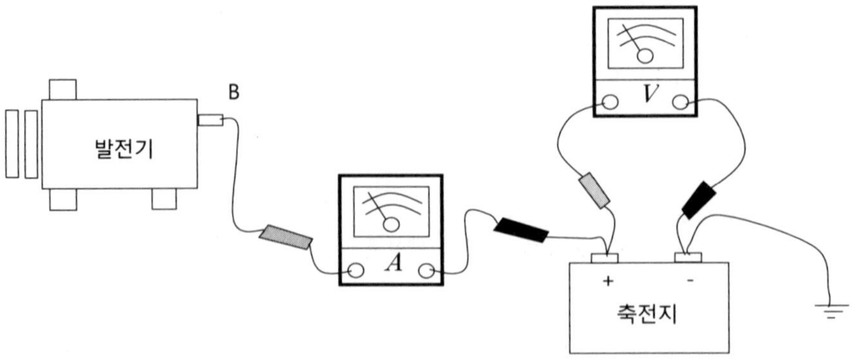

그림 10-28 발전기 출력 전류 시험

10.8.2 출력 전류시험

(1) 전압계가 축전지 전압과 동일한가 확인한다. 동일하지 않으면 퓨즈블 링크, 충전계통 배선접촉 불량 등을 점검한다.
(2) 전조등 스위치를 ON하여 3분 정도 방전시킨다. 완전 충전된 스위치에서 측정값을 정확히 알기 위해서 방전시킨다.
(3) 엔진의 시동을 켠다. 이때 브로워 스위치로 에어컨이나 히터 송풍기를 최대로 한다.
(4) 엔진 회전수를 2000~2500[rpm]으로 증가시킨다.
(5) 전류계의 눈금을 판독한다. 엔진시동 후 충전전류가 떨어지므로 시험은 빠르게 한다.
(6) 측정 후 모든 상태를 원 위치한다.

✔ 판정

① 규정전류 이상이면 정상이다.

② 규정전류 이하이면 불량이다.

[판정]

항 목	규정값
출력 전류	정격전류의 70[%]이상

[차종별 발전기 정격출력]

차종 항목	모닝	아반테XD	NF소나타	베르나MC	프라이드
정격전압	14[V]	13.5[V]	14.4[V]	14.5[V]	14.7[V]
정격출력	30[A]	65[A] MPI 76[A]	65[A] A/T 75[A]	65[A]	45[A]
회 전 수	2500[rpm]	2500[rpm]	2500[rpm]	2200[rpm]	2000~2500[rpm]

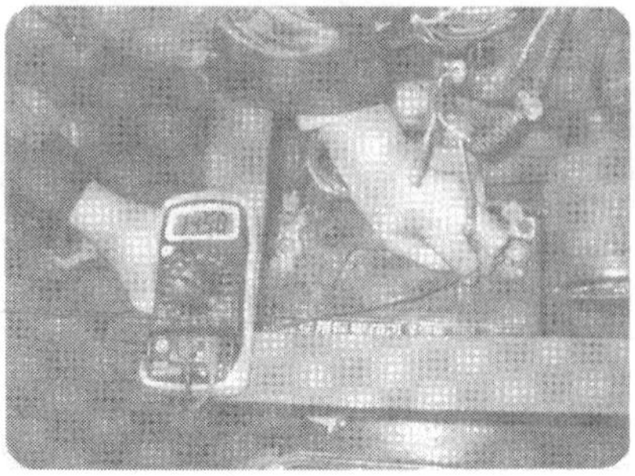
그림 10-29 충전전압 측정

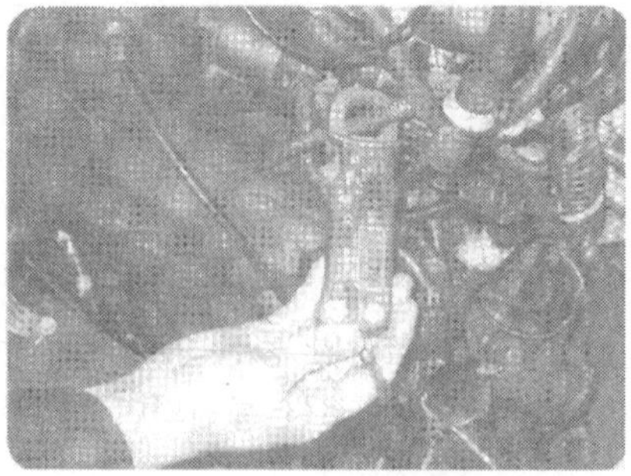
그림 10-30 충전전류 측정

10.9 발전기 조정 전압시험

⇒ **실습목적 :** 발전기의 전압조정기가 전압을 조정하는가 확인한다.

⇒ **기계기구 :** 전압계(20[V]), 발전기, 기본 공구 세트, 전류계(50[A]), 완성차, 연결선, 튠업용 엔진

10.9.1 준비작업

(1) 차량에 장착된 축전지가 정상인가 확인한다.
(2) 점화스위치를 OFF한다.
(3) 축전지의 - 케이블을 분리한다.
(4) 발전기(B) 단자에서 출력배선을 분리한다.
(5) 그림과 같이 전압계와 전류계를 연결한다.

10.9.2 조정전압시험

(1) 점화 스위치를 ON시키고 전압계가 축전지 전압과 동일한가 확인한다.
(2) 엔진의 시동을 건다. 이때 모든 전장품은 OFF 상태로 한다.

(3) 엔진 회전수를 2000~2500[rpm]으로 증가시킨다.
(4) 전류계가 10[A] 이하로 떨어질 때 전압계의 눈금을 판독한다.
(5) 측정 후 모든 상태를 원 위치한다.

✔ 판정

① 규정전압이면 정상이다.

② 규정전압에 대하여 너무 초과하거나 너무 이하이면 불량이다.

레귤레이터 주위온도[℃]	조정전압[V]
-20	14.4~15.6
20	14.2~15.2
60	13.8~15.1
80	13.6~15.0

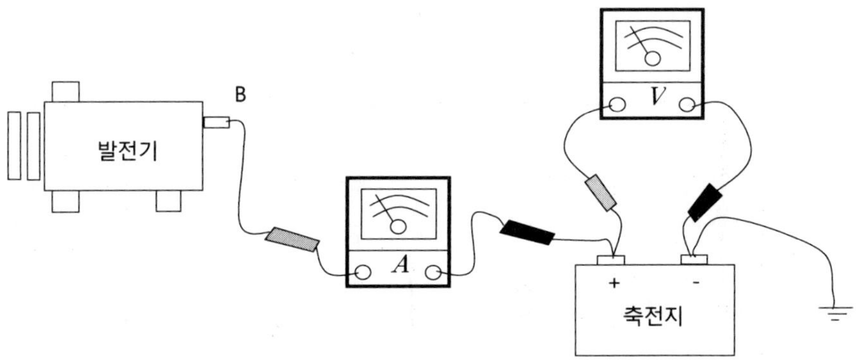

그림 10-31 발전기 전압조정 시험

실험결과 보고서[10]

- 실험내용 : **충전장치 실험**
- 실험일자 : 년 월 일
- 실 험 자 : 조
- 제 출 일 : 월 일

□ 실험목적

1) 충전장치의 구성회로 및 작동원리 이해(정류작용 및 전압조정기의 작동원리)
2) 충전장치 구성소자의 특성알기

1. 충전장치 구성회로 및 작동원리

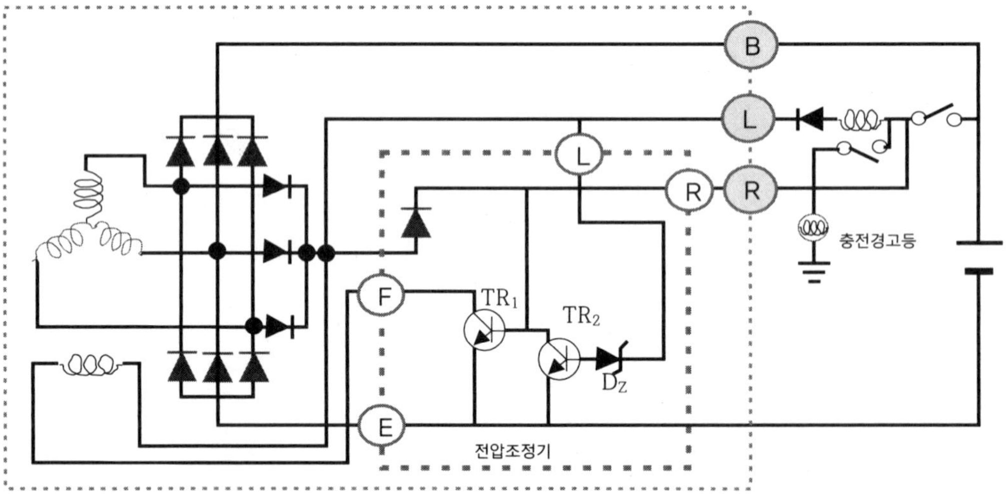

그림 10-32 충전회로도

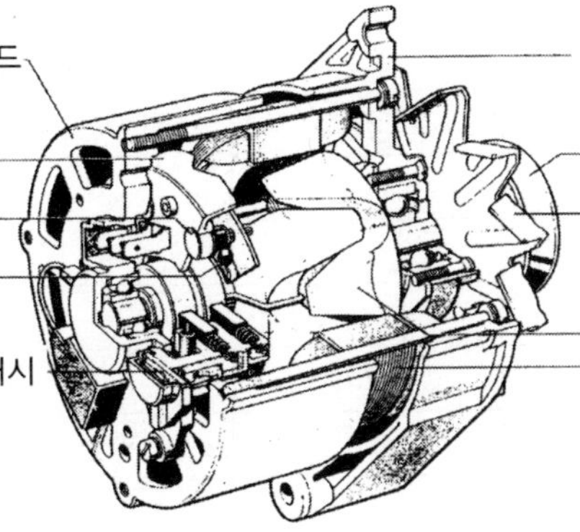

그림 10-33 충전장치 구성요소

2. 로터코일 및 스테이터코일 시험

실험내용		측정단자	규정치(도통여부)	측정치	비고(판단)
로터코일 시험	단선 시험				양, 부
	단락 시험				양, 부
	절연 시험				양, 부
스테이터코일 시험	단선 시험				양, 부
	단락 시험				양, 부
	절연 시험				양, 부

3. 정류다이오드 점검

<table>
<tr><th colspan="2">실험내용</th><th>측정단자</th><th>규정치(도통여부)</th><th>측정치</th><th>비고(판단)</th></tr>
<tr><td rowspan="9">정류다이오드 점검</td><td rowspan="3">+ 측</td><td></td><td></td><td></td><td>양, 부</td></tr>
<tr><td></td><td></td><td></td><td>양, 부</td></tr>
<tr><td></td><td></td><td></td><td>양, 부</td></tr>
<tr><td rowspan="3">- 측</td><td></td><td></td><td></td><td>양, 부</td></tr>
<tr><td></td><td></td><td></td><td>양, 부</td></tr>
<tr><td></td><td></td><td></td><td>양, 부</td></tr>
<tr><td rowspan="3">Trio</td><td></td><td></td><td></td><td>양, 부</td></tr>
<tr><td></td><td></td><td></td><td>양, 부</td></tr>
<tr><td></td><td></td><td></td><td>양, 부</td></tr>
</table>

4. 단자 도통시험

<table>
<tr><th colspan="2">실험내용</th><th>측정단자</th><th>규정치(도통여부)</th><th>측정치</th><th>비고(판단)</th></tr>
<tr><td colspan="2" rowspan="6">단자도통 확인</td><td>E→B</td><td></td><td></td><td>양, 부</td></tr>
<tr><td>B→E</td><td></td><td></td><td>양, 부</td></tr>
<tr><td>E→L</td><td></td><td></td><td>양, 부</td></tr>
<tr><td>L→E</td><td></td><td></td><td>양, 부</td></tr>
<tr><td>E→P</td><td></td><td></td><td>양, 부</td></tr>
<tr><td>P→E</td><td></td><td></td><td>양, 부</td></tr>
<tr><td colspan="2" rowspan="4">단자도통 확인</td><td>P→B</td><td></td><td></td><td>양, 부</td></tr>
<tr><td>B→P</td><td></td><td></td><td>양, 부</td></tr>
<tr><td>P→L</td><td></td><td></td><td>양, 부</td></tr>
<tr><td>L→P</td><td></td><td></td><td>양, 부</td></tr>
<tr><td rowspan="5">발전기 외부단자
구분(B,L,R)</td><td rowspan="3">분해</td><td>E(P)→L</td><td></td><td></td><td rowspan="5">발전기
회로도 이해</td></tr>
<tr><td>E(P)↔R</td><td></td><td></td></tr>
<tr><td>L↔R</td><td></td><td></td></tr>
<tr><td rowspan="2">조립</td><td>L→R</td><td></td><td></td></tr>
<tr><td>R→L</td><td></td><td></td></tr>
</table>

5. 발전기 출력전압 및 전류 시험

실험내용	측정단자	규정치	측정치	비고(판단)
출력배선 전압강하 시험				양, 부
발전기 출력 전류 시험				양, 부
발전기 조정 전압 시험				양, 부

6. 주어진 자동차에서 발전기를 교환(탈 부착)하고, 벨트 장력이 규정값이 맞는지 확인하시오.

7. 주어진 자동차에서 점화 및 충전회로를 점검하여 고장부분이 있으면 내용을 기록표에 기록하시오.

측정 항목	① 측정 또는 점검		② 판정 및 정비(또는 조치)사항	
	이상부위	내용 및 상태	판 정	정비 및 조치사항
점화 및 충전 회로			양호, 불량	

8. 주어진 자동차의 발전기에서 충전되는 전류와 전압을 점검하여 발전기의 고장유무를 확인하시오.

측정 항목	① 측정 또는 점검		② 판정 및 정비(또는 조치)사항	
	측 정 값	규정(정비 한계)값	판 정	정비 및 조치사항
출력 전류			양호, 불량	
출력 전압				

9. 주어진 발전기를 분해한 후 다이오드 및 로터 코일의 상태를 점검하여 기록표에 기록하고 다시 본래대로 조립하여 작동상태를 확인하시오.

<table>
<tr><th rowspan="2">측정 항목</th><th colspan="2">① 측정 또는 점검</th><th colspan="2">② 판정 및 정비(또는 조치)사항</th></tr>
<tr><th>측 정 값</th><th>규정값</th><th>판 정</th><th>정비 및 조치사항</th></tr>
<tr><td>다이오드</td><td colspan="2">(양:　개) (부:　개)</td><td rowspan="2">양호, 불량</td><td rowspan="2"></td></tr>
<tr><td>로터코일</td><td></td><td></td></tr>
</table>

11
CHAPTER

배선장치

11.1 자동차 배선도 보는 법
11.2 미등 및 번호등 회로
11.3 전조등 회로
11.4 비상지시등 회로
11.5 비상경고등 회로
11.6 발전기의 브러시 점검
11.7 혼 회로
11.8 에어컨 회로
11.9 파워 윈도우 회로
11.10 와이퍼 회로
11.11 전조등 시험
11.12 경음기의 음량측정

11.1 자동차 배선도 보는 법

- **실습목적 :** 자동차의 전장 연구에 가장 기초가 되는 배선도 연구를 통하여 결선방법은 물론 관련 부품의 연구 능력을 배양한다.
- **기계기구 :** 아날로그 테스터, 완성차, 기본공구 세트
- **예비지식 :** 옴의 법칙, 직·병렬 연결 등 기초 전기이론에 대하여 미리 숙지한다.

11.1.1 전선의 종류

(1) 피복선 : 일반적으로 사용

(2) 비피복선 : 접지용

(3) 고압 케이블 : 점화장치에 이용

11.1.2 전선수

(1) 단선 : 전류가 큰 경우 사용

(2) 연선 : 전류가 적은 경우 사용

11.1.3 배선 방식

(1) 단선식 배선 : 전류가 적게 흐르는 회로에 사용

(2) 복선식 배선 : 전류가 많이 흐르는 회로에 사용

(3) 직렬접속

(4) 병렬접속

11.1.4 배선도 보는 법

(1) 전선의 굵기와 안전전류

규정 규격	SAE	허용전류	
	게이지 번호	엔진관련부품	기타부품
0.3[㎟]	AWG 22		5A
0.3[㎟]	AWG 20	7A	13A
0.3[㎟]	AWG 18	9A	17A
0.3[㎟]	AWG 16	12A	22A
0.3[㎟]	AWG 14	16A	30A
0.3[㎟]	AWG 12	21A	40A
0.3[㎟]	AWG 10	31A	54A

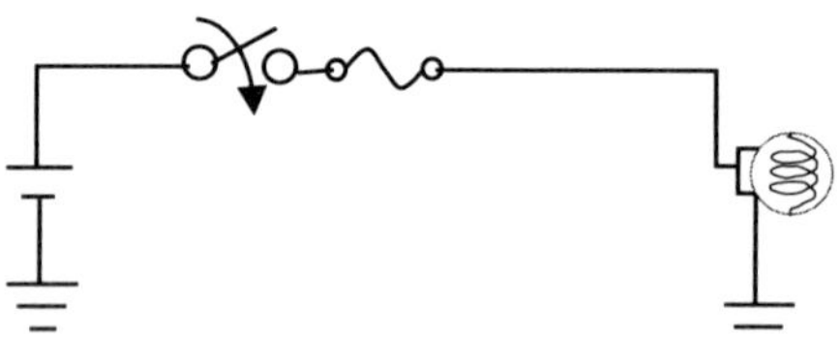

그림 11-1 단선식 배선

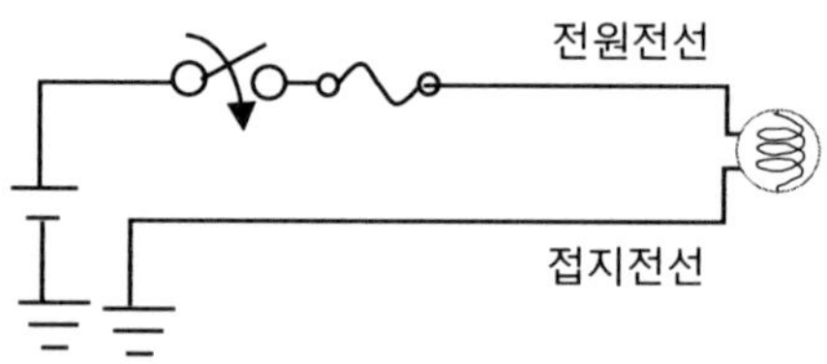

그림 11-2 복선식 배선

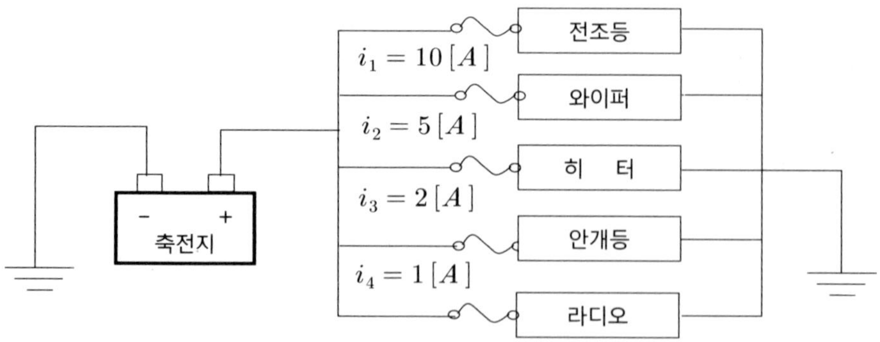

그림 11-3 자동차의 회로

11.1.5 배선색

기호	색	비고	기호	색	비고
B	흑색	Black	Bw	흑-백색	Black-White
BR	갈색	Brown	G	녹색	Green
GB	녹-흑색	Green-Black	GL	녹-청색	Green-Blue
GR	녹-적색	Green-Red	GW	녹-백색	Green-White
GY	녹-황색	Green-Yellow	Gr	회색	Grey
L	청색	Blue	LR	청-적색	Blue-Red
LW	청-백색	Blue-White	Lg	연두색	Light Green
O	오렌지색	Orange	P	분홍색	Pink
R	적색	Red	RR	적-흑색	Red-Black
RG	적-녹색	Red-Green	RL	적-청색	Red-blue
RW	적-백색	Red-White	W	백색	White
WB	백-흑색	White-Black	WB	백-흑색	White-Black
WR	백-적색	White-Red	WR	백-적색	White-Red
Y	황색	Yellow	YB	황-흑색	Yellow-Black
YRr	황-갈색	Yellow-Brown	YL	황-청색	Yellow-Blue
YR	황-적색	Yellow-Red	YW	황-백색	Yellow-White
Yg	황-녹색	Yellow-Green			

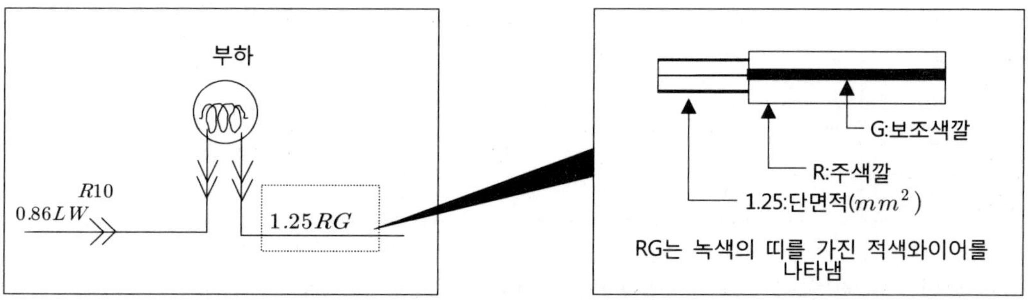

그림 11-4 배선기호 표시

(2) 약어

약 어	의 미	약 어	의 미
A/T	자동 변속기	ACC	액세서리
A/C	에어컨	AFS	공기흐름 센서
ANT	안테나	ECU	전자 제어장치
GND	접지	IGN	이그니션(점화)
ILL	일루미네이션(조명)	INT	인터미턴트
ISC	공회전 속도제어	M/T	수동변속기
MPI	멀티포인트 인젝션	MPS	모터 위치 센서
N/SW	중립 위치 스위치	O/D	오버 드라이브
SIG	시그널(신호)	SOL	솔레노이드
ST	시동	T/A	트랜스 액슬
TPS	스로틀 위치 센서	WTS	냉각수온 센서

11.1.6 회로별 배선색

회로 명칭	색 CODE 기본색	예외 적용	기본색에 대한 보조색(선택)
시동, 점화회로	B	Y	W, Y, R, L, G
충전회로	E		B, R, L, G
램프회로	R	Lg, Br	B, W, G, L, Y
신호회로	G		B, W, R, L, Y
계기회로	Y	B, Y, Br,	B, W, R, G, L
기타회로	L	O	B, W, R, G, Y
접지회로	B		

(1) 하니스측 커넥터는 전원 공급쪽으로서 암 커플러를 말한다.

(2) 센서측 커넥터는 부품쪽으로 수 커플러를 말한다.

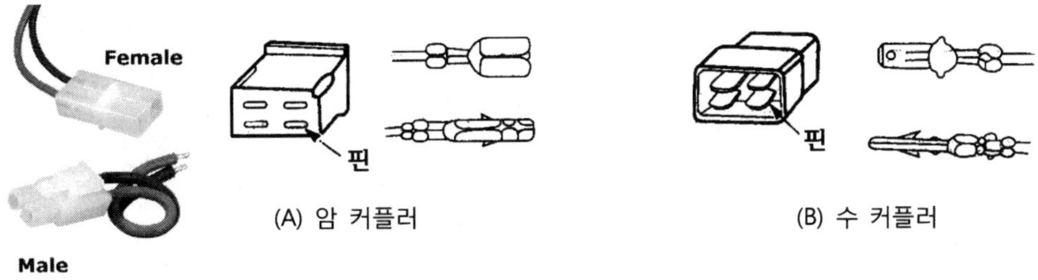

그림 11-5 암수 커플러

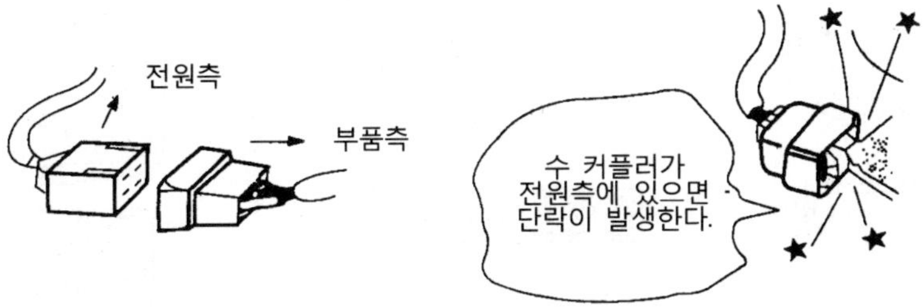

그림 11-6 암수 커플러의 구분법

11.1.7 하니스(와이어링) 및 커넥터 구별법

(1) 현대 자동차

하니스 명칭	커넥터 구분 기호
메인 하니스	M01, M02. M03...
엔진 하니스	E01, E02, E03...
컨트롤 하니스	C01, C02, C03...
크래쉬 패드 하이스(인스트루먼트)	101, 102, 103...
리어 하니스	R01, R02, R03...
루프 하니스	M71, M72, M73...
프론트 도어 하니스	D01, D02, D03...

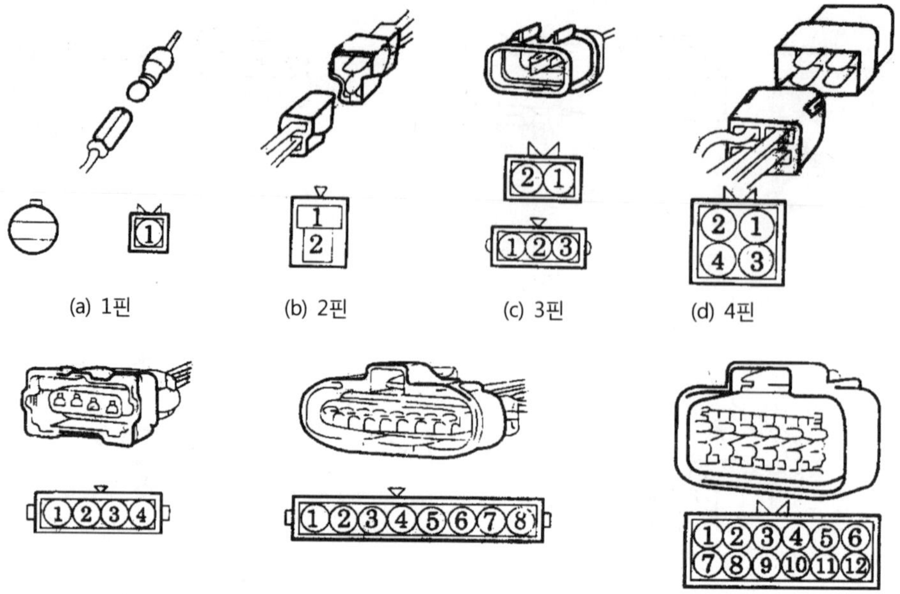

(a) 1핀 (b) 2핀 (c) 3핀 (d) 4핀

(e) 4핀 (f) 8핀 (g) 12핀

그림 11-7 커넥터 구별법

11.2 미등 및 번호등 회로

- **실습목적 :** 자동차에서 구성되어지는 각종 전기회로를 분석하고 구성한다.
- **기계기구 :** 아날로그 테스터, 디지털 테스터, 배전판
- **예비지식 :** 각종 전기회로의 고장시 측정방법에 대해 미리 숙지한다.

11.2.1 미등 및 번호등 회로

(1) 릴레이 점검

상태 \ 터미널	B	S	L
전원 공급안됨	○	○	
전원 공급됨	○		○

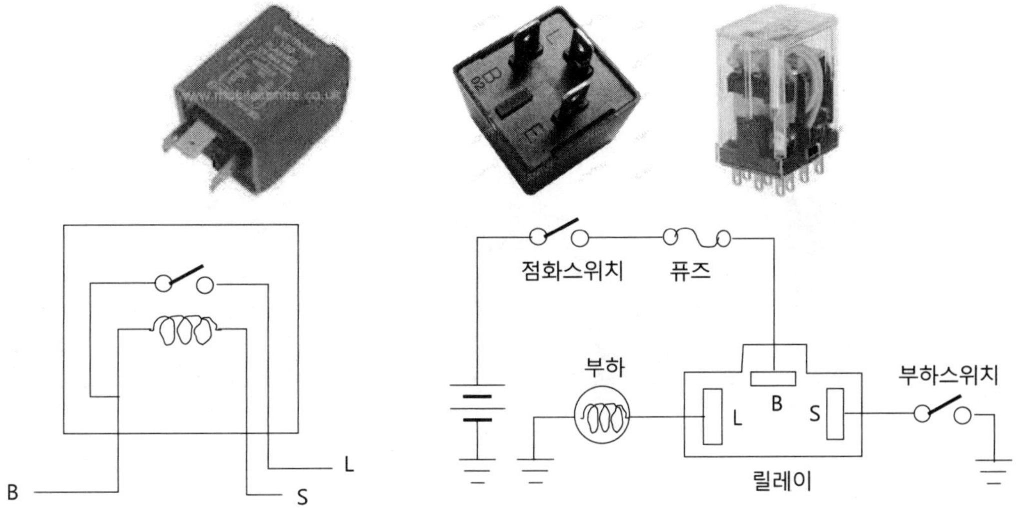

그림 11-8 3단자 릴레이

상태 \ 터미날	B	S1	S2	L
전원 공급안됨		○	○	
전원 공급됨	○			○

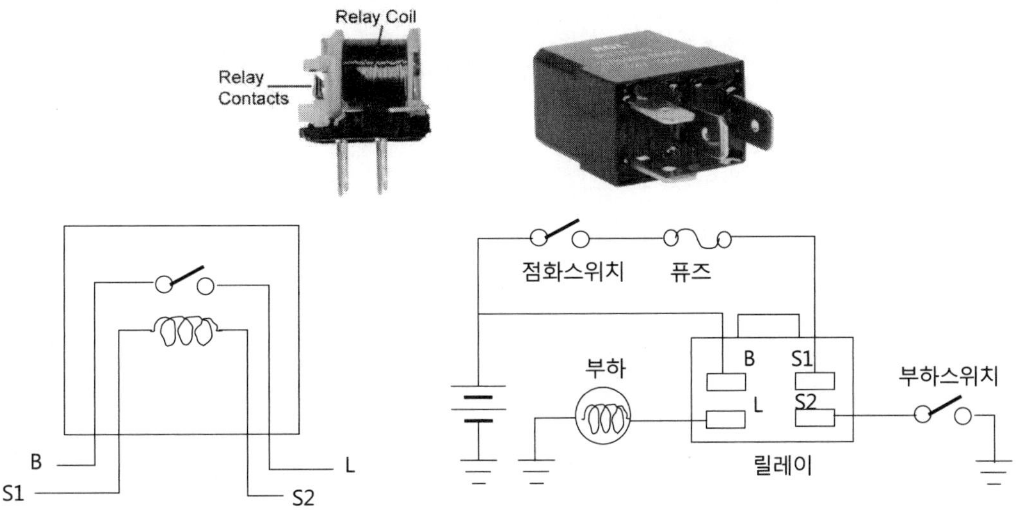

그림 11-9 4단자 릴레이

등화장치 점검 및 교환 | 뒤 램프 탈거 및 밸브교환

01 배터리에서 음극(-)단자를 분리하십시오.

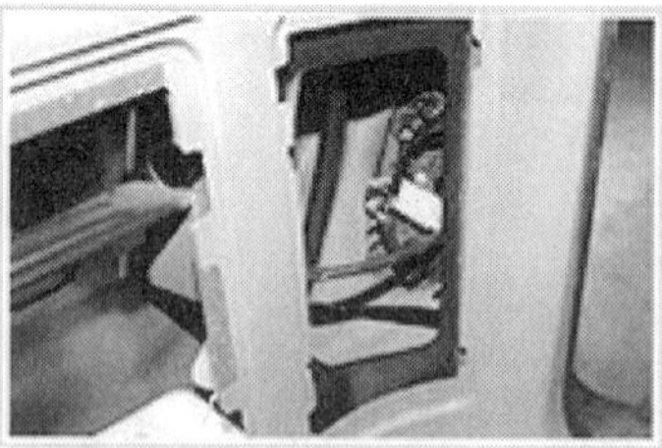

02 테일게이트 내 측면 좌,우 측의탈거합니다.

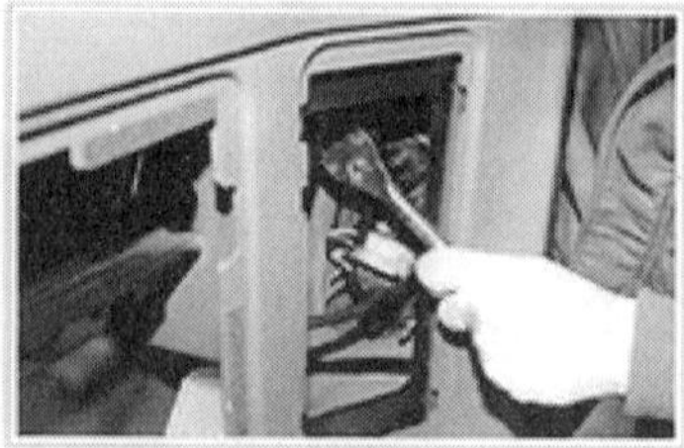

03 너트 6개를 풉니다.

04 커넥트를 분리하고 램프를 자체로부터 탈거합니다.

05 전구를 왼쪽으로 돌려 램프에서 빼냅니다.

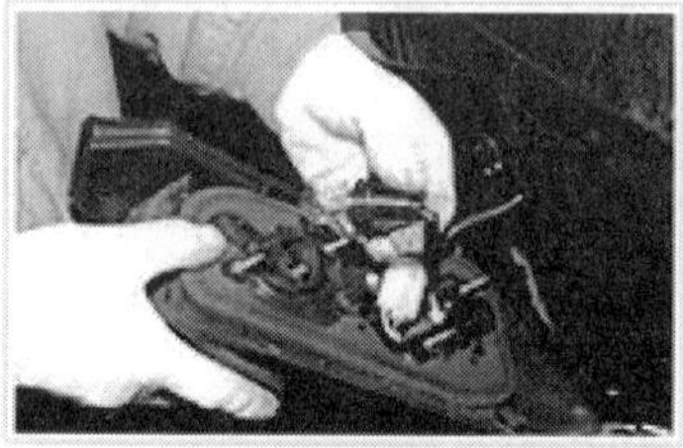

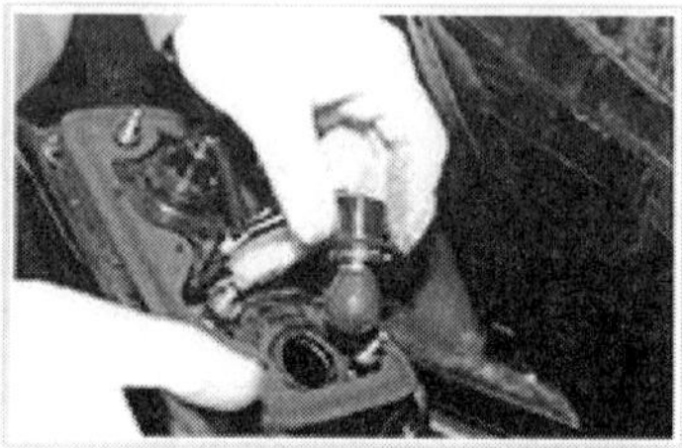

06 장착은 역순으로 실시합니다

그림 11-10 뒤 램프 탈거 및 벌브교환

(2) 라이트 스위치에서 Ⅰ작동 전 전류의 흐름

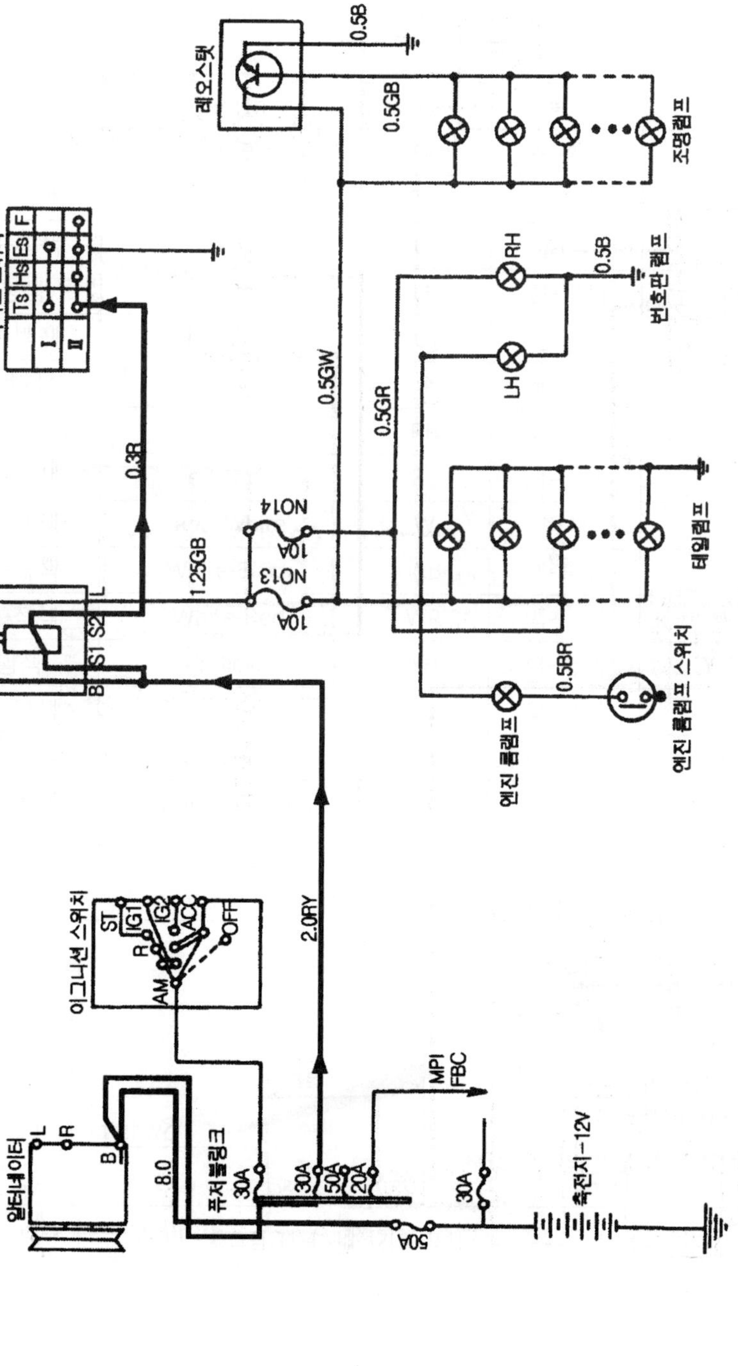

그림 11-11 미등회로

(3) 미등 스위치 작동 후 전류의 흐름

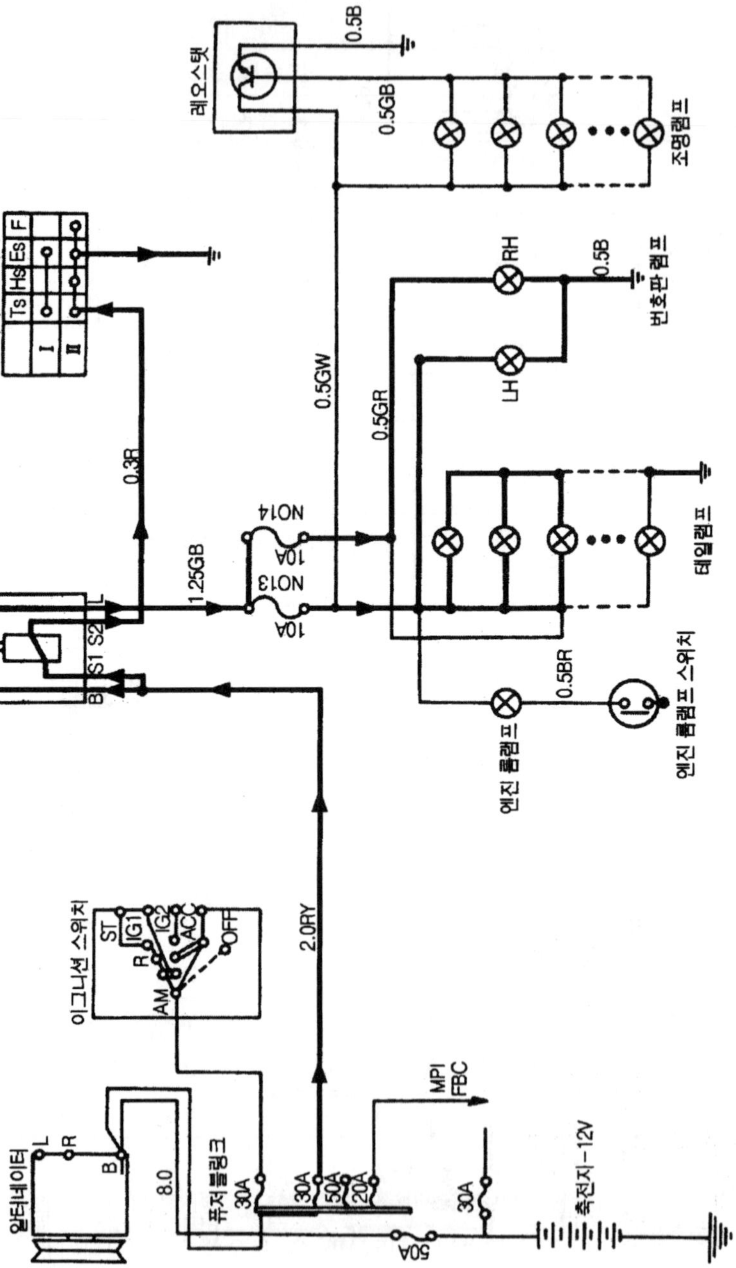

그림 11-12 미등회로(스위치 작동 후 전류의 흐름)

(4) 릴레이(Sl, B)단자에서 BAT(+)단자까지 점검하는 방법

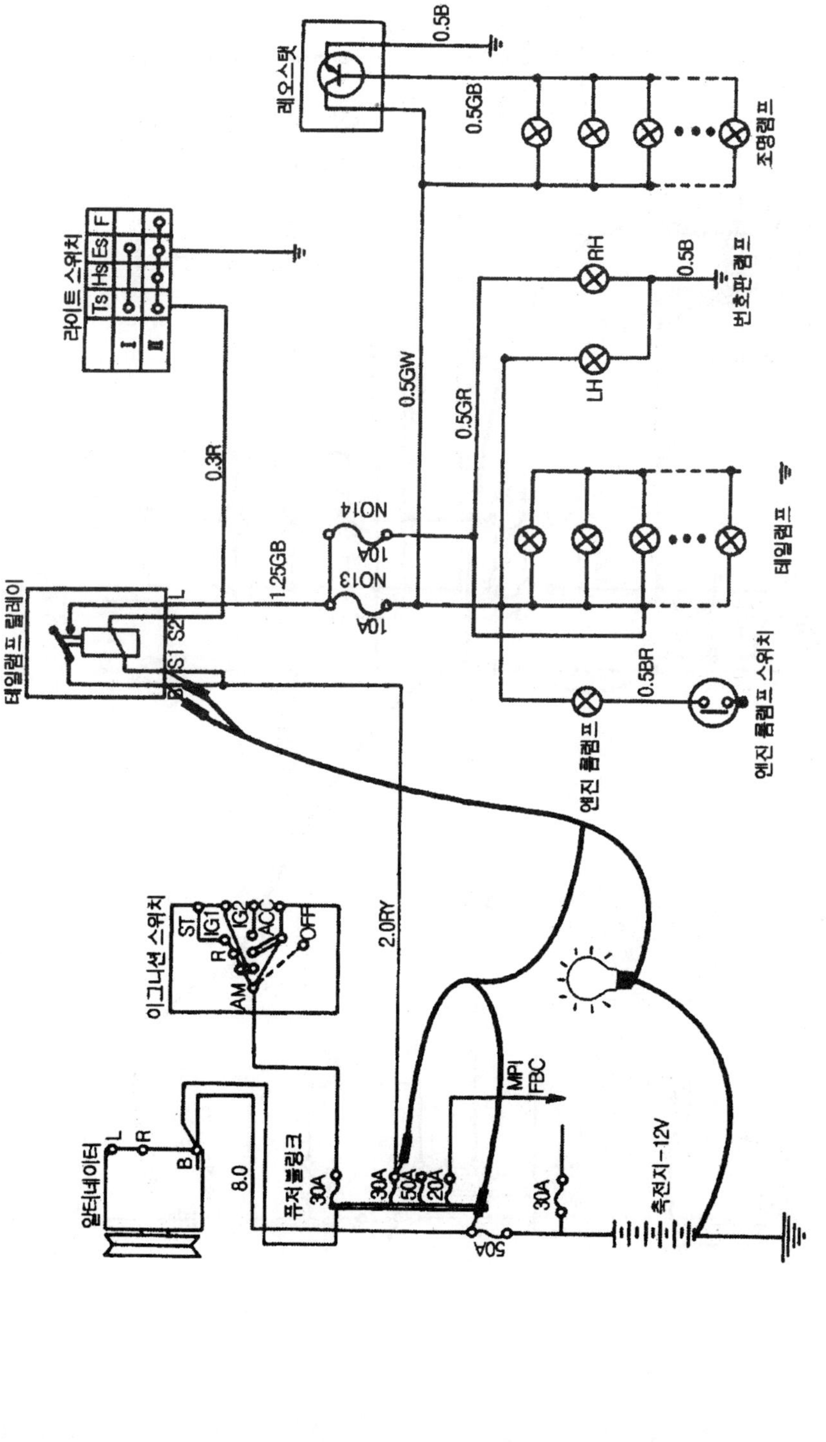

그림 11-13 미등회로(릴레이단자에서 BAT(+)단자까지 점검하는 방법

(5) 릴레이 S2단자에서 접지까지 점검하는 방법

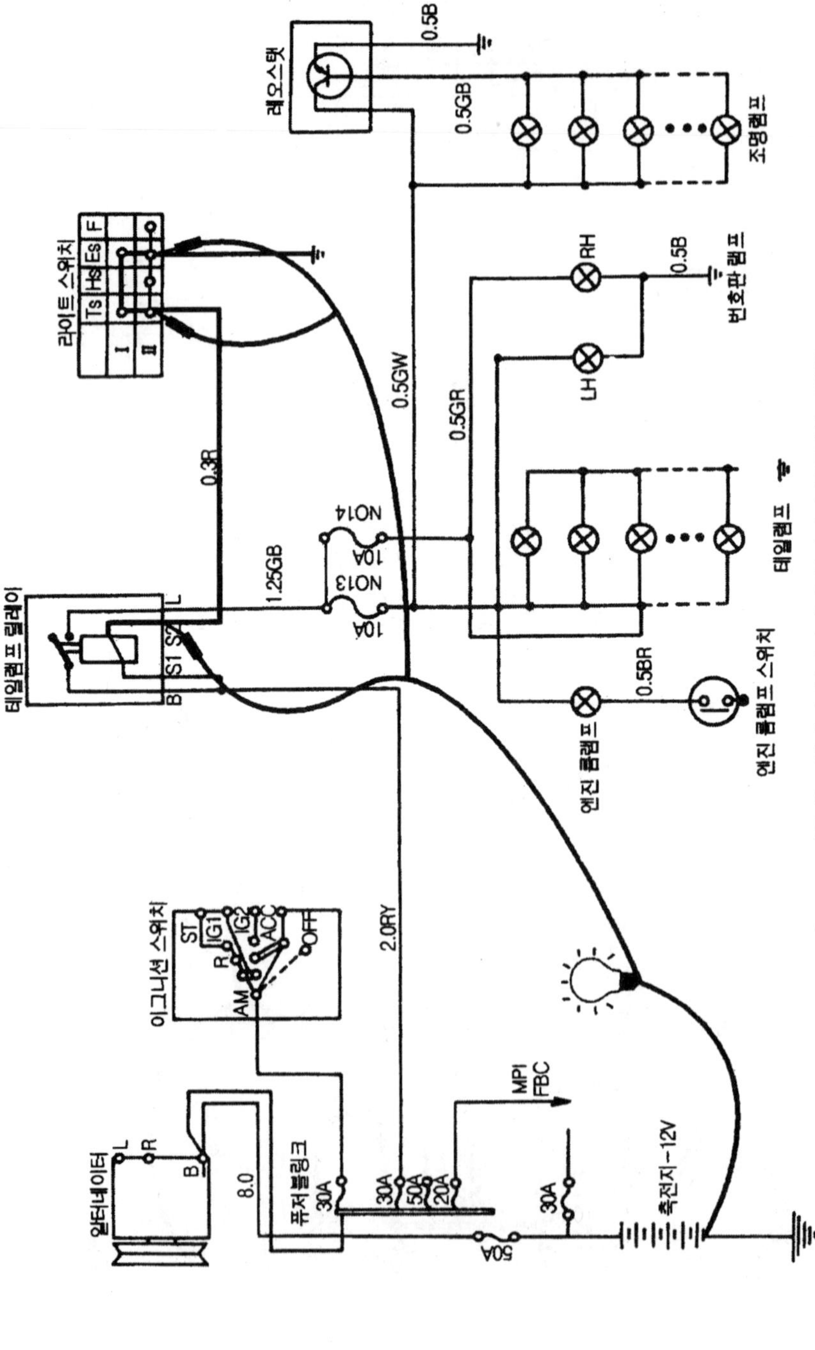

그림 11-14 미등회로(릴레이 S2단자에서 접지까지 점검하는 방법)

(6) 릴레이 L단자에서 접지까지 점검하는 방법

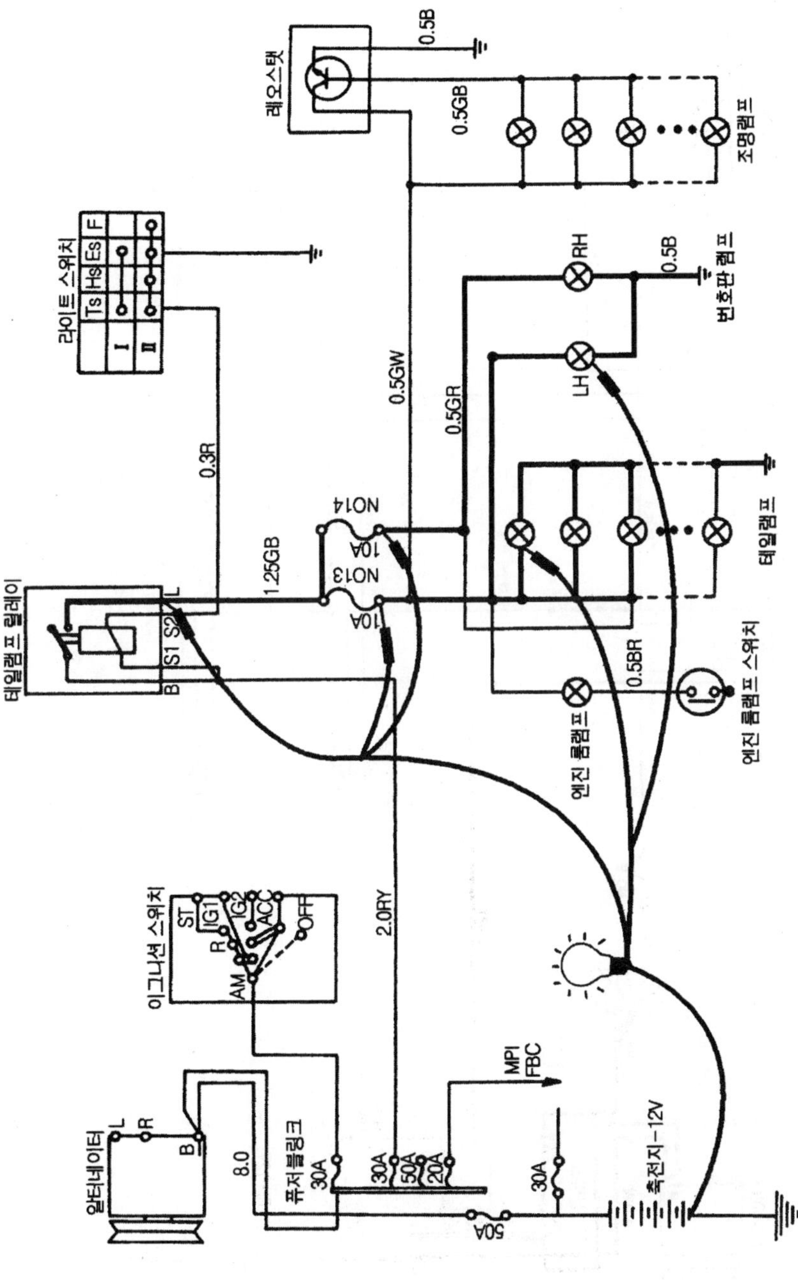

그림 11-15 미등회로(릴레이 L단자에서 접지까지 점검하는 방법

11.3 전조등 회로

(1) 라이트 스위치에서 Ⅱ단을 작동전 전류의 흐름

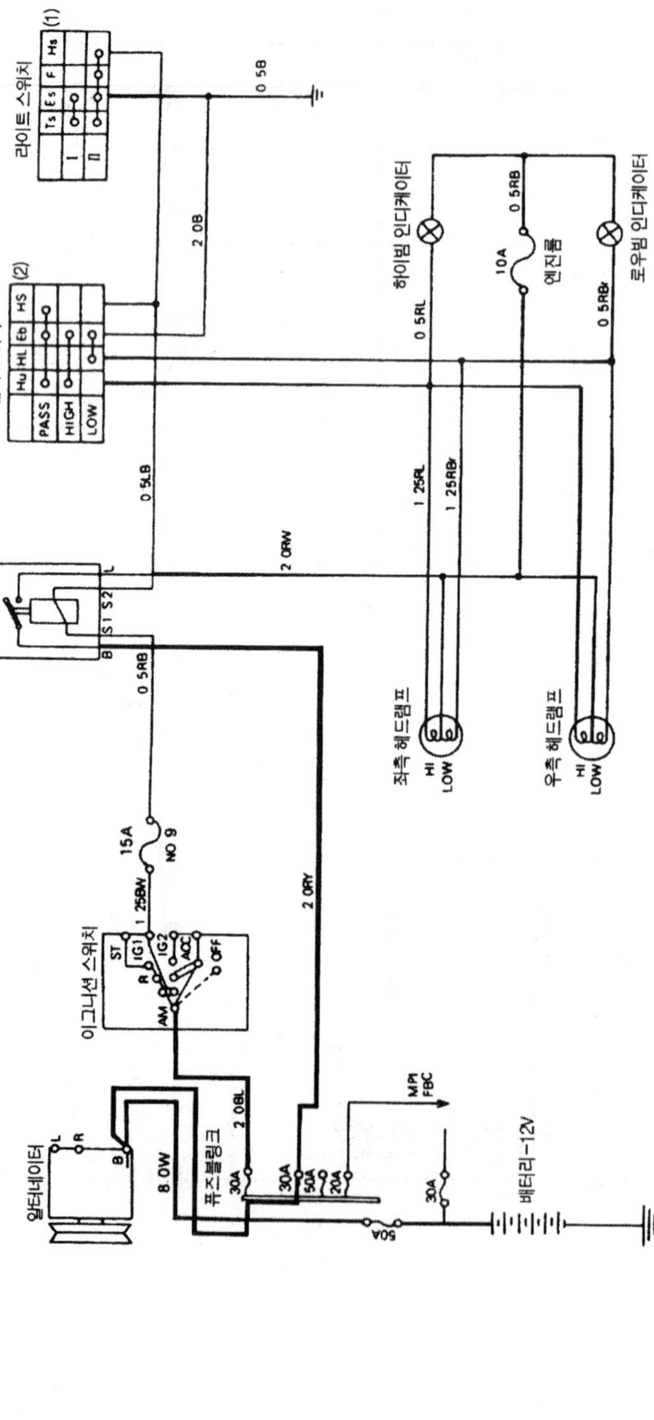

그림11-16 전조등 회로(라이트 스위치에서 Ⅱ단을 작동전 전류의 흐름

* 전조등 스위치 off/Ⅰ/Ⅱ일 때, 딤머패싱 스위치의 EB-HL 단자는 계속 도통함 : off/Ⅰ일 때 전조등 릴레이 구동이 없으므로 전조등 작동은 없음
* 전조등의 L 단자 연결 공통선은 GROUND, 하이빔은 PASS, 로우빔은 DRIVE로 표기됨

(2) 라이트 켠 상태 전류의 흐름

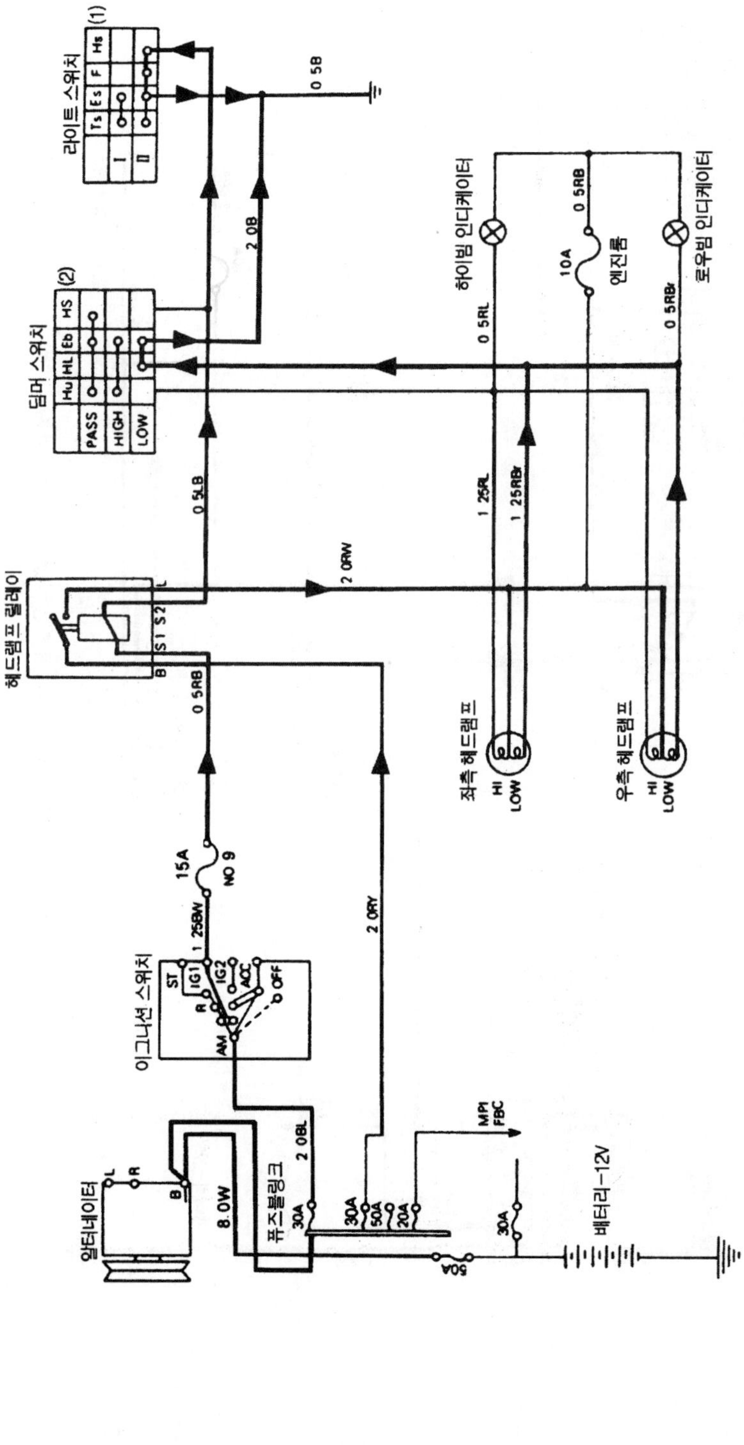

그림 11-17 전조등 회로(라이트 켠 상태 전류의 흐름)

(3) 패싱 스위치를 작동 하였을 때 전류의 흐름

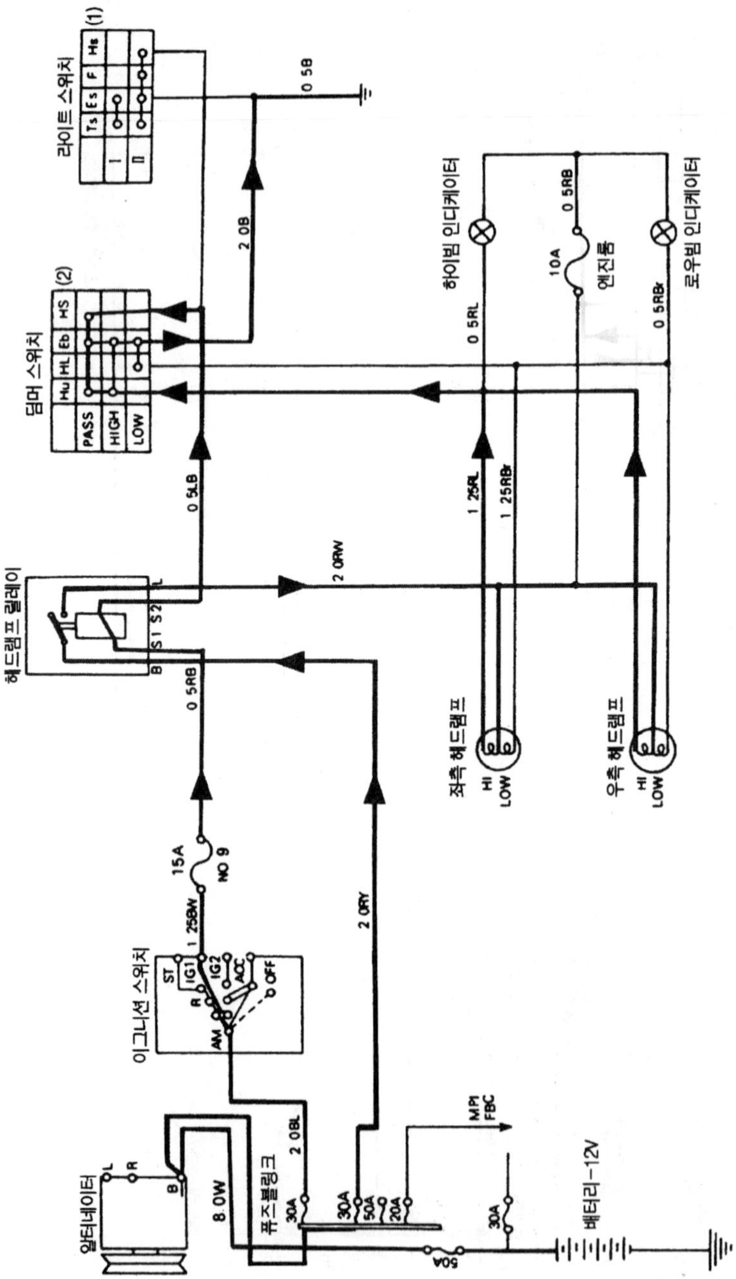

그림 11-18 전조등 회(패싱 스위치를 작동 하였을 때 전류의 흐름)

등화장치 점검 및 교환 해드램프 탈거 및 밸브교환

01 배터리에서 음극(-)단자를 분리하십시오.

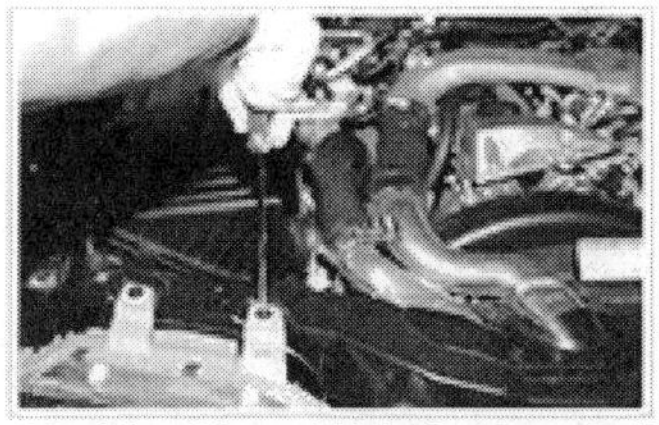

02 헤드램프 상부의 볼트 2개와 하부측 볼트 1개를 풀어냅니다.

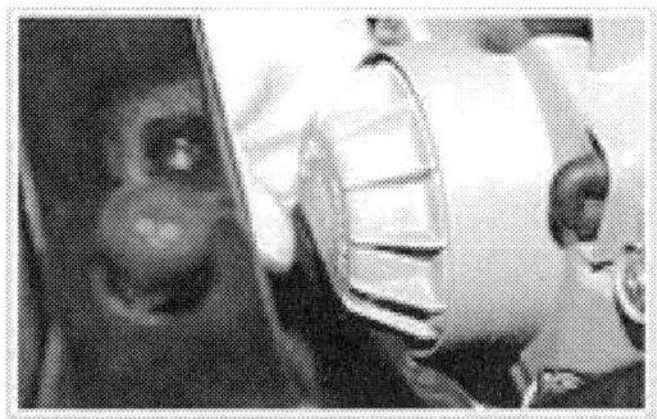

03 커넥터를 탈거합니다.

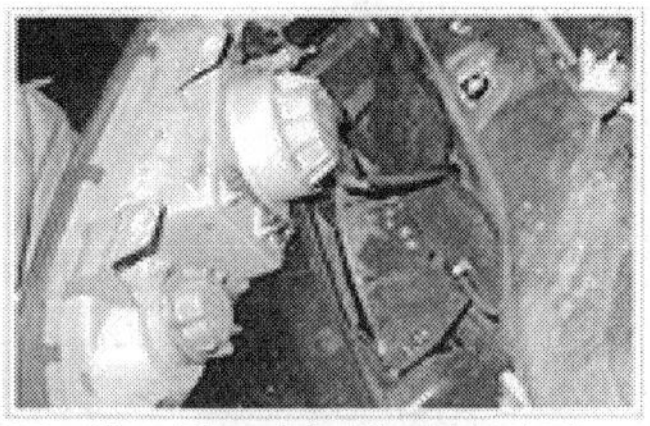

04 헤드램프를 탈거합니다.

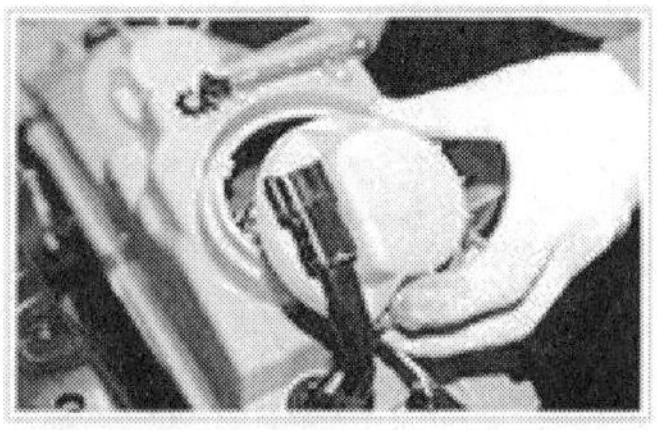

05 더스트캡을 왼쪽으로 돌려 풀어냅니다.

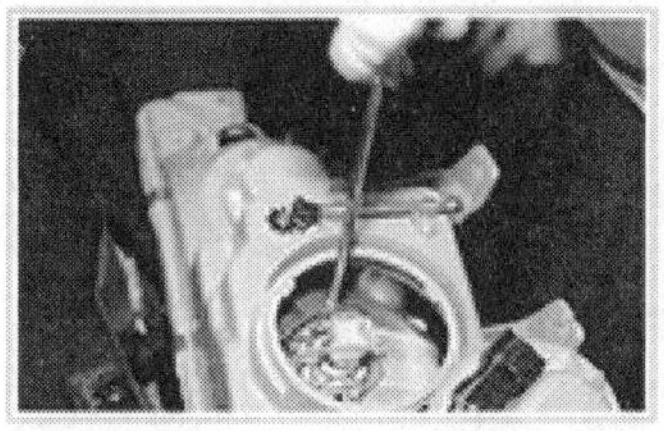

06 스크류를 약간 풀고 스프링을 누르면서 빼냅니다.

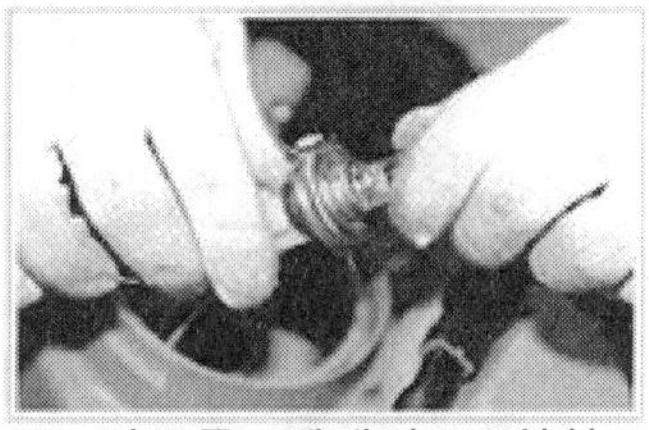

07 전구를 빼내어 교환하고 장착을 역순으로 합니다.

그림 11-19 헤드램프 탈거 및 전구교환

11.4 방향지시등 회로

(1) Key On 위치에서 전류의 흐름

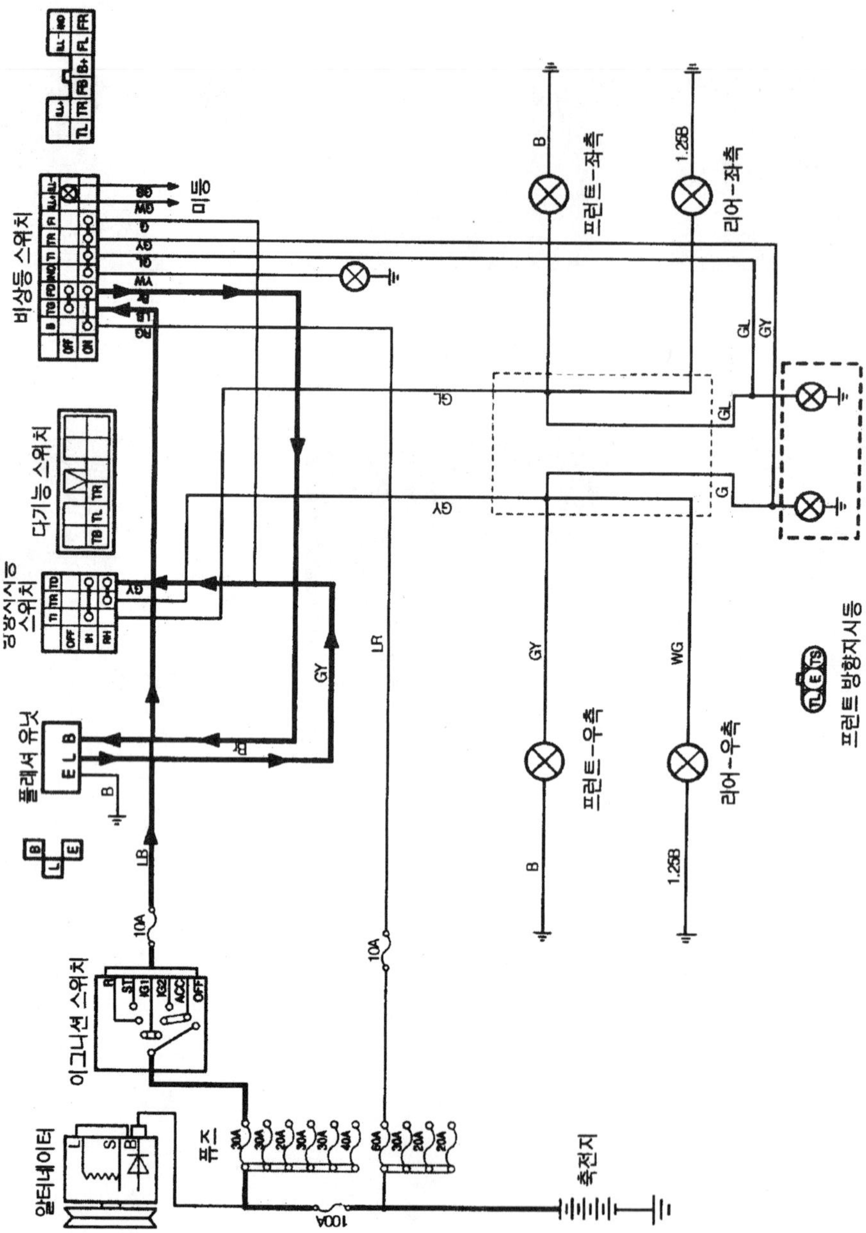

그림 11-20 방향지시등 회로(Key On 위치에서 전류의 흐름)

(2) 오른쪽 방향 지시등을 켰을 때 전류의 흐름

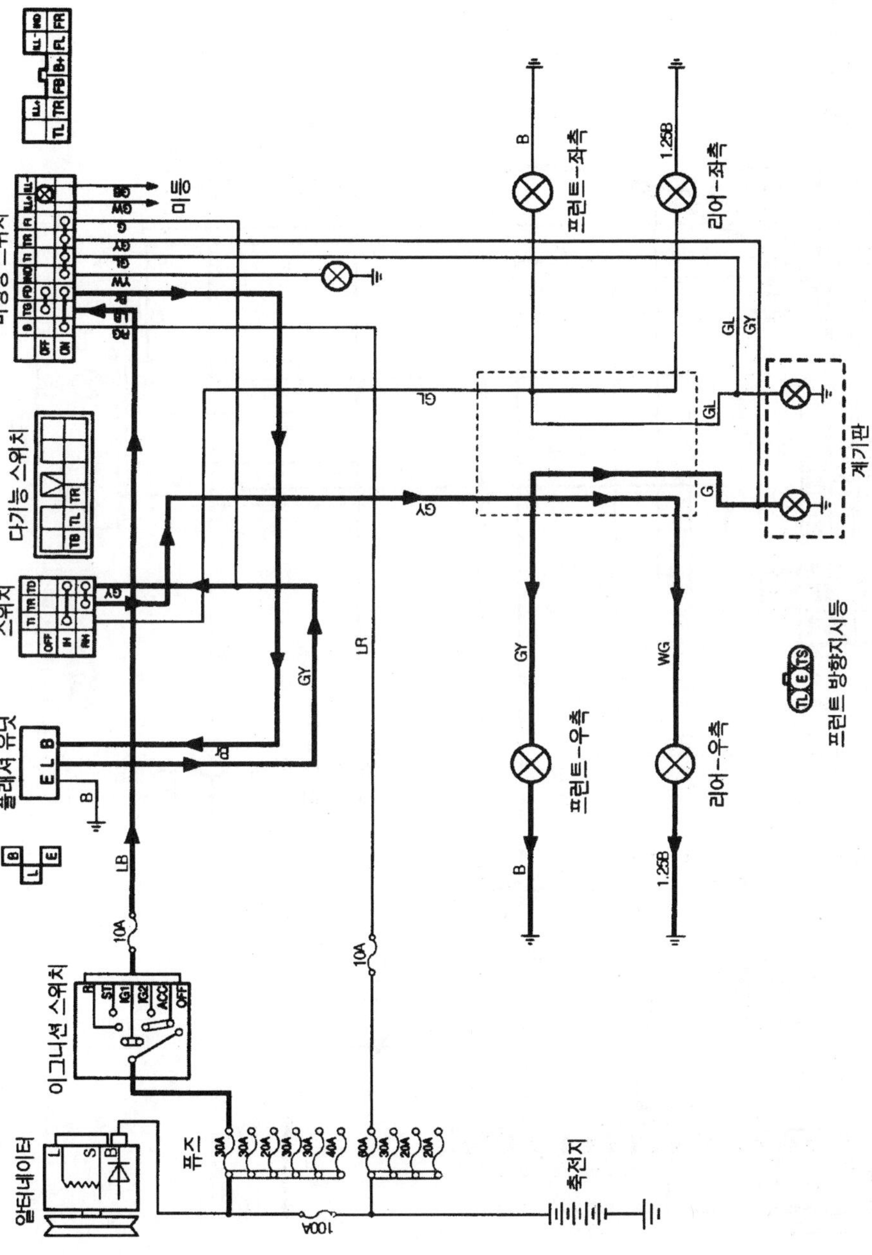

그림 11-21 방향 지시등 회로(오른쪽 방향 지시등을 켰을 때 전류의 흐름)

(3) 테스터 램프를 이용한 고장 점검 요령(축전지 본선점검)

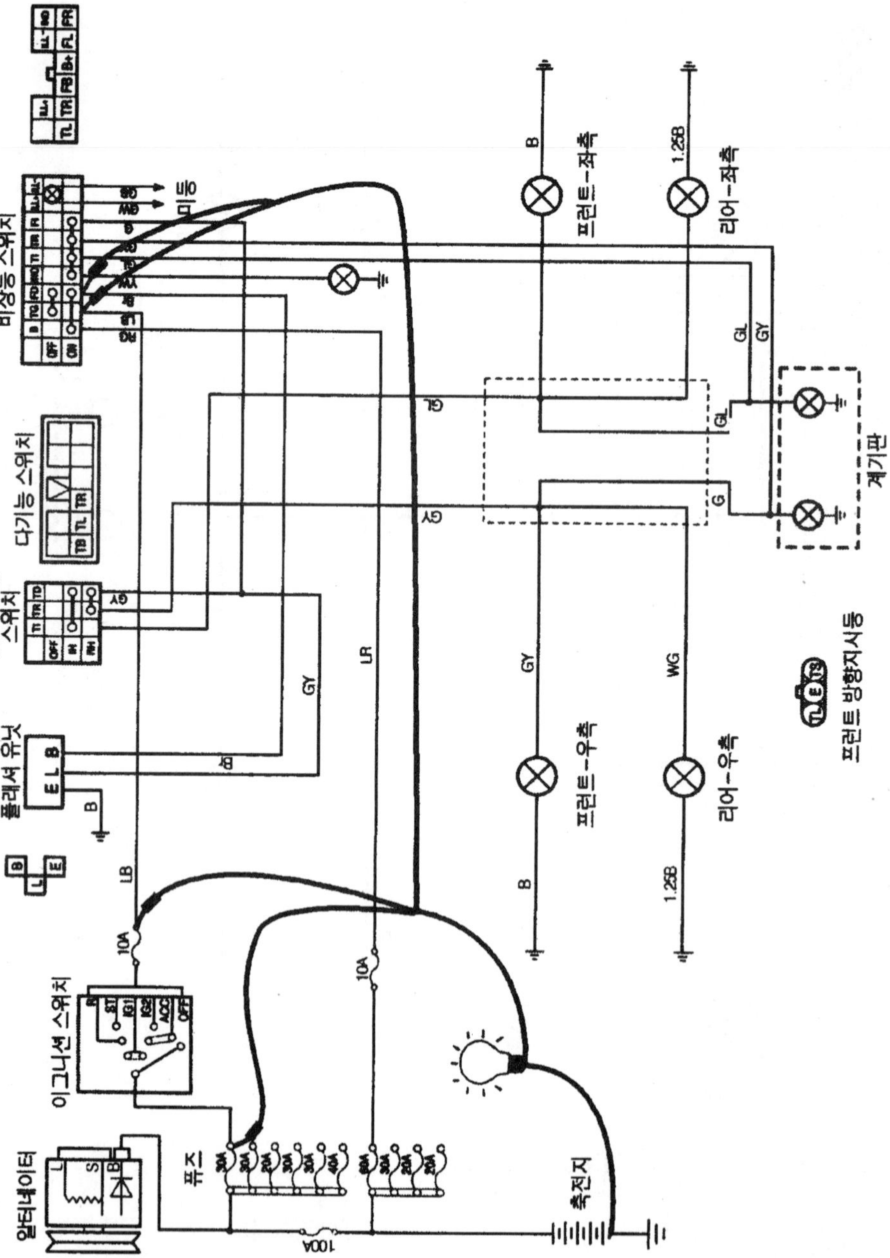

그림 11-22 방향 지시등 회로(축전지 본선 점검)

(4) 테스터 램프를 이용한 고장 점검 요령(비상스위치-방향지시등 까지)

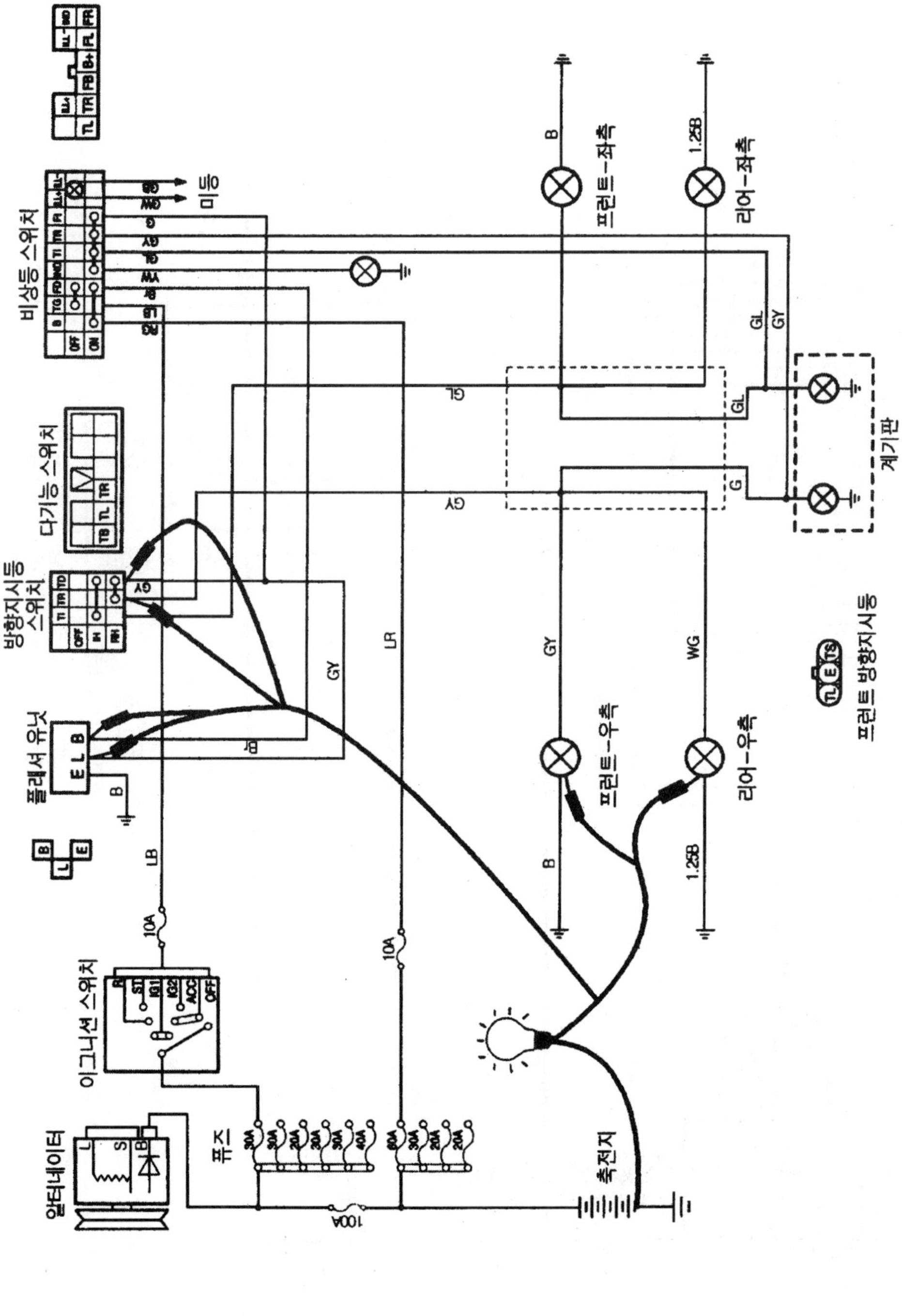

그림 11-23 방향 지시등 회로(비상스위치-방향지시등 까지 점검)

11.5 비상경고등 회로

(1) 비상경고등 스위치 작동시 전류의 흐름

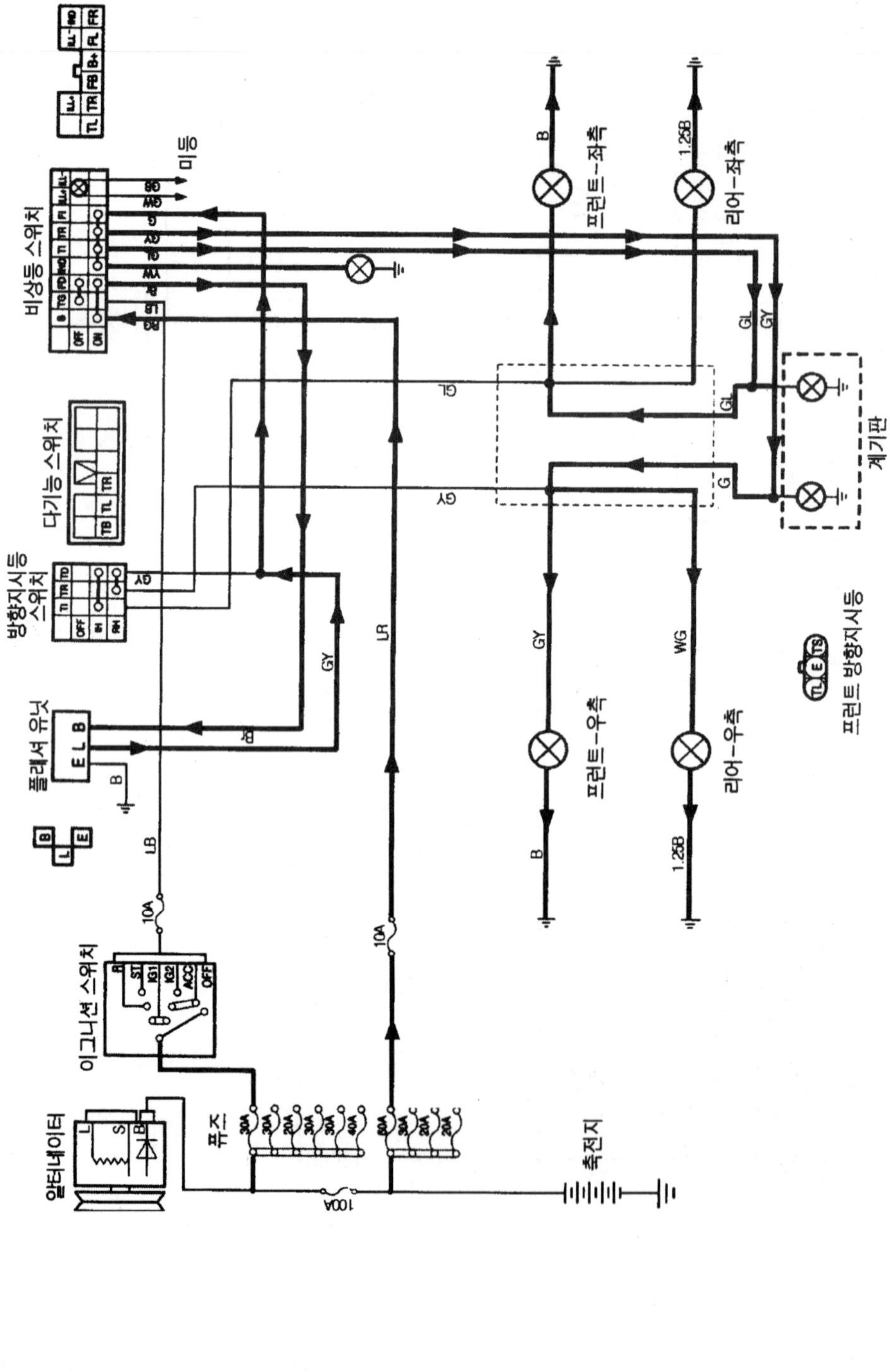

그림 11-24 비상경고등 회로(스위치 작동시 전류의 흐름)

(2) 테스터 램프를 이용한 고장 점검 요령(축전지 본선 점검)

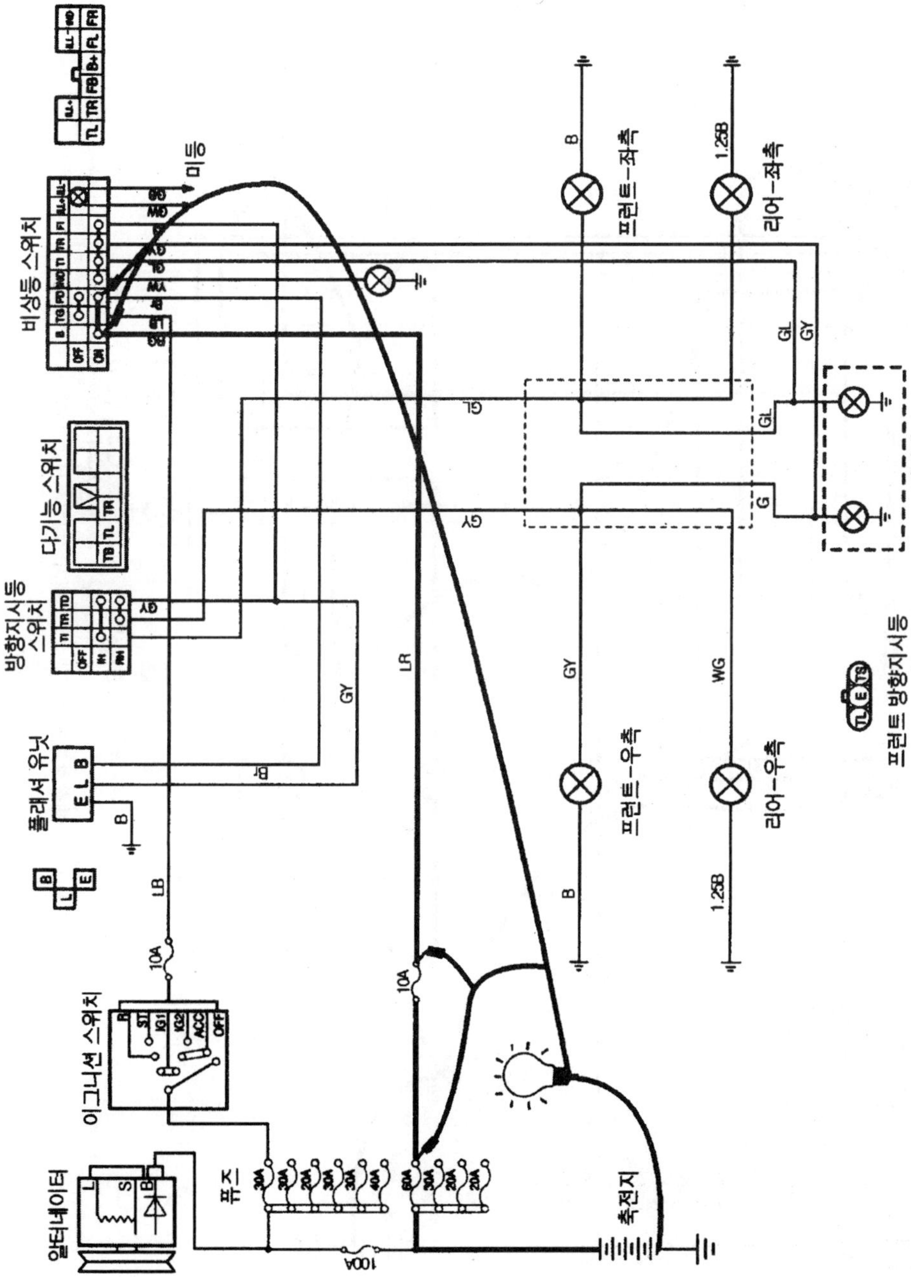

그림 11-25 비상경고등 회로(축전지 본선 점검)

(3) 테스터 램프를 이용한 고장 점검 요령(비상등스위치-방향지시등 까지)

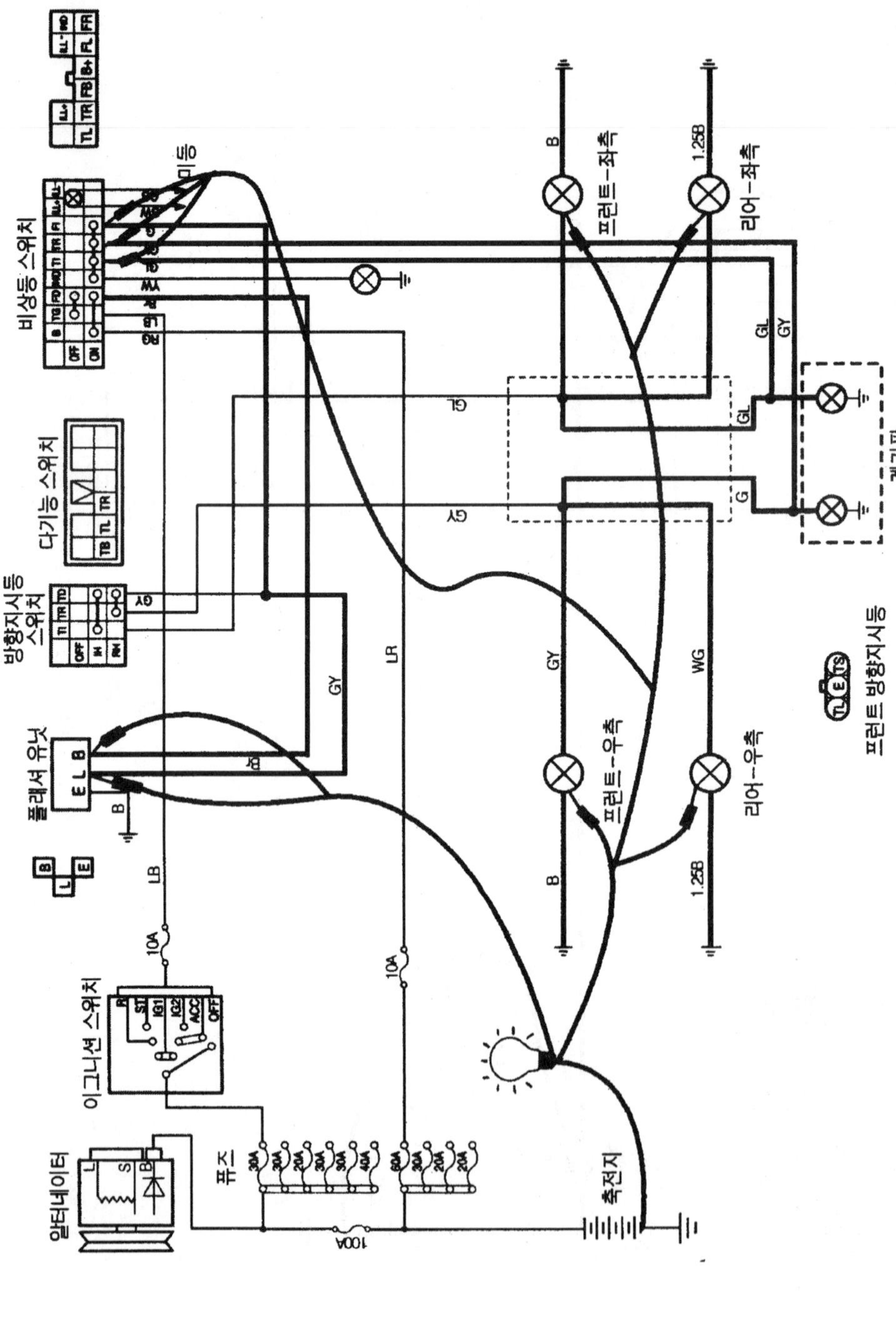

그림 11-26 비상경고등 회로(비상등스위치 - 방향지시등 까지)

등화장치 점검 및 교환 측면방향지시등 탈거 및 밸브교환

01 배터리에서 음극(-)단자를 분리하십시오.

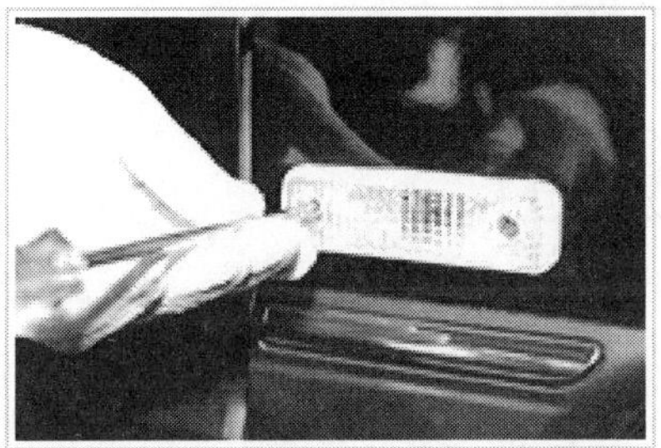

02 측면 방향 지시등의 볼트 2개를 풉니다.

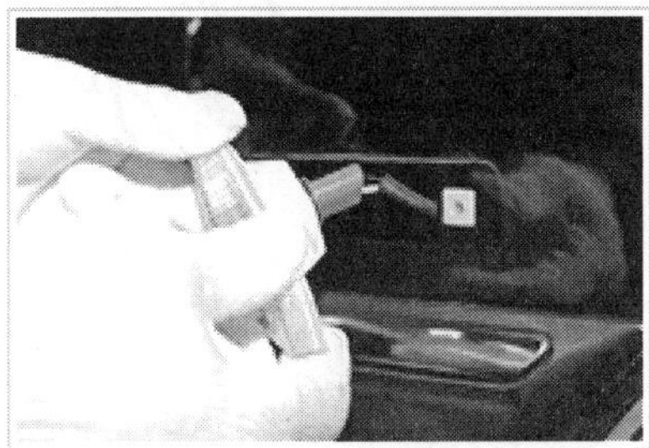

03 램프를 빼내고 전구를 탈거합니다.

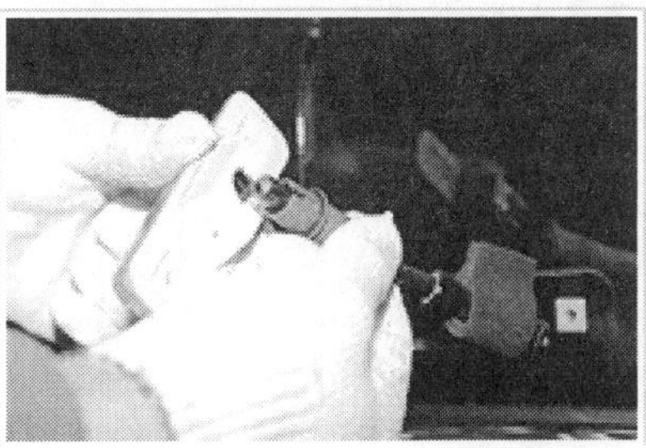

04 커넥터에서 전구를 탈거합니다.

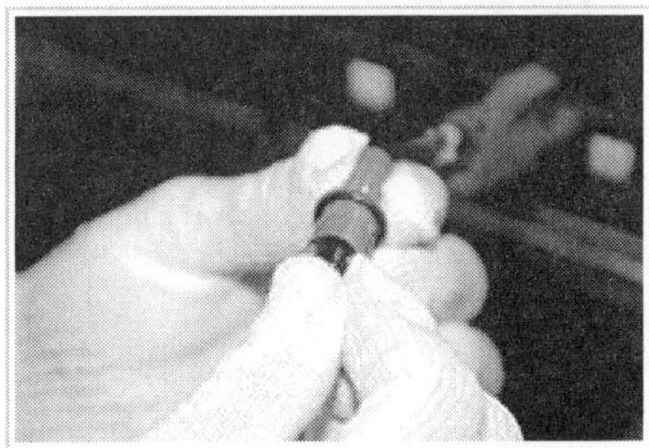

05 장착은 역순으로 실시합니다.

그림 11-27 방향지시등 탈거 및 전구교환

(4) 플레셔 유닛 점검

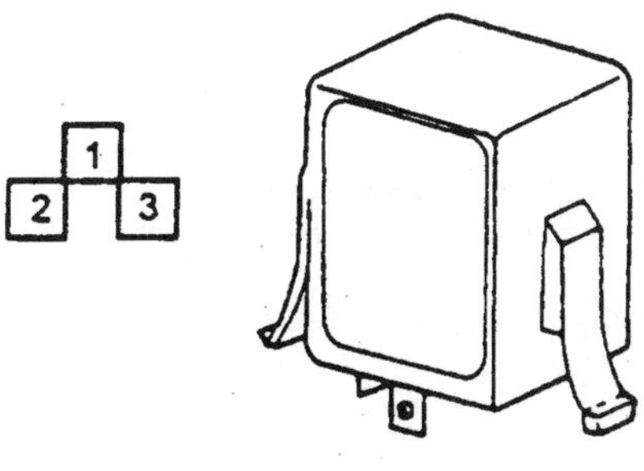

그림 11-28 플래쉬 유닛의 단자

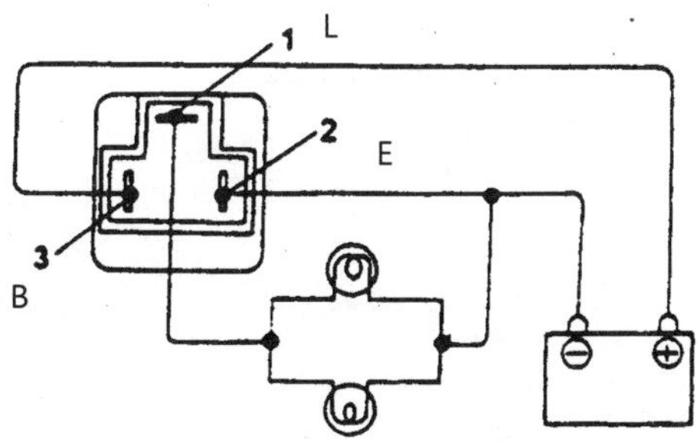

그림 11-29 플래쉬의 점검

11.6 혼 회로

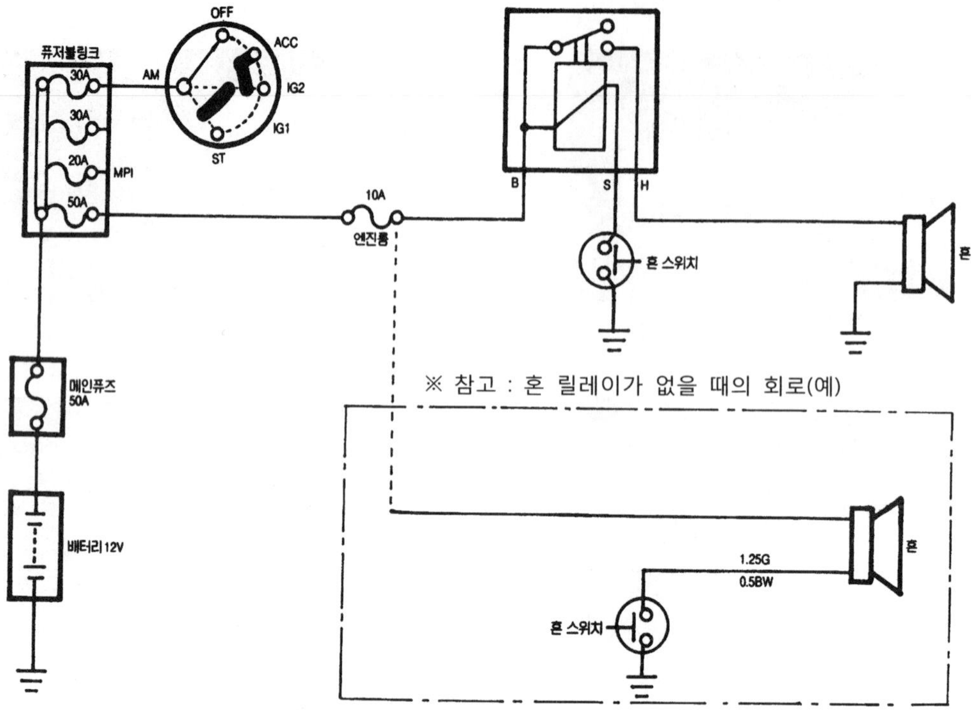

그림 11-30 혼 회로

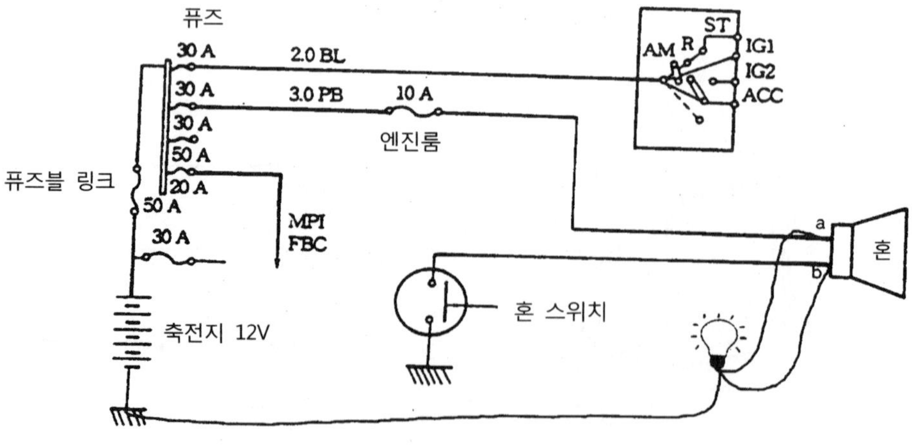

그림 11-31 릴레이가 없는 혼 회로

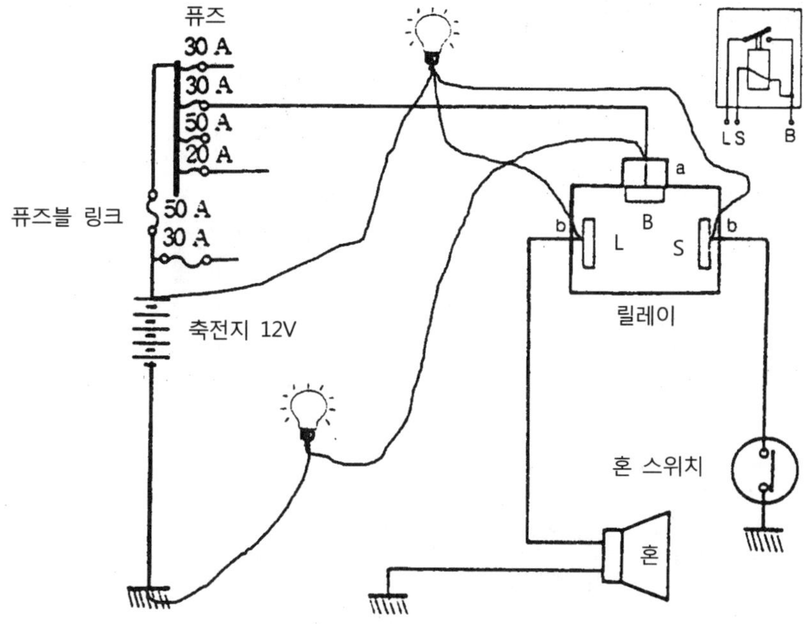

그림 11-32 3핀 릴레이 혼 회로

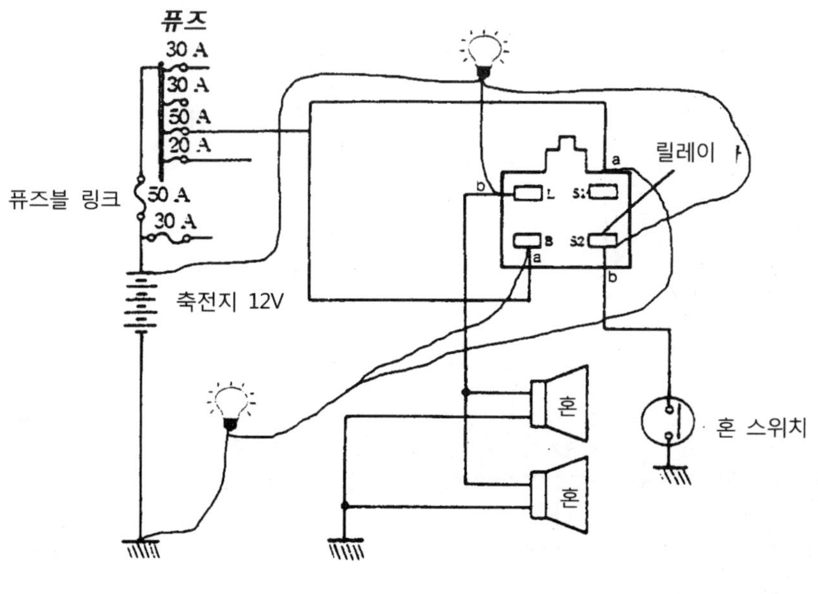

그림 11-33 4핀 릴레이 혼 회로

11.7 후진등 및 제동등 회로

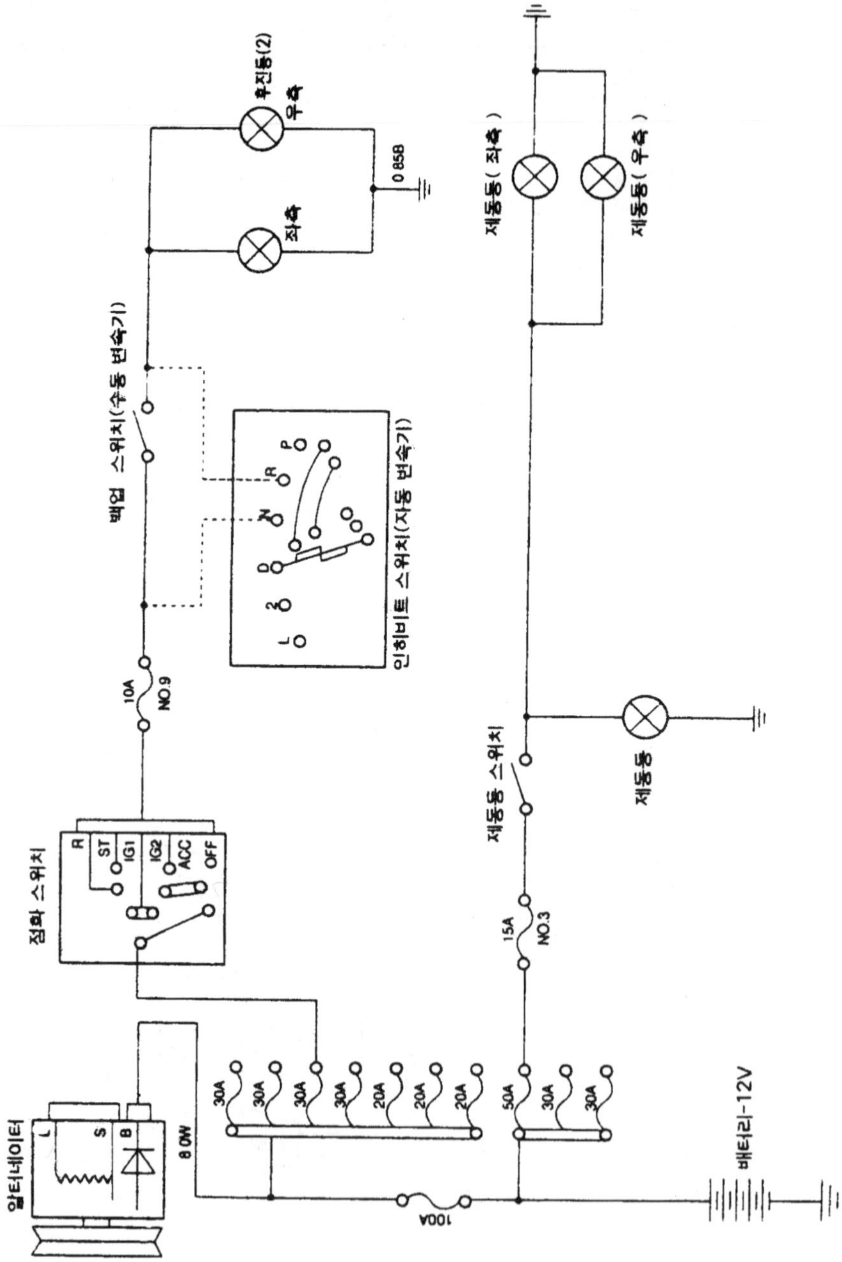

그림 11-33 후진등 및 제동등 회로

11.8 에어컨 회로

(1) 냉각회로

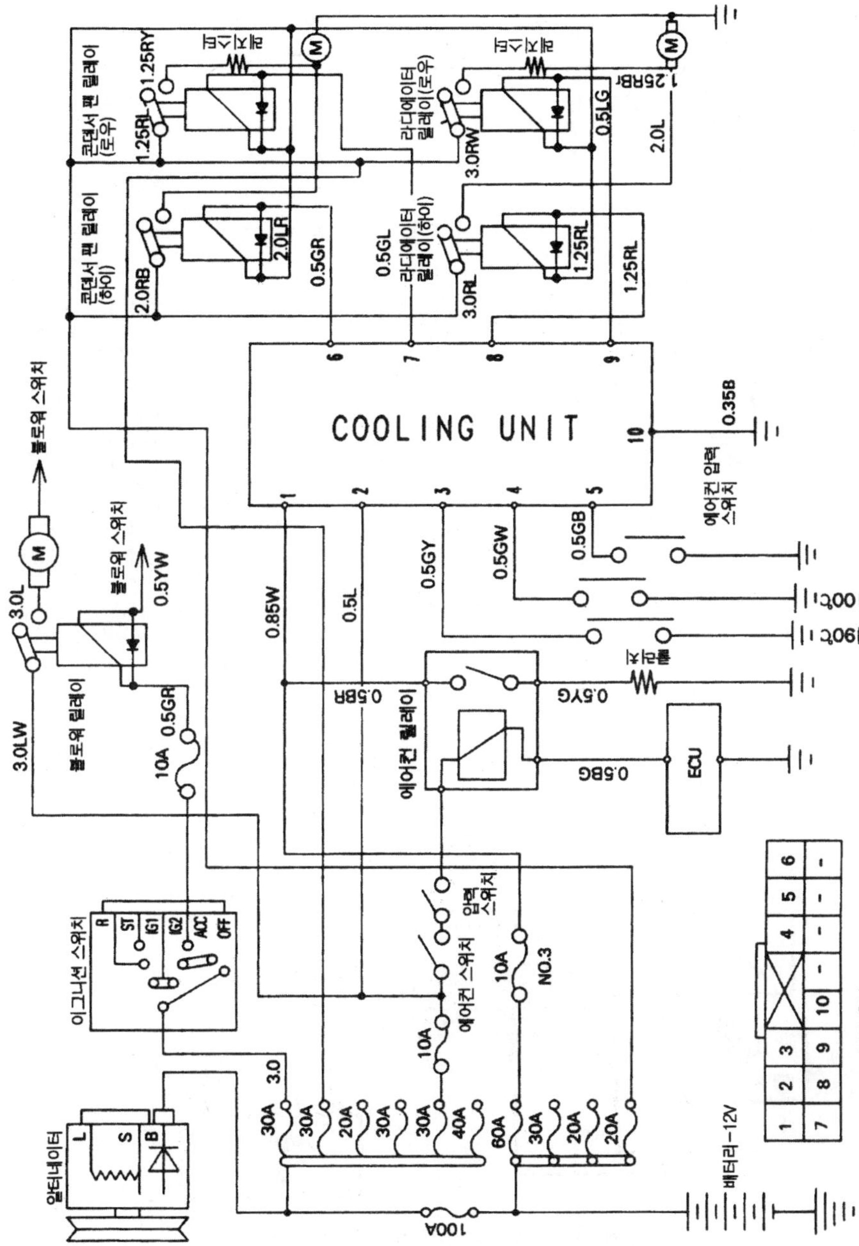

그림 11-35 냉각회로

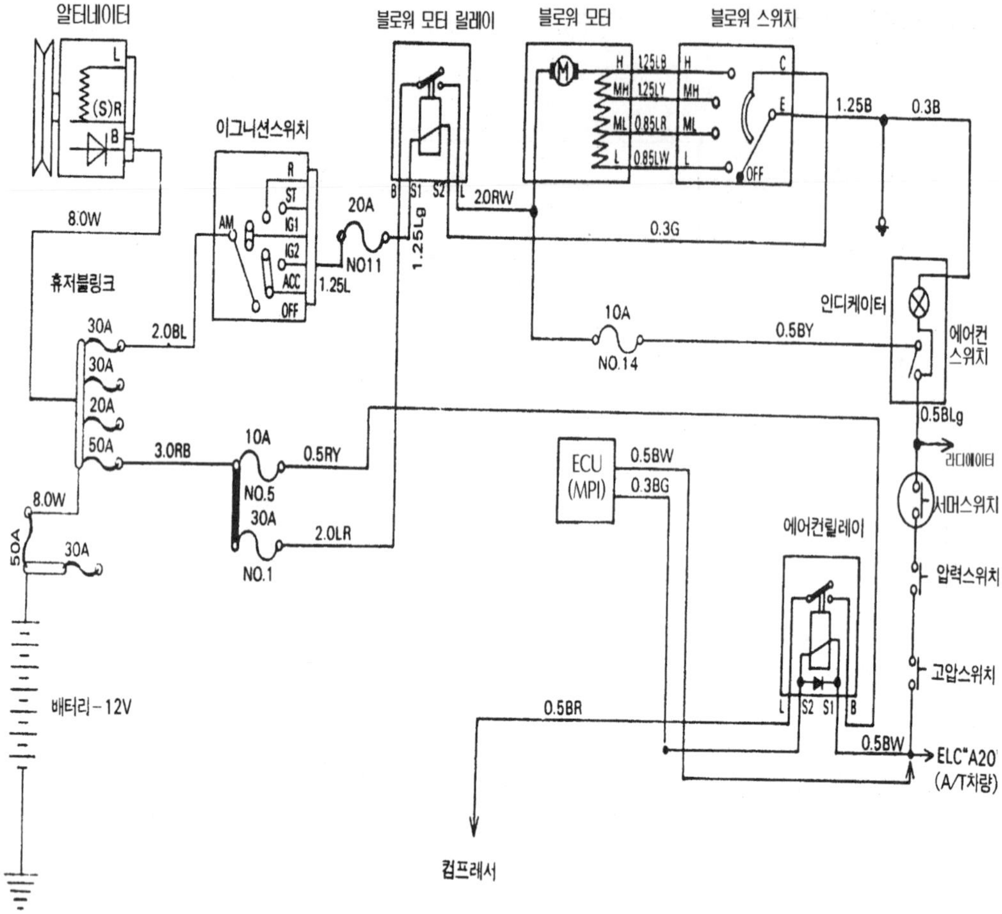

그림 11-36 에어컨 회로

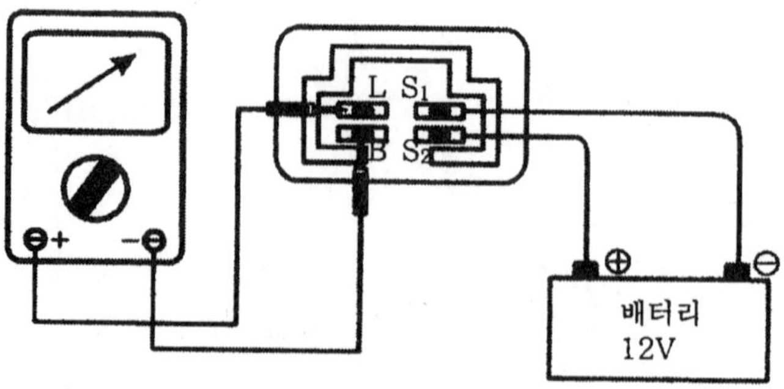

그림 11-37 에어컨 릴레이 점검

11.9 파워 윈도우 회로

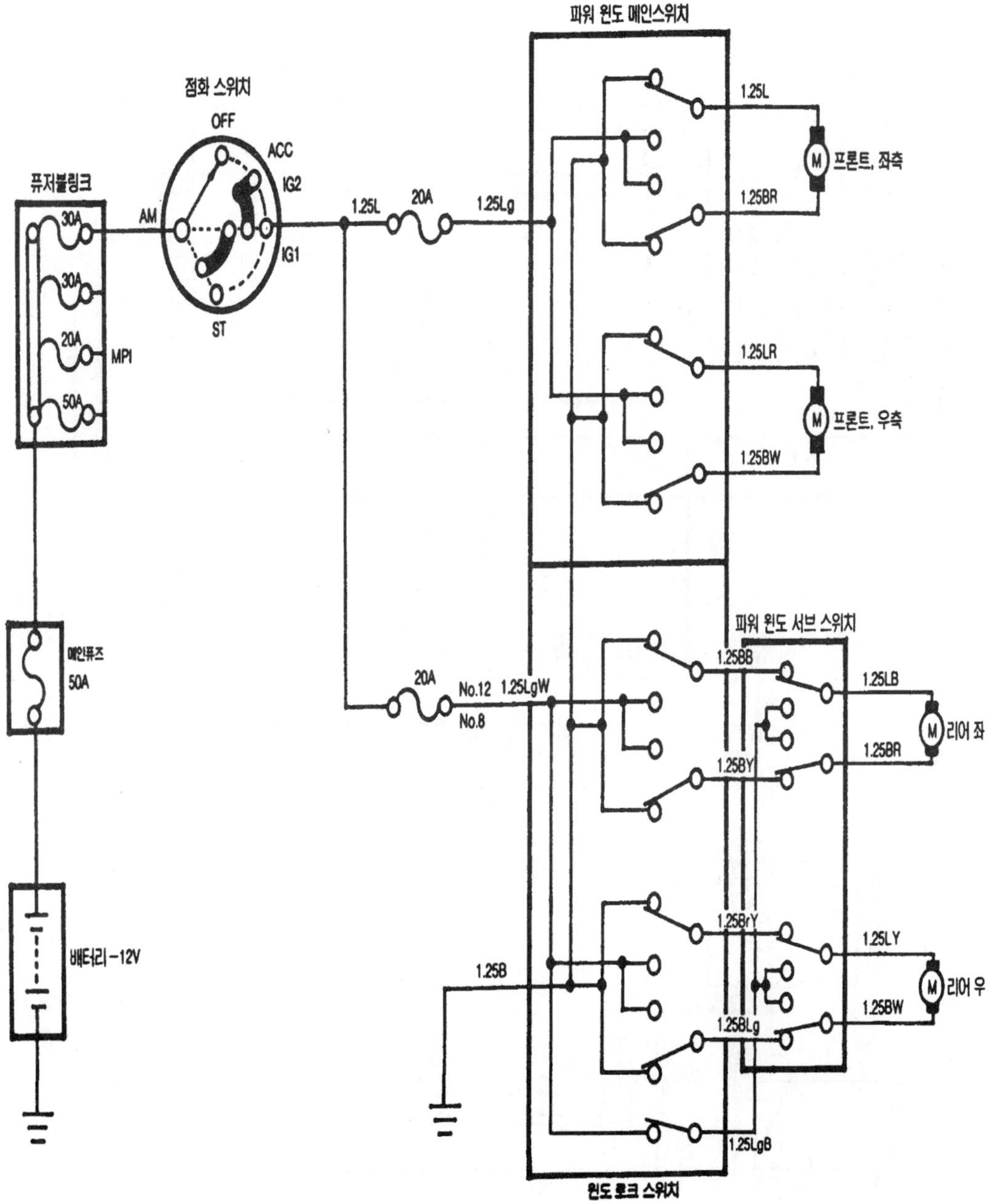

그림 11-38 파워 윈도우 회로

11.10 와이퍼 회로

(1) 와이퍼 스위치 Hi로 작동 할 때 전류의 흐름

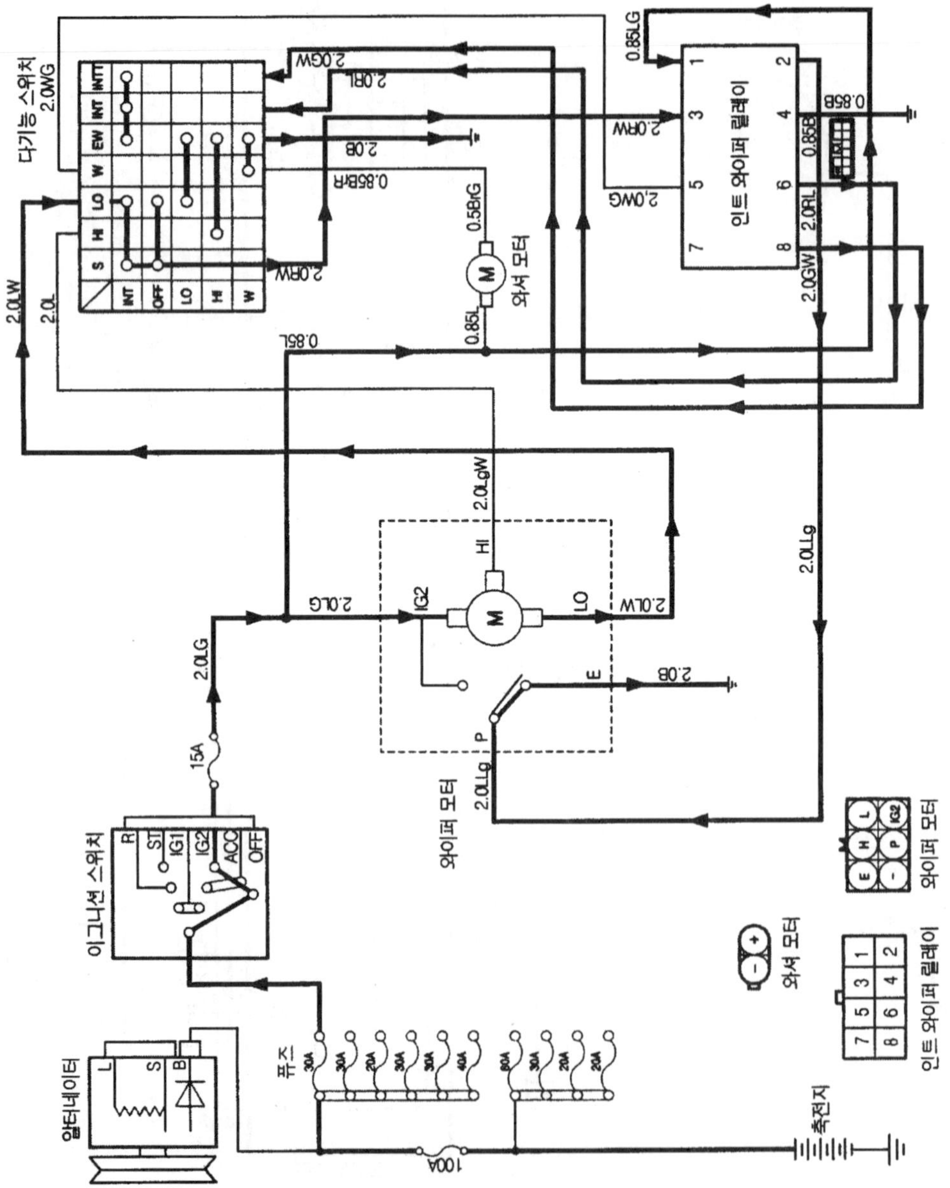

그림 11-38 와이퍼 회로(스위치 Hi로 작동 할 때 전류의 흐름)

(2) 와이퍼 스위치 INT로 작동 할 때 전류의 흐름

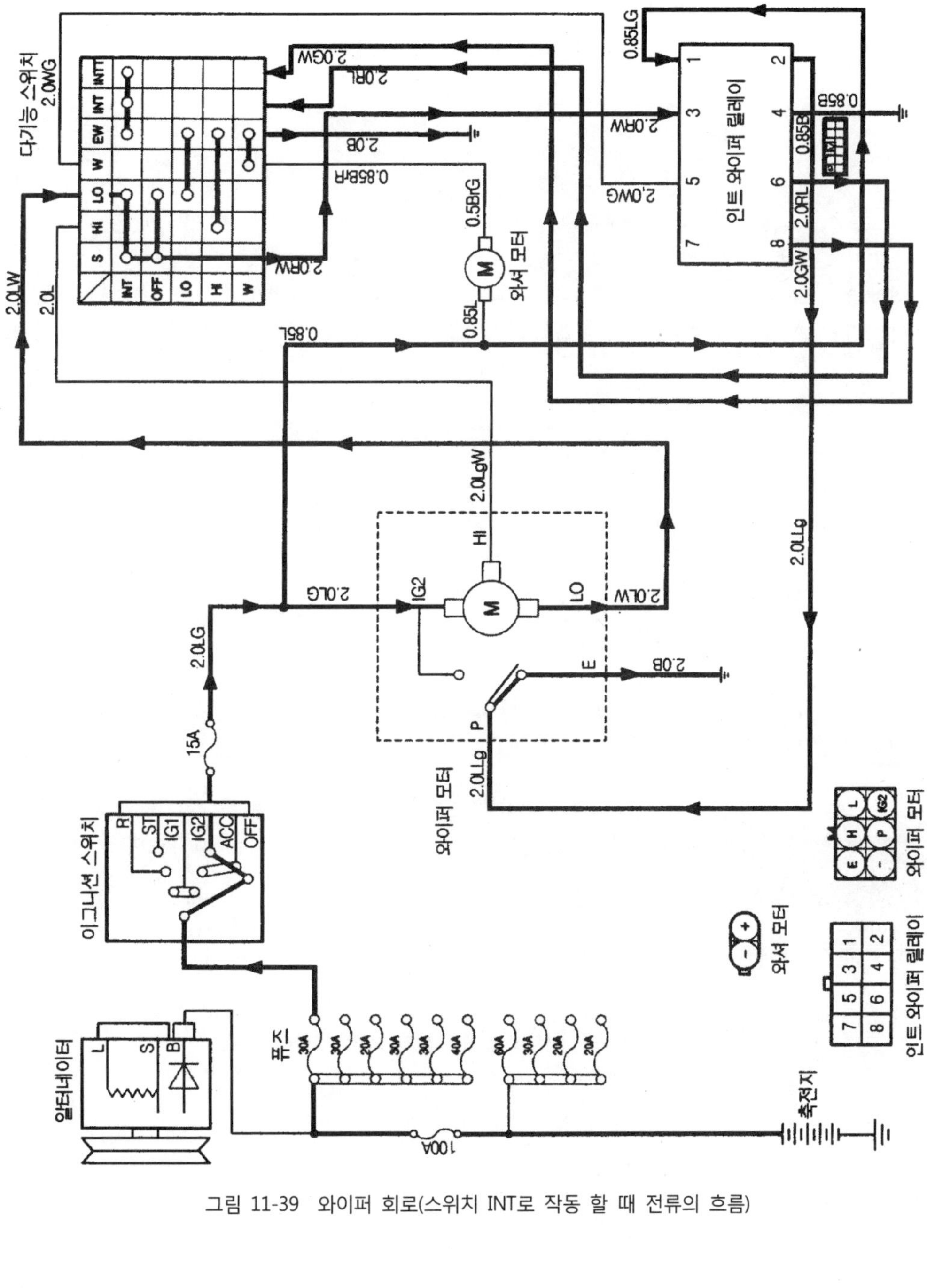

그림 11-39 와이퍼 회로(스위치 INT로 작동 할 때 전류의 흐름)

등화장치 점검 및 교환 | 뒷자석 실내등 탈거 및 밸브교환

01 배터리에서 음극(-)단자를 분리하십시오.

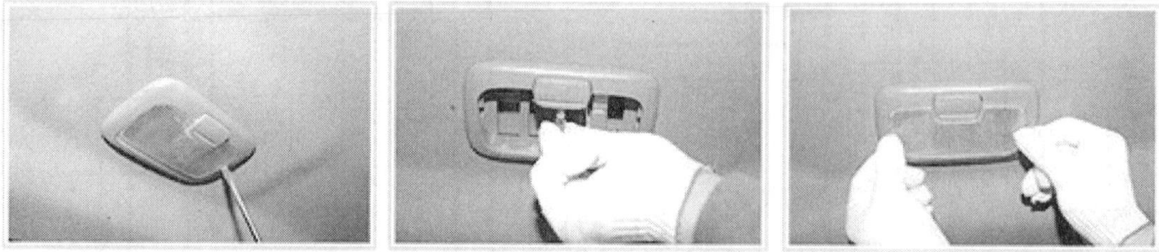

02 드라이버를 사용하여 램프 커버를 분리합니다.

03 규정용량의 전구로 교환합니다.

04 램프커버 좌, 우측을 손으로 눌러서 장착합니다.

그림 11-41 뒷자석 실내등 탈거 및 전구교환

등화장치 점검 및 교환 | 뒷자석 실내등 탈거 및 밸브교환

01 배터리에서 음극(-)단자를 분리하십시오.

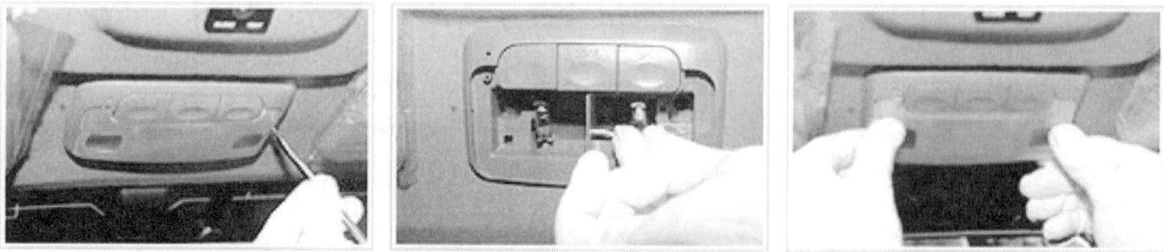

02 드라이버를 사용하여 램프 커버를 분리합니다.

03 규정용량의 전구로 교환합니다.

04 램프커버 좌, 우측을 손으로 눌러서 장착합니다.

그림 11-42 앞자석 실내등 탈거 및 전구교환

등화장치 점검 및 교환 | 안개등 탈거 및 밸브교환

01 배터리에서 음극(-)단자를 분리하십시오.

02 램프하단 중앙의 너트 1개를 풀어냅니다.

03 커넥터를 분리하고 램프를 탈거합니다.

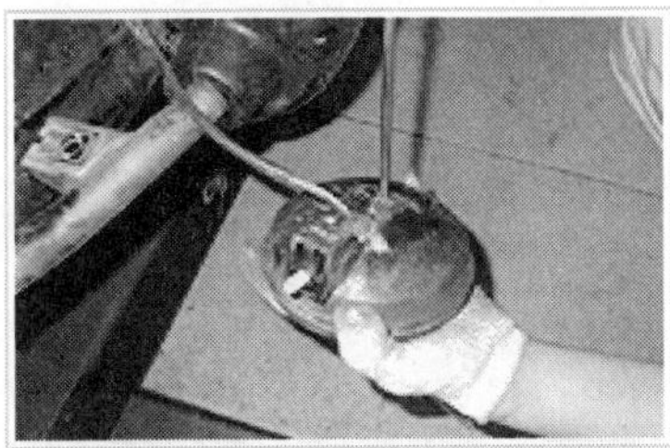

04 스크류를 왼쪽으로 돌려 풀어냅니다.

05 뒤 커버를 분리합니다

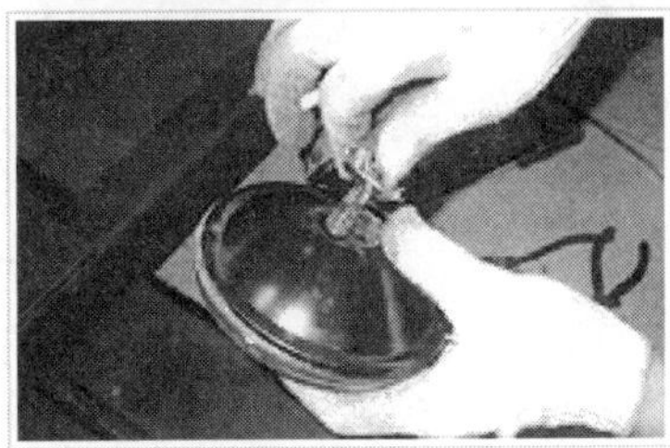

06 전구를 교환하고 장착은 역순으로 합니다.

전구 규격 및 수량

항목	명칭	규격	전구수량
앞 콤비램프류	안개등	55W	2

그림 11-43 안개등 탈거 및 전구교환

등화장치 점검 및 교환 | 앞방향 지시등, 안개등 탈거 및 밸브교환

01 배터리에서 음극(-)단자를 분리하십시오.

02 해드램프를 탈거합니다.

03 전구를 빼내어 교환하고 장착은 역순으로 합니다.

전구 규격 및 수량

항목	명칭	규격	전구수량
앞 콤비램프류	방향지시등	21W	2

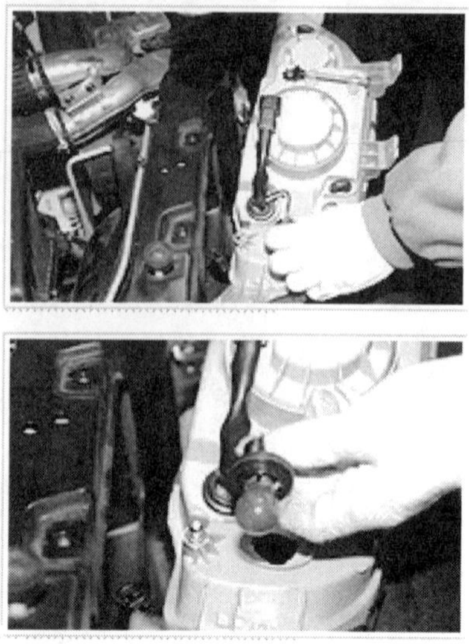

그림 11-44 방향지시등 탈거 및 전구교환

11.11 전조등 시험

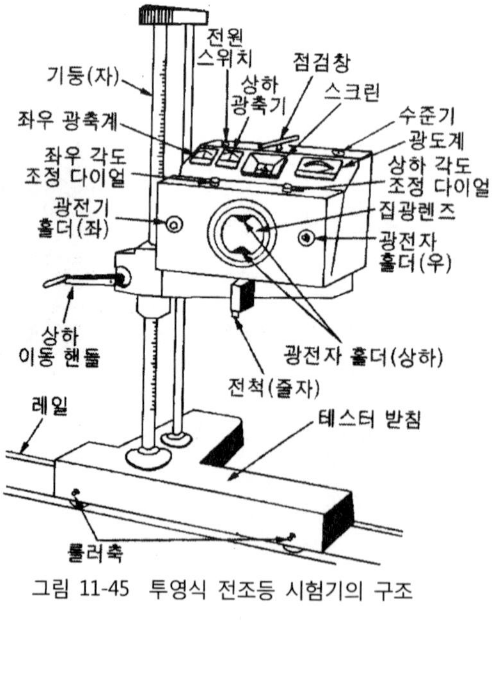

그림 11-45 투영식 전조등 시험기의 구조

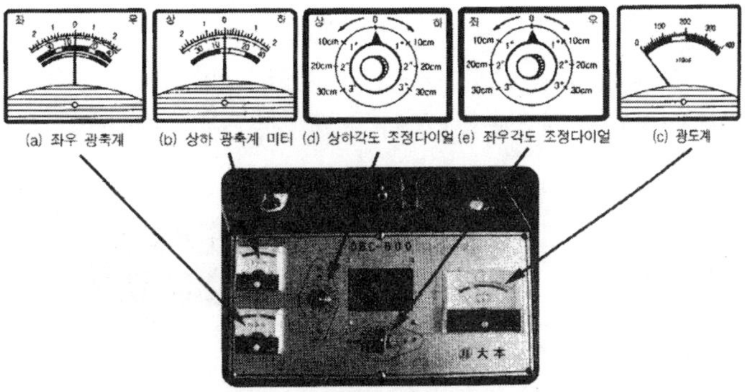

그림 11-46 투영식 전조등 시험기의 계기판

11.11.1 전조등 시험준비

(1) 수평기를 보고 시험기 수평이 되어 있는가 확인한다.
(2) 차량을 시험기와 직각으로 마주보게 시험기와 전조등이 3 m되게 진입 시킨다.
(3) 타이어 공기압을 규정압력으로 하고 운전자 1명 탑승한 채 측정한다.
(4) 시험기 좌우 다이얼 및 상하 다이얼 “0”으로 돌린다.

11.11.2 측 정

(1) 전조등 상향 빔을 점등한다.
(2) 스크린에 라이트 빔(불빛 중심) +중심에 오도록 시험기 몸체를 좌우로 밀고, 상하조절 핸들 돌려 조절한다.
(3) 이때 시험기 기둥자 위의 눈금을 읽는다(전조등 높이)
(4) 시험기 몸체를 좌우로 밀고, 상하조절 핸들 돌려 상하, 좌우 광축계 지침이 중앙이 되도록 한다.
(5) 스크린을 보고 빔(불빛 중심) +중심에 오도록 상하, 좌우 다이얼 돌려 조절한다.
(6) 상하 다이얼에서 눈금 읽는다.(상하 광축) (바깥 눈금 도, 안쪽눈금 cm)
(7) 좌우 다이얼에서 눈금 읽는다.(좌우 광축) (바깥 눈금 도, 안쪽눈금 cm)
※ 광축 : 빛 다발의 중심선
(8) 엔진 회전수를 2,00 rpm 정도로 하고 광고계에서 눈금 읽는다.(광도) (읽은 눈금 ×100)

11.11.3 규정값

(1) 상하 진폭 : 상 10 cm / 하 전조등 높이의 $\frac{3}{10}$ (cm)사이

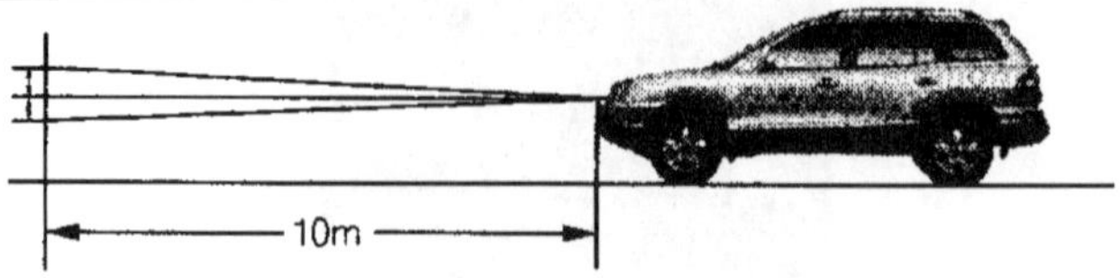

그림 11-47 전조등의 상하 진폭

(2) 좌우 진폭

① 좌측등 : 좌 15 cm ~ 우 30 cm 사이

② 우측등 : 좌 30 cm ~ 우 30 cm 사이

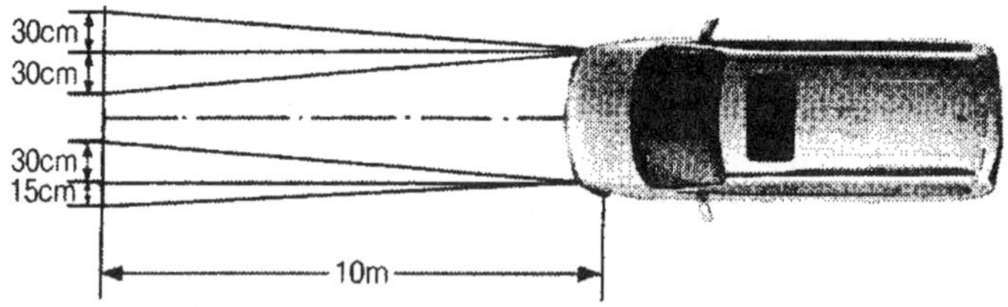

그림 11-48 전조등의 좌우 진폭

구 분	위 치 (좌. 우)	측정값		판정(적 , 부)	비 고	득 점
광 도	좌	21,000cd		적		
광 축		상, ㉻	5cm	적		
		좌, 우	8cm	적		

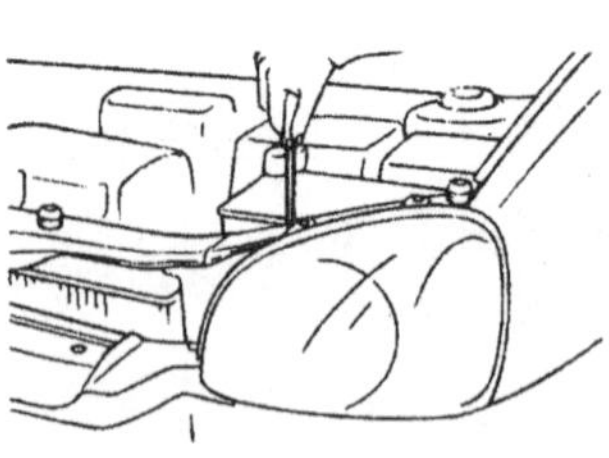

그림 11-49 EF 소나타 광축조정

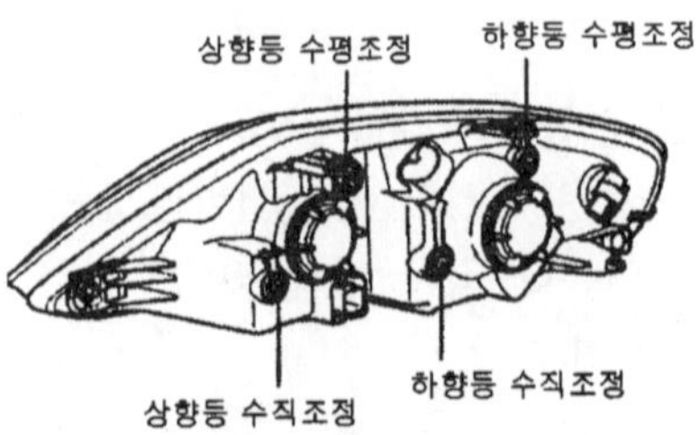

그림 11-50 투스카니 광축조정나사 위치

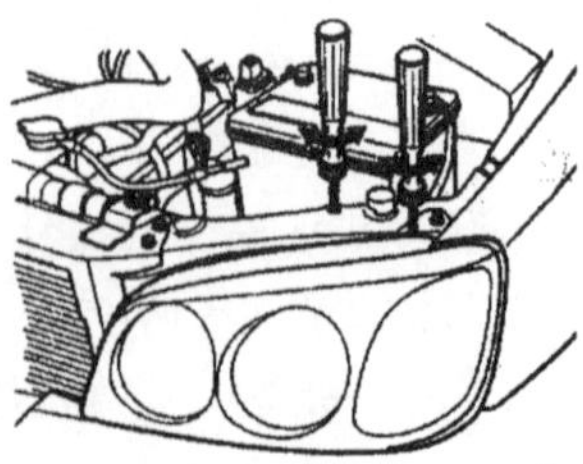

그림 11-51 그랜저XG 광축조정

11.12 경음기의 음량측정

11.12.1 음량측정

(1) 음량계를 받침대(카메라 다리와 비슷함)에 조립하여 음량계 높이 1.2±0.0 m 자동차 전방 2 m 되도록 설치한다.
(2) 전원 버턴 눌러 전원 ON 시킨 후 5초 정도 기다린다.
(3) A/C 특성 버턴 눌러 A 특성으로 맞춘 다음, LEVER 버턴 조절하여 음량 측정범위를 80~120 dB 선택 하였을 때 60.0 dB 맞는가 확인한다(틀리면 음량계 옆면의 CAL 나사돌려 세팅한다)
(4) A/C 특성 버턴 눌러 C 특성으로 한다
(5) LEVER 버턴 조절하여 음량 측정 범위 선택한다(보통 70~120 dB 선택하여 음량 측정 시 OVER 표시가 액정 화면에 나타나면 80 ~ 120 dB 레벨 다시 선택한다.
(6) FAST/ SLOW 버턴 눌러 FAST(빠르게 측정) 선택한다.
(7) MAX 버턴 누른다. (최대 측정치 표시되어 고정)
(8) 자동차에서 경적음 울린다.
(9) 액정 화면에서 눈금 읽어 기록한다.
(10) MAX 버턴 눌러 최대치 측정치 해제하고 전원 버턴 눌러 전원 OFF 시킨다.

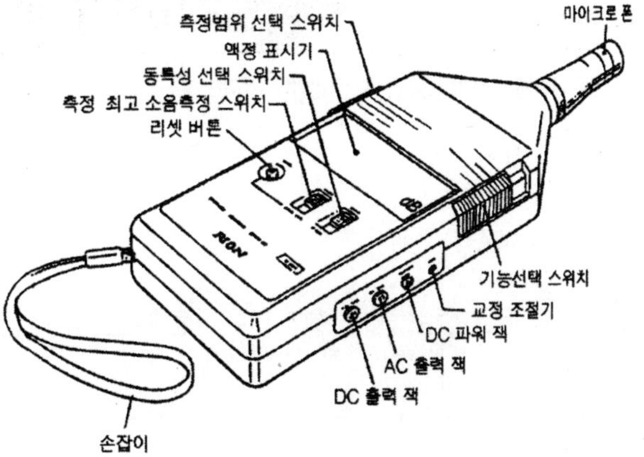

그림 11-52 음량계의 구조

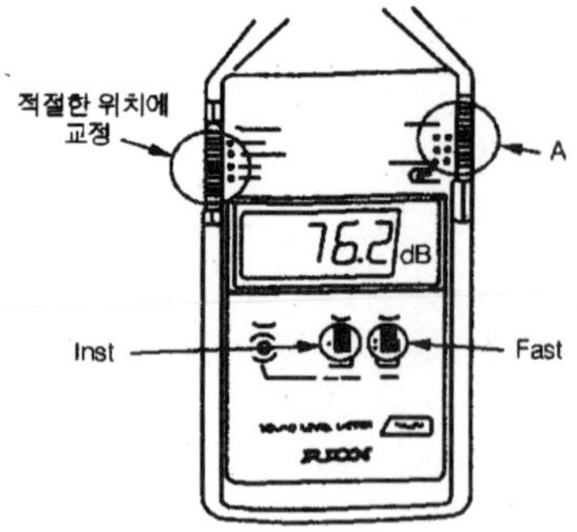

그림 11-53 교정조절기

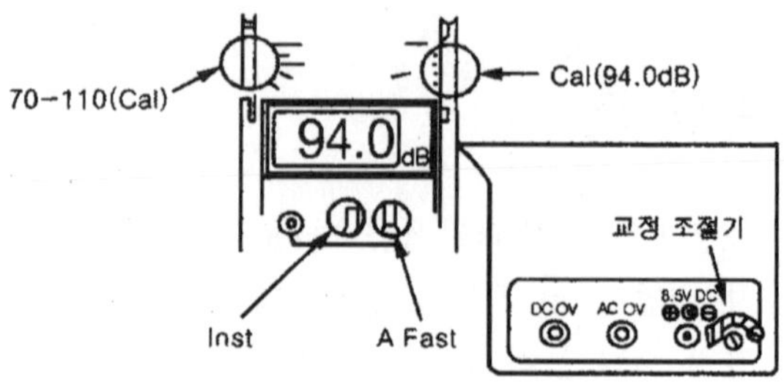

그림 11-54 위치선정 스위치

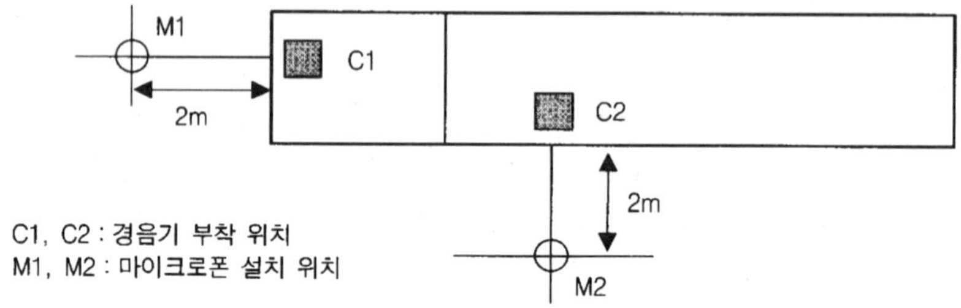

그림 11-55 경적소음을 측정할 때 마이크로폰 설치 위치

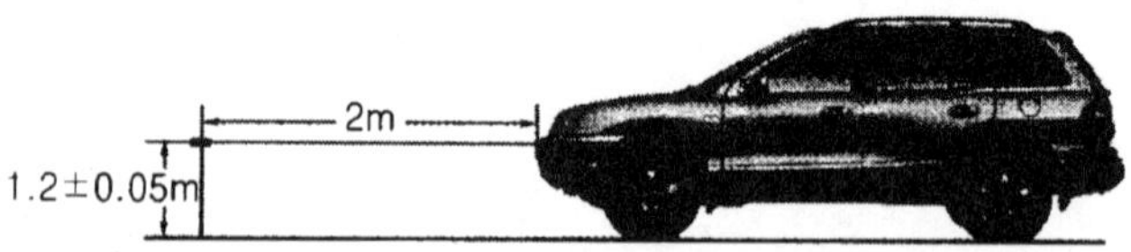

그림 11-56 경적소음을 측정할 때 마이크로폰 설치 위치

11.12.2 판 정

구 분	기 준	규 정 치	비 고
경음기 소음	2000.1.1. 기준	전 : 115 db 이하 후 : 110 db 이하	

(1) 1999년 12월 31 이전 제작된 승용 자동차 : 전방 2 m 높이 1.2 m에서 115 dB 이하
(2) 2000년 1월 1일 이후 제작된 승용 자동차

- 엔진 배기량 800 cc 이상 9인승 이하 : 전방 2 m 높이 1.2 m에서 110 dB 이하
- 엔진 배기량 800 cc 이상 9인승 이하 : 전방 2 m 높이 1.2 m에서 110 db 이하
- 엔진 배기량 800 cc 이상 10인승 이상 차량 총 중량 2톤 이하 : 110 dB 이하
- 엔진 배기량 800 cc 이상 10인승 이상 차량 총 중량 2톤 ~ 3.5톤 : 112 dB 이하
- 엔진 배기량 800 cc 이상 10인승 이상 차량 총 중량 3.5통 초과 : 112 dB 이하

11.12.3 암소음 보정하여 판정

✔ 참고

보통 시험장에서 시험할 때는 암소음 무시하고 측정

(1) 암소음 : A, C특성에서 측정한 값의 차이
(2) 측정 소음도가 10 dB 이상 차이나면 암소음 영향이 적으므로 보정하지 않아도 된다.
(3) 측정 소음도 차이가 3~9 dB 이면 아래의 보정표에 의해 보정한다.

측정치 차이	3	4 ~ 5	6 ~ 9
보정치	-3	-2	-1

(4) "예" 측정 암소음 90 dB, 측정 대상음이 95 dB 일 때

- 95 - 90 = 5. 5에 대한 보정값은 -2이므로 95 - 2 = 93 dB

구 분	규정값	측정값	판정(적, 부)	비 고	득 점
경음기 음량	115 dB 이하	112 dB	적	전방 2 m높이 1.2 m 암소음 –3 dB 보정	

구 분	기 준	규 정 치	비 고
CO, HC (승용차)	**1988**.1.1.-2000.12.31	CO:1.2%이하 HC:220PPM이하	LPG:HC=400PPM이하 경차:2.5%이하/400PPM이하
	2001.1.1.-2005.12.31	CO:1.2%이하 HC:220PPM이하	
	2006.1.1.-	CO:1.0%이하 HC:120PPM이하	
디젤 매연도 (경자동차/승용차)	-1995.12.31	40% 이하	
	1996.1.1.-2000.12.31	35% 이하	
	2001.1.1.-2003.12.31	30% 이하	
	2004.1.1.-2007.12.31	25% 이하	
	2008.1.1.-	10% 이하	
배기소음 (배기음)	**1996**.1.1. 기준	전 : 103 db 이하 후 : 100 db 이하	
경음기 소음	**2000**.1.1. 기준	전 : 115 db 이하 후 : 110 db 이하	

실험결과 보고서[11]

- 실험내용 : **배전판 구성**
- 실험일자 : 년 월 일
- 실 험 자 : 조
- 제 출 일 : 월 일

□ 실험목적

1) 미등, 전조등, 방향지시등 배선도 및 작동원리를 이해
2) 다기능 스위치 단자구분하기
3) 배전판 꾸미기
4) 구성회로의 고장부위 점검(체크램프 사용)

1. 혼(경음기) 회로 구성

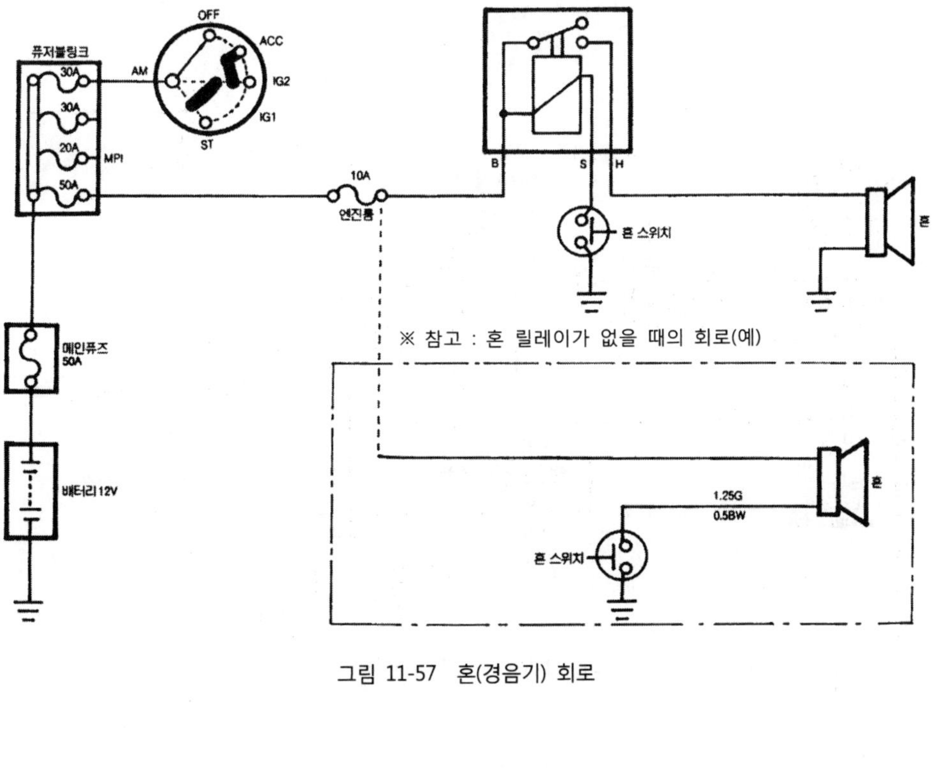

그림 11-57 혼(경음기) 회로

2. 미등 회로 구성

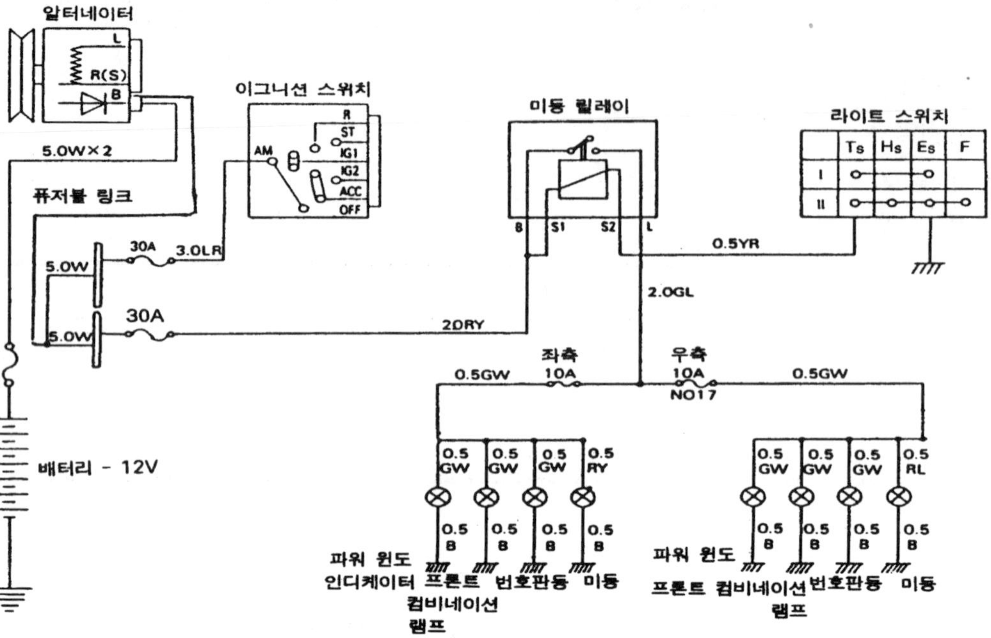

그림 11-58 미등 회로

3. 전조등 회로 구성

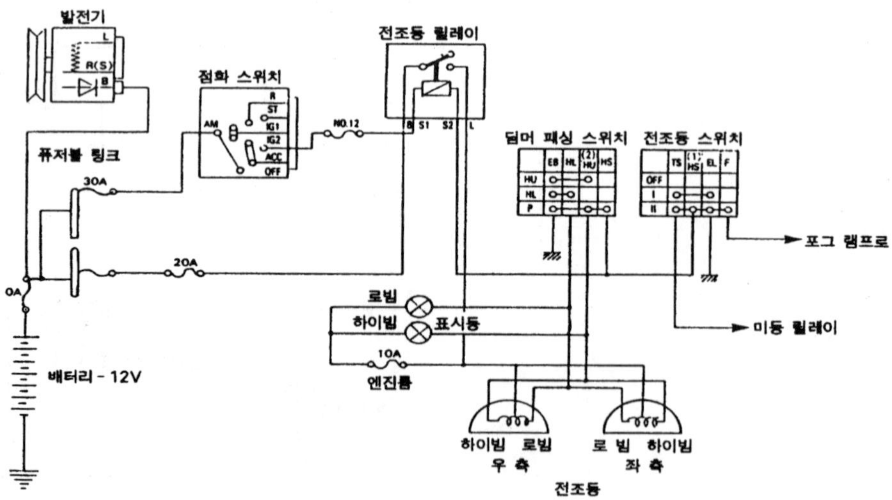

그림 11-59 전조등 회로 점검

4. 방향지시등 회로 점검

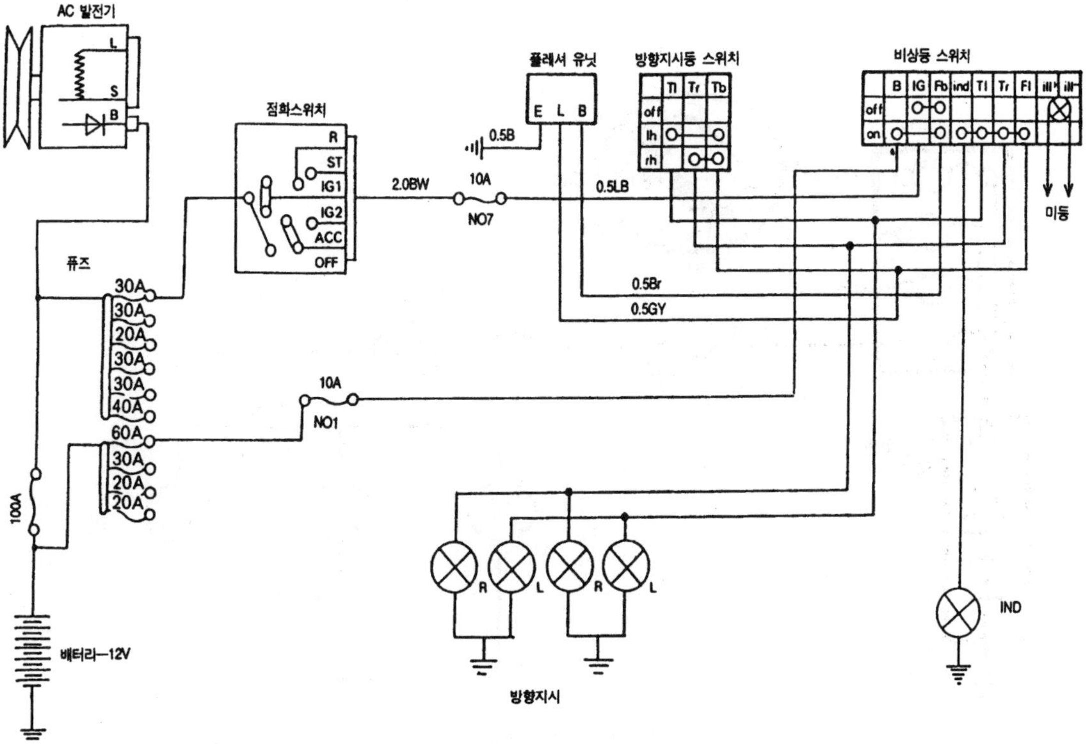

그림 11-60 방향지시등 회로

5. 스톱등 회로 점검

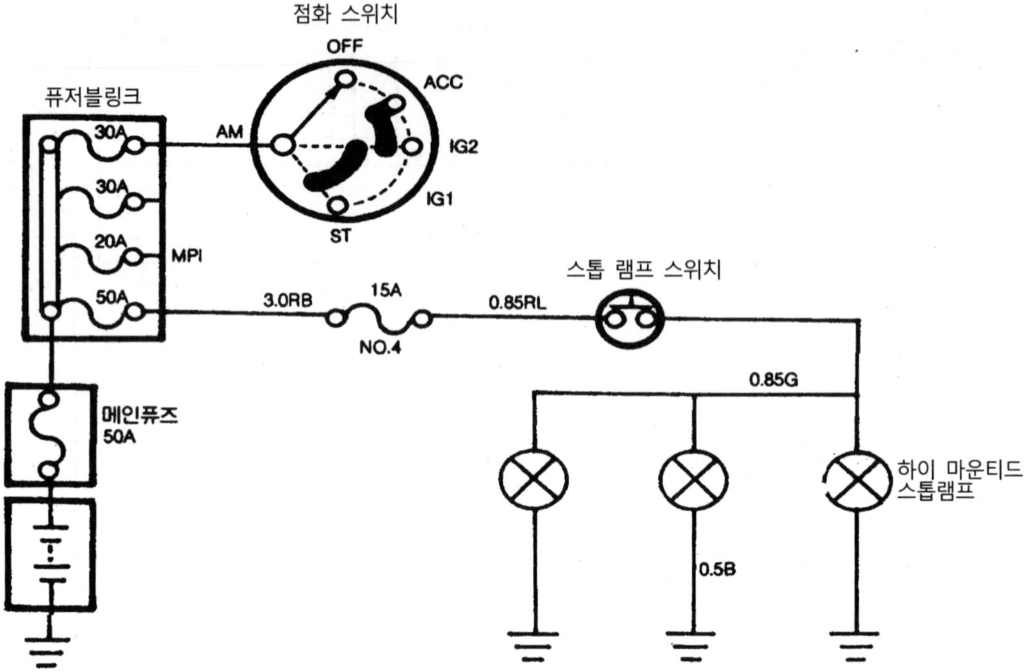

그림 11-61 스톱등 회로

6. 파워윈도우 회로 점검

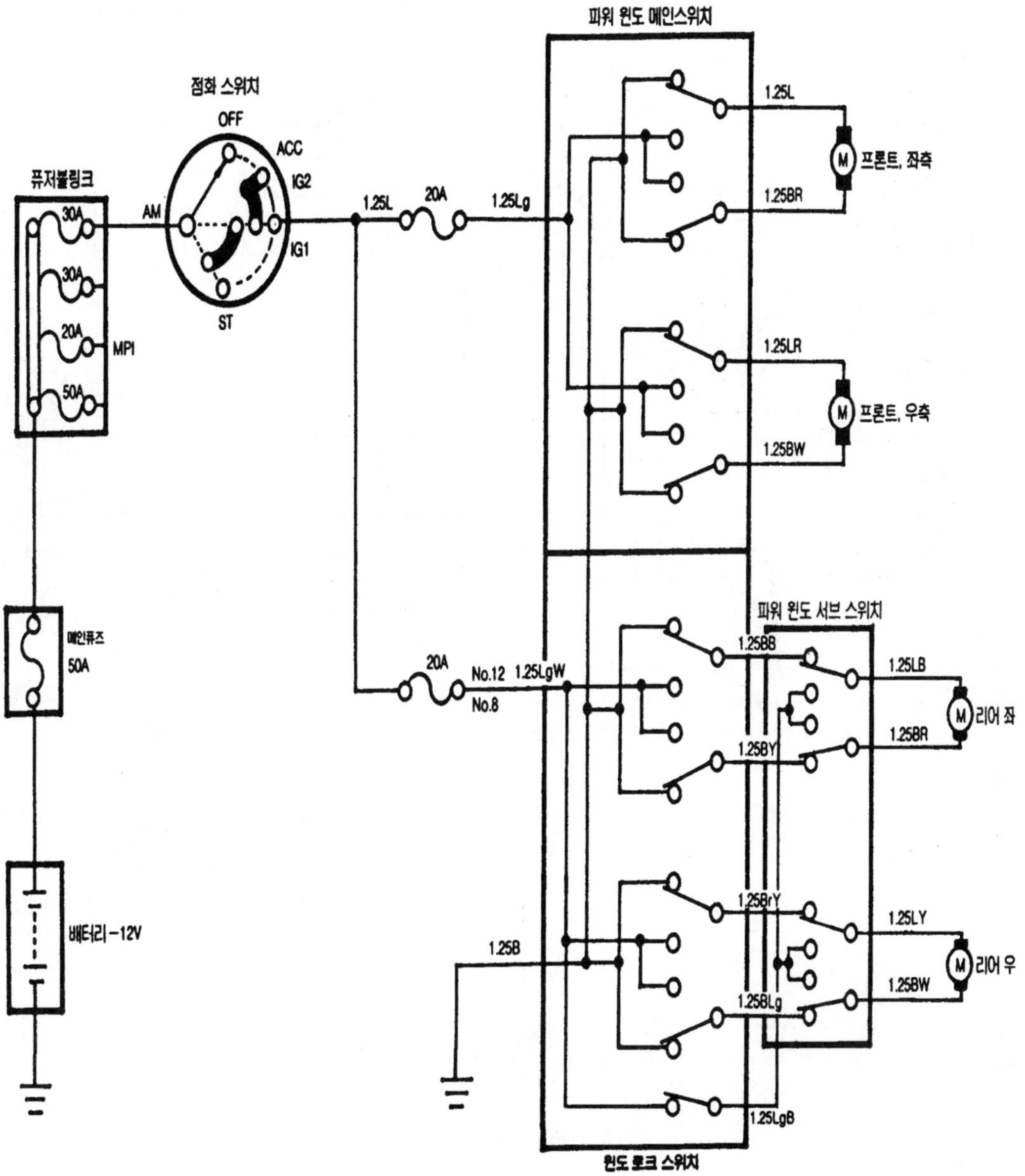

그림 11-62 파워윈도우 회로

7. 냉각(에어컨) 회로 점검

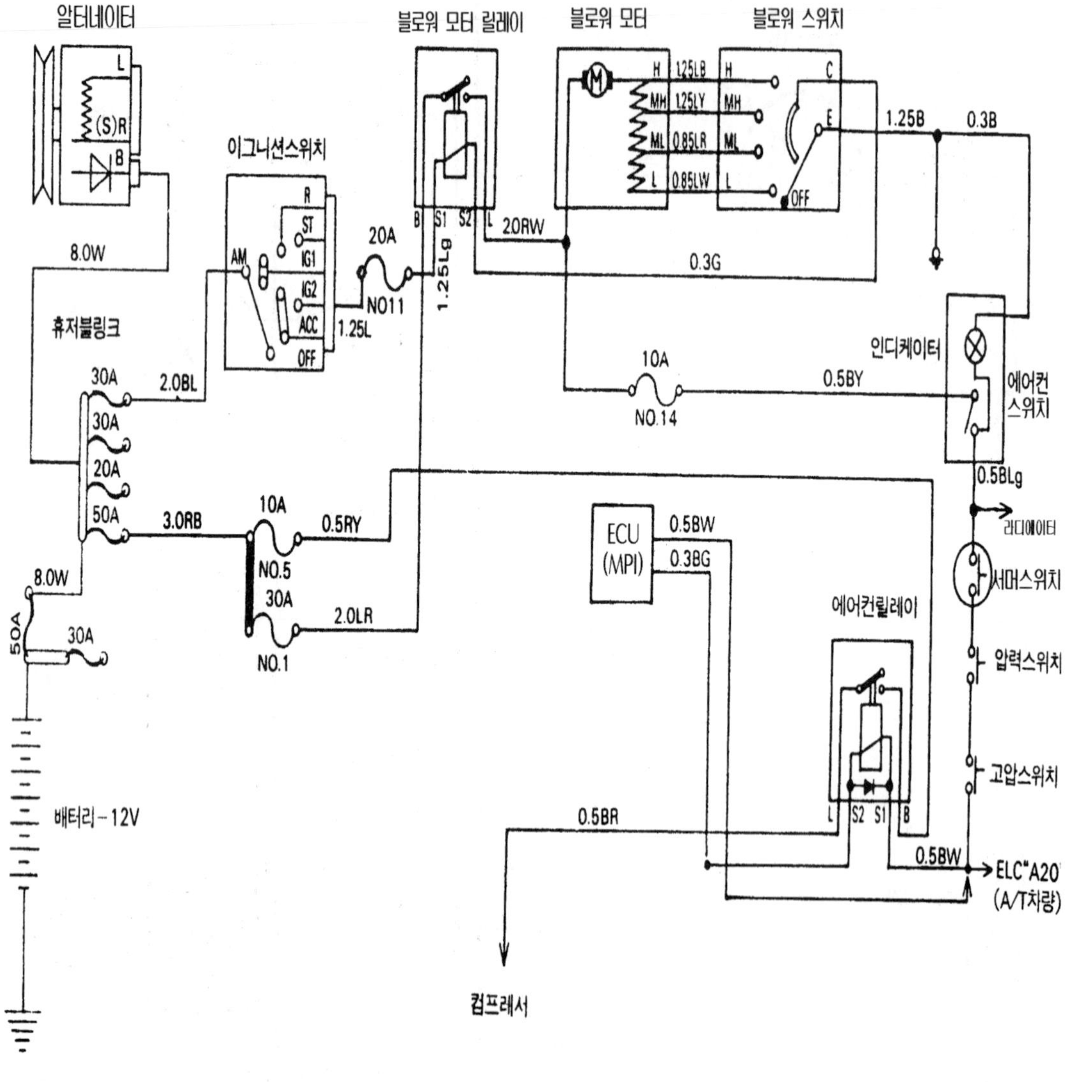

그림 11-63 냉각(에어컨) 회로

8. 주어진 자동차에서 미등 및 번호등 회로를 점검하여 고장부분이 있으면 내용을 기록표에 기록하시오.

측정 항목	① 측정 또는 점검		② 판정 및 정비(또는 조치)사항		득 점
	이상부위	내용 및 상태	판 정	정비 및 조치사항	
미등, 번호등 회로	RR 전구	필라멘트 단선	양 호 , 불 량	RR 전구 교환 및 번호등 커넥터 재연결	
	번호등	커넥터 연결불량			

9. 자동차에서 윈드 실드 와이퍼 모터를 교환(탈 부착)하고, 윈드 실드 와이퍼브러시가 정상적으로 작동 되는지 확인하시오.

10. 주어진 자동차에서 전조등 회로를 점검하여 고장부분이 있으면 내용을 기록표에 기록하시오.

측정 항목	① 측정 또는 점검		② 판정 및 정비(또는 조치)사항	
	이상부위	내용 및 상태	판 정	정비 및 조치사항
전조등 회로			양호, 불량	

11. 주어진 자동차에서 와이퍼 회로를 점검하여 고장부분이 있으면 내용을 기록표에 기록하시오.

측정 항목	① 측정 또는 점검		② 판정 및 정비(또는 조치)사항	
	이상부위	내용 및 상태	판 정	정비 및 조치사항
와이퍼 회로			양호, 불량	

12. 주어진 자동차에서 경음기(horn) 회로를 점검하여 고장부분이 있으면 내용을 기록표에 기록하시오.

측정 항목	① 측정 또는 점검		② 판정 및 정비(또는 조치)사항	
	이상부위	내용 및 상태	판 정	정비 및 조치사항
혼 회로			양호, 불량	

13. 자동차의 에어컨 시스템에서 에어컨 냉매를 (R-123a)를 회수 후 재충전하여 에어컨이 정상 작동 되는지 확인하시오.

측정 항목	① 측정 또는 점검		② 판정 및 정비(또는 조치)사항	
	이상부위	내용 및 상태	판 정	정비 및 조치사항
에어컨 회로			양호, 불량	

14. 주어진 자동차에서 방향 지시등 회로를 점검하여 고장부분이 있으면 내용을 기록표에 기록하시오.

측정 항목	① 측정 또는 점검		② 판정 및 정비(또는 조치)사항	
	이상부위	내용 및 상태	판 정	정비 및 조치사항
방향 지시등 회로			양호, 불량	

15. 주어진 자동차의 에어컨 시스템에서 에어컨 라인의 압력을 점검하여 에어컨 작동 상태의 이상 유무를 확인하시오.

측정 항목	① 측정 또는 점검		② 판정 및 정비(또는 조치)사항	
	측 정 값	규정(정비 한계)값	판 정	정비 및 조치사항
저 압			양호, 불량	
고 압				

16. 주어진 자동차에서 전동 팬 회로를 점검하여 고장 부분이 있으면 내용을 기록표에 기록하시오.

측정 항목	① 측정 또는 점검		② 판정 및 정비(또는 조치)사항	
	이상부위	내용 및 상태	판 정	정비 및 조치사항
전동팬 회로			양호, 불량	

17. 자동차에서 시험위원의 지시에 따라 윈도 레귤레이터(또는 파워 윈도우 모터)를 교환(탈부착), 윈도 모터가 원활하게 작동되는지 확인하시오.

측정 항목	① 측정 또는 점검		② 판정 및 정비(또는 조치)사항	
	이상부위	내용 및 상태	판 정	정비 및 조치사항
윈도모터 회로			양호, 불량	

18. 주어진 자동차에서 실내등 및 열선 회로를 점검하여 고장부분이 있으면 내용을 기록표에 기록하시오.

측정 항목	① 측정 또는 점검		② 판정 및 정비(또는 조치)사항	
	이상부위	내용 및 상태	판 정	정비 및 조치사항
실내등 및 열선 회로			양호, 불량	

19. 자동차에서 히터 블로워 모터(외장형)를 교환(탈부착)하고, 모터가 정상적으로 작동되는지 확인하시오.

측정 항목	① 측정 또는 점검		② 판정 및 정비(또는 조치)사항	
	이상부위	내용 및 상태	판 정	정비 및 조치사항
히터블로워 모터회로			양호, 불량	

20. 자동차에서 에어컨 벨트를 교환(탈부착)하고, 벨트장력을 점검하여 에어컨 컴프레서가 작동되는지 확인하시오.

21. 주어진 자동차에서 파워윈도우 회로를 점검하여 고장부분이 있으면 내용을 기록표에 기록하시오.

측정 항목	① 측정 또는 점검		② 판정 및 정비(또는 조치)사항	
	이상부위	내용 및 상태	판 정	정비 및 조치사항
파워 윈도우 회로			양호, 불량	

12
CHAPTER

Multi Scope Analyzer

12.1 기기의 구조 및 사용방법
12.2 엔진 회전수의 측정
12.3 캠앵글 및 진각량 측정
12.4 직류전압, 전류 및 저항 측정
12.5 실린더 압력 측정
12.6 스코프 파형 측정
12.7 파형분석

⇨ **실습목적 :** Multi Scope Analyzer(EA-6000)의 사용법을 익히고 엔진 RPM, 드웰각, 점화 코일 1,2차 파형분석 등의 방법을 습득하도록 한다.

⇨ **기계기구 :** Multi Scope Analyzer, 튠업용 엔진, 기본 공구 세트

⇨ **예비지식 :** Multi Scope Analyzer의 각 리드선의 기능에 대하여 충분히 숙지하도록 한다.

다중 파형 분석기인 EA-6000 시험기는 엔진의 회전수의 측정, 캠각의 측정, 진각측정, 직류전압 측정, 저항값 측정, 직류전류의 측정 및 흡기 다기관의 진동도 측정, 전자제어식 연료분사 차량의 연압 측정 등에 사용되는 시험기기이다.

주요 시험방법 및 작업순서는 다음과 같다.

(1) 각종 Lead의 연결
(2) Engine RPM 측정
(3) CAM Angle 측정
(4) Multimeter
(5) Primary / Secondary Wave

12.1 기기의 구조 및 사용방법

12.1.1 시험기 전면의 구조 및 기능

① 전원, 표시용 램프
② 전원스위치
③ 회전계 교정용 선택 스위치
④ 교정용 스위치
⑤ 캠 앵글/진각 선택 스위치
⑥ 직류전류 영점 조정기
⑦ 전압/저항/전류 범위 전환 스위치
⑧ 전압/저항/전류 입력단자
⑨ 디지털 디스 플레이
⑩ 압력계용 접속구
⑪ 혼합계용 접속구
⑫ 압력계
⑬ 모니터
⑭ 엔진 스코프 조작 손잡이
⑮ 엔진 스코프 전원 스위치
⑯ 드웰 각/진각 표시 미터
⑰ 회전계 표시미터

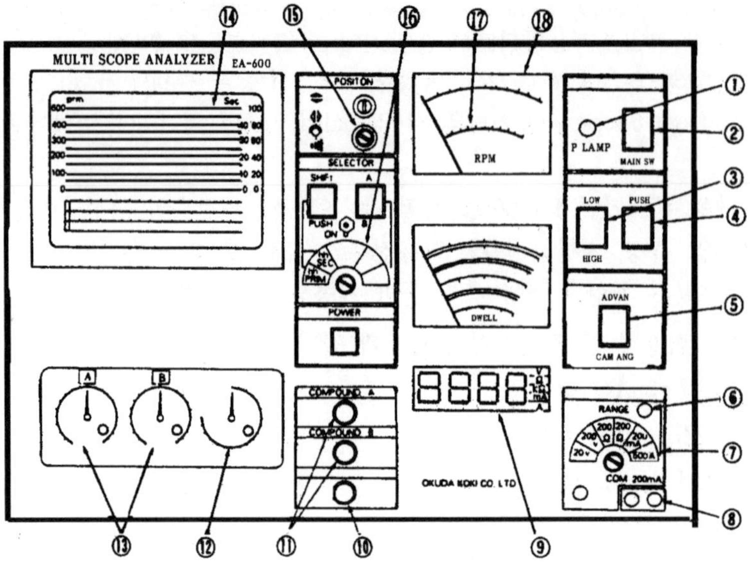

그림 12-1 시험기의 구조 및 명칭

12.1.2 각종 리드선의 연결 방법

(1) Power cable(R/B) : 적색 리드선은 축전지의(+)단자에, 흑색 리드선은 축전지의 (-) 단자에 연결하며, 기기에 전원을 공급한다.

(2) No.1 cylinder sensor lead : 1번 실린더의 점화 플러그에 연결되어 있는 고압 케이블에 연결하는 센서 코드로 반드시 센서의 화살표 방향을 기관 본체쪽으로 향하도록 설치 하여야한다.

(3) Primary test lead(yellow) : 황색으로 된 코드로 배전기의 사이드 단자 또는 점화 코일의 (-)단자에 물리도록 한다.

(4) Signal test lead(white) : 흰색으로 된 코드로 전자제어 연료분사 차량의 배전기에서 나와 있는 시그널 선에 연결한다.

(5) Secondary test lead : 점화코일의 2차 단자에서 배전기의 중앙단자로 연결된 고압 케이블에 물려주는 클램프이다.

(6) Timing light unit : 점화시기의 측정 및 조정에 사용되는 것으로 크랭크 풀리의 타이밍 마크가 표시된 위치에 비추어 측정한다.

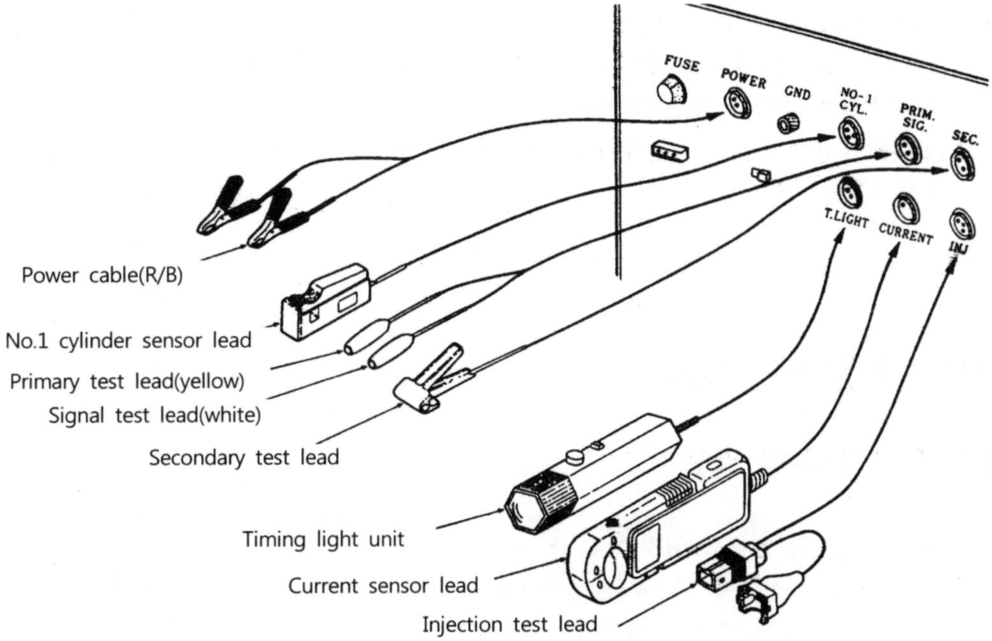

그림 12-2 Multi Scope Analyzer 각종 리드선의 종류

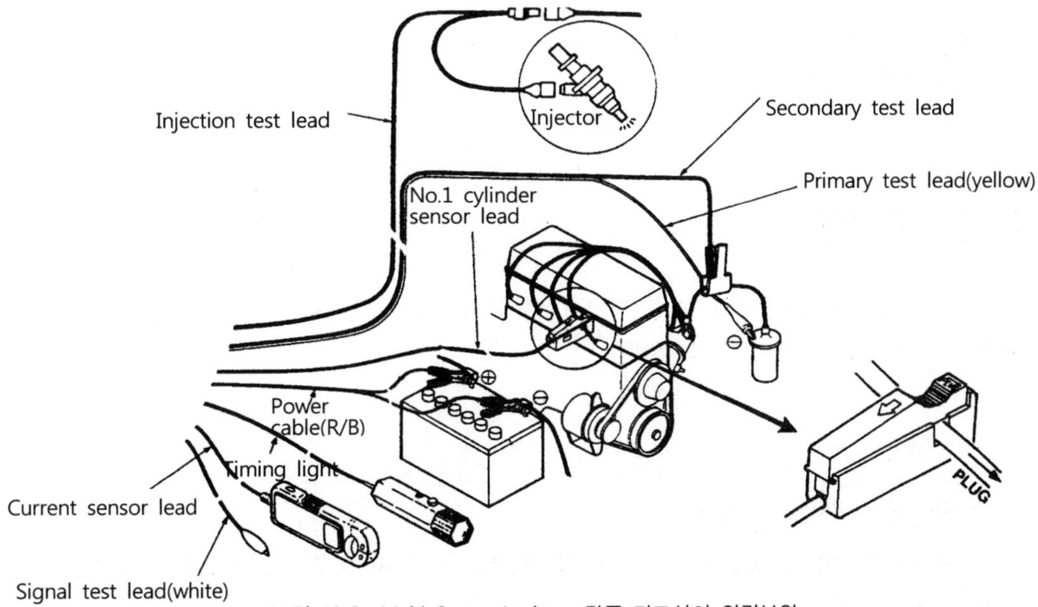

그림 12-3 Multi Scope Analyzer 각종 리드선의 연결부위

(7) Current sensor lead : 클램프를 전류가 흐르는 방향으로 화살표를 맞추어 측정하고자하는 코드에 물려주어야 하며, 측정값이 (-)가 나오면 전류의 방향이 반대이므로 화살표의 방향을 확인해야한다.
(8) Injection test lead : 전자제어 차량의 인젝트 배선 연결부의 커플링을 떼어내고 접속시켜준다.

12.2 엔진 회전수의 측정

12.2.1 엔진 회전수의 측정

(1) 시험기 본체의 전원 스위치를 ON한다.
(2) 자기교정을 실시한다. (Low/High range selector switch -①low ②high 상태에서 calibration button으로 rpm과 cam angle meter의 눈금이 정 중앙에 오는지 test → no 옆구리에서 조정)
(3) 시험을 위한 배선을 실시한다.
(4) 측정할 차량의 시동을 건다.
(5) 회전계의 지침을 읽는다.

12.2.2 자기 교정법

이 시험기는 시험기 내에 교정 회로가 설치되어 있으므로 정기적으로 자기 교정하면서 사용하여야 정도를 유지 할 수 있다.

(1) 회전계의 교정

① 전원의 스위치를 ON한다.
② 회전계 교정용 LOW/HIGH 스위치를 LOW 위치로 둔 다음 교정용 스위치를 누른다.
③ 바늘이 움직이며, 이때 바늘이 1000±60 이내에 위치하면 정상이다.

④ LOW의 교정이 끝나면 회전계 교정용 LOW/HIGH 스위치를 HIGH의 위치로 바꾼다.

⑤ 교정용 스위치를 눌러 바늘이 움직일 때 6000±360 이내에 위치하면 정상이다.

※ 만약 LOW에서 ±60 이상이거나 HIGH에서 ±360 이상이면 조정구에서 시계 드라이브를 넣어 조정하거나 미터 칼리브레이션 눈금에서 조정한 후 사용한다.

(2) 캠 앵글의 조정

① 전원 스위치를 ON한다.

② 교정용 스위치를 눌러 바늘이 움직일 때 그 값이 45° ±2.7° 이내이면 정상이다.

※ 만약 45° ±2.7 ° 이상이면 회전계의 교정 방법과 같은 요령으로 교정을 실시 한 후 사용토록 한다.

✔ 참 고

회전계의 눈금은 0-2000 RPM과 0-12000 RPM의 두 가지가 있으며 차량의 회전수 변화에 따라 자동적으로 눈금표시 램프가 변화하므로 점등된 위치의 눈금을 읽어야 한다.

12.3 캠앵글 및 진각량 측정

12.3.1 CAM Angle의 측정

(1) 시험기 본체의 전원을 power on한다.

(2) 캠각/진각(cam/advance) 전환 스위치를 캠각 쪽으로 전환한다.

(3) 자기교정을 실시한다.

(4) 측정할 차량의 시동을 건다.

(5) 지시계의 바늘이 움직여 캠각의 도수를 지시하면 측정 차량의 실린더 수와 같은 위치의 눈금을 읽는다.

12.3.2 진각량(advance)의 측정

(1) 시험기 본체의 전원을 power on한다.
(2) 캠각/진각(cam/advance) 전환 스위치를 진각(advance)쪽으로 전환한다.
(3) 타이밍 라이트 뒤쪽에 설치되어있는 진각 손잡이를 반시계 방향으로 돌려 끈 후 측정할 차량의 시동을 건다.
(4) 시동 후 기관의 회전 속도를 정비 제원상의 공전속도로 조정한다.
(5) 타이밍 라이트 발광 스위치를 눌러 발광하는 빛을 타이밍 마크에 비춘다.
(6) 진각 손잡이를 시계 방향으로 스스히 돌리면서 타이밍 마크의 상사점(TDC)에 타이밍 포인트를 맞춘다.
(7) 이때 바늘이 가리키는 위치가 점화시기 도수 값이다.

✔ 참 고

점화시기가 ATDC인 차량은 측정이 불가능하며 타이밍 라이트를 사용하지 않을 시에는 반드시 발광 스위치를 내려야한다.

12.4 직류전압, 전류 및 저항 측정

12.4.1 직류 전압의 측정

(1) 시험기 본체의 전원 스위치를 ON 한다.
(2) 전압/저항/전류 범위 전환 스위치를 예산되는 최대 값의 범위를 고려하여 200 V 또는 200 KV의 위치에 둔다.
(3) 연결용 코드를 이용하여 적색 클립은 V/Ω단자에 흑색 클립은 COM단자에 각각 연결한다.
(4) 연결된 코드의 한쪽 끝을 측정할 부분의 ⊕ 점에는 적색을, ⊖ 점에는 흑색을 연결한다.

(5) 디지털 디스플레이에 표시된 값을 읽는다.

✔ 참 고

램프가 점등된 단위를 읽어야 하며 만약에 (-)기호가 나타날 경우에는 연결시 특히 유의하도록 한다.

12.4.2 직류 전류의 측정

* 200 mA 이하의 측정

(1) 측정할 곳의 배선을 분리한다.
(2) 시험기 본체의 전원 스위치를 ON 한다.
(3) 전압/저항/전류 범위 전환 스위치를 200 mA의 위치에 선정한다.
(4) 연결용 코드를 이용하여 적색 클립은 200 mA 단자에 흑색 클립은 COM단자에 각각 연결한다.
(5) 연결된 코드의 한쪽 끝을 측정할 부분의 ⊕ 점에는 적색을, ⊖ 점에는 흑색을 연결한다.
(6) 디지털 디스플레이에 표시된 값을 읽는다.

✔ 참 고

측정범위 이상의 전류가 흐르면 고장의 원인이 되며, 만약에 (-)기호가 나타날 경우에는 전류가 흐르는 방향이 반대이므로 즉시 바꾸어야한다.

** 500 A 이하의 측정

① 측정할 곳의 배선을 분리할 필요가 없다.
② 시험기 본체의 전원 스위치를 ON 한다.
③ 전압/저항/전류 범위 전환 스위치를 500 A의 위치에 선정한다.
④ 직류전류 0점 손잡이로 영 조정을 한다.
⑤ 전류 센서 코드를 전류가 흐르는 방향과 동일하게 →표 방향으로 물린다.
⑥ 디지털 디스플레이에 표시된 값을 읽는다.

12.4.3 저항 값의 측정

(1) 시험기 본체의 전원 스위치를 ON 한다.
(2) 전압/저항/전류 범위 전환 스위치를 예산되는 최대 값의 범위를 고려하여 200 Ω 또는 200 KΩ의 위치에 둔다.
(3) 연결용 코드를 이용하여 적색 클립은 V/Ω단자에 흑색 클립은 COM단자에 각각 연결한다.
(4) 연결된 코드의 한쪽 끝을 측정할 부분에 극성 구분없이 연결하여, 이때 디지털 디스플레이에 표시된 값을 읽는다.

✔ 참 고

측정하고자 하는 회로의 전원을 끊어준 상태에서 측정한다.

✔ 참 고

전류 센서 코드에 먼지, 기름 등이 묻지 않도록 클램핑을 확실히 하여야한다.

12.5 실린더 압력 측정

12.5.1 흡기 다기관 압력 측정

(1) 측정용 호스를 COMP A, B에 커넥터로 연결한다.(단, 측정개소가 한군데일 경우에는 한쪽만 연결한다)
(2) 차량의 측정부에 부속 어뎁터를 사용하여 연결한다.
(3) 엔진의 시동을 걸어 압력을 측정한다.
(4) 조인트에 연결된 부분의 기호와 같은 압력계의 눈금을 읽는다.(진동에 의하여 바늘이 움직이면 조인트 외부의 고무링을 시계방향으로 회전시켜 조정을 하고, 영점이 변하면 조정용 구멍에 시계 드라이브를 넣어 조정한다)

12.5.2 전자제어 차량의 연압 측정

(1) 압력계용 C 조인트에 호스를 연결한다.
(2) 엔진의 시동을 걸어 정상 작동시의 연압을 C미터에서 측정한다.

✔ 참고

호스가 빠지면 연료가 누성 되므로 화기에 주의하고 영점이 틀리면 교정 후 측정한다.

12.6 스코프파형 측정

12.6.1 점화코일 1차 파형

[그림 12-4(b)]는 포인트 점화 방식의 1차 직렬 파형 1실린더분을 확대한 파형이다.

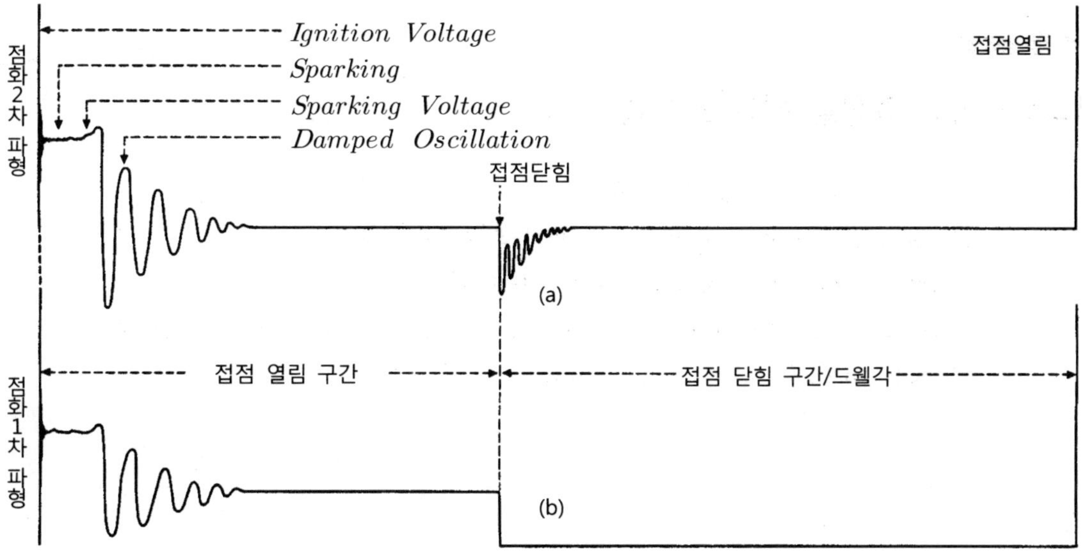

그림 12-4 점화코일 1차, 2차 파형

(1) 포인트가 열려 점화 코일의 2차측 고전압이 유기되어 점화 플러그에 불꽃이 방전되는 순간이다.
(2) 점화전압의 크기를 나타내는 부분이다.
(3) 점화 플러그에 불꽃이 방전되고 있는 시간을 나타내며, 파형의 크기(높이, 길이, 진폭)상태로 혼합기의 상태를 판단할 수 있으며, 전압 및 화염 전파속도 등을 확인 할 수 있다.
(4) 스파크가 소멸되기 시작한다.
(5) 스파크가 소멸된 후 남아 있는 전기 에너지의 포인트가 열려 있으므로 어스되지 않고, 코일과 콘덴서 사이를 왕복하며 소멸되므로 코일과 콘덴서의 상태를 알 수 있다.
(6) 포인트의 닫힘 위치를 나타낸다.
(7) 포인트가 닫히고 1차 전류가 흐르는 시간으로 드웰각을 나타낸다.
(8) 다음의 점화를 위하여 포인트가 다시 열리는 시점이다.

12.6.2 점화코일 2차 파형

그림 12-4(a)는 포인트 점화 방식의 2차 직렬파형의 1실린더분을 확대한 파형이다.

12.6.3 파형 측정을 위한 조작법

* Vertical position control : 파형의 상하 위치 이동
* Horizontal expansion control : 파형의 좌우크기 확대
* Horizontal position control : 파형의 좌우 이동
* Wave pattern selector switch ① Prim. ② Sec (Series) ③ Sec (Superimpose) ④ Sec (parallel) ⑤ Alt. ⑥ Injector.

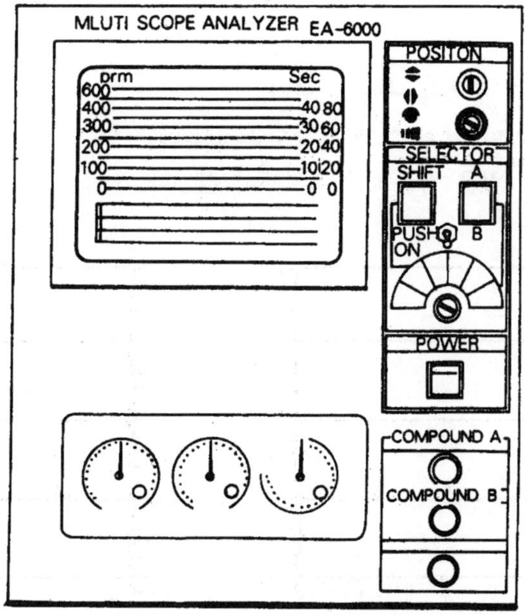

그림 12-5 스코프 부분 확대도

(1) 2차 직렬 파형의 관측

- 셀렉터를 2차 직렬(⊢⊢)로 한다.
- 수직위치 및 수평위치 손잡이를 돌려 기준선에 맞춘다.
- 50 KV눈금에서 2차 전압을 읽는다.

(2) 2차 병렬 파형의 관측

- 셀렉터를 2차 병렬(⊢)로 한다.
- 각각의 파형을 표준 파형과 분석한다.

(3) 2차 중복 파형 관측

- 셀렉터를 2차 중복( )으로 한다.
- 드웰 각은 해당 기통 수의 눈금으로 읽는다.
- 중복이 있는 것은 평균적인 위치에서 읽는다.

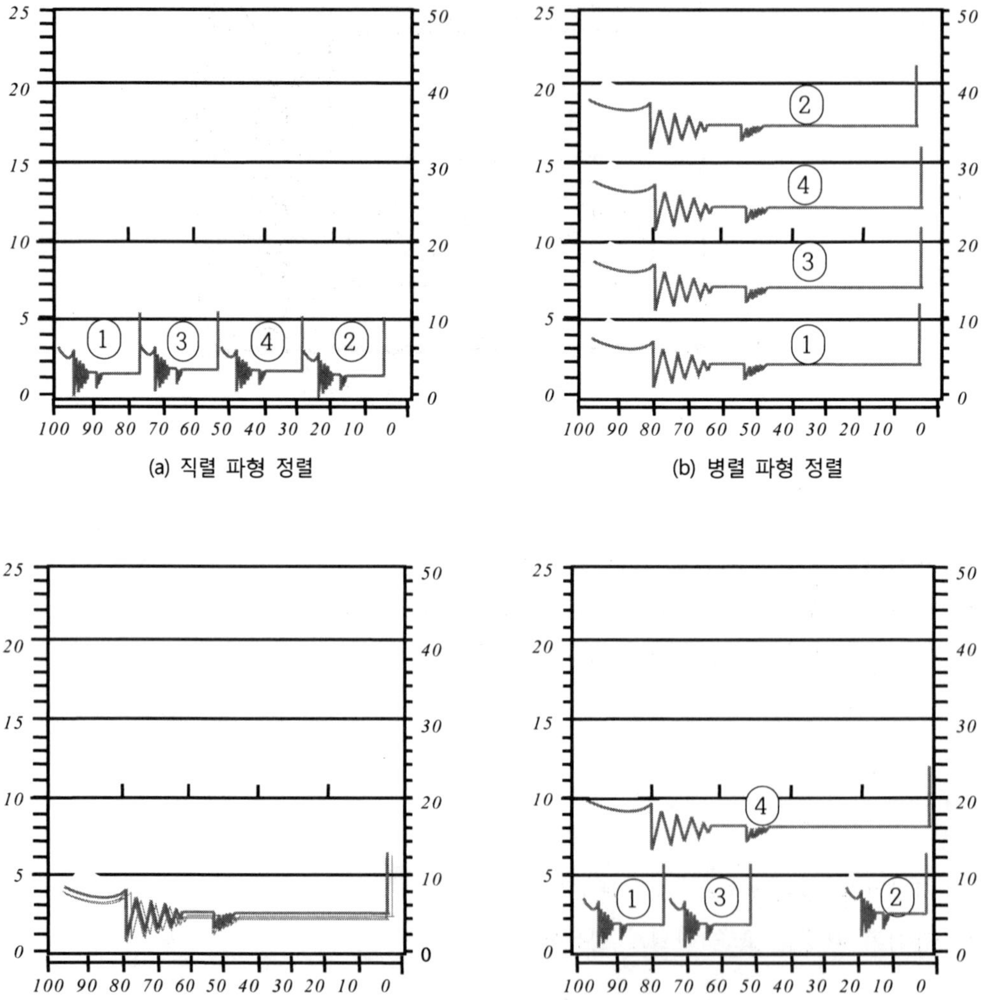

(a) 직렬 파형 정렬

(b) 병렬 파형 정렬

(c) 중첩 파형 정렬

(d) 특정 파형 크게 정렬

그림 12-6 파형의 여러가지 형태

(4) 1차 직렬 파형의 관측

- 셀렉터를 1차 직렬( )로 한다.
- Prim 500 V에서 Prim 1차 전압을 읽는다.

(5) 교류 발전기 파형의 관측

- 셀렉터를 발전기( )에 둔다.
- 수평 확대 손잡이를 확대 시켜 관측하고 만약 고장 파형의 출력시에는 축소시켜 관측하도록 한다.

(6) 인젝터 파형의 관측

- 셀렉터를 인젝터( )로한다.
- 시간눈금(10 ms)에서 분사 시간을 측정하고 inj 100 V눈금에서 코일의 역기전력을 측정한다.
- 인젝터의 극성 스위치는 차종에 따라 A 또는 B로 선택하여야 한다.

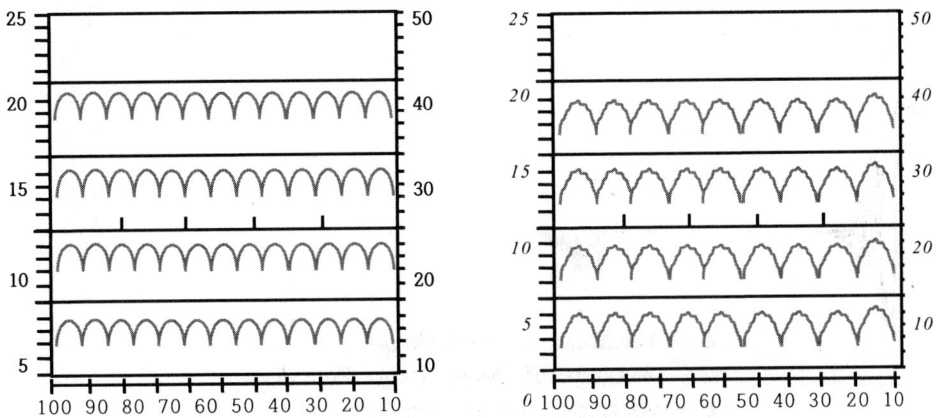

(a) 정상파형 (b) 쇼트 및 단선

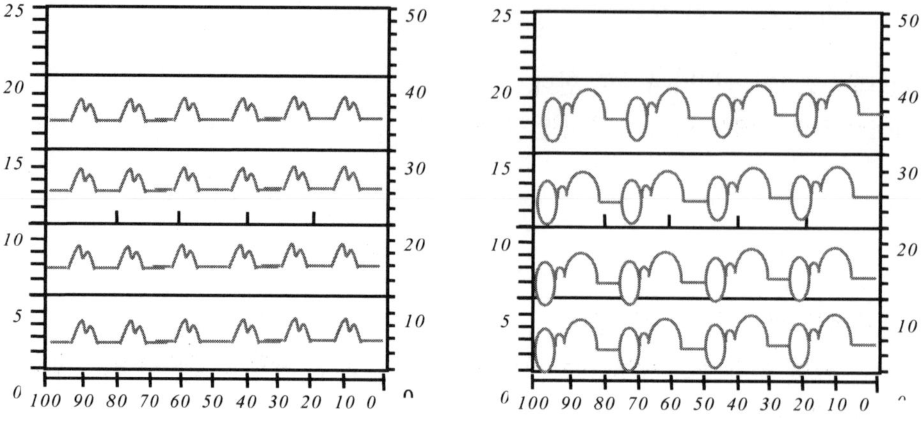

(c) 스테이터 코일 단선 (d) 다이오드 쇼트

그림 12-7 발전기 파형의 여러가지 형태

(7) SIG파형의 관측

- 셀렉터를 1차 직렬( )로하고 SIG스위치를 조작하면 SIG파형이 나타난다.
- 인젝터 100 V전압눈금을 1/10로(0-10V)하여 측정한다.
- 무접점 전자 포인트나 배전기에 터미널이 없는 엔진은 사용할 수 없다.

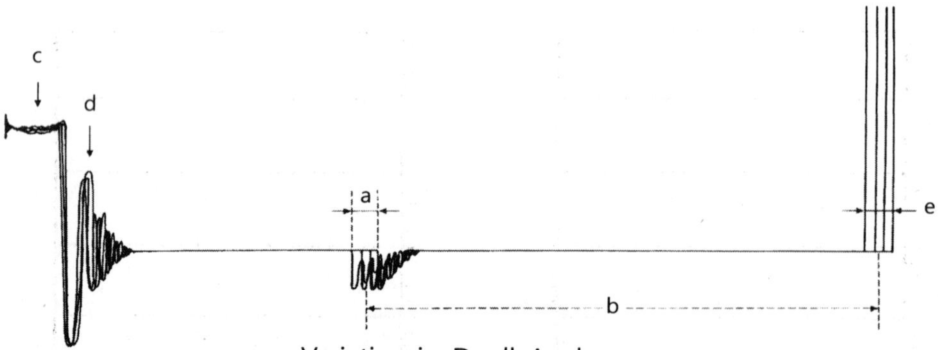

a -- Variation in Dwell Angle
b -- Average of Dwell Angle Period
c -- Variation of Sparking Line
d -- Variation in Damped Oscillation
e -- Variation in Ignition Timing

그림 12-8 점화 2차 파형의 중첩보기

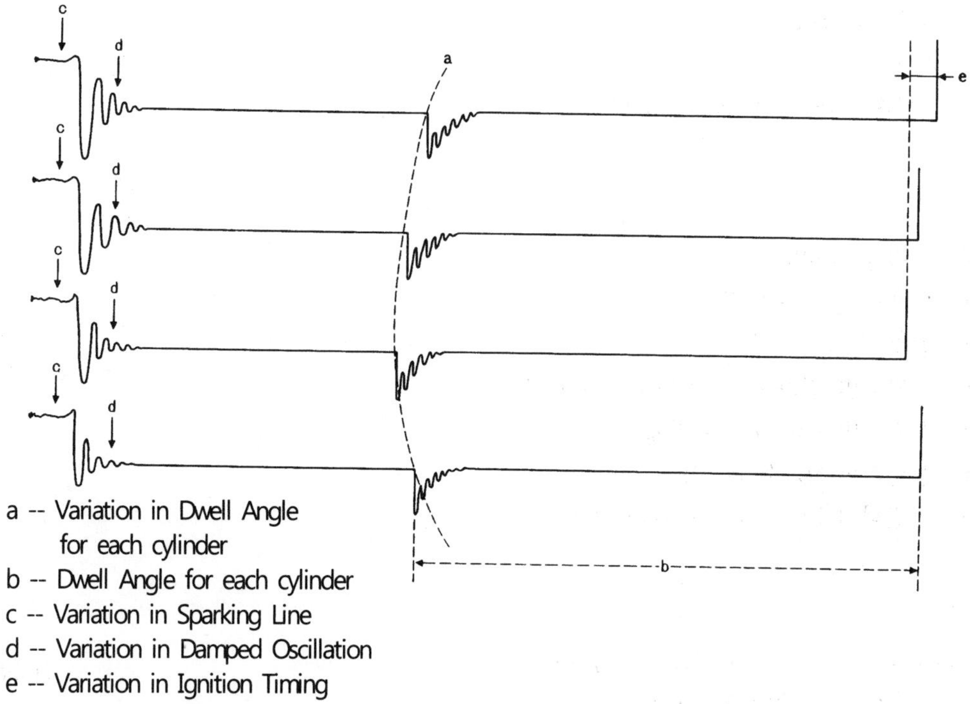

그림 12-9 점화 2차 파형의 병렬보기

12.7 파형분석

12.7.1 점화 1,2차 파형분석

(1) 1차 파형(Primary wave)

- point opening
- primary voltage
- primary coil oscillations
- coil-condenser oscillations
- sparking line

- point closed
- dwell
- breaker point closed angle

(2) 2차 파형(Secondary wave)

- 파의 mode변경
- 드웰각의 편차(병렬)
- 점화 시간의 편차
- 실린더별 점화전압(ignition voltage)
- 실린더별 sparking voltage
- 실린더별 sparking line
- 실린더별 breaker point closed angle

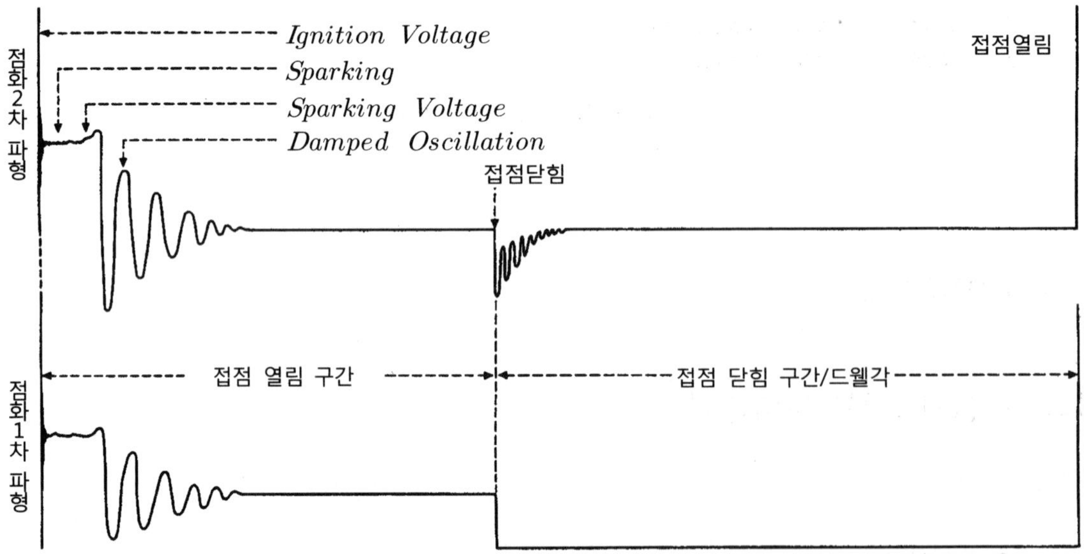

그림 12-10 점화코일 1차, 2차 파형

12.7.2 파형 각 부위 이상시 점검 항목

이상부위	체 크 항 목	비고
점화 전압	1) 점화 코일 2) 콘덴서 3) 접점 4) 배전기 캠,로터 5) 스파크 플러그 6) 점화 시간 7) 연료/공기의 혼합비	
스파크 라인 스파크 전압	1) 배전기 캠,로터 2) 스파크 플러그 3) 점화 시간 4) 연소와 연소 온도 5) 연료/공기의 혼합비	
댐핑 오실레이션	1) 점화 코일 2) 고압 코드 3) 콘덴서	
접점단힘점	1) 접점 2) 콘덴서 3) 배전기축, 커버	
안정 저항 점화 코일	1) 점화코일의 최대출력치 2) 누전 3) 배선 부실 4) 저항의 단선, 단락	
접 점 콘 덴 서	1) 캠-각 2) 접점의 상태 3) 배전기 축 4) 콘덴서의 상태/기능	
로터, 캡	1) 로터 2) 배전기 구성원의 상태 3) 배전기 캡	
고압코드	1) 고압코드의 파손 여부 2) 고압코드의 절연 상태	
점화플러그	1) 점화플러그 간극 2) 플러그의 절연상태 3) 플러그의 오염,단락상태	
발 전 기	1) 다이오드의 정류 상태 2) 연결선의 파손 3)로터,스테이터코일의 단락	
인 젝 터	1) 연료분사 시간 2) 밸브 완전 개폐 상태	

	이 상 부 위	체 크 항 목
1	캠각-52°	정상
2	캠각-40°	캠의 드웰각이 작다
3	캠각-60°	캠의 드웰각이 크다
4	드웰각 좌우파장 찌그러짐	접점의 마모, 손상
5	드웰각 중간의 찌그러짐	접점, 배전기 축의 흔들림
6	접점 닫힘점의 흔들림파형	브레이크 암 언덕의 마모/그리스 부족
7	점화전압의 찌그러짐 파형	안정저항의 단락/배선 부실
8	점화전압과 댐핑 파형의 찌그러짐	점화코일과 배전기 캡사이의 문제
9	점화전압,스파크전압 낮고 스파크 라인이 길다	스파크 플러그와 배전기 캡 사이의 문제
10	전체파형의 아래위가 바뀜	점화 코일의 +,- 연결 잘못
11	점화전압과 스파크 전압이 높다	안정 저항의 단락, 배선의 부실
12	점화전압이 높고 스파크 라인이 좁다	점화플러그와 배전기 캡사이 문제
13	점화전압이 댐핑아래 전압의 1/2 이상	점화코일 2차의 최대출력에 문제
14	댐핑 오실레이션이 크다	점화코일의 절연 불량
15	접점 열림파형의 찌그러짐	콘덴서의 접지 불량
16	댐핑 오실레이션이 작다	콘덴서의 불량
17	스파크 라인의 찌그러짐	인젝터의 불량/분사없음
18	점화전압이 높고 스파크 라인이 찌그러짐	흡기 다기관의 공기 유입의 제한
19	정상 파형	공기/연료 혼합비 적당
20	실린더별 점화전압의 큰차이	연료의 혼합비가 약함
21	낮은 점화전압	연료의 혼합비가 강함
22	드엘각의 큰 차이	배전기 캠 축의 닳아빠짐, 접점의 결함
23	점화 시간의 큰 차이	거버너 원판의 결함, 그리스의 부족

12.7.3 파형 각 부위 규정치

1차 점화전압	2차 점화전압	2차점화전압상/하길이비	2차전압의 댐핑	접점닫히는지점 댐핑
200-500V	20,000V이상	하단이 상단의 1/2	4-5개	2-3개
스파크라인	드웰각	드웰각의 차이		
1msec이상	54±2˚(4실린더)	3˚이내		

✔ 참고(사용방법 요약)

1. 각종 Lead의 연결:
   ① Power cable(R/B)
   ② No.1 cylinder sensor lead
   ③ Primary test lead(yellow)/Signal test lead(white)
   ④ Secondary test lead
   ⑤ Timing light unit
   ⑥ Current sensor lead
   ⑦ Injection test lead
2. Power on
3. Low/High range selector switch - ①low ②high 상태에서 calibration button으로 rpm과 cam angle meter의 눈금이 정 중앙에 오는지 test → no 옆구리에서 조정
4. Engine RPM 측정
5. CAM Angle 측정 ①Advance ②cam angle
6. Multimeter : range설정에 주의
   ① DC voltmeter ② AC voltmeter ③ Ammeter ④ Ohmmeter

7. 점화장치 종류별 동작원리와 구성원들 비교 분석

8. 1차/2차 전압의 발생원리와 구성원들과의 상관관계(E1,E2는 무엇과 관계)

9. Primary / Secondary Wave

▶Vertical position control : 파형의 상하 위치 이동

▶Horizontal expansion control : 파형의 좌우크기 확대

▶Horizontal position control : 파형의 좌우 이동

▶Primary volt.-SIG change over switch→ Primary에 고정

Wave pattern selector switch

① Prim.(Series) ② Sec (Series)

③ Sec (Superimpose) ④ Sec (parallel) ⑤ Alt.

⑥ Injector.

- Primary wave :
  point opening/ primary voltage / primary coil oscillations/ coil-condenser oscillations/ sparking line / point closed / dwell/ breaker point closed angle /
- Secondary wave :
  파의 mode변경 / 드웰각의 편차(병렬) / 점화 시간의 편차 / 실린더별 점화전압(ignition voltage) / 실린더별 sparking voltage / 실린더별 sparking line / 실린더별 breaker point closed angle /

실험결과 보고서[12]

- 실험내용 : **Multi Scope Analyzer(OKUDA:EA-6000)**
- 실험일자 : 년 월 일
- 실 험 자 : 조
- 제 출 일 : 월 일

□ 실험목적

다중관측분석기(Multi Scope Analyzer)를 통하여
1) 엔진rpm 2) 캠앵글 3) 진각정도 4) 점화1.2차 파형 분석
5) 발전기 출력파형 분석 6) 인젝터 파형 분석

번호	실 험 내 용	측정치	규정치	비 고
1	Multi Scope Analyzer 란			
2	Multi Scope Analyzer로 측정할 수 있는 엔진상태 종류			
3	7개의 Lead의 명칭과 각각 연결하기			
4	Calibration 하기			
5	RPM 1000/2000/3000일 때 Dwell Angle 측정			
6	RPM 1000/2000/3000일 때 점화시기 측정			
7	Timing Light Unit를 사용하여 점화시기 조정			
8	Cranking 할때 RPM은			
9	Cranking 할때 소모전류는			
10	Charging 될때 전압은			
11	특정부위의 저항 값 측정			
12	공전 시 Battery 전압은			
13	Ignition System에서 1차,2차 전압의 발생원리			

14	Wave 이동 스위치의 종류와 기능				
15	Wave pattern selector의 종류와 기능				
16	1차,2차 파형의 각부 명칭과 의미 알기				
17	2차파형 3번실린더	Ignition voltage			
18		Sparking line			
19		Sparking volt.			
20		Damped oscillation			
21		Break point open angle			
22		Break point closed angle (Dwell Angle)			
23		Break point open point			
24		Ignition Timing			
25	2차파형 실 린 더 별 차이	Variation in dwell angle			
26		Average of dwell angle period			
27		Variation in sparking line			
28		Variation in damped oscillation			
29		Variation in ignition timing			
30	Alternator 파형의 분석				
31	injector 파형의 분석				

1. 사용방법 요약설명

(1) 각종 Lead의 연결:

① Power cable(R/B) ② No.1 cylinder sensor lead

③ Primary test lead(yellow)/Signal test lead(white)

④ Secondary test lead ⑤ Timing light unit

⑥ Current sensor lead ⑦ Injection test lead

(2) 기기의 사용순서

2. Power on

3. Low/High range selector switch - ①low ②high 상태에서 calibration button으로 rpm과 cam angle meter의 눈금이 정 중앙에 오는지 test → no 옆구리에서 조정

4. Engine RPM 측정

5. CAM Angle 측정 ①Advance ②cam angle

6. Multimeter : range설정에 주의 ①DC voltmeter ②AC voltmeter ③Ammeter ④ Ohmmeter

7. 점화장치 종류별 동작원리와 구성원들 비교 분석

8. 1차/2차 전압의 발생원리와 구성원들과의 상관관계(E1,E2는 무엇과 관계)

5. Primary / Secondary Wave

- Vertical position control : 파형의 상하 위치 이동
- Horizontal expansion control : 파형의 좌우크기 확대
- Horizontal position control : 파형의 좌우 이동
- Primary volt.-SIG change over switch→ Primary에 고정

Wave pattern selector switch

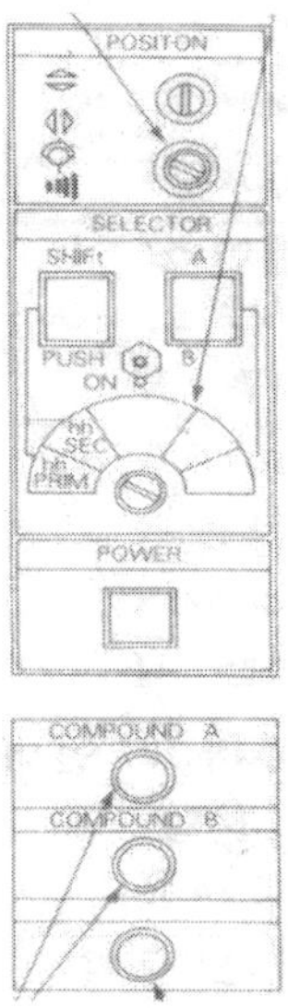

① Prim.(Series) ② Sec (Series)

③ Sec (Superimpose) ④ Sec (parallel) ⑤ Alt.

⑥ Injector.

• Primary wave :

point opening/ primary voltage / primary coil oscillations/ coil-condenser oscillations/ sparking line / point closed / dwell/ breaker point closed angle /

• Secondary wave :

파의 mode변경 / 드웰각의 편차(병렬) / 점화 시간의 편차 / 실린더별 점화전압(ignition voltage) / 실린더별 sparking voltage / 실린더별 sparking line / 실린더별 breaker point closed angle /

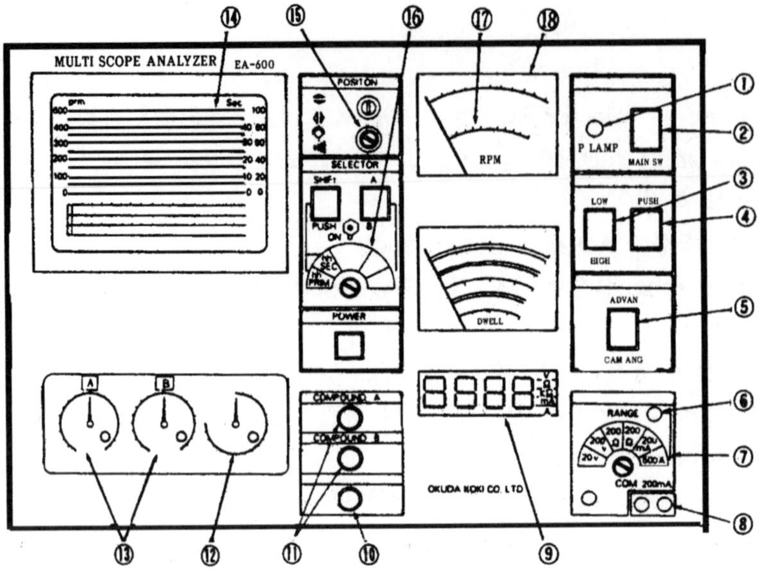

그림 12-11 시험기의 구조 및 명칭

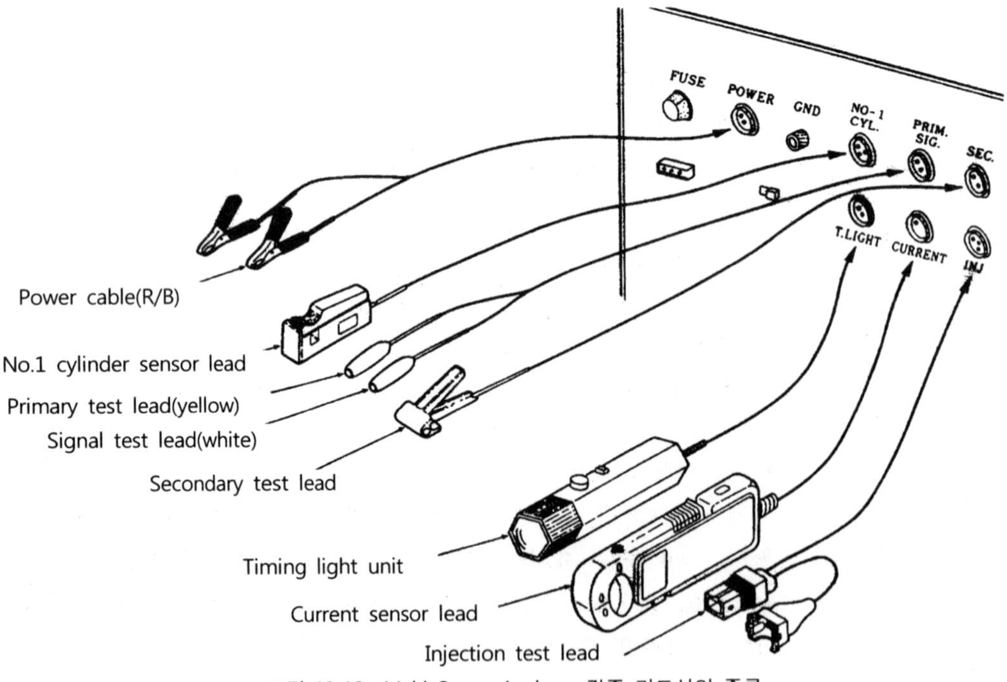

그림 12-12 Multi Scope Analyzer 각종 리드선의 종류

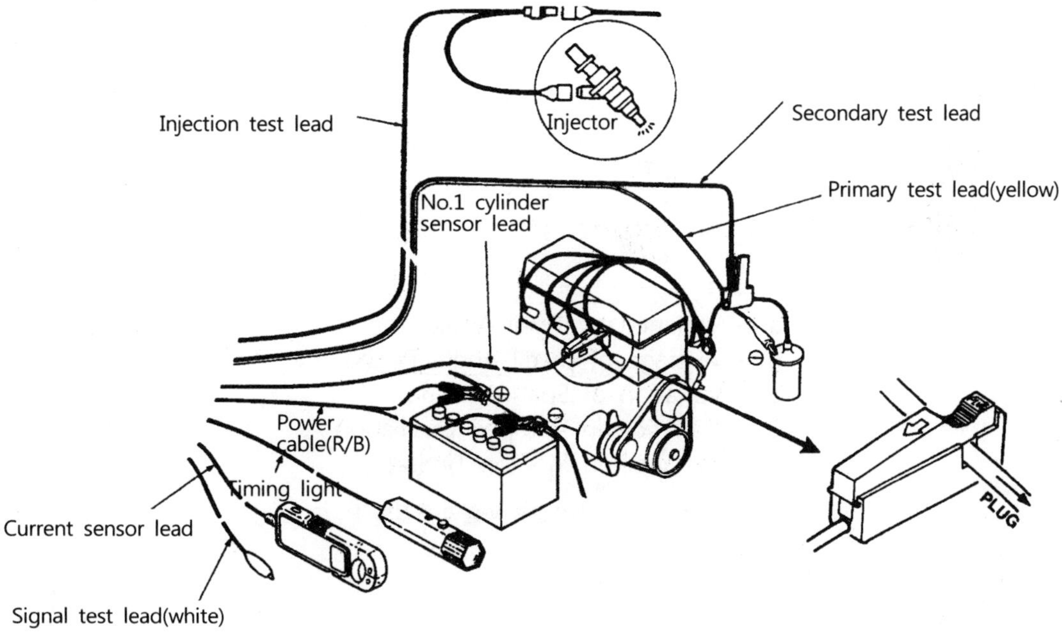

그림 12-13 Multi Scope Analyzer 각종 리드선의 연결부위

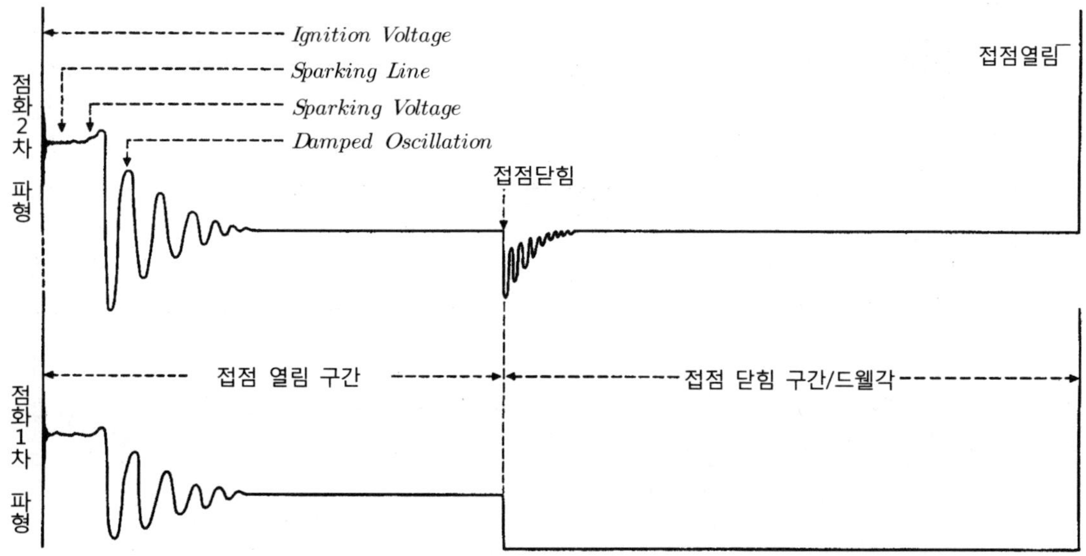

그림 12-14 점화 1차, 2차 파형의 부분별 구분

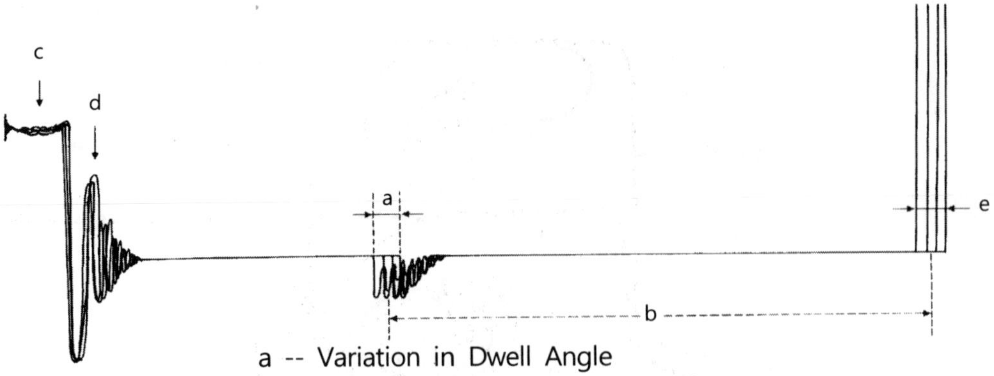

a -- Variation in Dwell Angle
b -- Average of Dwell Angle Period
c -- Variation of Sparking Line
d -- Variation in Damped Oscillation
e -- Variation in Ignition Timing

그림 12-15 점화 2차 파형의 중첩보기

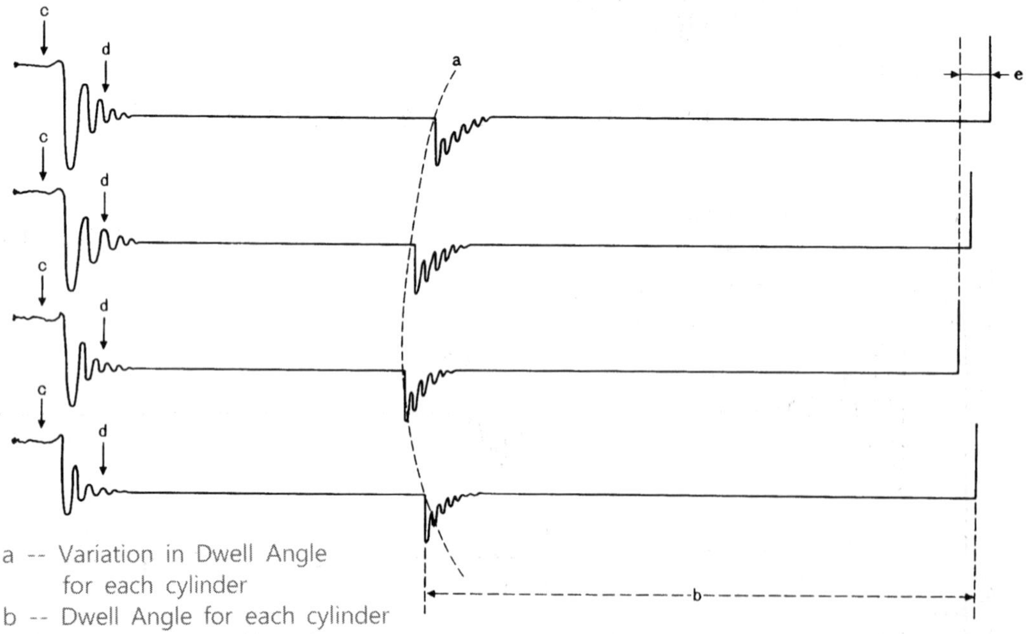

a -- Variation in Dwell Angle
for each cylinder
b -- Dwell Angle for each cylinder
c -- Variation in Sparking Line
d -- Variation in Damped Oscillation
e -- Variation in Ignition Timing

그림 12-16 점화 2차 파형의 병렬보기

■ 파형 각 부위의 규정치(정상치)

1차점화전압	2차 점화전압	2차점화전압상/하길이비	2차전압의 댐핑	접점닫히는지점 댐핑
200-500V	20,000V이상	하단이 상단의 1/2	4-5개	2-3개
스파크라인	드웰각	드웰각의 차이		
1msec이상	54±2`(4실린더)	3`이내		

13
CHAPTER

하이스캔 사용법

13.1 차종별 진단기능

I. 차종별진단기능, II. OBD-II 진단기능, III. 공구상자, IV. 실습(소나타)의 순서로 알아본다.

⇒ **실습목적 :** 하이스캔의 사용방법을 익히고 차종별 자기진단, 센서출력, 주행검사, 액츄에이터검사, 센서출력 & 시뮬레이션, 고장시 센서값 등을 알아본다.

⇒ **기계기구 :** 하이스캔, 엔진시뮬레이터, 축전지, 기본 공구세트

⇒ **예비지식 :** 하이스캔의 각종단자의 기능 및 사용방법을 매뉴얼 등을 통하여 충분히 숙지하도록 한다.

(1) 차종별진단기능

1) 현대자동차
① 자기진단
② 센서출력
③ 주행검사
④ 액츄에이터 검사
⑤ 센서출력 & 시뮬레이션
⑥ 크래쉬 화일
⑦ 고장시 센서값

2) GM대우자동차
① 자기진단
② 센서출력
③ 주행검사
④ 액츄에이터 검사
⑤ 센서출력 & 시뮬레이션
⑥ 피드백검사
⑦ 장치확인

3) 기아자동차
   ① 자기진단
   ② 센서출력
   ③ 주행검사
   ④ 액츄에이터 검사
   ⑤ 센서출력 & 시뮬레이션
   ⑥ 듀티 검사
   ⑦ 모니터기능

(2) CARB OBD-II 진단기능

1) Readiness Test
2) Current Data
3) Diagnostic Trouble Codes
4) Freeze Frame Data
5) Expanded Diag. Protocol
6) O_2 Test Results
7) Monitoring Test Results
8) Combination Display

(3) 주행 데이터 검색 기능

(4) 공구상사

1) 오실로스코프
2) 액츄에이터 구동시험
3) 멜티메터 & 시뮬레이터

(5) 하이스캔 사용환경

1) 시스템 환경
2) 시스템 설정
3) 주변기기 설정
5) 시스템 테스트

(6) 응용진단기능

13.2 자기진단

(1) 현대자동차

1) 자기진단 2) 센서출력 3) 주행검사 4) 액츄에이터 검사
5) 센서출력 & 시뮬레이션 6) 크래쉬 파일 7) 고장시 센서값

[그림 13-1]의 화면은 하이스캔 ON Key를 선택하였을 때 나타나는 화면이다. 계속적으로 Enter Key를 선택하였을 시 [그림 13-2]와 같은 화면이 나온다. 만약 화면이 흐리거나 어둡게 나오면 하이스캔 좌측 측면에 있는 화면조정 레버를 조절한다.

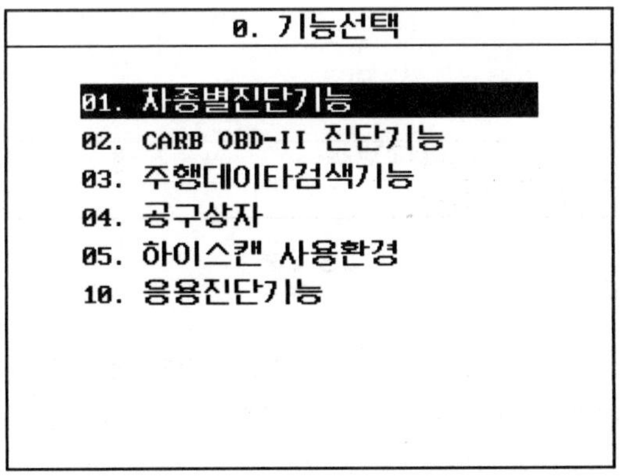

그림 13-1

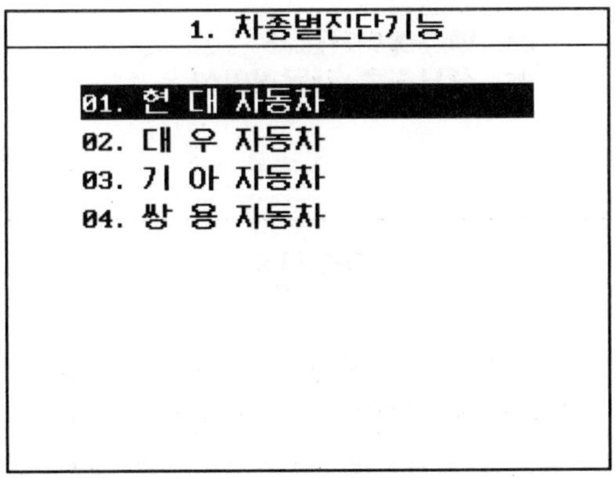

그림 13-2

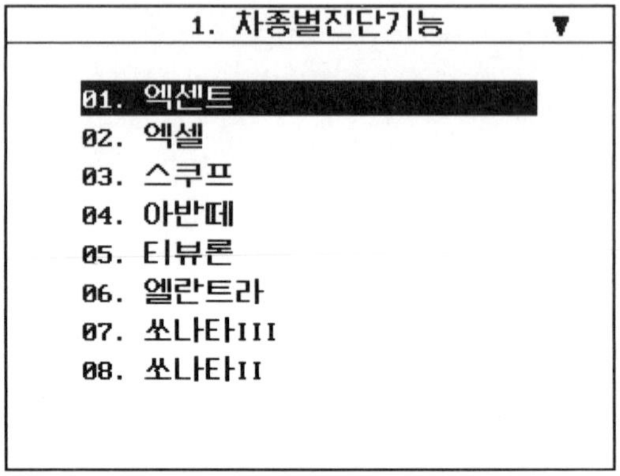

그림 13-3

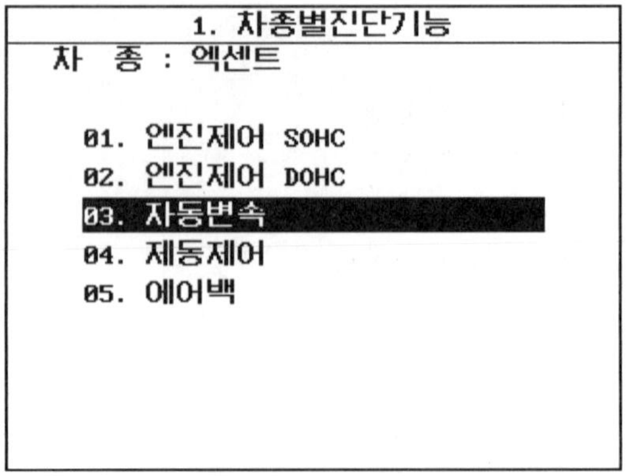

그림 13-4

자동차 메이커를 선택하시고 Enter Key를 누르시면 [그림 13-3]과 같이 차종 선택을 할 수 있는 화면이 나온다.

△▽ 방향키로 차종 선택후 Enter Key를 누르면 [그림 13-4] 화면이 나온다.

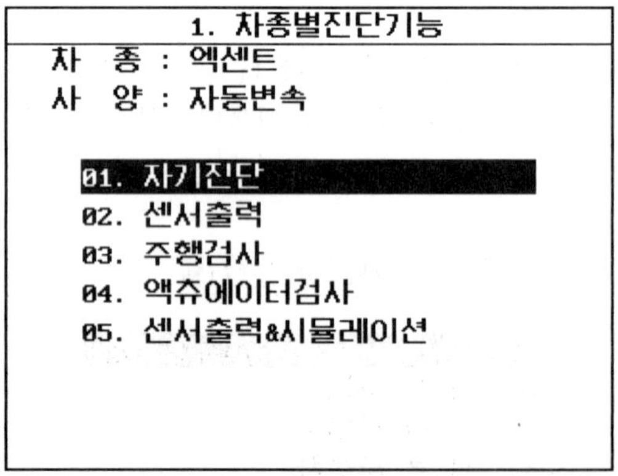

그림 13-5

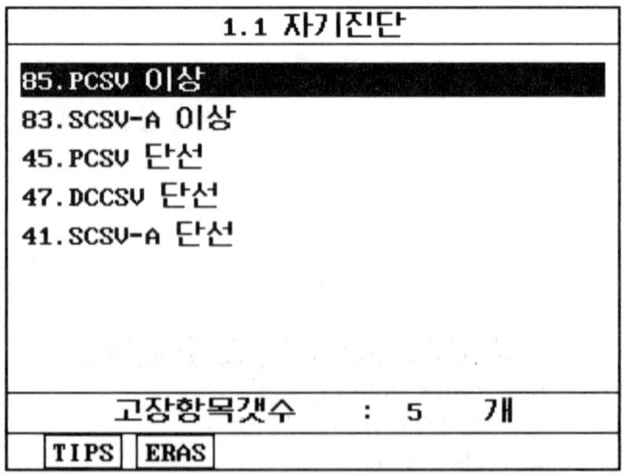

그림 13-6

원하는 시스템을 설정하시고 Enter Key를 누르시면 [그림 13-5] 화면이 나온다. 현재까지는 엑센트의 자동변속 시스템을 자기진단 할 수 있는 과정이다. 여기서 Enter Key를 누르시면 [그림 13-6]과 같은 고장코드를 볼 수 있다.

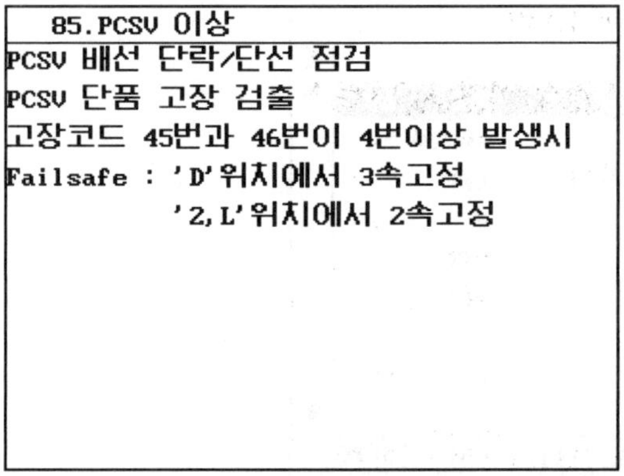

그림 13-7

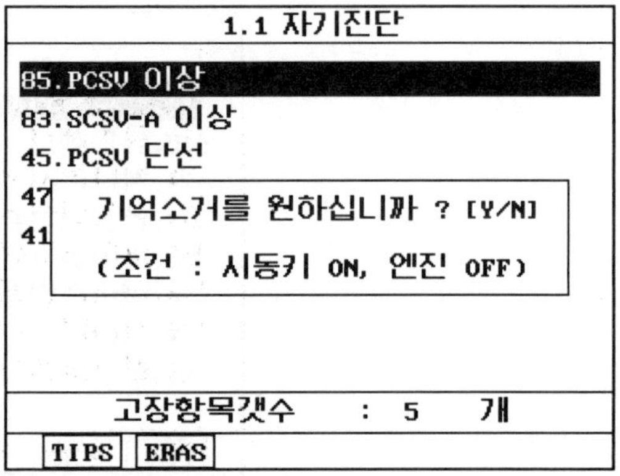

그림 13-8

[그림 13-6]에서 TIPS (F1) Key를 누르면 커서가 위치된 고장코드의 정비지침을 보실 수 있으며 [그림 13-7] EARS (F2) Key를 누르면 "기억소거를 원하십니까?" 라는 메시지가 나오며 이때 [그림 13-8]에 Yes Key를 누르면 기억소거가 완료된다.

※ 기존 엔진쪽 센서도 마찮가지지만 Air Bag, ABS의 고장코드 기억소거는 고장난 센서를 수리해야만 기억이 소거된다.

13.3 센서출력

[그림 13-1~그림 13-5]까지의 과정을 동일하게 선택하시고 "O_2 센서출력"을 선택하시면 [그림 13-9]와 같은 화면이 나오며 총 8개 항목의 데이터 값을 보실 수 있다.

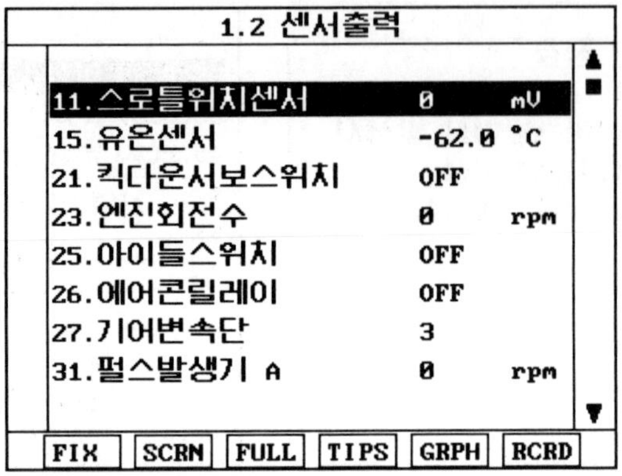

그림 13-9

[그림 13-10]은 FIX (F1) Key에 대한 설명이며 FIX Key의 기능은 원하는 항목을 화면 상단에 고정시킬 수 있으며, 센서의 데이터 값을 그래프로 볼 때 데이터를 설정해 주어야 하며, 주행 검사할 데이터를 선택할 때 필요하다.

[그림 13-10]는 센서출력에서 원하는 항목을 화면 상단에 고정시키는 과정이다.

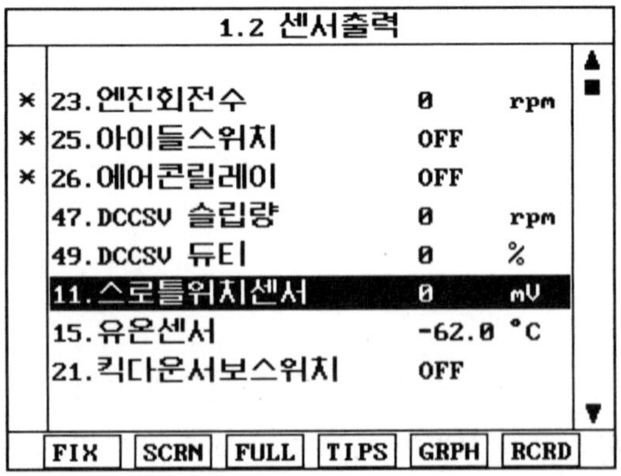

그림 13-10

[그림 13-11]은 SCRN (F2) Key데 대한 설명이며 SCRN Key를 한번 눌렀을 시 항목을 4개로 줄일 수 있으며 또 한번 눌렀을 시 [그림 13-12]처럼 2개의 항목을 볼 수 있다.

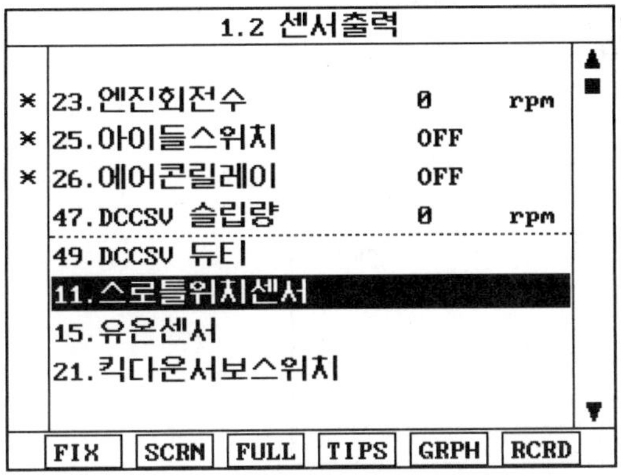

그림 13-11

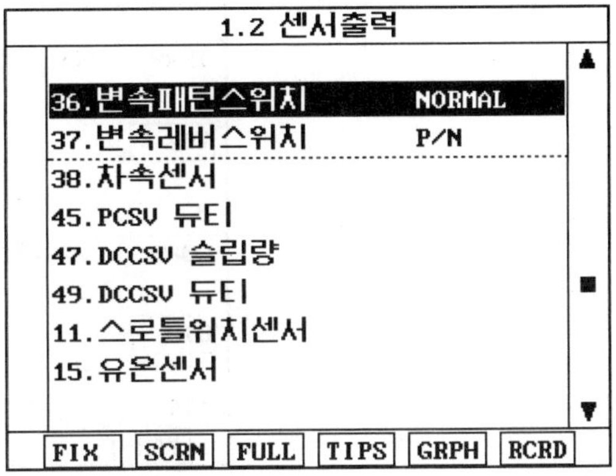

그림 13-12

이처럼 데이터 항목 수를 조절하면서 직렬 통신을 하는 스캐너의 데이터 변화 속도를 빠르게 할 수 있다.

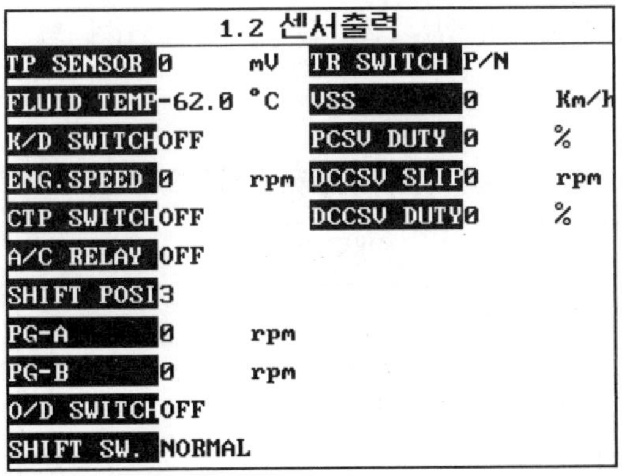

그림 13-13

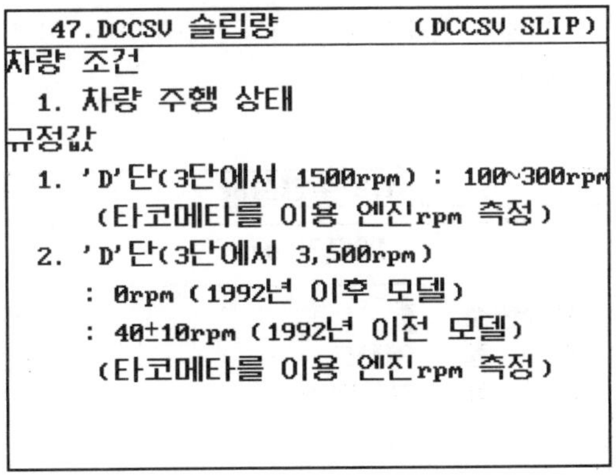

그림 13-14

[그림 13-13]은 FULL (F3) Key에 대한 총 항목 수를 22개까지 볼 수 있다. 물론 이 경우는 데이터 변화속도가 느리다는 단점이 있겠지만 데이터가 변화하는 값은 한눈에 볼 수 있다는 장점도 있다.

[그림 13-14]는 TIPS (F4) Key에 대한 설명이며 데이터 값의 규정값을 표시하여 준다.

이 기능을 선택하기 위해선 규정값을 보고자하는 데이터(항목)에 커서를 위치시키고 F4 KEY를 누르면 된다.

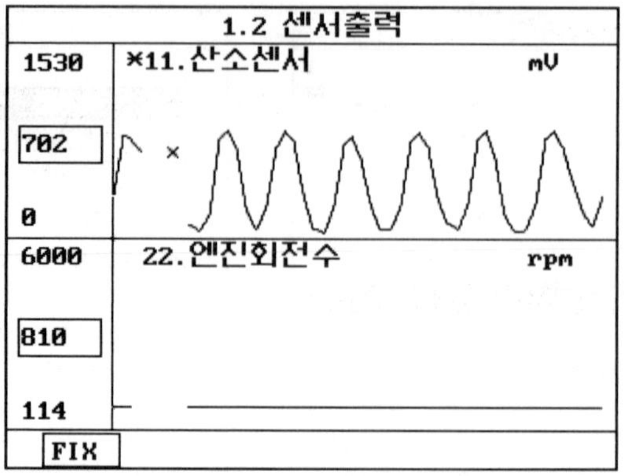

그림 13-15

[그림 13-15]는 FIX (F1) Key로 선택된 데이터를 GRAPH (F5) 기능을 이용하여 빠르게 변화하는 데이터 값을 그래픽으로 보는 기능이다.

순간적으로 낮아지거나 높아지는 센서의 값을 쉽게 확인할 수 있다. 특히 산소센서와 TPS를 그래픽기능으로 설정하면 오실로스코로 볼 수 있는 급가속 시험을 손쉽게 할 수 있다.

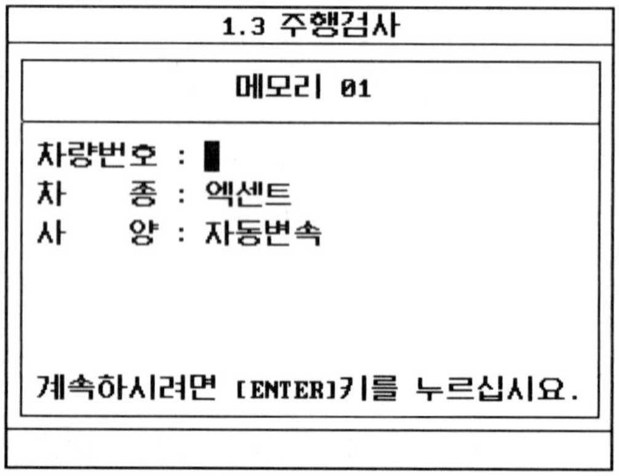

그림 13-16

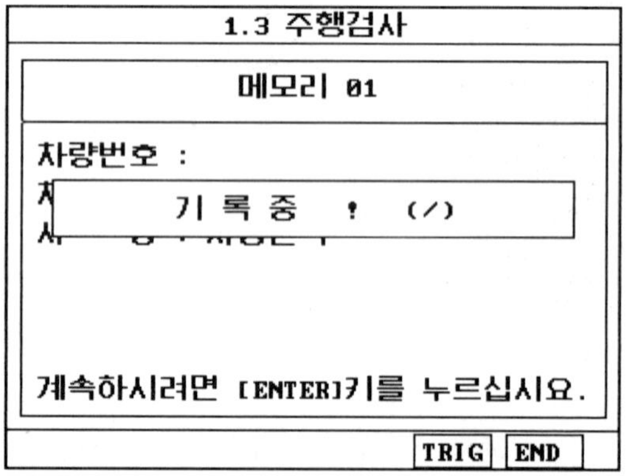

그림 13-17

FIX (F1) Key로 주행 검사할 데이터를 선택 후 RCRD (F6) Key를 누르면 [그림 13-16]과 같은 화면이 나온다. 차량번호 입력 후 Enter Key를 누르면 [그림 13-17]처럼 데이터가 기록이 되며 화면하단에 TRIG와 END가 보이다.

TRIG은 주행중에 발생하는 차량의 부조를 쉽게 찾아내기 위한 목적으로 만들어 졌으며 사용방법으로는 하이스캔으로 주행검사를 실시하면서 주행중 차량에서 차주가 얘기하는 고장이 발생했을 때 TRIG KEY를 누르면 하이스캔에서는 그 시점을 기억한다. 만약 TRIG KEY를 이후에 한번 더 누른다면 그전에 기억되어 있던 TRIG시점은 지워지고 마지막에 누른 TRIG 시점을 하이스캔에서는 기억을 한다.

END KEY를 눌러 기록을 종료시키고 저장된 데이터를 확인할 때 [그림 13-19] 처럼 항상 TRIG를 누른시점의 데이터를 먼저 찾아들어 간다.

HOME는 TRIG를 누른 시점을 의미하는 것이고 방향키 ◁ ▷ 를 눌렀을 때 T-1, T-2..., T+1, T+2... 로 TRIG를 누른 시점에서 얼마만큼 이동했다고 표시가 된다.

[그림 13-18]은 저장된 데이터 값을 LIST로 보는 기능이며, [그림 13-19]는 저장된 데이터 값을 GRAPH로 보는 기능이다.

TRIG Key는 주행검사중 차량의 상태변화 시점을 표시해 주는 기능이고 END는 주행검사를 종료하는 기능이다.

[그림 13-19]에서 세로축으로 나와 있는 실선은 TRIG Key를 누른 시점이 되며 HOME를 눌렀을 때 실선은 TRIG Key를 누를 시점으로 되돌아간다.

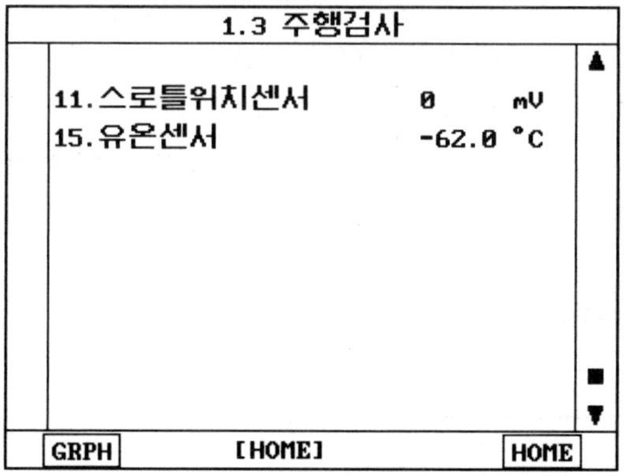

그림 13-18

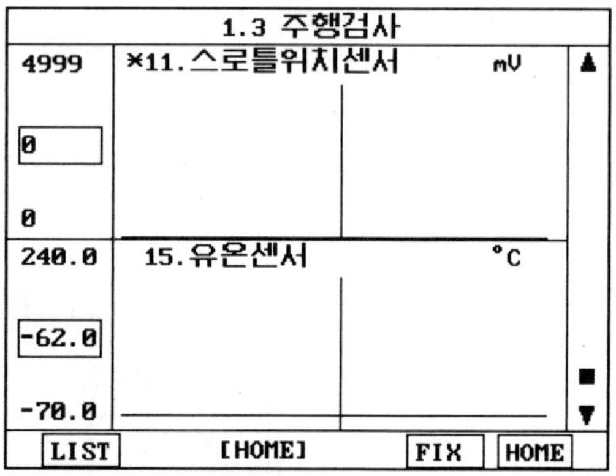

그림 13-19

13.4 액츄에이터 검사

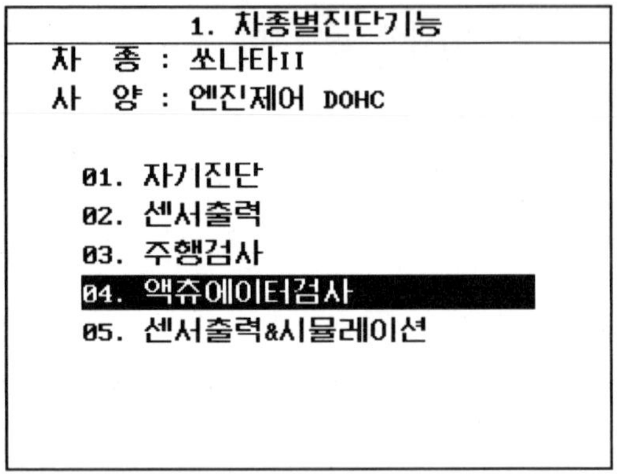

그림 13-21

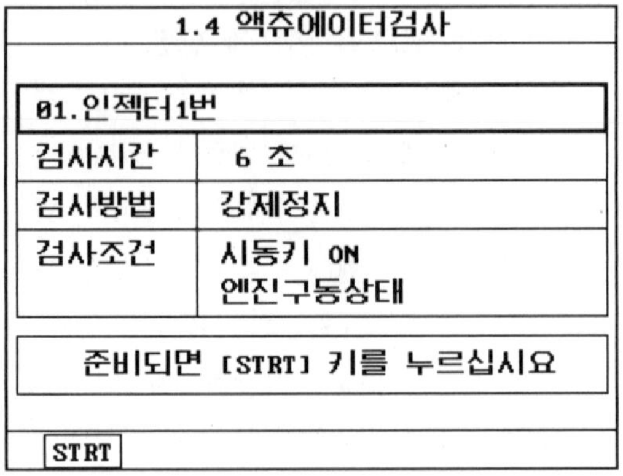

그림 13-22

액츄에이터 검사는 ECU에서 제어하는 액츄에이터 차량과 통신을 하면서 "강제구동" 또는 "강제정지"를 시키면서 액츄에이터의 단품검사와 차량을 검사할 수 있는 기능을 수행한다. [그림 13-21]은 소나타II 엔진제어 DOHC까지 통신한 모드이며, 여기서 "Enter"키를 누르시면 [그림 13-22]와 같이 액츄에이터를 구동 할 수 있는 화면으로 들어간다. 이 기능으로 특정 실린더들의 작동을 중지시키면서 이를 상호 비교해 실린더 내부 문제를 파악 할 수 있다. 예를 들어 순서대로 인젝터를 "강제정지" 시켰을 때 인젝터 불량으로 분사각도 또는 분사량이 문제되는 실린더에서는 다른 실린더에 비해서 차량이 심하게 부조하는 현상은 발생되지 않는다.

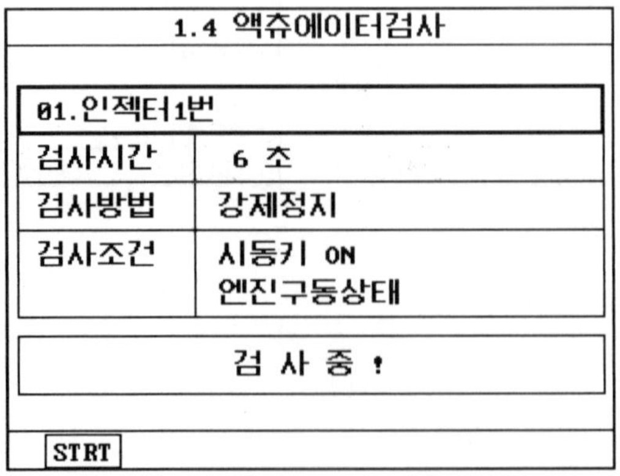

그림 13-23

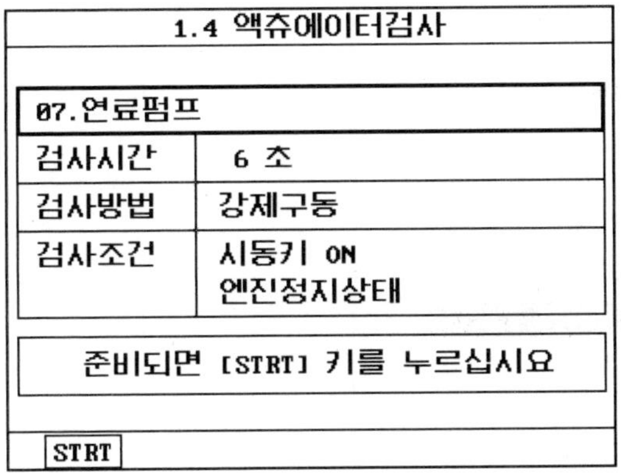

그림 13-24

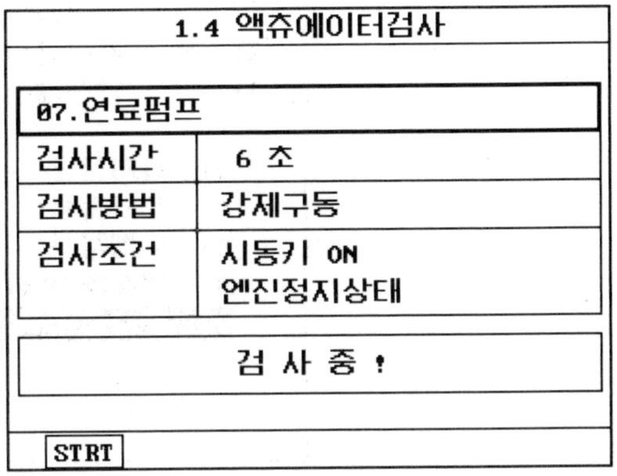

그림 13-25

[그림 13-23] STRT (F1) 키를 눌렀을 시 작동되는 화면이며 이때 검사 항목은 좌우 방향키로 바꿀 수 있다. ECU에 따라서 검사항목과 검사조건이 바뀔 수 있다.

[그림 13-24]와 [그림 13-25]는 연료 펌프를 "강제구동"시키는 모드이며 검사 조건에서 인젝터 검사 때와는 달리 엔진 정지 상태에서 동작이 가능하다.

이 모드는 연료 펌프를 "강제구동" 하면서 연료 압력을 체크 할 수도 있고 아침에 시동이 잘 걸리지 않는 차도 연료 펌프를 작동시켜 연료라인의 압력을 체크 할 수 있다.

13.5 센서출력 & 시뮬레이션

[그림 13-26] 차종별 진단기능의 소나타II 엔진제어 DOHC에서 센서출력 & 시뮬레이션 기능을 선택하는 모드이다.

이 기능을 설명하기 전에 기능키에 대해서 먼저 설명한다. 먼저 METER는 전압(Volt)과 주파수(FREQ), 듀티(DUTY)를 측정 할 수 있는 모드를 들어가게 하는 키이며, 이때 입력되는 값은 채널 A,B로 받으며 클리어(CLR)는 화면 하단에 있는 MAX, MIN 값을 초기화해 준다.

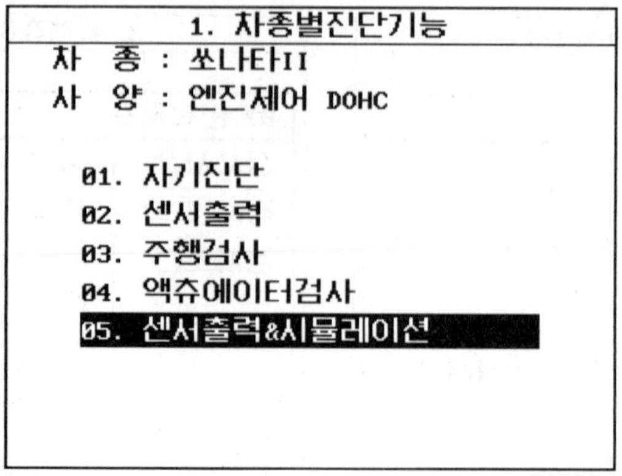

그림 13-26

[그림 13-27]은 스로틀 위치 센서를 통신을 통한 센서출력 값과 스코프 케이블을 이용 센서 출력 단자에서 직접 전압을 측정한 화면이다. ECU까지 들어가는 배선과 ECU에서 그 신호 값을 읽어 다시 하이스캔으로 출력되는 과정에서 0.05V의 차이를 보이고 있다.

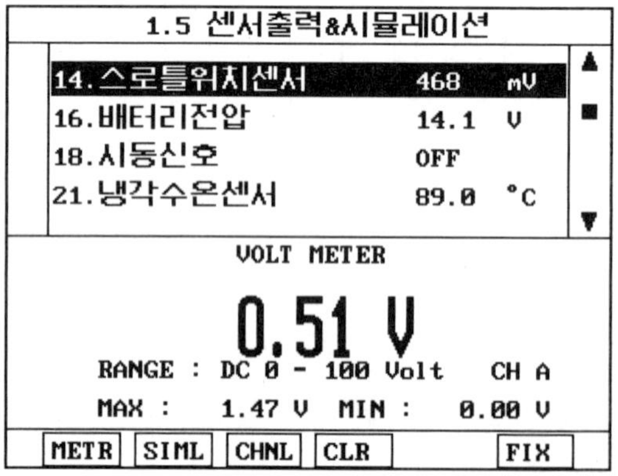

그림 13-27

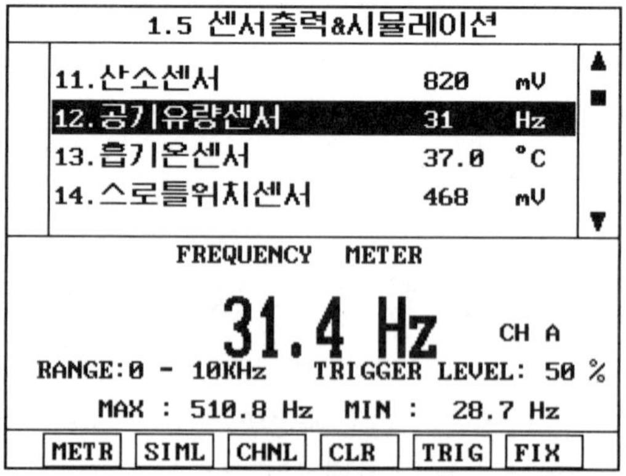

그림 13-28

[그림 13-28]도 [그림 13-27]과 동일하게 공기 유량센서를 점검한 화면이다. 시뮬레이션(SLML) 기능은 메터(METER) 기능과는 달리 센서출력 값을 측정하는 것이 아니고 하이스캔에서 센서출력 라인에 전압 또는 주파수를 출력한다.

그러나 이 기능도 하이스캔에서 ECU로 전압을 출력하고 ECU에서 내보내는 센서출력

값을 다시 하이스캔에서 측정하는 것이기 때문에 결과적으로는 METER 기능과 동일하게 센서 출력 라인의 배선과 ECU를 점검하는 기능을 수행한다.

METR와 SIML 기능의 측정 결과는 동일하게 얻을 수 있지만 측정 방법을 다양하게 하여 효과적인 정비를 할 수 있도록 만든 기능이다.

13.6 자기진단

II. CARB OBD-II 진단기능

(1) Readiness Test

(2) Current Data

(3) Diagnostic Trouble Codes

(4) Freeze Frame Data

(5) Expanded Diag. Protocol

(6) O_2 Test Results

(7) Monitoring Test Results

(8) Combination Display

우선 OBD-II 기능에 대해서 설명을 드리기 전에 OBD-I과 OBD-II에 대해서 정확히 집고자한다.

OBD-I는 기존 국내에서 생산되는 자동차 시스템에 적용이 되며 메이커 차량 별로 시스템이 상이하며 자기진단 할 수 있는 통신 컨넥터와 통신 규정이 서로 틀린 것을 알 수 있다.

참고로 OBD(On Board Diagnostic)란 쉽게 엔진 경고등을 의미한다.

OBD-II는 미국 자동차 공업협회에서 미국 내에 운영되는 자동차의 배기가스 문제를 해결하고 정비편의를 도모하고자 통신컨넥터와 통신규정을 통일 시켰습니다. 이를 J-1850 이라고 한다.

또한 이 시점에 유럽지역에서는 ISO9141-2 규정이 만들어졌기 때문에 결국 OBD-II 에는 J-1850 사양과 ISO9141-2 사양 두 가지가 있게 된다. 참고로 현재 하이스캔에서 통신할 수 있는 사양은 ISO9141-2이고 J-1850은 98년 3월 이후에 지원해 드릴 예정이다. OBD-II의 특징은 통신 컨넥터가 규정되어 있기 때문에 하이스캔의 DLC16핀 케이블로 차량통신이 가능하다.

차량의 통신 컨넥터는 똑같지만 통신규정(J-1850, ISO9141-2)에서 약간의 차이가 있다. 또, 전원이 차량의 통신 컨넥터에서 지원되기 때문에 별도의 전원 공급이 필요가 없습니다. 단, OBD-II의 단점이라면 배기 관련 데이터에 대해서만 센서 출력이 가능하다는 것이다.

[그림 13-31]은 CARB OBD-II 진단 기능이 선택된 경우이고 하이스캔은 OBD-II 기능이 지원되는 차에 대하여 통신 접속시도를 자동으로 한다. 만약 통신접속시 자동차에서 어떠한 응답이 없으면 다음과 같은 에러 메시지를 화면에 출력한다. "RETRY I TIMES"

[그림 13-32]는 통신 접속이 되면 OBD-II에서 지원 가능한 황목들을 화면에 표출하여 준다.

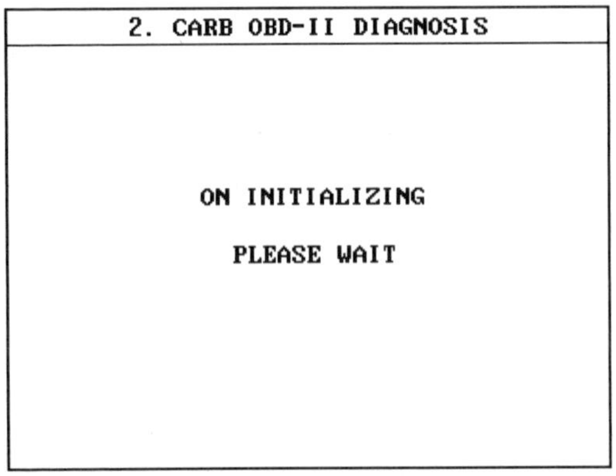

그림 13-31

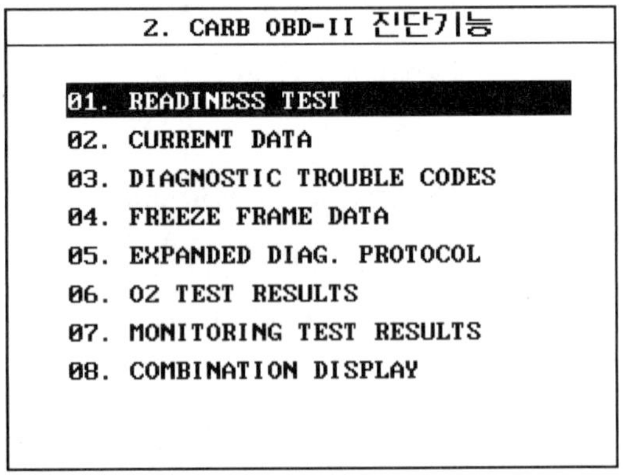

그림 13-32

[그림 13-33]은 차량에 있는 한 개 이상의 모듈들이 지원하는 READINESS(준비) TEST들의 종류와 완료 상태(SUPPORTED, NOT APPLIC)에 대해서 표시하고 고장코드(DTC)의 개수와 MIL(Malfunction Indicator right)의 상태를 알려준다.

[그림 13-34] CURRENT DATA는 OBD-I의 센서출력과 같은 기능이다.

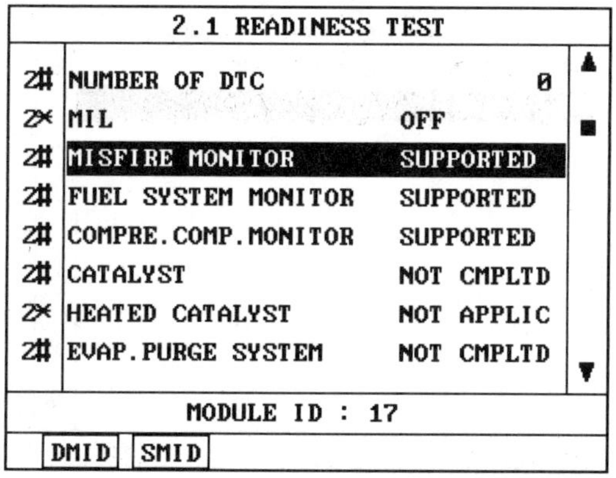

그림 13-33

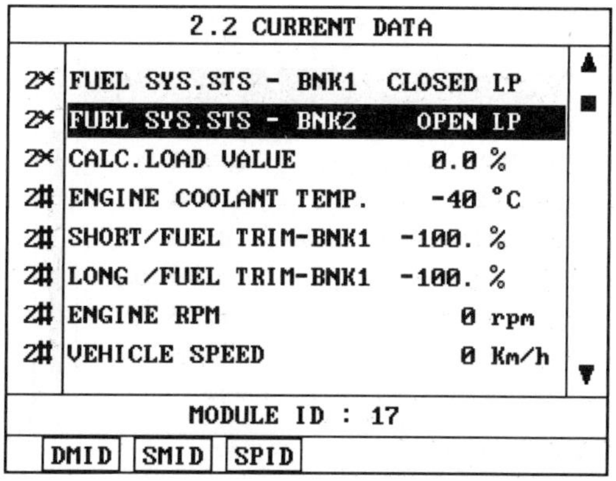

그림 13-34

[그림 13-35] ECU에 저장되어 있는 고장 코드를 표시하는 기능으로 OBD-I의 자기진단과 같은 기능이다.

[그림 13-36]은 첫 번째 고장을 감지한 시점에서 그 모듈(MODULE ID:17) 저장해 놓은 데이터 값을 표시한다. OBD-I의 고장시 센서값과 같은 기능이다.

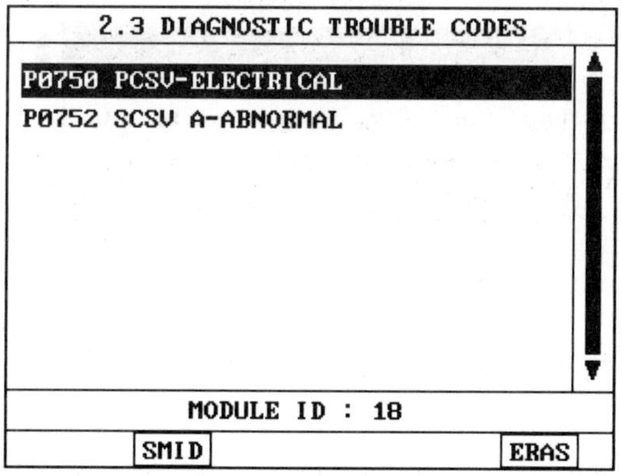

그림 13-35

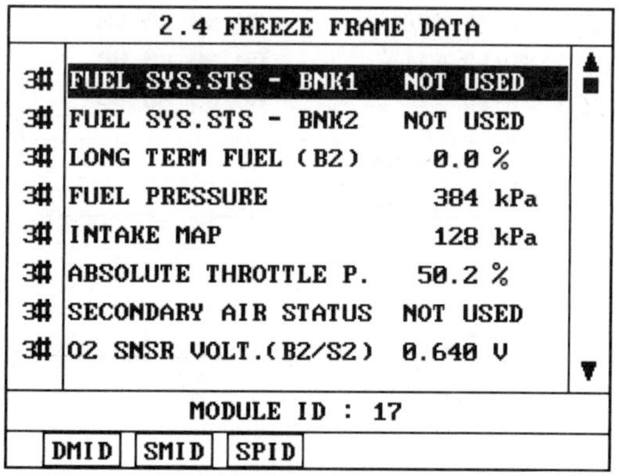

그림 13-36

[그림 13-37]의 EXPANDED DIAG, PROTOCOL은 자동차 제조 회사의 정의에 의하여 임의의 통신 방식으로 통신 시도가 가능하도록 되어 있는 기능이므로 일반 소비자 분들께서는 이 기능을 사용하지 않으셔도 된다.

[그림 13-38]은 OBD-II 법규에서 요구되는 자동차의 산소센서와 관련된 항목들의 테스트 결과를 얻어 화면에 표시한다.

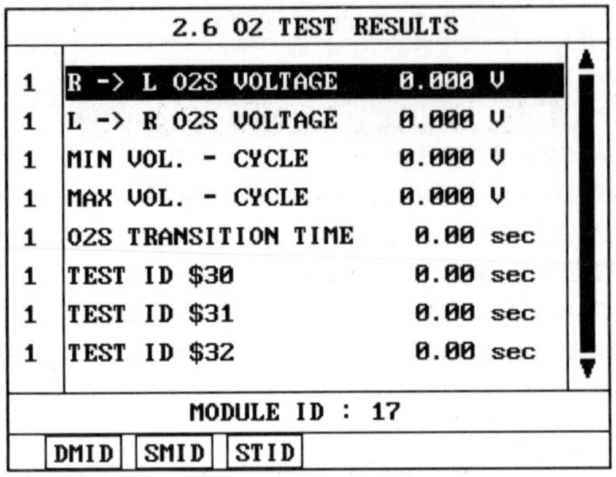

그림 13-37

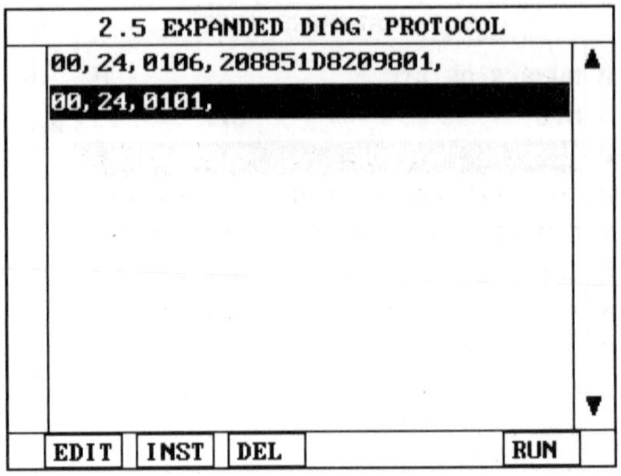

그림 13-38

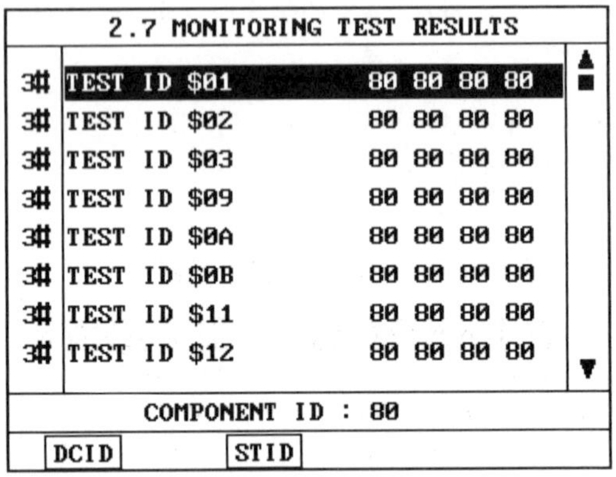

그림 13-39

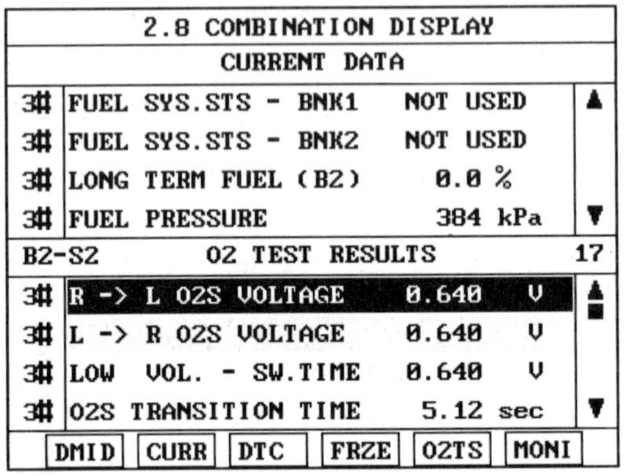

그림 13-40

[그림 13-39]는 하이스캔은 차량이 정상적으로 동작하는 동안 수행되는 모니터링 시험들의 결과를 표시한다.

[그림 13-40]은 앞에서 설명 드린 여러 가지 기능을 한 화면에 두 가지씩 표시하는 기능이다.

13.7 공구상자

하이스캔의 공구상자 안에는 오실로스코프 기능과 액츄에이터 구동시험, 멀티메터 & 시뮬레이터 기능이 있다. 이 중 멀티메터 & 시뮬레이터 기능은 "차종별 진단기능"의 센서출력 & 시뮬레이션 기능과 동일하므로 본 단원에서는 설명을 하지 않는다.

사용설명을 하기 전에 오실로스코프 기능과 액츄에이터 구동시험을 왜 하이스캔에서 지원하는지를 설명한다.

먼저 오실로스코프 기능은 센서들이 차량에 부착된 상태에서 출력되는 파형을 점검하면서 센서자체 불량인지? 배선불량인지? 기계적 결함 여부를 판단 할 수 있다. 만약 부조하는 자동차가 있다고 가정을 하면, 먼저 자기 진단을 시행하는 것이 상식이다. 하지만 자동차의 모든 고장이 자기진단 상에 나타나지는 않는다. 차주가 느끼는 고장들을 전부 ECU에서 인식을 하고 엔진 체크등을 띄어 준다면 아마 하이스캔은 나오지도 않았고 일반 자기진단 할 수 있는 스캐너만 있으면 모든 정비가 가능했을 것이다. 이러한 자기진단 상의 문제점과 ECU에서 내보내 주는 센서출력만으로는 정비가 불가능하기에 "오실로스코프 기능"이 있는 것이다.

"파형을 보아도 도무지 모르겠어!" 하고 자신은 비하하시는 분들이 계신는데 상대적으로 파형은 센서의 원리와 몇 V의 전압이 출력되는지? 그리고 V=IR 이라는 전기적 상식만 가지고 계시면 얼마든지 정복이 가능하며 자동차의 난해한 고장도 잡을 수 있는 기본이 되는 것이다.

"액츄에이터 구동시험"은 ECU에서 어스 제어하는 액츄에이터들을 하이스캔에서 대신 어스제어를 하면서 액츄에이터들의 단품 점검이 가능하다.

(1)오실로스코프 기능

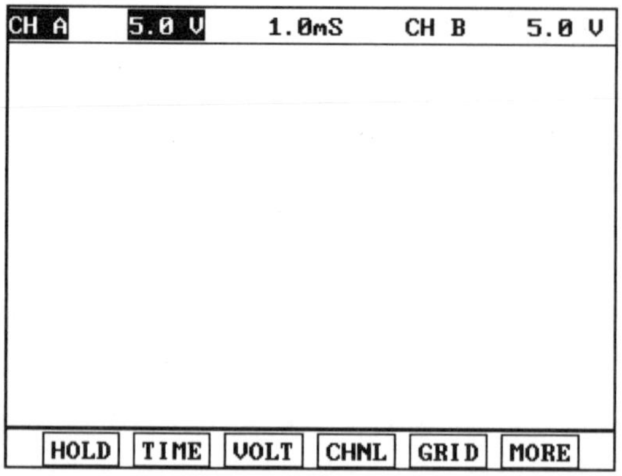

그림 13-41

[그림 13-41]은 초기 공구상자 안의 "오실로스코프" 기능을 선택했을 때 나타나는 화면이다.

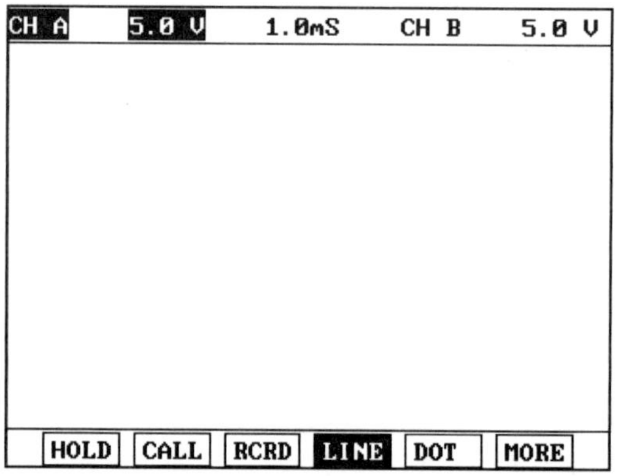

그림 13-42

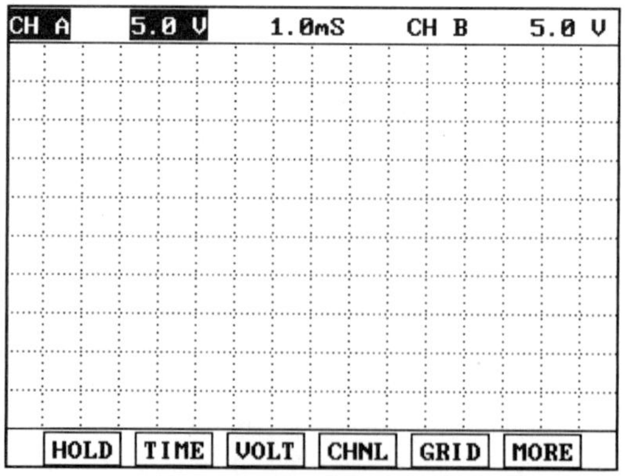

그림 13-43

[그림 13-42],[그림 13-43]은 "오실로스코프" 기능을 사용하기 위한 사용자의 초기화 단계라고 보면 된다.

[그림 13-42]는 MORE(F6) 기능을 선택한 다음 LINE(F4) 기능을 선택한 화면이다. 이 기능의 의미는 프로브를 통해서 들어오는 전압를 DOT(점) 또는 LINE(선)으로 화면상에 표시해 주는 역할을 한다.

[그림 13-43]은 초기화면에서 GRID(F5) 기능을 선택했을 시 화면상에는 가로, 세로로 일정한 점선들이 나타난다. 이 점선의 세로축 한 칸의 의미는 현재 선택되어진 5V를 의미하고 가로축 한 칸의 의미는 선택되어진 1.0 mS를 의미한다. 즉, 세로축의 한 칸당 전압이 5 V이며 가로축의 한 칸당 시간이 1.0 mS이다.

이제는 하이스캔으로 파형을 찍기 위한 초기화 작업은 끝났다.

[그림 13-44],[그림 13-45]는 실제 파형을 찍어 화면상에 보기 좋게 나타내기 위해 행해지는 기능이다.

[그림 13-44] TIME(F2) 기능을 선택하여 ◁▷ 방향키로 시간을 조절함으로서 화면상에 나타나는 파형의 좌우 폭을 조절할 수 있는 기능이다. 이때 시간은 상하 좌우(△▽, ◁▷)방향키를 이용하여 조절할 수 있다.

[그림 13-45]는 VOLT(F3) 기능을 선택하여 측정하고자 하는 센서의 출력되는 전압에 따라서 칸당 전압을 조절할 수 있다.

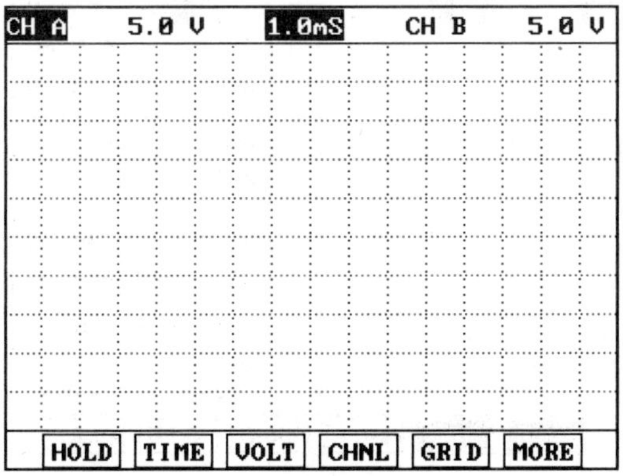

그림 13-44

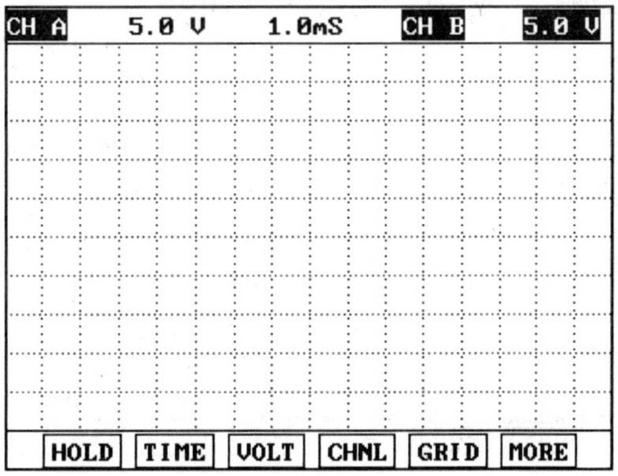

그림 13-45

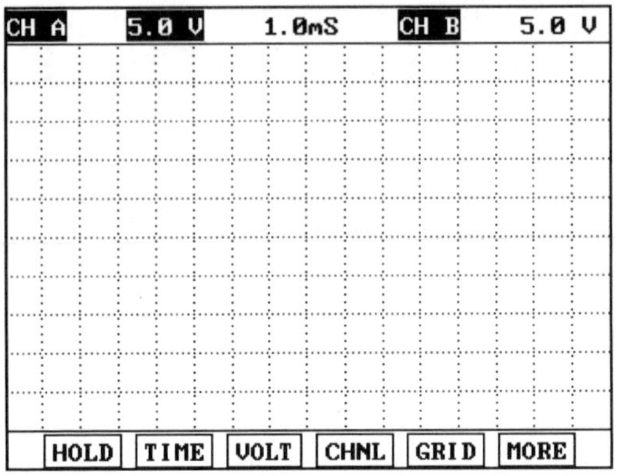

그림 13-46

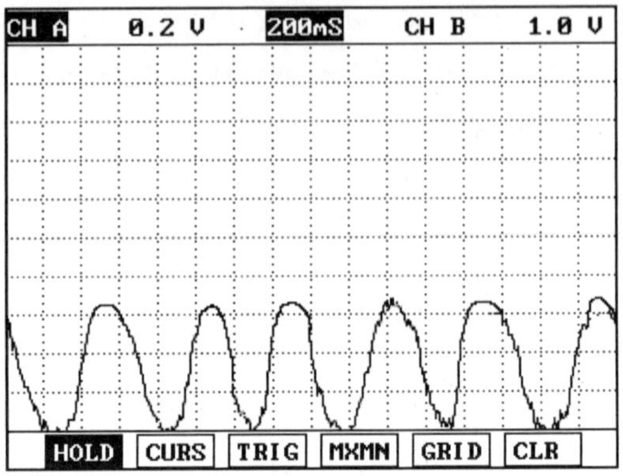

그림 13-47

[그림 13-46]은 CHNL(F4)를 선택하여 사용자가 선택할 수 있는 채널을 바꿀 수 있는 기능이다. 예로, CHNL 키를 한번 눌렀을 시 A채널만 선택이 되고 반복해서 한번, 또 한번 눌렀을 시 채널 B와 채널 A,B를 동시에 선택이 가능하다.

[그림 13-47]은 산소센서 파형을 점검하다가 HOLD(F1) 기능을 선택한 그림이다.

HOLD(F1) 기능을 선택하시면 추가 기능들을 사용하실 수 있다.

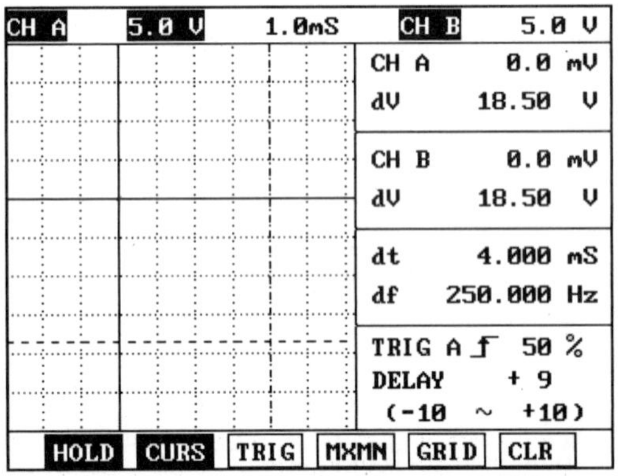

그림 13-48

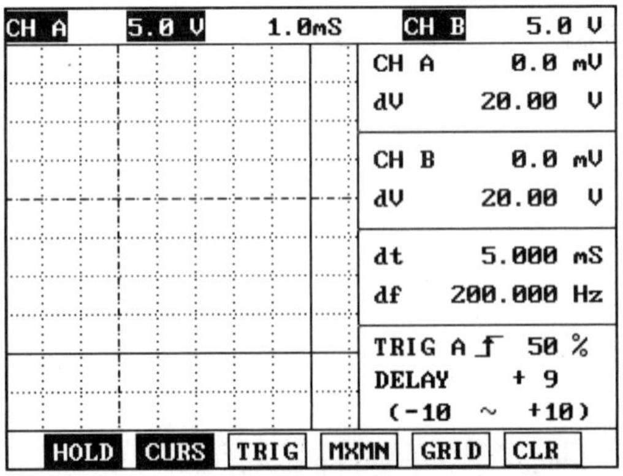

그림 13-49

[그림 13-48], [그림 13-49], [그림 13-50]은 HOLD된 파형을 CURS(F2) 키를 이용하여 분석하는 기능이다. CURS(F2) 키를 한번 눌렀을 때 [그림 13-48]과 같이 좌측과 윗쪽에 있는 수직, 수평선이 실선으로 변하며 상하, 좌우 키를 이용하여 실선 이동이 가능하다.

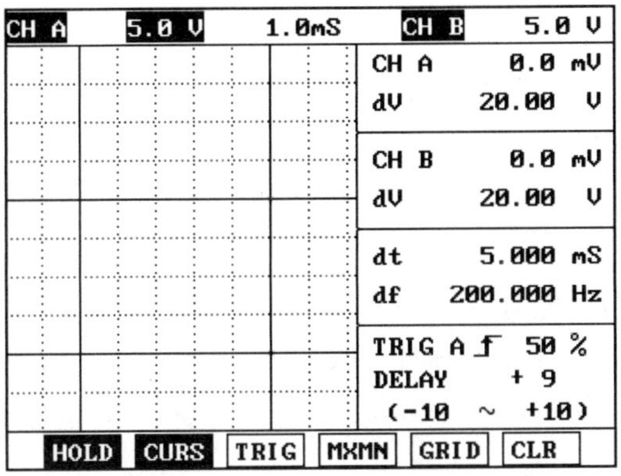

그림 13-50

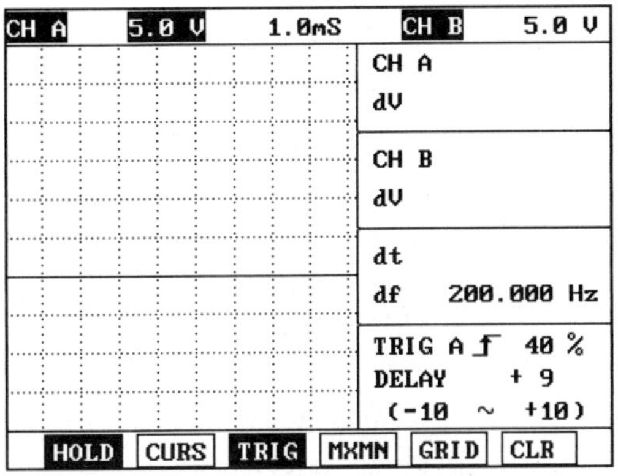

그림 13-51

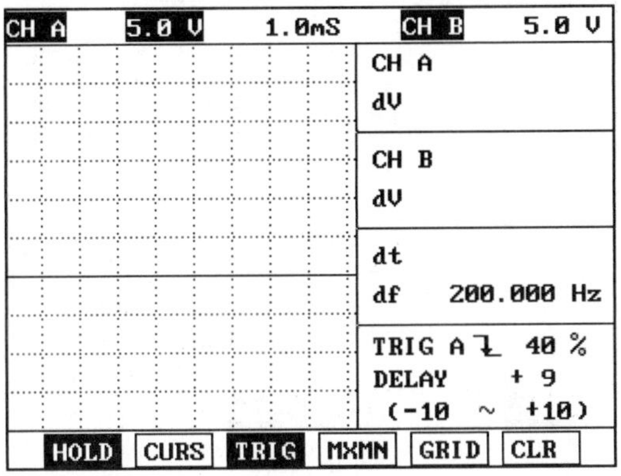

그림 13-52

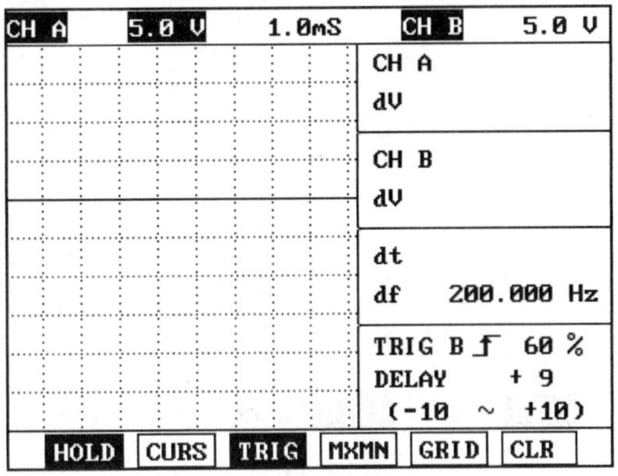

그림 13-53

다시 한 번 CURS(F2) 키를 눌렀을 시 [그림 13-49]와 같이 우측과 밑쪽에 있는 점선이 실선으로 변하며 상하, 좌우 키를 이용하여 실선 이동이 가능하다. 여기서 CH A 0.0 mV와 CH B 0.0 mV는 프로브로 입력되는 센서의 전압값을 의미하며 dV는 윗쪽 실선과 밑쪽 실선의 전압차를 의미한다. 또 dt, df는 세로선 안쪽 파형의 시간과 주파수 값을 나타낸다.

[그림 13-51~54]는 TRIG(F3) 기능을 선택했을 시 나타나는 화면으로 [그림 13-51]을 설명 하면 최초 TRIG(F3) 키를 눌렀을 시 나오는 화면이다.

[그림 13-51]은 현재 TRIG A 40%로 설정되어 있다. 이 의미는 A 채널로 입력되는 전압값이 화면 40%를 넘는 순간만 포착할 수 있게 되어있다는 것이다.

여기서 40%는 화면 전체를 100%로 볼 때 화면 가로로 그어져있는 선을 의미하며 이 선은 방향키를 이용하여 조절할 수 있다.

A 40%는 A채널로 입력되는 전압값이 40% 이하로 떨어지는 순간만 포착하고, B 60%는 A채널로 입력되는 전압값이 60% 이상일 때 B 61%는 B채널로 입력되는 전압값이 61% 이하일 때 자동 포착되는 기능이다.

TRIG 기능은 순간적으로 전압이 높아지는 파형을 측정하거나 꾸준히 12 V가 유지되는 파형이 순간적으로 떨어질 때의 순간을 포착하기 위해서 사용된다.

[그림 13-55]는 MXMN(F4)를 선택했을 때 나오는 화면이고 이 기능에서 HOLD된 파형의 최대값과 최소값을 보실수 있다.

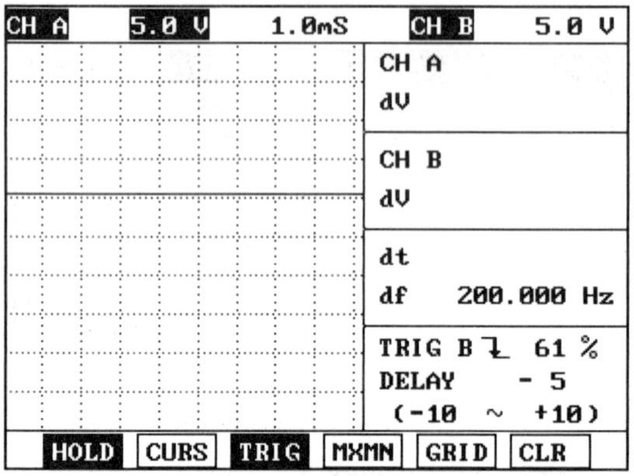

그림 13-54

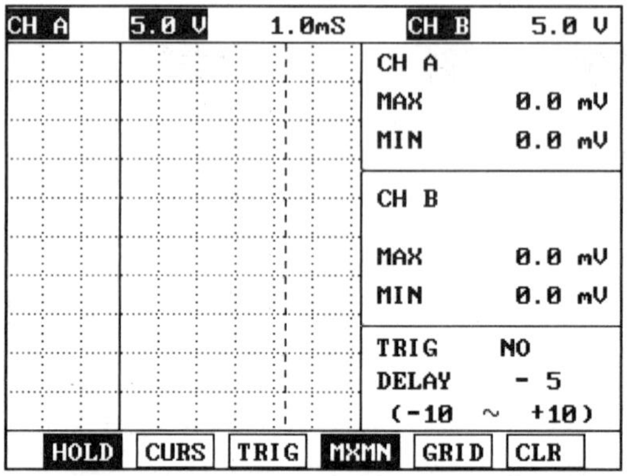

그림 13-55

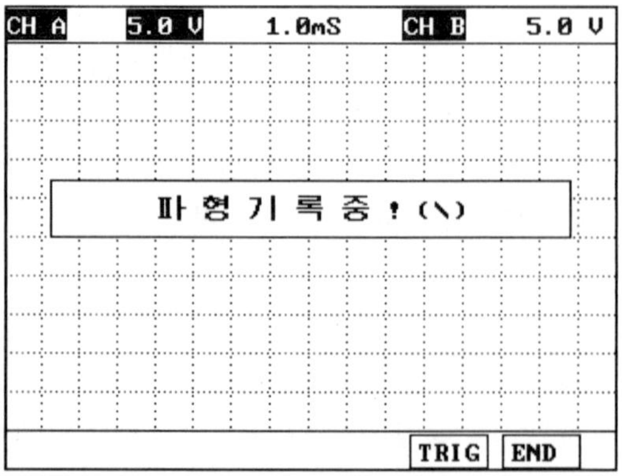

그림 13-56

[그림 13-56]은 오실로스코프 기능에서 파형을 저장하는 기능이며 순간적으로 변하는 파형들을 기록하면서 자동차의 고장을 추적할 수 있다. 이 기능에는 옵tus 품목인 메모리 카드를 사용해야 한다.

13.8 센서 점검

13.8.1 공기유량센서(AFS)

엔진은 피스톤의 상하운동을 하면서 대기의 공기를 에어크리너를 통해서 빨아들이는데 이때 흡입되는 공기량을 ECU로 보내는 역할을 하는 센서가 공기유량센서(AFS)이다.

공기유량센서의 출력은 디지털 펄스신호이며 정상적으로 작동하다가 갑자기 펄스가 빠지는 순간적인 고장이 생길 경우에 기존의 센서출력 기능으로는 점검하기에는 어렵다.

왜냐하면 주파수가 갑자기 높게 나오거나 낮게 나오는 짧은 순간을 디지털 적으로 표시되는 숫자를 사람의 눈으로는 도저히 확인할 수 없기 때문이다.

이러한 문제를 보안 할 수 있는 기능으로는 하이스캔 센서출력의 그래픽 기능이나 오실로스코프 기능이 있다.

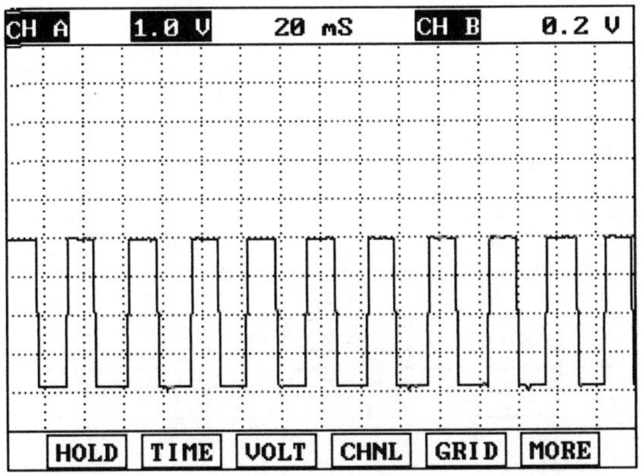

그림 13-57 공전시

[그림 13-57]는 정상적인 차에서 출력되는 파형이다. 여기서 출력되는 펄스의 (+)듀티와 (-)듀티는 50%를 유지하며 공회전시나 2000 rpm시에도 50%의 듀티값은 변하지 않음을 알 수 있다.

중요한 것은 공기유량센서의 고장 판정 조건이다. 3.3 HZ(3초)동안에 ECU에 아무런 신호도 입력되지 않을 때 ECU에서는 이를 고장이라고 판단하고 경고등을 띄워주지만 실제로 시동꺼짐이나 엔진의 부조현상은 ECU가 고장이라고 판단하는 영역에는 들어가지 않는다. 20 ms, 30 ms 동안에 펄스가 빠져도 시동이 꺼질 수 있다는 것이다.

하이스캔 센서출력의 그래픽 기능이나 공구상자 오실로스코프 기능을 이용하여 주행검사(레코드)를 한다면 순간적으로 빠지는 펄스도 충분히 확인이 가능하다. 또한 이종부품을 사용하였을 때에도 엔진의 부조 등 여러 가지 증상이 나타나지만 경고등은 표지되지 않는다. 그러므로 차종이 맞는 공기유량센서가 설치되어 있는 지를 확인하는 것도 대단히 중요하다.

[표-1] 차종별 공기유량센서 부품번호

차종	엔 진	HMC 부품번호	KEFICO 부품번호
소나타	1.8 2.0 SOHC	28164-32530	9 200 930 004
	2.0 DOHC	28164-33110	9 200 930 008
엑셀,스쿠프	1.5 MPI	28164-24530	9 200 930 005
엘란트라	1.5 SOHC(M/T)	28164-24530	9 200 930 005
	1.5 SOHC(A/T)	28164-24530	9 200 930 012
	1.6 DOHC	28164-32530	9 200 930 004
	1.8 DOHC	28164-33410	9 200 930 016
그랜저	2.0 SOHC(M/T)	28164-32530	9 200 930 004
	2.0 SOHC(A/T)	28164-32530	9 200 930 004
	2.0 2.4 SOHC	28164-32535	9 200 930 010
	3.0 SOHC(A/T)	28164-35025	9 200 930 014
뉴그랜저	2.0 DOHC	28164-33110	9 200 930 008
	2.4 SOHC	28164-32535	9 200 930 010
	2.4 SOHC	28164-35025	9 200 930 014
	3.0 DOHC	28164-35500	-
소나타 II	1.8 2.0 SOHC(A/T)	28164-32535	9 200 930 010
	2.0 DOHC	28164-33110	9 200 930 008

13.8.2 크랭크 각 센서(CPS)

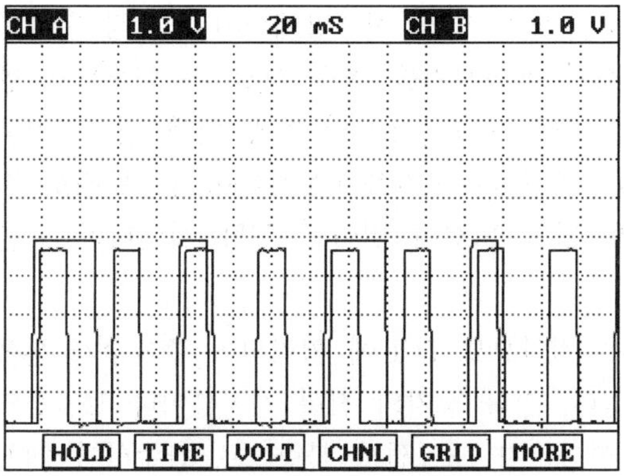

그림 13-58 CPS, TDC]

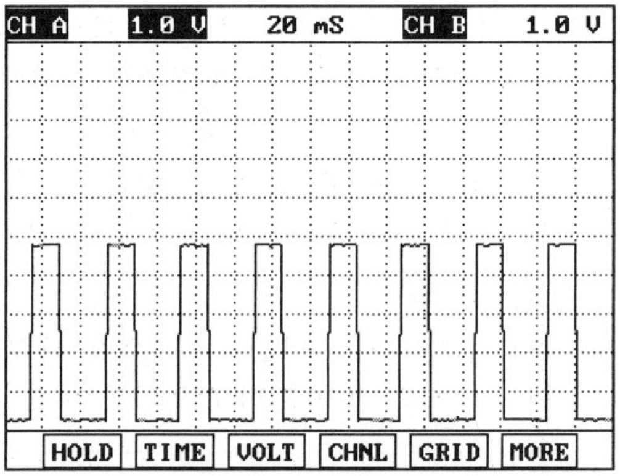

그림 13-59 크랭크각센서

크랭크 각 센서는 배전기 내에 설치되어 크랭크 포지션을 감지, 디지털 펄스신호로 변화하여 ECU로 입력되는데 ECU는 이 신호를 기본으로 엔진회전수를 연산하고 연료의 분사시기 및 점화시기를 조정한다.

13.8.3 TDC 센서 (TOP DEAD CENTER SENSOR)

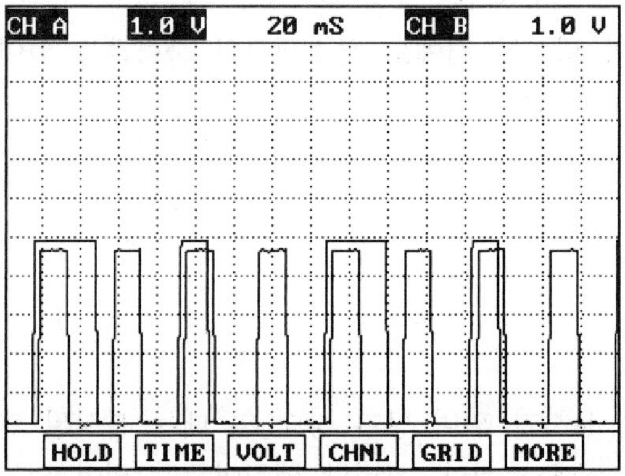

그림 13-60 TDC, CPS

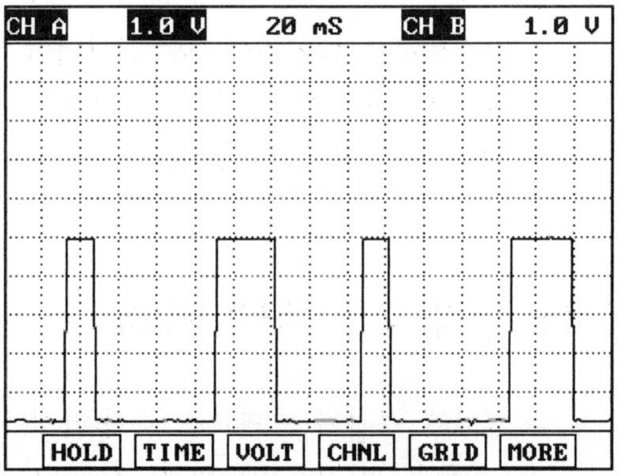

그림 13-61 TDC 센서

TDC 센서는 피스톤의 상사점을 검출하여 디지털 펄스신호로 ECU에 입력된다. ECU는 이 신호를 기준으로 연료분사순서와 점화순서를 결정하게 된다.

13.8.4 노크(KNOCK) 센서

엔진의 최대 토오크가 발생되는 점화시기는 노킹 한계 전후방에 있다. 노킹 한계를 노크 센서로 검출하면 노킹 영역 최대한도까지 점화시기를 진각 시킬 수 있으므로 엔진의 출력을 보다 유효하게 얻을 수 있다. 결국 노크센서의 신호에 의해 점화시기를 제어하게 되는데 ECU는 크랭크 각 센서 1개의 돌기 구간을 6등분하여 1° 단위로 점화시기를 제어하다가 노킹 신호를 감지하게 되면 노킹이 일어난 해당 실린더만 5°를 지각시킨다.

노킹 센서에서 발생되는 전압은 매우 작은 전압으로 ECU에 입력되어 주파수가 분석되므로 다른 장치에 의해 방해를 받을 수 있다. 점화 장치의 점화 케이블이나 코일들의 불량으로 인해 ECU에서 노킹으로 오판을 한다든지 노크센서 불량으로 간주하여 엔진 경고 등이 점등될 수도 있다.

13.8.5 산소 센서

산소센서는 배기가스의 산소농도를 검출하여 ECU로 피드백(FEED BACK) 시켜주는 역할을 한다. 즉, 배기가스의 산소농도에 따라 약 0V~1V까지 전압을 ECU에 입력시켜 주고 ECU는 이 신호에 의해 연료량을 보정하는데 인젝터의 시간보정 폭은 매우 작다.

산소센서는 배기파이프에 설치되어 있으며 냉시동 시에도 산소센서의 출력값을 얻어내기 위해 산소센서 내부에는 열선이 설치되어 있다.

13.8.6 냉각 수온 센서(WTS)

엔진에 분사되는 연료는 무화(안개)상태로 분사가 되며 난기 상태 일 때는 분사된 연료는 가스 상태로 기화되어 연소하기 쉬운 상태가 된다. 그러나 엔진이 냉각되어 있는 상태에서 시동을 걸게 되면 차가운 공기와 연료가 바로 엉켜 알갱이가 커지므로 완전 연소를 시킬 수가 없을 뿐만 아니라 냉시동이 불가능해지게 된다.

그러므로 냉시동 시에는 흡입공기량과 연료량을 증가시켜야 한다. 냉각수온센서는 엔진의 냉각수온을 감지하여 냉각수온의 변화를 전압으로 변화시켜 ECU로 입력시켜 주며 ECU는 이 신호에 의해 FAST IDLE을 결정하게 된다.

13.8.7 공전속도 제어 서보

공전속도 조정은 스텝모터를 이용하여 ECU가 제어한다. 스텝모터는 스로틀 밸브를 바이패스 하는 별도의 공기통로를 열고 닫음으로써 RPM를 제어하도록 되어 있다. 이 모터는 전진, 후진방향 설정이 매우 자유롭고 ECU의 신호에 의해 매우 민첩하게 작동하므로 ISC 모터타입의 피드백센서인 MPS와는 달리 별도의 피드백 센서를 부착하지 않았다.

스텝모터의 스텝수는 ECU에 의해 0-120스텝까지 제어되나 스텝수에 비해 행정이 작으므로 규정 스텝을 벗어나게 되면 엔진의 부하에 대응하지 못하고 부조할 수 있으므로 규정 스텝이 되도록 조정해야 한다.

엔진조건에 따른 스텝수는 다음과 같다.

	부하조건	규정치
엔진 워밍업후 모든부하 OFF	IDLE시	4-15스텝
	A/C ON시	8-50스텝 증가
	A/C OFF A/T N→D로 변환시	5-40스텝 증가

중요한 것은 스텝모터에는 ECU의 신호에 의한 실제로 스텝모터가 동작을 했다는 피드백센서가 없기 때문에 센서출력의 스텝수만 확인해서는 스텝모터의 동작여부를 확인할 수 없다. 그래서 스텝모터와 같은 액츄에이터들의 고장여부를 확인하기 위해서는 오실로스코프기능을 이용하여 파형을 찍어 보아야한다.

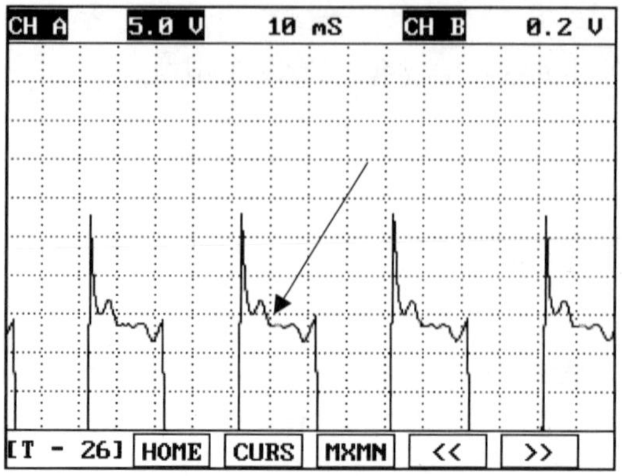

그림 13-62

현재는 화살표가 지시하는 부분의 써지가 정상적으로 나오고 있지 않으며 그 원인으로는 베어링의 고착이나 스텝모터 니들부의 카본 축적 등을 들 수가 있다.

13.8.8 그 밖의 파형

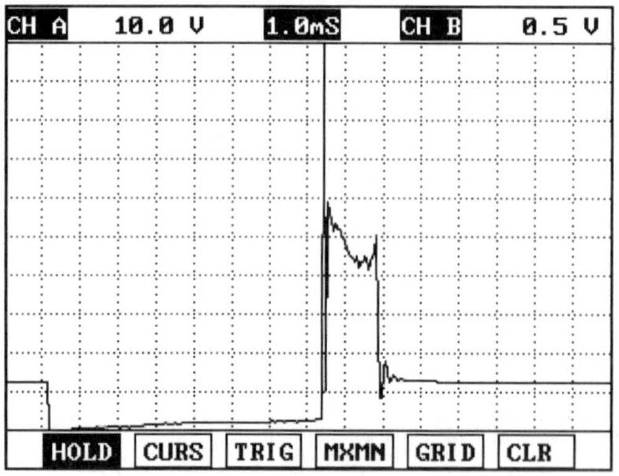

그림 13-63 점화1차 파형

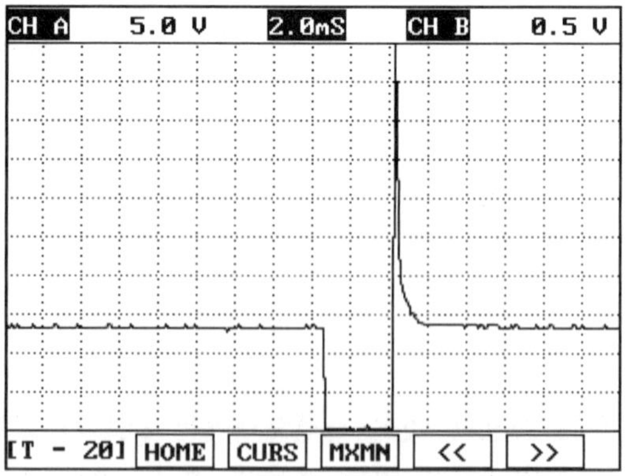

그림 13-64 인젝터

13.9 하이스캔의 서비스 데이터

13.9.1 공회전 시

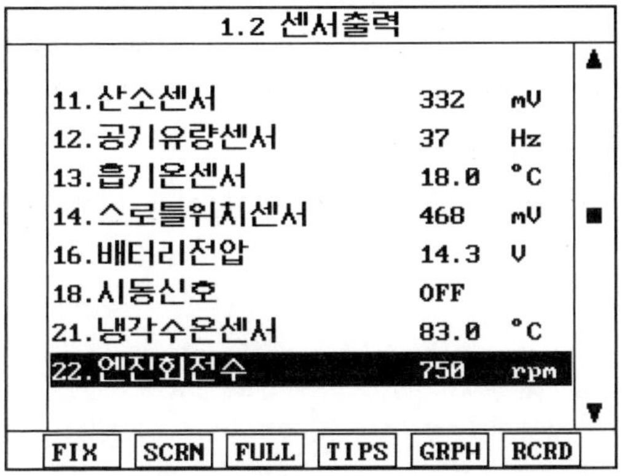

그림 13-65

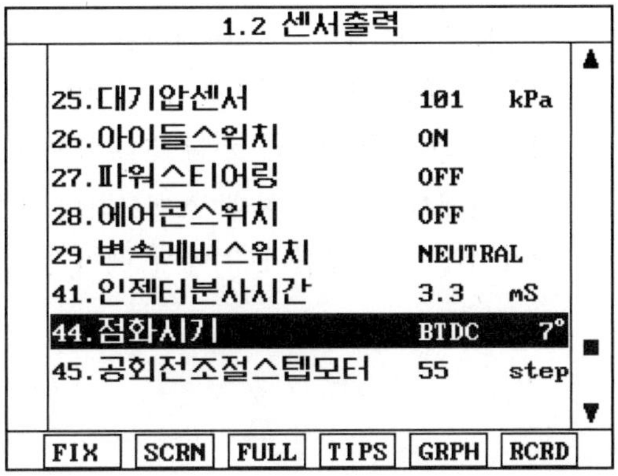

그림 13-66

13.9.2 2000 rpm 유지 시

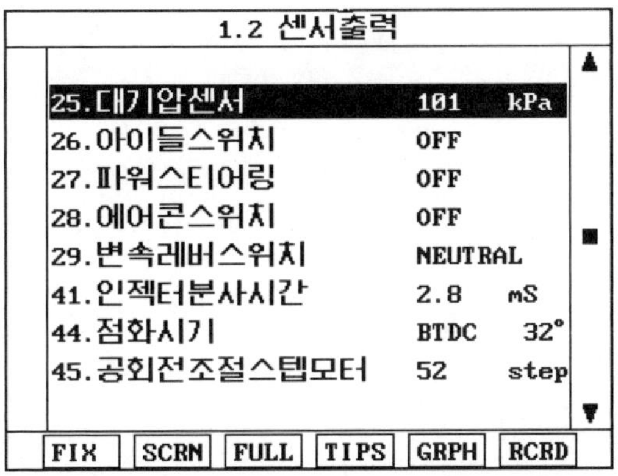

그림 13-67

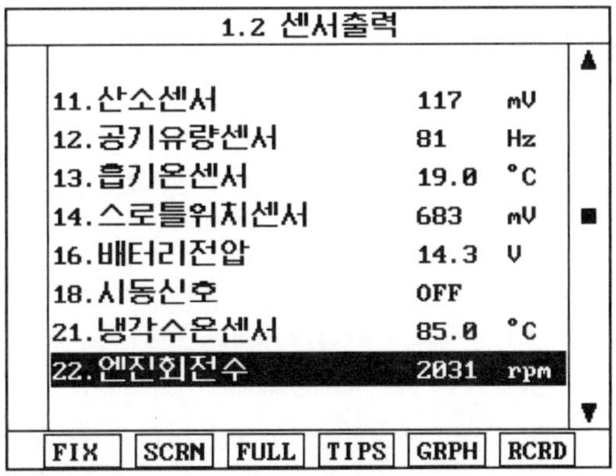

그림 13-68

소나타 II DOHC의 센서출력 서비스 데이타를 보면 공회전조절스텝모터의 스텝수가 정상 범위를 넘어서서 공회전상태에서는 55스텝, 2000 rpm 상태에서는 52스텝으로 규정값을 넘어선 것을 볼 수 있다.

DOHC 엔진의 드로틀 보디 구조를 보면 냉간 시 RPM을 조절하는 FIAV(Fast Idle Air Valve)와 스텝수를 조정하는 SAS(Speed Adjusting Screw) 또 디지털 제어방식의 스텝모터가 있다.

현재 스텝모터의 스텝수를 증가시킬 수 있는 원인은 두가지가 있다. 첫 번째는 SAS 조정불량으로 SAS로 바이패스될 공기가 스텝모터로 통하기 때문이고 두 번째는 스텝모터의 자체불량으로 회전축이 고정이 되어 정상 스텝 에서는 규정 RPM으로 나오지 않기 때문에 ECU에서는 이를 보정하고자 스텝수를 증가시키게 된다.

파형에서 보듯이 현재 스텝모터의 파형은 정상이 아님을 알 수 있고 이로 인해 규정치가 넘는 스텝수를 ECU에서 제어한다.

실험결과 보고서[13]

- 실험내용 : **하이스캔(Hi-Scan) 실험**
- 실험일자 : 년 월 일
- 실 험 자 : 조
- 제 출 일 : 월 일

□ 실험목적

1) 하이스캔(Hi-Scan)의 사용방법 익히기
2) 하이스캔(Hi-Scan)을 사용하여 엔진에 대한 전반적인 점검

1. 주어진 자동차에서 기관의 인젝터 2개를 교환(탈 부착)하고, 자기진단 시험기를 사용하여 각종 센서를 점검한 후 이상부분은 기록표에 기록하시오.

측정 항목	① 점검 또는 측정		②규정값 및 정비(또는 조치)사항	
	고장부위	측 정 값	규정(정비 한계)값	고장내용 및 조치사항
기관센서				

2. 자동차의 기관에서 공기흐름 센서(AFS)와 산소센서(O_2)의 출력전압을 점검 하시오.

측정 항목	① 측정 또는 점검		② 판정 및 정비(또는 조치)사항	
	측 정 값	규정값	판 정	정비 및 조치사항
AFS 출력전압			양호, 불량	
O_2출력전압				

3. 기관의 전자제어 시스템을 점검하여 고장이 발생된 부분을 기록표에 기록하시오.

측정 항목	① 점검 또는 측정		②규정값 및 정비(또는 조치)사항	
	고장부위	측 정 값	규정(정비 한계)값	고장내용 및 조치사항
기관센서				

4. 주어진 자동차에서 맵 센서의 파형(급 가속시)을 분석하여 그 결과를 기록표에 기록하시오.

측정 항목	① 측정(또는 점검)상태	② 판정 및 정비(또는 조치)사항	
		판 정	정비 및 조치사항
맵센서		양호, 불량	

5. 시동된 기관에서 점화회로를 확인하고 점화 코일의 1, 2차 서지 전압을 측정하여 기록표에 기록하시오.

측정 항목	① 측정 또는 점검		② 판정 및 정비(또는 조치)사항	
	측 정 값	규정값	판 정	정비 및 조치사항
코일서지전압	1차:	1차:	양호, 불량	
	2차:	2차:		

6. 주어진 자동차에서 산소센서의 파형을 분석하여 그 결과를 기록표에 기록하시오.

측정 항목	① 측정(또는 점검)상태	② 판정 및 정비(또는 조치)사항	
		판 정	정비 및 조치사항
산소센서		양호, 불량	

7. 주어진 자동차에서 인젝터의 파형을 분석하여 그 결과를 기록표에 기록하시오.

측정 항목	① 측정(또는 점검)상태	② 판정 및 정비(또는 조치)사항	
		판 정	정비 및 조치사항
인젝터 출력 파형		양호, 불량	

8. 주어진 자동차의 점화 코일에서 코일 2차 파형을 분석하여 그 결과를 기록표에 기록하시오

측정 항목	① 측정(또는 점검)상태	② 판정 및 정비(또는 조치)사항	
		판 정	정비 및 조치사항
점화2차 출력파형	피크(서지)전압 :7-13KV 스파크 전압: 스파크 구간:1.2-1.5ms 드웰각:3-4ms	양호, 불량	

9. 주어진 자동차에서 발전기의 충전 파형을 점검 분석하여 기록표에 기록하시오.

측정 항목	① 측정(또는 점검)상태	② 판정 및 정비(또는 조치)사항	
		판 정	정비 및 조치사항
출력파형		양호, 불량	

※파형 상태를 가능한 프린트 출력하여 첨부하도록 한다.

14
CHAPTER

전자제어 센서

14.1 FEI 개요도

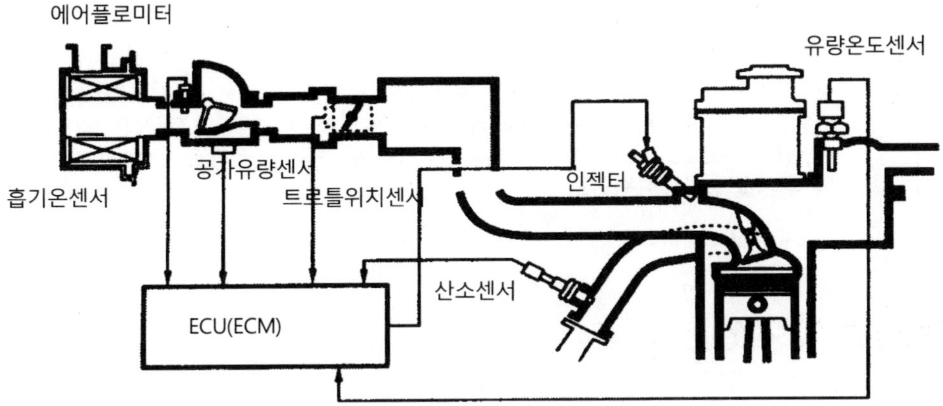

그림 14-1 각종 센서의 설치위치

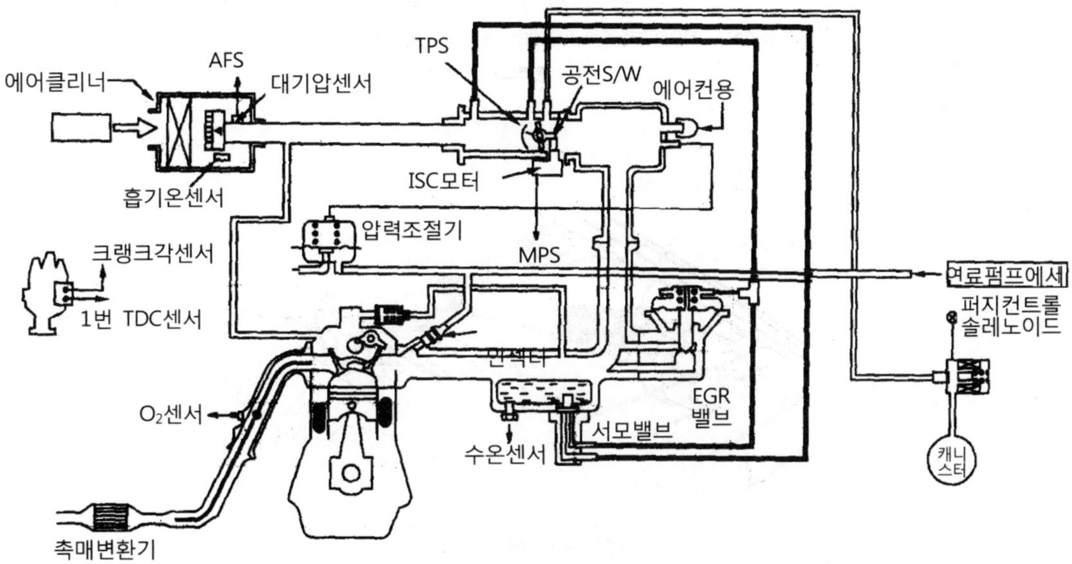

그림 14-2 MPI 회로도

14.2 공기흐름 센서(AFS : Air Flow Sensor)

- **실습목적 :** 공기 흐름센서 중 핫 필름 방식의 원리를 공부하고 실험을 통하여 양부를 진단할 수 있는 능력을 배양한다.
- **기계기구 :** 아날로그 테스터, 공기흐름 센서(Hot Film), 완성차, 연결선, 기본 공구 세트
- **예비지식 :** 핫 필름 방식의 공기흐름 센서는 공기흐름 상태를 ECU에 보내고, 이 신호를 바탕으로 하여 해당 엔진 RPM에서의 기본분사 시간을 결정한다. MELCO, SIMENS, BOSCH SYSTEM에 따른 공기흐름 센서의 종류를 공부하고 각각의 원리를 미리 학습한다.

14.2.1 시험방법 및 작업순서

(1) 공기흐름 센서를 따로 떼어내 구조를 확인하고 기본원리를 알아본다.

(2) 아날로그 테스터를 이용하여 다음 그림과 같이 시험하여 정상전압이 나오는가를 확인하여 본다(실차 상태에서 측정).

(3) 공기흐름 센서에 함께 부착되어 있는 흡기온도 센서(ATS : Air Temperature Sensor) 및 대기압 센서(BPS : Barometric Pressure Sensor)의 구조 및 해당 단자를 확인하도록 한다.

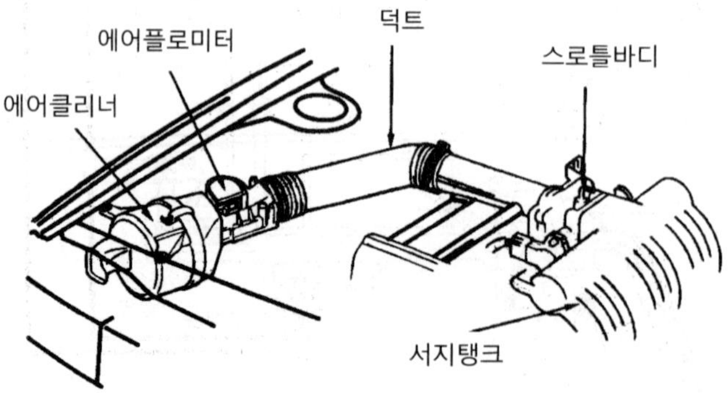

그림 14-3 AFS 위치도

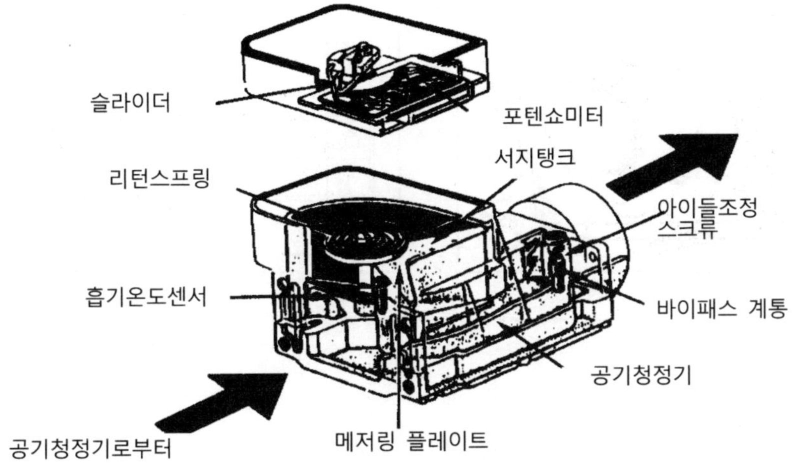

그림 14-4 포텐쇼미터

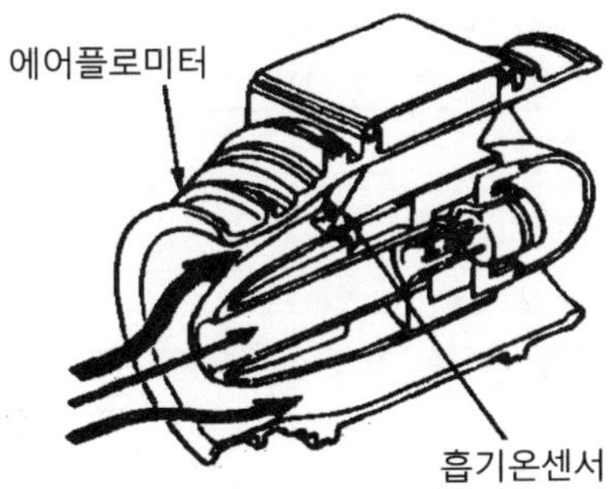

그림 14-5 AFS(핫 와이어형식)

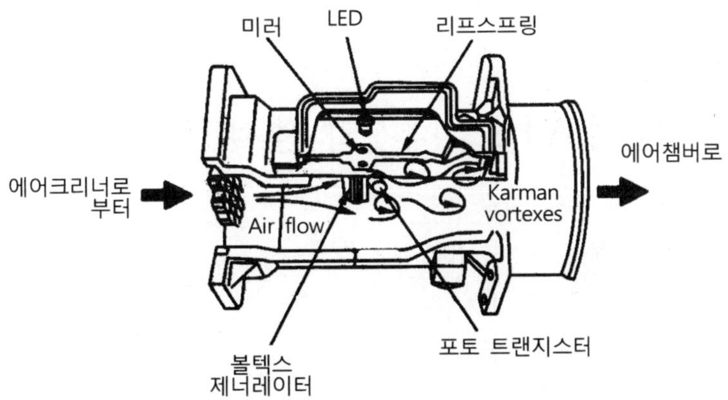

그림 14-6 AFS(칼만와류식)

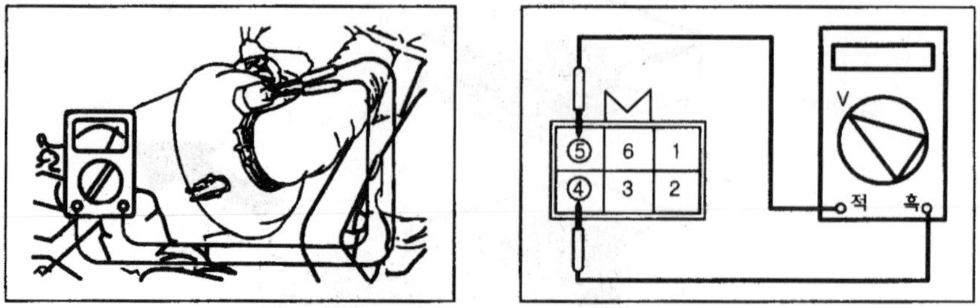

그림 14-7 AFS 출력전압 측정

14.2.2 결과기록표 작성

측정항목	규정값	측정값	판정
1500[rpm]에서 출력전압 측정			
2000[rpm]에서 출력전압 측정			
2500[rpm]에서 출력전압 측정			
3000[rpm]에서 출력전압 측정			
3500[rpm]에서 출력전압 측정			
4000[rpm]에서 출력전압 측정			

14.3 흡기온도 센서(ATS), 대기압 센서(BPS)

- **실습목적 :** 공기흐름센서 어셈블리에 함께 부착되어 있는 흡기 온도 센서 및 대기압 센서의 구조 및 형태를 확인하고 실험을 통하여 양부를 진단할 수 있는 능력을 배양한다.
- **기계기구 :** 아날로그 테스터, 공기흐름 센서 어셈블리, 헤어 드라이어(라이터), 완성차, 연결선, 기본 공구 세트
- **예비지식 :** 흡기온도 센서 및 대기압 센서의 구조 및 원리를 학습한다.

14.3.1 시험방법 및 작업순서

(1) 공기흐름 센서 어셈블리에서 흡기온도 센서 및 대기압 센서의 구조 및 형태를 확인한다.

(2) 아날로그 테스터를 이용하여 다음 그림과 같이 시험하여 정상저항이 나오는가를 확인하여 본다(분리된 상태에서 헤어드라이어 또는 불로 열을 가하면서 측정)

(3) 아날로그 테스터를 이용하여 다음 그림과 같이 시험하여 정상전압이 나오는가를 확인하여 본다(실차에서 엔진시동을 걸고 공회전 상태에서 측정).

온도	출력 전압	기준 저항
0[℃]	3.4~3.6[V]	5.4~6.6[kΩ]
20[℃]	2.5~2.7[V]	2.4~3.0[kΩ]
80[℃]	0.6~0.8[V]	0.3~0.4[kΩ]

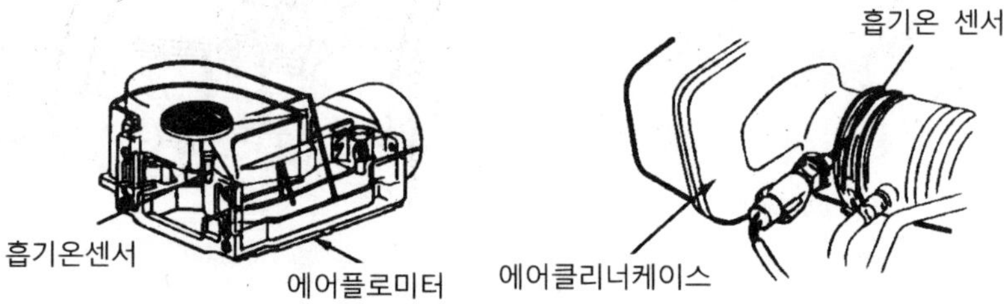

● 베인형

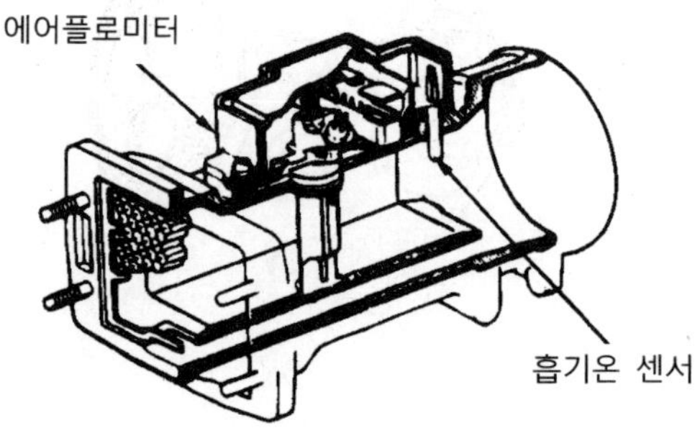

그림 14-8 ATS 구조 및 위치

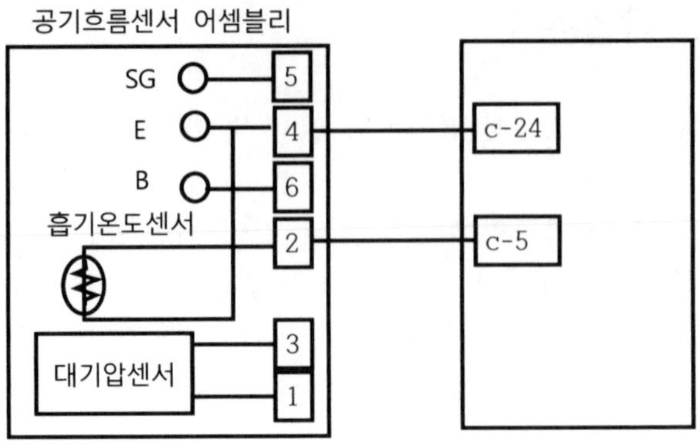

그림 14-9 ATS 회로도

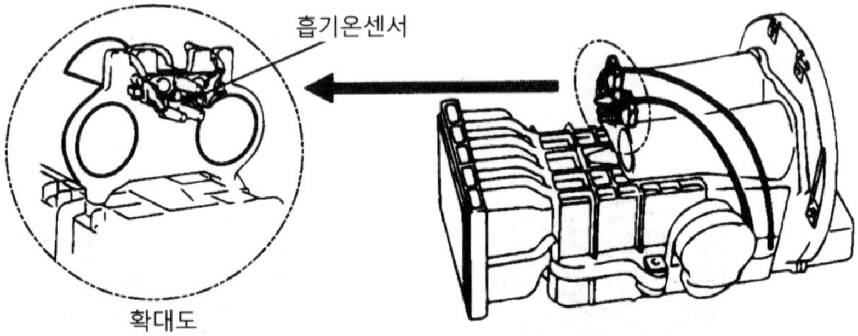

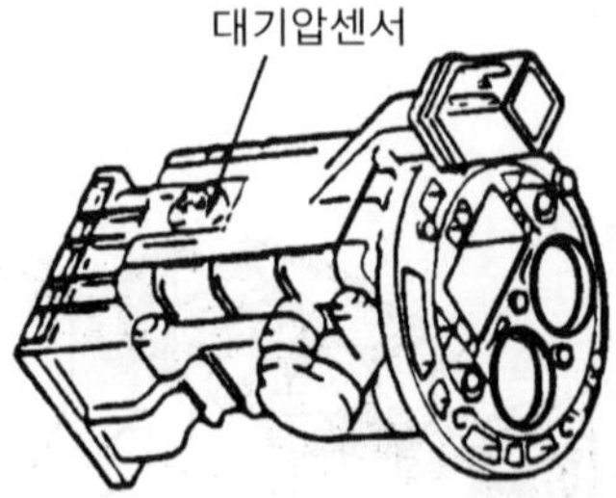

BPS 설치

그림 14-10

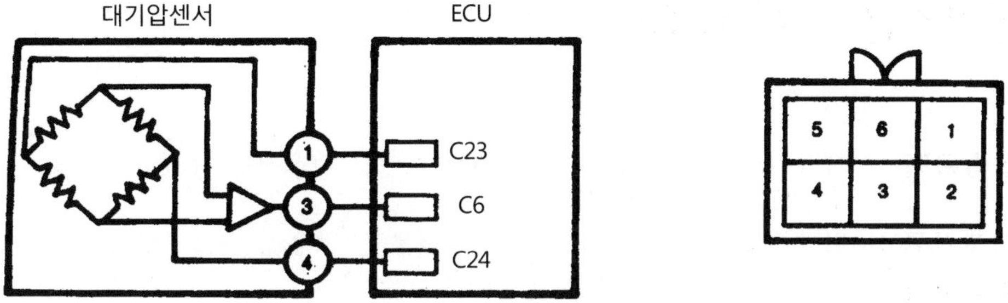

그림 14-11 BPS 회로도1

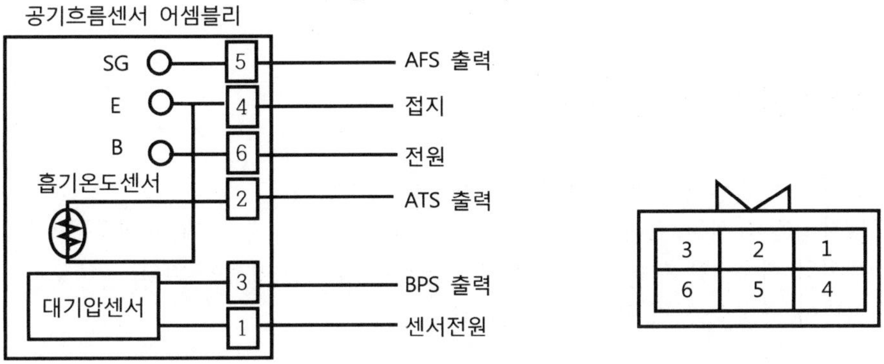

그림 14-12 BPS 회로도2

14.3.2 결과기록표 작성

측정항목	규정값	측정값	판정
0[°C]에서 출력 저항 측정			
20[°C]에서 출력 저항 측정			
60[°C]에서 출력 저항 측정			
0[°C]에서 출력 전압 측정			
20[°C]에서 출력 전압 측정			
60[°C]에서 출력 전압 측정			

✔ 유의사항

라이터로 열을 가할 때 너무 가까이하여 손상되는 일이 없도록 한다.

14.4 냉각수온 센서(WTS)

- **실습목적 :** 냉각수온 센서의 구조 및 형태를 확인하고 실험을 통하여 양부를 진단할 수 있는 능력을 배양한다.
- **기계기구 :** 아날로그 테스터, 냉각수온 센서, 더운물, 완성차, 연결선, 기본 공구 세트
- **예비지식 :** 냉각수온 센서의 구조 원리를 미리 학습한다.

14.4.1 시험방법 및 작업순서

(1) 흡기 매니폴드에서 엔진 냉각수온 센서를 탈착한다.

(2) 냉각수온 센서의 감지부위를 더운 물에 담그고 그림과 같이 저항을 점검하다. 이때 센서의 하우징은 더운 물의 표면에서 3[mm]이상 떨어져야 한다.

(3) 저항이 규정값을 벗어나면 센서를 교환한다.

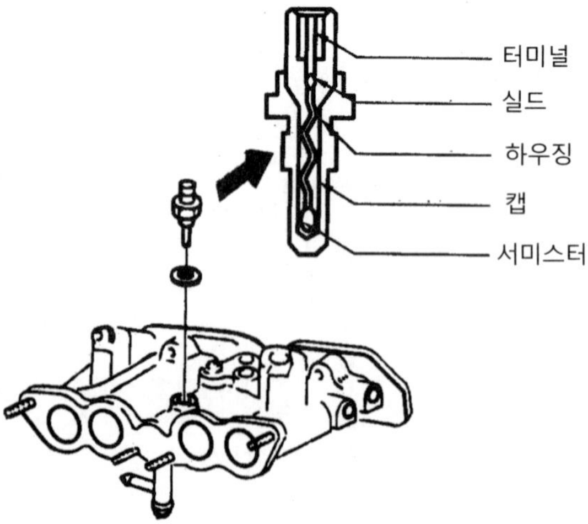

그림 14-13 WTS 구조

온 도	기준저항
0[℃]	5.8~6.1 [kΩ]
20[℃]	2.3~2.7 [kΩ]
40[℃]	1.0~1.2 [kΩ]
80[℃]	0.27~0.35 [kΩ]

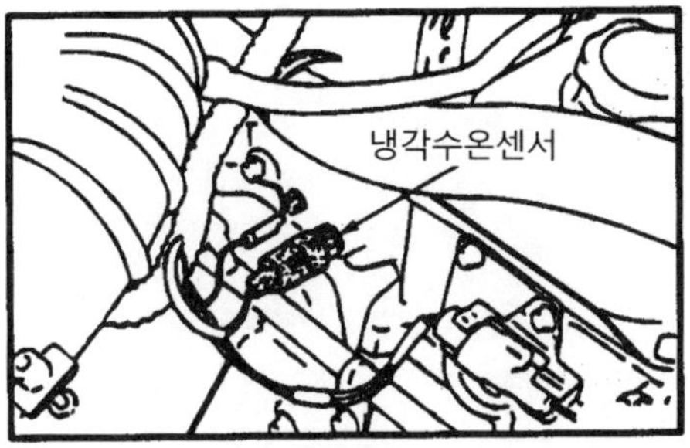

현대자동차

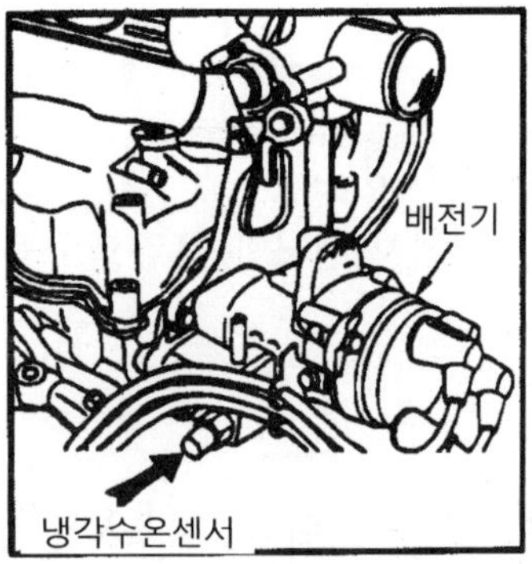

GM대우자동차

그림 14-14 WTS 위치도

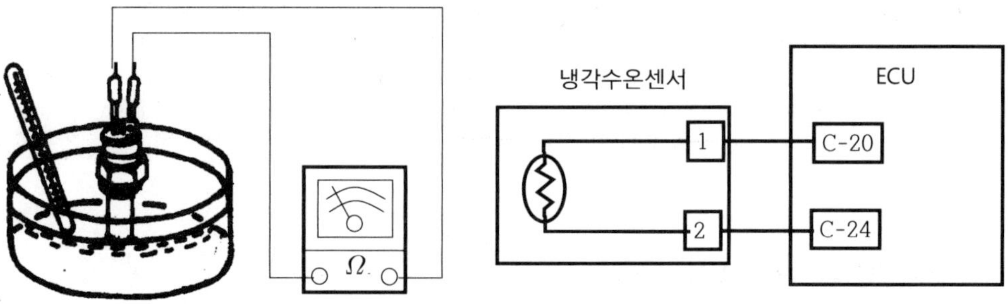

그림 14-15 냉각수온센서 회로 및 단자

14.4.2 결과기록표 작성

측정항목	규정값	측정값	판정
0[°C]에서 출력 저항 측정			
20[°C]에서 출력 저항 측정			
40[°C]에서 출력 저항 측정			
60[°C]에서 출력 저항 측정			
80[°C]에서 출력 저항 측정			

✔ 유의사항

시험시 센서의 하우징이 물에 들어가지 않도록 유의한다.

14.5 스로틀 위치 센서(TPS)

- **실습목적** : 스로틀 위치 센서의 원리를 공부하고 실험을 통하여 양부를 진단할 수 있는 능력을 배양한다.
- **기계기구** : 아날로그 테스터, 스로틀 위치센서, 완성차, 연결선, 기본 공구 세트
- **예비지식** : 스로틀 위치센서는 스로틀 밸브 축과 함께 회전하며 스로틀 밸브 열림각을 감지하는 회전식 가변저항이다. 스로틀 밸브가 회전하면 스로틀 위치 센서의 출력전압이 변하며 ECU는 이 전압변화를 기초로 하여 스로틀 밸브의 개방 감지한다. EUC는 출력전압을 토대로 하여 스로틀 밸브의 열림의 변화를 계산하여 엔진 가속상태를 판단하고 그에 따라 가속 중 연료 분사량을 적절히 제어한다.

14.5.1 시험방법 및 작업순서

(1) 스로틀 위치 센서의 커넥터를 분리시킨다.

(2) 스로틀 위치 센서 커넥터의 단자 1과 3(또는 1번과 4번)사이의 저항을 측정한다.

(3) 그림과 같이 단자 1과 2(또는 1번과 3번)사이에 저항계를 연결하고 스로틀 밸브를 천천히 공회전 위치에서 완전 개방위치까지 개방시킨 다음 스로틀 밸브의 개방에 따라 저항값이 천천히 변화하는지 확인한다.

(4) 저항이 규정값을 벗어나거나 부드럽게 변화하지 않으면 스로틀 위치 센서를 교환하여야 한다.
(5) 스로틀 위치 센서 커넥터를 연결하고 1번과 2번(또는 1번과 3번)단자에 전압계를 접속한다.
(6) 엔진을 시동하여 400~600[㎷]로 출력되는지 확인한다.

항 목	변화 저항의 규정값
터미널 1과 2	약0.5→(3.5~6.5)[MΩ]
항 목	규정 저항
터미널 1과 3	3.5~6.5[MΩ]

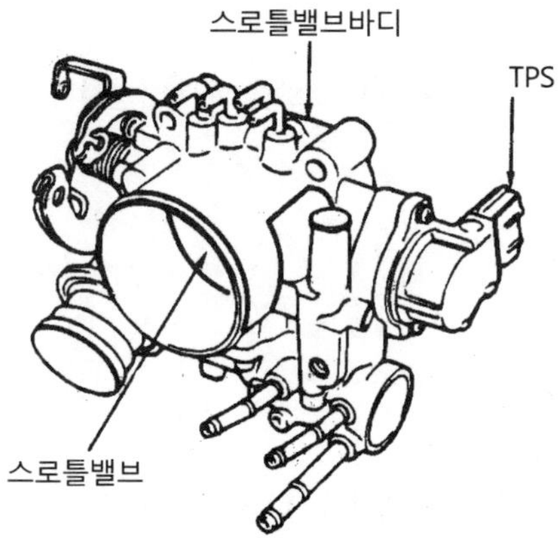

그림 14-16 TPS 위치도

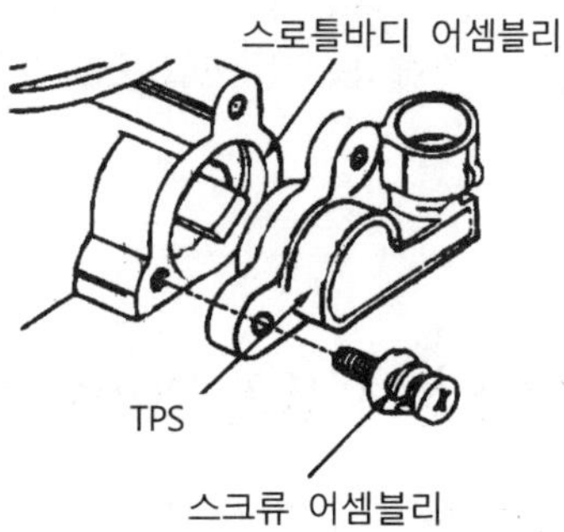

그림 14-17 TPS (가변저항식)

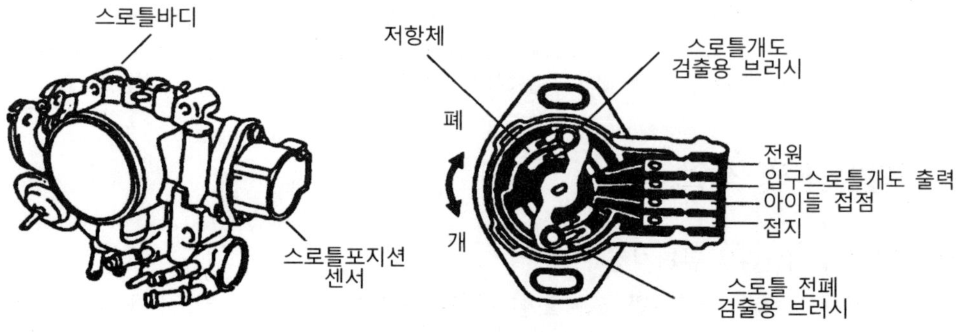

TPS 구조(기아)
그림 14-18 TPS 회로 및 측정

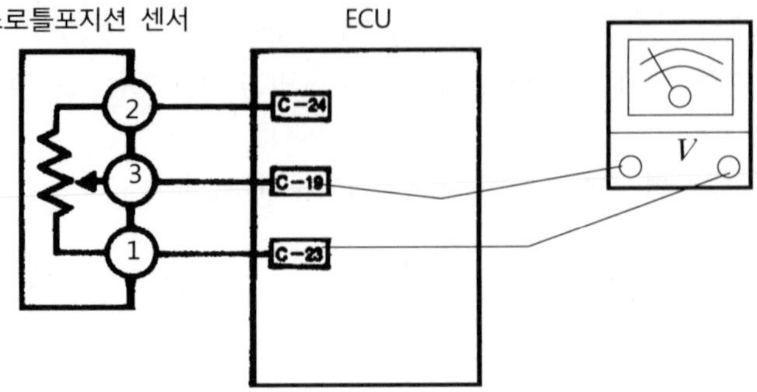

그림 14-19 TPS회로 및 단자

✔ 유의사항

자기보정(fail safe)기능 : ECU에 기억되어 있는 백업기능에 의하여 스로틀 위치 센서가 고장이 났을 경우에 ECU는 50[%]로 간주하고 동작

14.6 산소센서(O_2 Sensor)

- **실습목적 :** 산소센서의 원리 및 구조를 공부하고 실험을 통하여 양부를 진단하여 수 있는 능력을 배양한다.
- **기계기구 :** 아날로그 테스터, 산소 센서, 완성차, 연결선, 기본 공구 세트
- **예비지식 :** 산소센서는 배기가스 내에 산소농도를 감지하고 이를 바꾸어 ECU로 입력되면 공연비를 판단하고 공연비 제어를 한다. 일반적으로 산소센서 내부에 히터를 내장하여 센서 엘리먼트를 가열해 줌으로써 기동초기 센서가 재빨리 활성화 온도(약 35[℃])에 도달하게 도와주어 유해가스 발생을 억제한다.

14.6.1 시험방법 및 작업순서

(1) 산소센서 커넥터를 분리시킨다.

(2) 전압계를 그림과 같이 1번(또는 2번) 단자에 연결하고 테스터 리드선을 접지시킨다.

(3) 엔진의 회전수를 증가시키면서 산소센서의 출력전압을 측정한다.

점검 조건	출력 전압	비 고
공회전	200~900[mV]	규정값 내에서 변화
가속(레이싱)	600~1000[mV]	규정값 내에서 변화

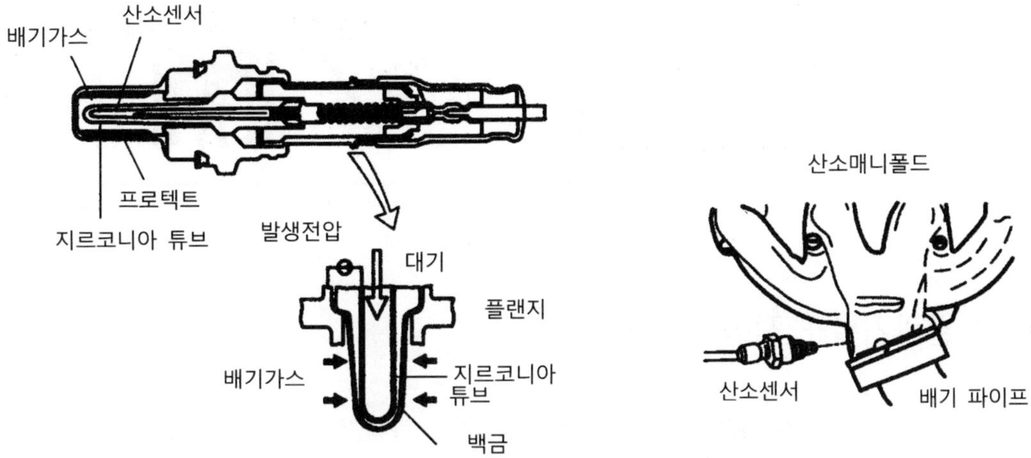

그림 14-17 산소센서의 구조 및 설치위치

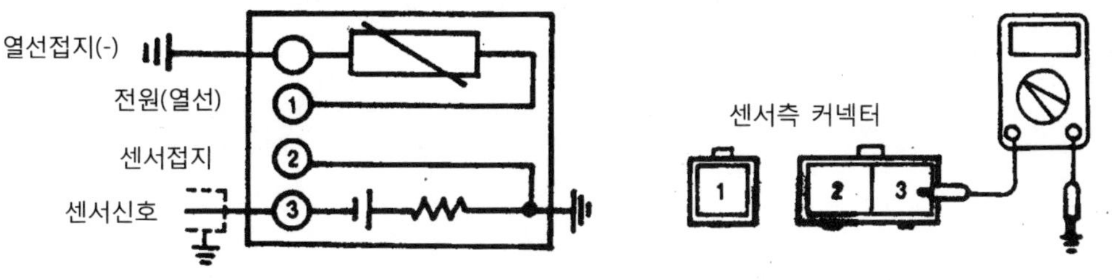

그림 14-18 산소센서 회로 및 단자측정

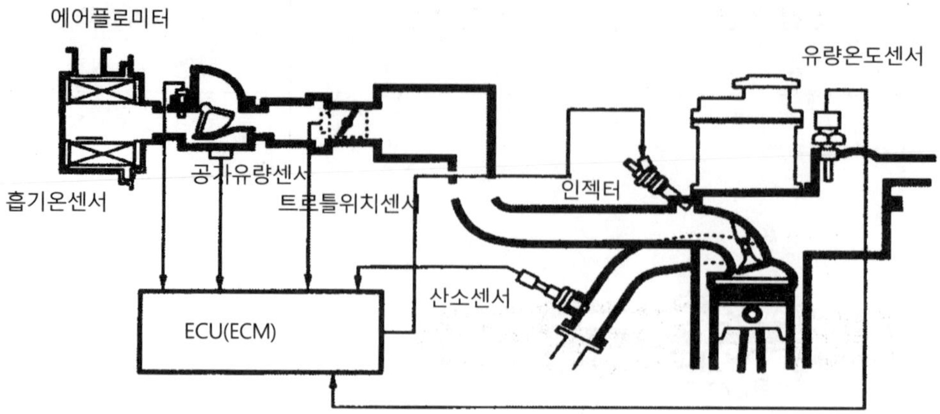

그림 14-19 산소센서 위치도

14.6.2 결과기록표 작성

측정항목	규정값	측정값	판정
1500[rpm]에서 출력 전압			
2000[rpm]에서 출력 전압			
2500[rpm]에서 출력 전압			
3000[rpm]에서 출력 전압			
4000[rpm]에서 출력 전압			

※ 참 고

결함시 엔진에 미치는 영향

① CO, HC의 배출량이 증가된다.
② 연료소비가 증가된다.
③ 공회전시 엔진회전이 불안정된다.
④ 주행 중 엔진이 갑자기 정지된다.
⑤ 주행 중 가속력이 저하된다.

✔ 유의사항

자기보정(fail safe) 기능 : ECU에 기억되어 있는 백업기능에 의하여 산소센서가 고장이 났을 경우 ECU는 20[%]로 간주하고 동작

14.7 TDC 센서(No.1 TDC),크랭크각 센서(CAS)

⇨ **실습목적 :** 1번 실린더 TDC 센서 및 크랭크각 센서 원리를 공부하고 실험을 통하여 양부를 진단할 수 있는 능력을 배양한다.

⇨ **기계기구 :** 아날로그 테스터, 배전기, 완성차, 연결선, 기본 공구 세트

⇨ **예비지식 :** 디스크와 유닛 어셈블리로 구성되어 있으며 디스크의 둘레에는 90° 간격으로 빛을 전달해 주는 4개의 크랭크각 센서의 슬릿이 있고, 내측에는 1개의 1번 실린더 TDC 센서의 슬릿이 설치되어 있다. 디스크는 배전기축에 고정되어 축이 회전하면 디스크 슬릿도 함께 회전하며, 디스크의 슬릿은 유닛 어셈블리에 의해 광학적으로 읽혀지는데 2가지 형태의 슬릿을 감지하기 위하여 유닛 어셈블리는 2개의 발광 다이오드와 2개의 포트 다이오드가 함께 사용되어 작동된다. 발광 다이오드와 포토 다이오드 사이에는 약간의 간격이 있으며, 디스크는 이 간격 내에서 회전한다. 슬릿의 측정방법은 디스크가 회전할 때마다 발광 다이오드에서 발산된 빛이 포토 다이오드에 전달되며 초토 다이오드는 본래의 방향과는 반대 방향으로 통전되며 전류가 비교기에 5[V]가 인가되며 단자 2와 ECU 사이에 5[V]가 인가된다.

14.7.1 NO.1 TDC 센서(HALL SENSOR)

NO.1 TDC 센서는 1번 실린더가 압축상태에 있다는 것을 표시해 주고 CAM SHAFT CAP상면에 장착되어 있으며, 그림에 장착도 및 회로 구성도를 나타내었다.

1번 실린더의 상사점은 디스크에 있는 내측 슬릿을 통해 감지되며 이 신호를 기초로 하여 연료를 분사할 실린더를 결정한다.

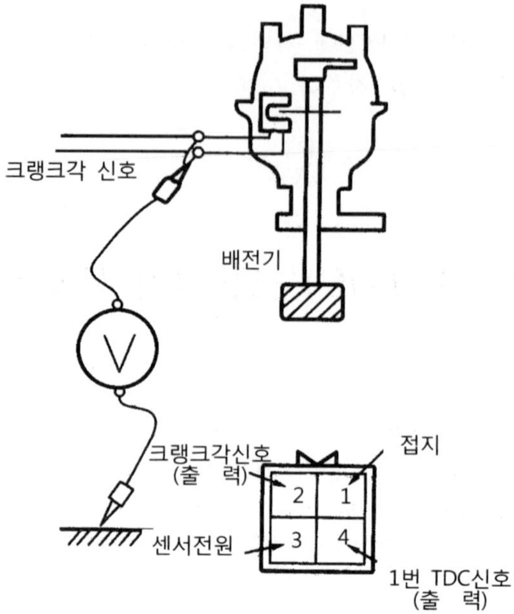

그림 14-20 TDC센서 설치위치

(1) 크랭크각 센서의 신호
디스크 외측에 있는 4개의 슬릿은 상사점과 관련된 크랭크축의 위치를 감지 하는 역할을 하며 ECU는 이 신호를 기초로 하여 연료분사 시기를 결정하고 엔진 1회전당 흡입 공기량, 점화신호, 점화시기 등을 계산한다.

(2) 1번 실린더 TDC 센서 및 크랭크각 센서 커넥터가 접속되었는가 확인한다.

(3) 단자 1과 2, 단자1과 3 사이의 전압을 측정한다. 이 때에는 엔진을 크랭킹 시키면서 단자의 출력정방을 측정한다(출력 측정시 1번 단자는 접지단자이므로 전압계의 흑색 리드선은 차체에 접지한다).

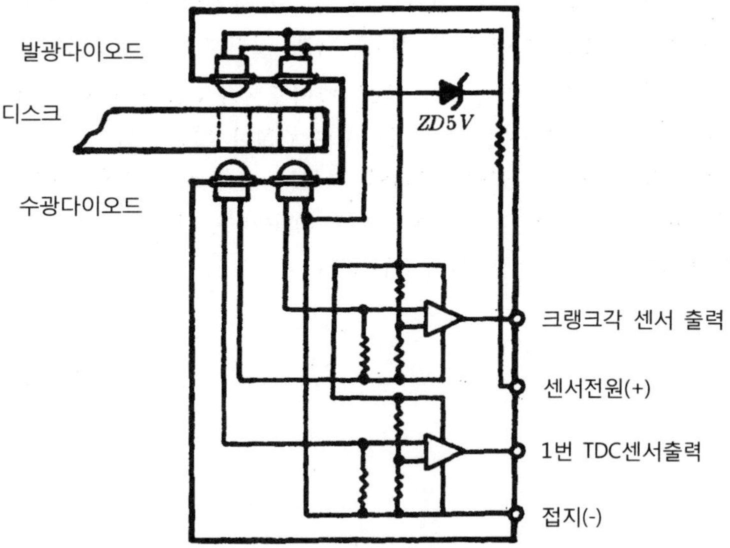

그림 14-21 CPS구조 및 출력전압

14.7.2 크랭크 각 센서(CAS; Crank Angle Sensor)

크랭크 각 센서에는 발광 다이오드와 포토 다이오드를 사용하는 방식이고 펄스 제네레이터 원리를 사용하는 방식이 있다.

(1) MELCO SYSTEM의 CPS 센서(SOHC 엔진)

MELCO SYSTEM에서 배전기에는 크랭크각 센서(CPS)와 NO.1 TDC 센서가 설치되어 있으며, 이들은 1개의 플라스틱 유닛으로 조립된다. 이 유닛 사이엔 구멍이 뚫린 얇은 철판(SLIT PLATE)이 배전기 속에 고정되어 회전한다. 유닛 속에는 그림과 같이 발광 다이오드와 포토 다이오으가 2개씩 내장되어 있다. 발광 다이오드에서 나온 빛은 홈이 회전하면 포토 다이오드에 도달한다. 포토 다이오드는 빛을 받으면 통상 다이오드와 반대 방향으로 통전되므로 그림과 같이 전류가 흘러 비교기에 5[V]가 인가되므로 ②단자에서 ECU로 5[V]가 입력된다.

홈(SLIT)이 지나가면 포토 다이오드에서의 빛이 차단되기 때문에 점선에서 나타나는 전류는 흐리지 않게 되고 ②단자는 0[V]로 된다. 이와 같이 4개의 홈(SLIT)에 의해서 얻어지는 펄스 신호가 ECU에 입력되어 점화시기와 엔진회전수를 연산하는 기준신호로 사용되면 내측 1개의 홈(SLIT)에 의해 신호는 1번 실린더 압축 상사점 위치를 검출한다.

전기 회로상에서 크랭크각 신호는 포토 다이오드가 ON이 되면 ②단자 출력은 HIGH인 5[V]이며 NO.1 TDC센서는 포토다이오드 ON이 되면 ④단자 출력은 HIGH인 5[V]로 출력된다. 전압 파형과 크랭크각과의 관계는 그림에도 나내었지만 크랭크각 센서는 BTDC 75° 에서 ON되고 BTDC 5° 에서 OFF된다. 또한, NO.1 TDC센서는 BTDC 85° 에서 ON되고 ATDC 45° 에서 OFF된다.

실험결과 보고서[14]

- 실험내용 : **전자제어 센서 실험**
- 실험일자 : 년 월 일
- 실 험 자 : 조
- 제 출 일 : 월 일

□ 실험목적

1) 각종 전자제어 센서의 종류 및 특성이해
2) 자기진단기 사용방법 익히기
3) 각종 전자제어 센서의 종류별 규정치 알기

1. 주어진 자동차에서 기관의 인젝터 2개를 교환(탈 부착)하고, 자기진단 시험기를 사용하여 각종 센서를 점검한 후 이상부분은 기록표에 기록하시오.

측정 항목	① 점검 또는 측정		②규정값 및 정비(또는 조치)사항	
	고장부위	측 정 값	규정(정비 한계)값	고장내용 및 조치사항
기관센서				

2. 자동차의 기관에서 공기흐름 센서(AFS)와 산소 센서(O_2)의 출력전압을 점검 하시오.

측정 항목	① 측정 또는 점검		② 판정 및 정비(또는 조치)사항	
	측 정 값	규정값	판 정	정비 및 조치사항
AFS 출력전압			양호, 불량	
O2 출력전압				

3. 주어진 자동차에서 공회전 속도조절 서보(스텝모터)의 저항을 점검하여 스텝모터의 고장유무를 확인한 후 기록표 내용에 맞추어 기록하시오.

측정 항목	① 측정 또는 점검		② 판정 및 정비(또는 조치)사항	
	측 정 값	규정(정비 한계)값	판 정	정비 및 조치사항
스텝 모터 저항			양호, 불량	

4. 주어진 자동차에서 스텝 모터(공회전 속도조절 서보)의 저항을 점검하여 스텝 모터의 고장 유무를 확인하시오.

측정 항목	① 측정 또는 점검		② 판정 및 정비(또는 조치)사항	
	이상부위	내용 및 상태	판 정	정비 및 조치사항
전동팬 회로			양호, 불량	

5. 자동차에서 경음기의 음량을 측정하고, 안전기준에 의거 기록표에 기록 판정하시오.

측정항목	구분 1		구분 2
	규 정 값	측 정 값	판정(□에 "☑"표)
경음기 음량	95dB	90~110dB	☑ 적 합 □ 부적합 □ 시정권고 □ 양 호 □ 불 량

▶ 위 측정은 2001년 식으로 측정한 경우. 2000년 이전은90~115dB 임

6. 자동차에서 자기진단(스캐너)을 사용하여 ECS 고장개소를 점검하시오.

구분 1		구분 2	
고장개소	측정값	기 준 값	판정(□에 "☑"표)
조향휠 각도 센서	0 V	조향시 : 1V 이하 직진시 ; 3.5V 이하	□ 적 합 □ 부적합 □ 시정권고 □ 양 호 ☑ 불 량
차속 센서	O mV	150mV	□ 적 합 □ 부적합 □ 시정권고 □ 양 호 ☑ 불 량

7. 자동차에서 자기진단(스캐너)을 사용하여 기관 고장개소를 점검하시오.

구분 1		구분 2	
고장개소	측정값	기 준 값	판정(□에 "☑"표)
TPS	620mmv	공회전 : 480 ~ 520mmv	□ 적 합 □ 부적합 □ 시정권고 □ 양 호 ☑ 불 량
WTS	-49℃	기관 온도에 따라 변화	□ 적 합 □ 부적합 □ 시정권고 □ 양 호 ☑ 불 량

8. 자동차에서 자기진단(스캐너)을 사용하여 ABS 고장개소를 점검 하시오.

구분 1		구분 2	
고장개소	측정값	기 준 값	판정(□에 "☑"표)
ABS 컨트롤 모듈전원 전압측정	1.6v	축전지 전압	□ 적 합 □ 부적합 □ 시정권고 □ 양 호 ☑ 불 량
오른쪽 뒤 ABS 휠 스피드센서	P-P전압 : 142mV	130mV이상	□ 적 합 □ 부적합 □ 시정권고 □ 양 호 ☑ 불 량

15
CHAPTER

에탁스(ETACS)회로

15.1 에탁스(ETACS)

⇨ **실습목적 :** 에탁스(ETACS) 관련 기본 지식을 익히고 에탁스 시스템의 종류별 관련 파형 및 출력 측정방법을 습득하도록 한다.

⇨ **기계기구 :** 전압계, 전류계, 엔진 시뮬레이터, 축전지, 기본 공구 세트

⇨ **예비지식 :** 에탁스(ETACS) 시스템의 기능에 대하여 충분히 숙지하도록 한다.

15.1.1 에탁스의 역할 및 필요성

에탁스(ETACS)는 Electronic(전자), Time(시간), Alarm(경보), Control(제어), System (장치)의 머리글자를 하나씩 따서 만든 합성어 이며, 여기서 알 수 있듯이 자동차 전기장치 중 **시간에 의하여 작동하는 장치 또는 경보를 발생하여 운전자에게 알려주는 장치**를 통합하는 장치라 할 수 있다.

에탁스(ETACS)에서 제어하는 장치를 살펴보면 다음과 같다(차종에 따라 차이가 있음)

① 간헐식 와이퍼

② 와셔 연동 와이퍼

③ 열선 타이머

④ 시트벨트 경고등

⑤ 감광식 룸 램프

⑥ 중앙집중식 도어 잠금장치

⑦ 점화 키 리마인더

⑧ 점화 키 홀 조명

⑨ 파워 윈도우 타이머

⑩ 미등자동 소등

⑪ 트렁크 룸램프 제어

⑫ 도난방지 기능

⑬ 키레스 엔트리 기능 등을 자동 컨트롤하는 시스템으로 수많은 스위치 신호를 입력받아 시간제어 및 경보제어에 관련된 기능을 출력 제어하는 장치이다.

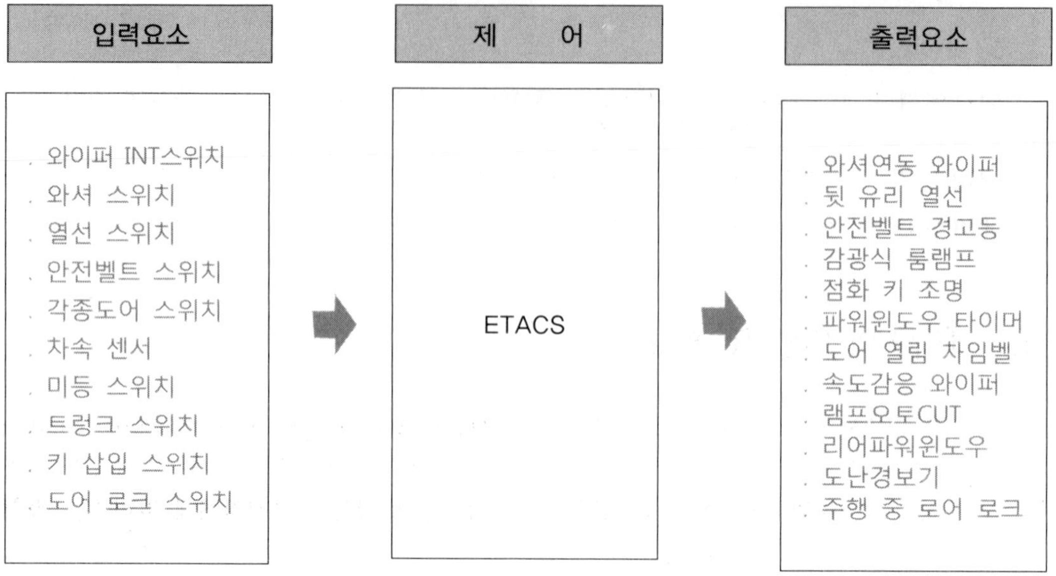

그림 15-1 입력 및 출력 다이어그램

15.1.2 에탁스의 입·출력 신호종류

구 분		타이머 종류
12V펄스 입.출력	입 력	스피드 센서 등
	출 력	시트벨트 경고 감광식 실내등(Duty제어)
on-off 입출력	12V 입출력	와셔입력신호 와이퍼 릴레이 출력
	5V 입출력	디포거 신호 출력 와이퍼 간헐신호 입력
0-5V 펄스파형 출력		4도어, 운전석도어 조수석 도어, Tail 트렁크, 시트벨트 스위치 Code save, Hood

15.1.3 에탁스의 입·출력 점검

에탁스에 입·출력되는 5 V영역의 ON-OFF제어부분에 사용하는 것이 좋다. 전구테스터기를 사용하는 경우 과전류로 인한 부품손상이 올 수 있으므로 사용을 금한다. 또한 빠른 펄스 신호의 경우 아날로그 테스터를 사용하거나 스코프 메타를 사용하는 것이 좋다. 디지털 회로 시험기를 사용하는 경우 판독이 안될 수 있다.

그림 15-2에서는 회로시험기를 사용하여 디포거 스위치 ON-OFF작동의 이상여부를 확인하는 예이다.

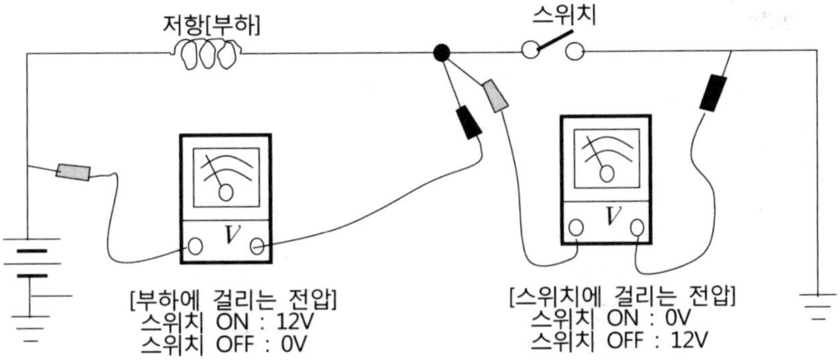

그림 15-2 회로 시험기를 이용한 전압측정

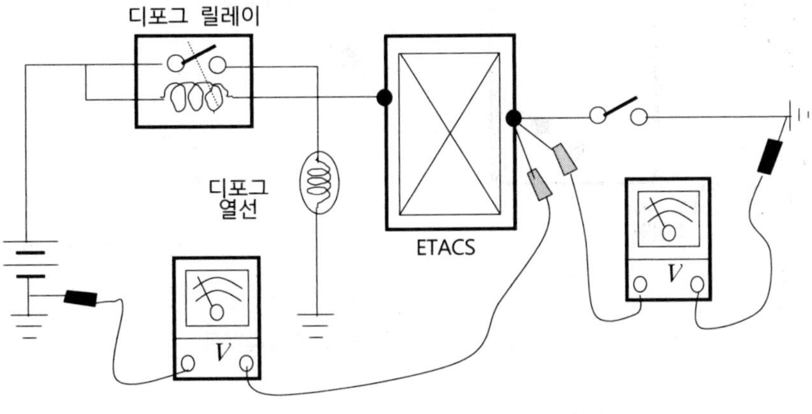

그림 15-3 회로 시험기를 이용한 전압측정

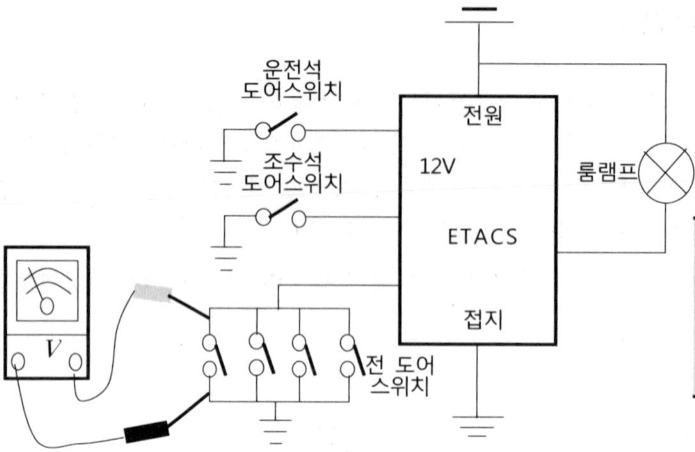

도 어 스위치 출력전압	SW ON (도어열림)	0V
	SW OFF (도어닫힘)	12V

그림 15-4 도어스위치 출력 전압측정

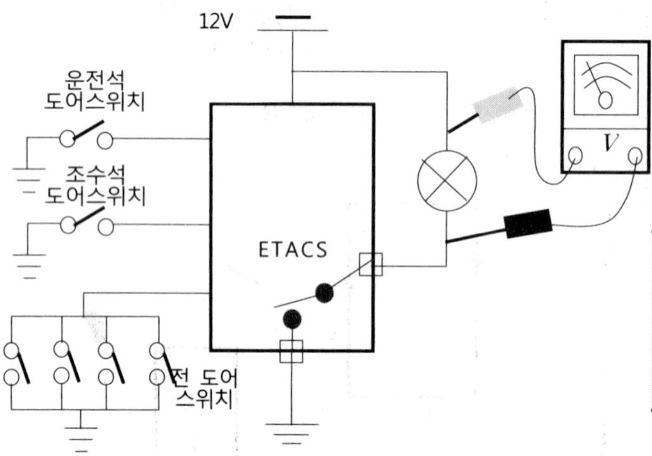

룸램프 전 압	점등 (ETACS 접지)	12V
	소등 (ETACS 접지해제)	0V

그림 15-5 룸램프 출력 전압측정

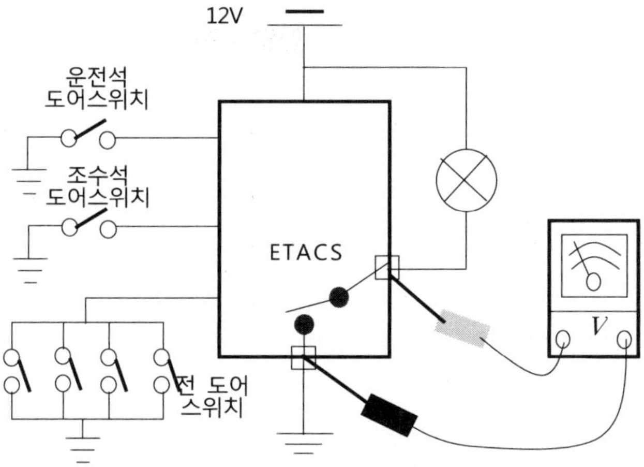

룸램프 출력신호	점등 (ETACS 접지)	0V
	소등 (ETACS 접지해제)	12V

그림 15-6 룸램프 출력신호단자 전압측정

15.2 간헐 와이퍼 제어

(1) 점화스위치가 ON일때 간헐(인터)스위치를 작동시키면 T1후에 와이퍼 출력을 ON으로 하여야 한다.

(2) 간헐와이퍼 작동 중 와이퍼가 다시 작동하는 주기는 간헐볼륨 설정에 따라 T2시간 만큼 차이가 발생한다.

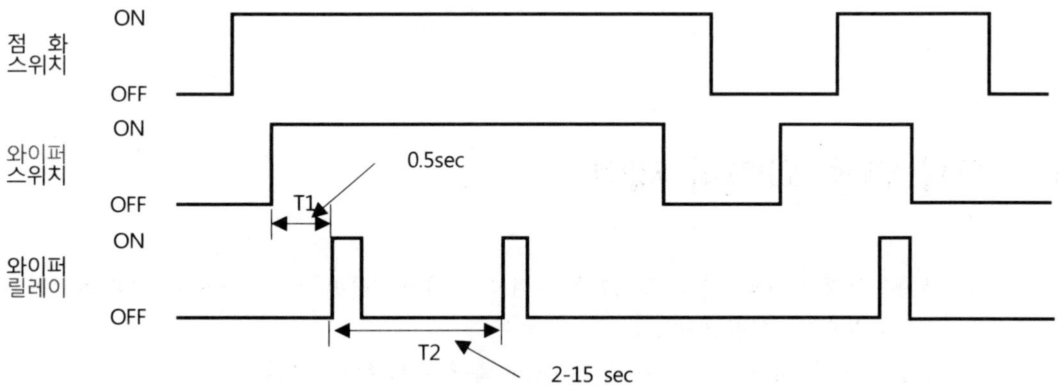

그림 15-7 간헐 와이퍼 제어 타임차트

<table>
<tr><th colspan="2">입력 및 출력 요소</th><th colspan="2">전압수준</th></tr>
<tr><td rowspan="4">입력</td><td rowspan="2">간헐 스위치</td><td>off</td><td>5V</td></tr>
<tr><td>간헐(int)선택</td><td>0V</td></tr>
<tr><td rowspan="2">간헐 가변 볼륨</td><td>fast</td><td>0V</td></tr>
<tr><td>low</td><td>3.8V</td></tr>
<tr><td rowspan="2">출력</td><td rowspan="2">간헐 릴레이 접지</td><td>모터구동</td><td>0V(접지시킴)</td></tr>
<tr><td>모터정지</td><td>12V(접지해제)</td></tr>
</table>

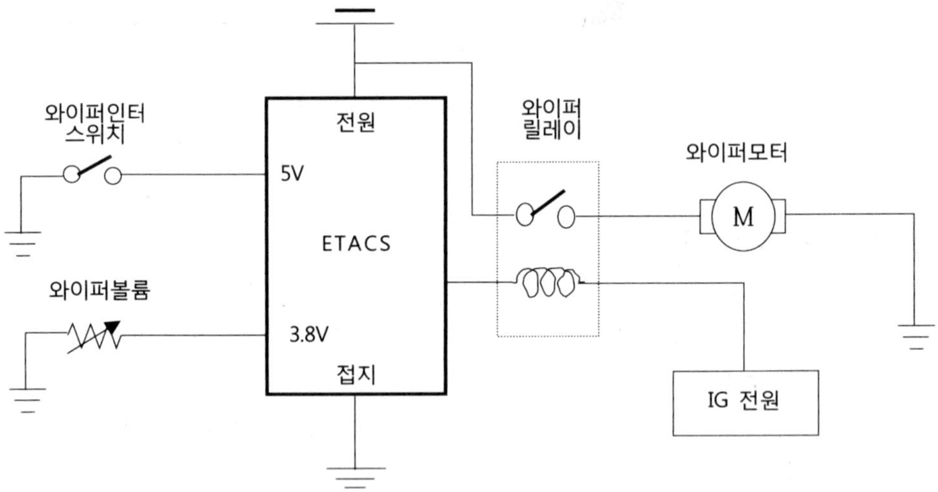

그림 15-8 간헐 와이퍼 제어 구성회로

15.3 와셔 연동 와이퍼 제어

(1) 점화스위치를 ON하였을 때 와셔 스위치를 작동시키면 0.6 - 0.8초 후에 와이퍼 출력을 ON으로 하여야한다.

(2) 와셔 스위치 OFF 후 2-3초 후 와이퍼 출력을 멈추어야한다.

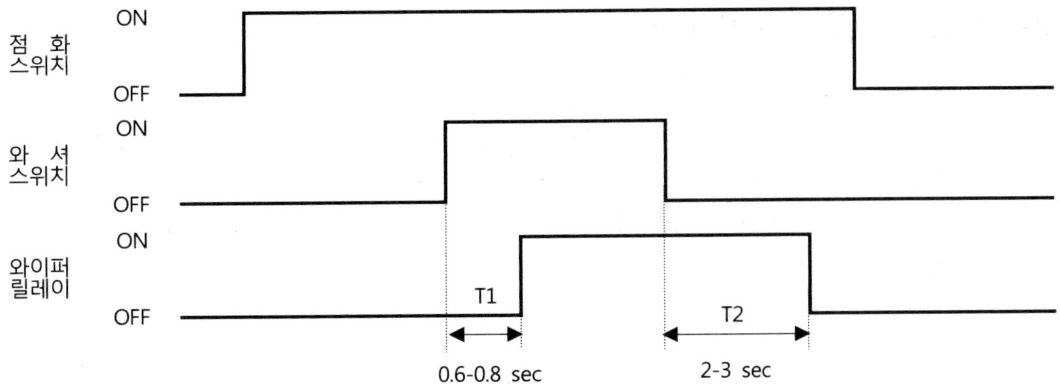

그림 15-9 와셔 연동 와이퍼 제어 타임차트

입력 및 출력 요소		전압수준	
입력	와셔 스위치	off	12V
		와셔작동	0V
출력	간헐 릴레이 접지	모터구동	0V(접지시킴)
		모터정지	12V(접지해제)

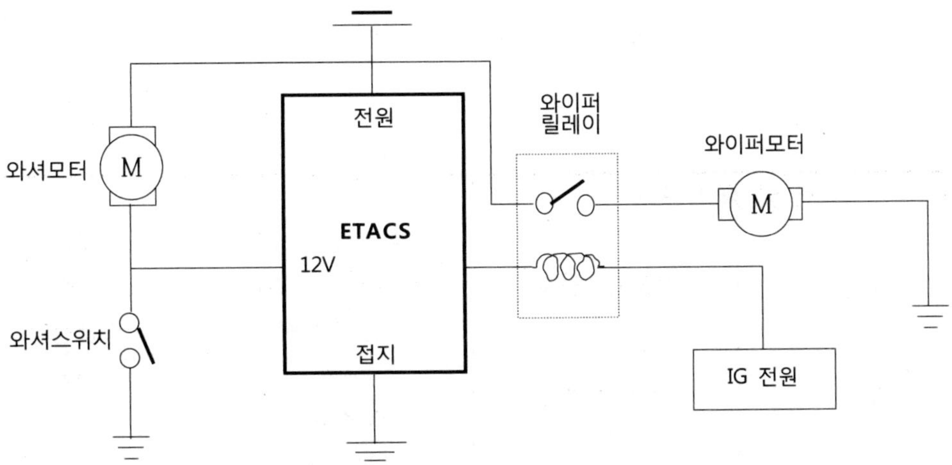

그림 15-10 와셔 연동 와이퍼 제어 구성

15.4 뒷유리 열선 타이머

(1) 발전기 L단자에서 12 V가 출력될 때 열선스위치를 누르면 15분 동안 출력한다.
(2) 열선작동 중 다시 열선을 누르면 출력이 정지된다.
(3) 열선 출력 중 발전기 L단자에서 출력이 없을 경우에도(엔진시동 OFF)열선출력을 정지하여야 한다.

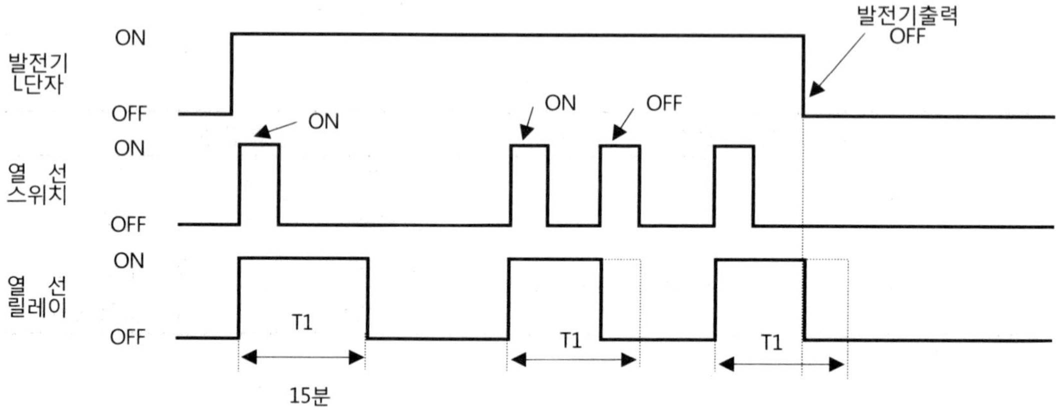

그림 15-11 뒷유리 열선 타이머 타임 차트

입력 및 출력 요소		전압수준	
입력	발전기 L단자	점화스위치 OFF	0V
		점화스위치 ON	2-3V
		엔진 작동중	충전전압
입력	열선 스위치	off	5V
		열선작동	0V
출력	열선 릴레이	열선작동	0V(접지시킴)
		열선해제	12V(접지해제)

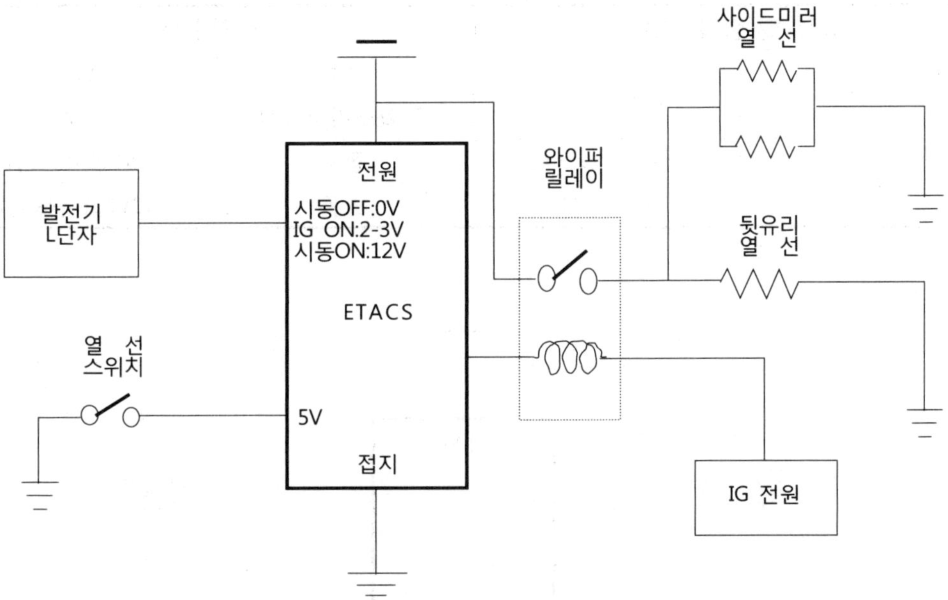

그림 15-12 뒷유리 열선 타이머 구성회로

15.5 안전띠 경고 타이머

(1) 점화스위치 on 상태에서 안전띠 미착용시 경고등과 차임벨은 6초간 0.6초 간격으로 작동한다. 안전벨트를 착용하면 차임벨은 멈추나 램프는 무조건 6초간 작동한다.

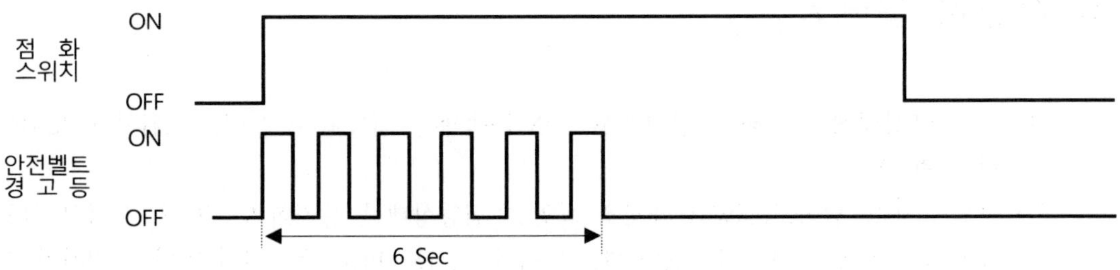

그림 15-13 안전띠 경고 타이머 타임 차트

<table>
<tr><th colspan="2">입력 및 출력 요소</th><th colspan="2">전압수준</th></tr>
<tr><td rowspan="2">입력</td><td rowspan="2">IG1 신호</td><td>off</td><td>12V</td></tr>
<tr><td>점화스위치 ON</td><td>0V</td></tr>
<tr><td rowspan="2">출력</td><td rowspan="2">안전띠 경고등
출력단자</td><td>점등</td><td>0V(접지시킴)</td></tr>
<tr><td>소등</td><td>12V(접지해제)</td></tr>
</table>

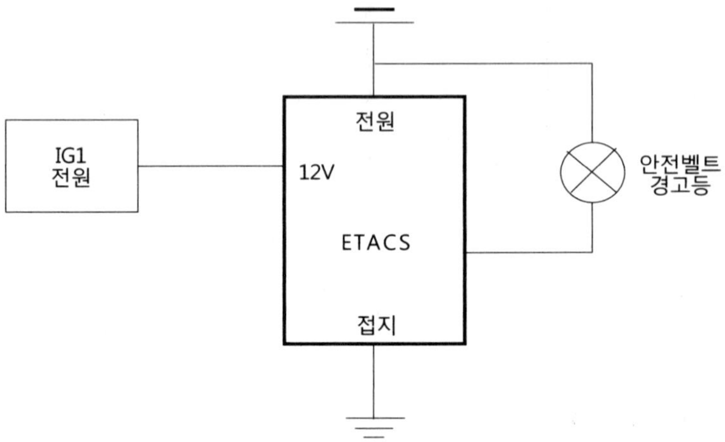

그림 15-14 안전띠 경고 타이머 구성회로

15.6 감광식 실내등

(1) IG OFF상태에서 도어를 열면(S/W ON)룸램프는 점등된다(실내등 스위치가 도어에 있는 경우)

(2) 이후 도어를 닫아도(S/W OFF)2초 동안은 점등상태를 유지하며, 그 후 서서히 감등하여 4초 후에는 완전히 소등된다. (도어를 닫아도 바로 소등되지 않아 운전자가 어두움에 적응할 수 있는 시간을 확보해 준다)

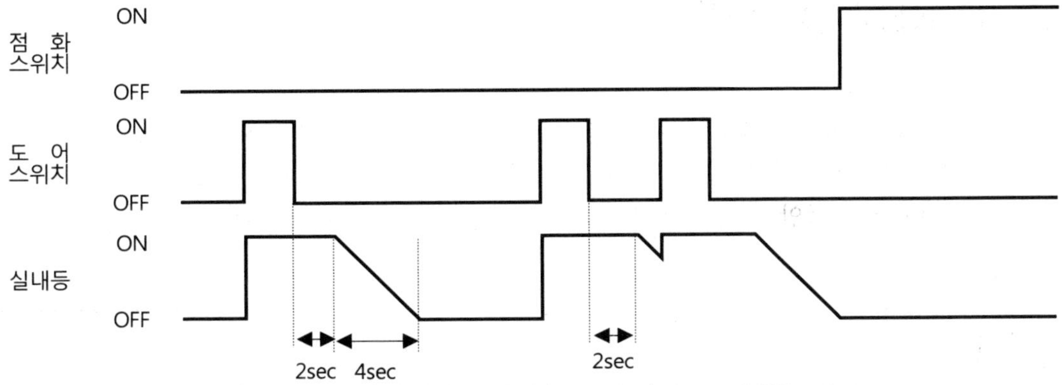

그림 15-15 감광식 실내등 타임 차트

입력 및 출력 요소		전압수준	
입력	도어 스위치	도어열림/SW ON	0V
		도어닫힘/SW OFF	12V
출력	실내등	점등	12V(접지시킴)
		소등	0V(접지해제)
출력	실내등 출력단자	점등	0V(접지시킴)
		소등	12V(접지해제)

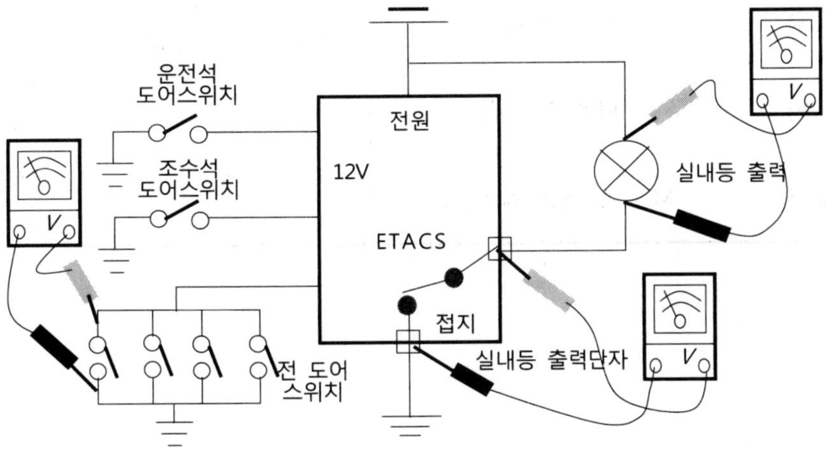

그림 15-16 감광식 실내등 구성회로

15.7 IG KEY 홀 조명

(1) IG key off 상태에서 도어를 열면 홀 조명은 on된다. 점등 후 운전석 door를 닫아도 10초정도 키이 홀에 점등되어 키이 홀을 찾기 쉽도록한다. 그러나 홀조명이 on되어 있는 동안 IG key on되면 조명은 즉시 소등(timer off)된다.

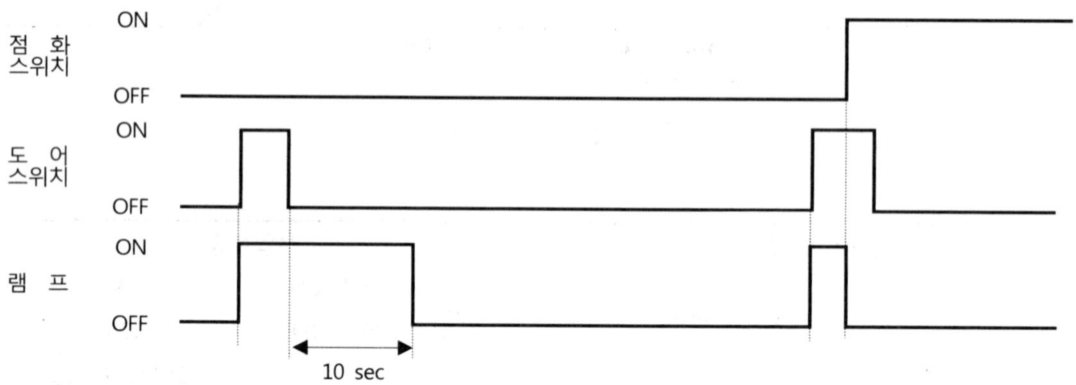

그림 15-17 IG KEY 홀 조명 타임 차트

입력 및 출력 요소		전압수준	
입력	도어 스위치	도어열림/SW ON	0V
		도어닫힘/SW OFF	12V
출력	KEY 홀 조명	점등	12V(접지시킴)
		소등	0V(접지해제)
출력	KEY 홀 조명 출력단자	점등	0V(접지시킴)
		소등	12V(접지해제)

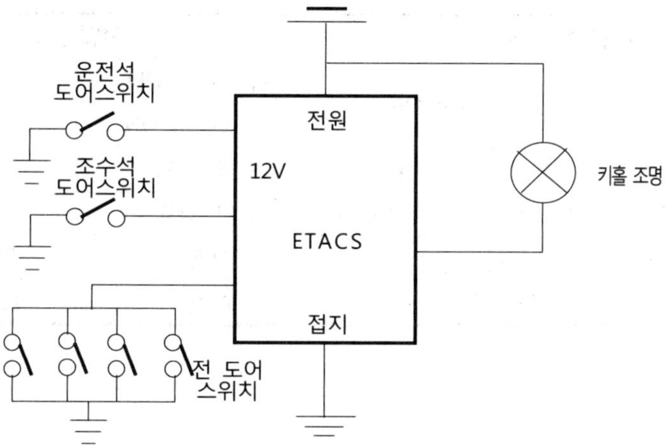

그림 15-18 IG KEY 홀 조명 구성회로

15.8 파워윈도우 타이머

(1) IG key on할 때 파워윈도우 출력도 on된다.
(2) 점화스위치를 off 하드라도 30초 동안 출력을 유지한 후 off한다.
(3) 파워윈도우 출력 30초 유지동안에 운전석 또는 조수석이 열리면(도어 스위치 on) 파워윈도우 출력은 즉시 off한다.

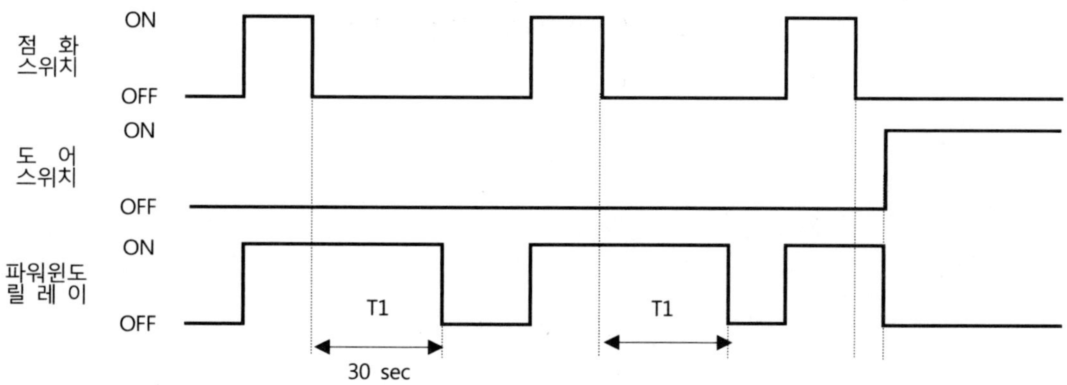

그림 15-19 파워윈도우 타이머 타임 차트

<table>
<tr><th colspan="2">입력 및 출력 요소</th><th colspan="2">전압수준</th></tr>
<tr><td rowspan="2">입력</td><td rowspan="2">점화스위치 ON</td><td>점화스위치 OFF</td><td>0V</td></tr>
<tr><td>점화스위치 ON</td><td>12V</td></tr>
<tr><td rowspan="2">입력</td><td>운전석 도어 스위치</td><td>도어 닫힘</td><td>12V</td></tr>
<tr><td>조수석 도어 스위치</td><td>도어 열림</td><td>0V</td></tr>
<tr><td rowspan="2">출력</td><td rowspan="2">파워윈도우
릴레이 접지</td><td>작동</td><td>0V(접지시킴)</td></tr>
<tr><td>해제</td><td>12V(접지해제)</td></tr>
</table>

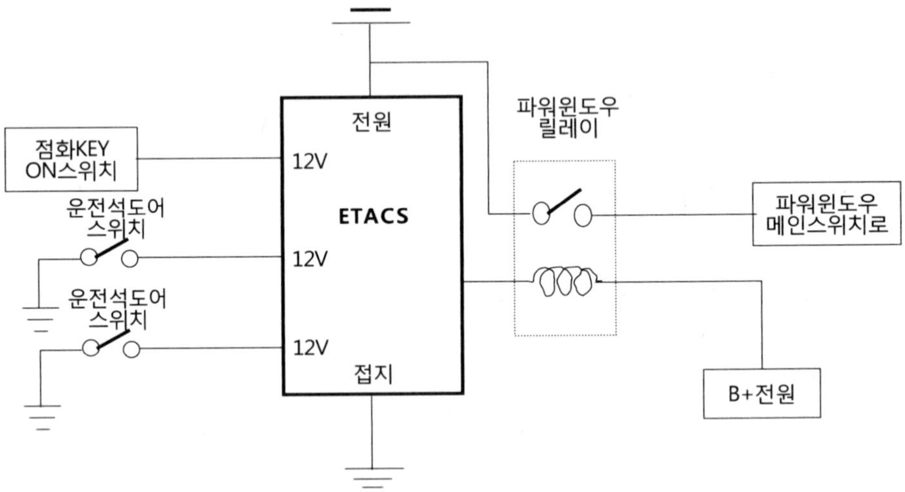

그림 15-20 파워윈도우 타이머 구성회로

15.9 센트롤 록킹 스위치

(1) 운전석 도어 LOCK 스위치를 ON하면 0.5초 동안 LOCK 출력을 'ON'할 것
(2) 운전석 도어 UNLOCK 스위치를 OFF하면 0.5초 동안 UNLOCK 출력을 'ON'할 것
(3) 조수석 도어 LOCK 스위치를 ON하면 0.5초 동안 LOCK 출력을 'ON'할 것
(4) 조수석 도어 UNLOCK 스위치를 OFF하면 0.5초 동안 UNLOCK 출력을 'ON'할 것

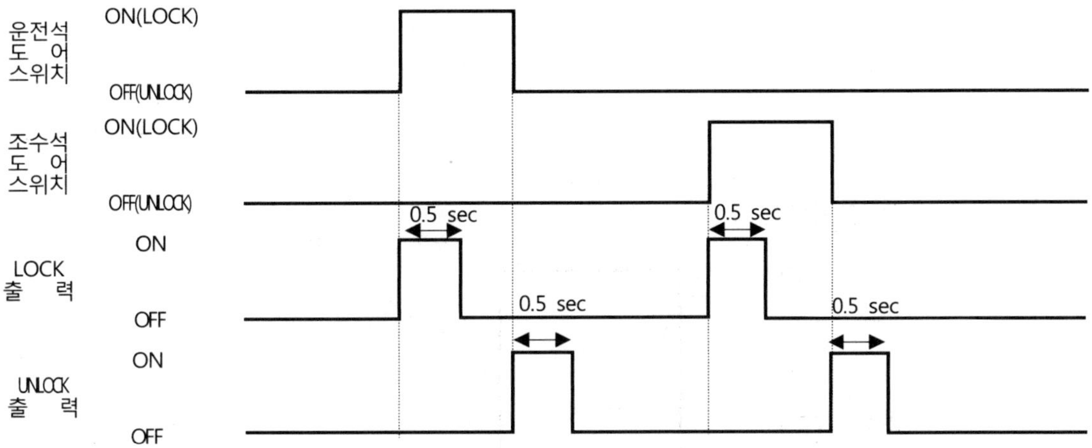

그림 15-21 센트롤 록킹 스위치 타임 차트

입력 및 출력 요소		전압수준(0.5sec동안)	
입력	운전석 도어 록 스위치	LOCK(잠김)	0V
		UNLOCK(풀림)	0V
	조수석 도어 록 스위치	LOCK(잠김)	0V
		UNLOCK(풀림)	0V
출력	도어 록 릴레이 접지	모터구동(잠김/풀림)	0V(접지시킴)
		모터정지	12V(접지해제)

* 도어 록 스위치 LOCK 또는 UNLOCK시(스위치 ON) 모터는 0.5초 정도 구동되므로 인하여 실제적으로 테스터로 스위치전압을 체크할 때는 스위치 OFF(모터정지)상태의 출력값이 측정됨
* LOCK 또는 UNLOCK 스위치의 ON(모터구동)시 0.5초정도 운전석 및 조수석의 도어 록 스위치 출력전압은 OV 유지

입력 및 출력 요소		전압수준(실제 체크전압)	
입력	운전석 도어 록 스위치	LOCK(잠김)	12V
		UNLOCK(풀림)	12V
	조수석 도어 록 스위치	LOCK(잠김)	12V
		UNLOCK(풀림)	12V
출력	도어 록 릴레이 접지	모터구동(잠김/풀림)	0V(접지시킴)
		모터정지	12V(접지해제)

* LOCK 또는 UNLOCK 스위치의 ON(0.5초정도)이후 스위치는 자동적으로 OFF상태로 변환되므로 운전석 및 조수석의 도어 록 스위치 출력전압은 12V 유지

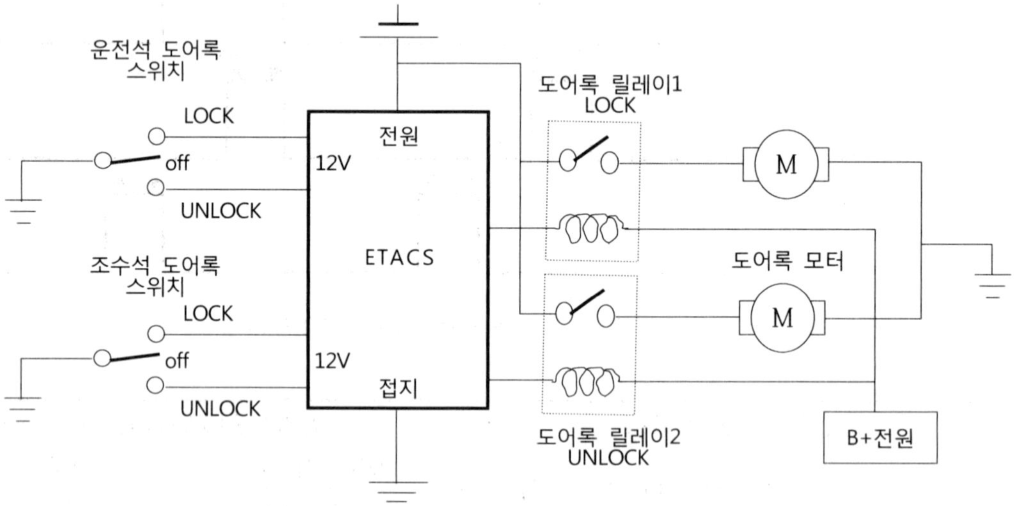

그림 15-22 센트롤 록킹 스위치 구성회로

실험결과 보고서[15]

- **실험내용 : 전자제어 차량의 에탁스(ETACS)회로 점검**
- **실험일자 :** 년 월 일
- **실 험 자 :** 조
- **제 출 일 :** 월 일

□ 실험목적

1) 주어진 전자제어 차량의 에탁스(ETACS)회로에서 이상여부를 확인한다.

1. 주어진 전자제어 차량의 에탁스(ETACS)회로에서 실내등 출력 전압을 점검하여 이상여부를 확인하시오.

측정 항목	규 정 값	측 정 값(상태)	판정	비 고
실내등 출력전압				

* 미등 및 룸 램프 스위치 ON 하고 도어는 닫혀 있는 상태에서 측정/실내등 커버를 탈거 후 테스터기로 +, -단자를 찍어 전압을 측정한다./실내등 on시 : 12 V, off시 : 0 V
※도어 열면 5-6초 자동적으로 룸램프 점등되었다 소등됨

2. 주어진 전자제어 차량의 에탁스(ETACS)회로에서 센트롤 록킹 스위치(중앙 집중식 잠금 장치)의 신호를 점검하여 이상여부를 확인하시오.

측정 항목	규 정 값	측 정 값(상태)	판정	비 고
센트롤 록킹 스위치 입력전압				

■ LOCK 또는 UNLOCK 스위치의 ON시(0.5초정도) 운전석 및 조수석의 도어 록 스위치 출력전압은 OV이나 실제적으로 테스터로 스위치전압을 체크할 때는 스위치 OFF(모터정지) 상태의 출력값이 측정됨

3. 주어진 전자제어 차량의 에탁스(ETACS)회로에서 차량 속도센서의 출력전압을 점검하여 이상여부를 확인하시오.

측정 항목	규 정 값	측 정 값(상태)	판정	비 고
차량속도 센서출력전압				

※ 전압계를 사용할 때에는 아날로그 사용, 디지털은 나오지 않음 (위의 측정값은 리드형식)
■ 차를 리프트에 올려 테스트를 자동변속기 스피드단자에 꼭 끼운 다음 손으로 바퀴를 돌립니다. 그러면 아날로그 테스터의 지침이 움직이다. 그때 측정값을 읽는다.

4. 주어진 전자제어 차량의 에탁스(ETACS)회로에서 트렁크 리드 및 연료등 캡을 점검하여 이상여부를 확인하시오

측정 항목	측 정 값 (상 태)	판 정	비 고
트렁크 리드		양 호	
연료등 캡			

■ 트렁크 스위치나 연료등 캡 스위치 쪽에 테스터를 물린 후 작동시켰을 경우와 작동시키지 않았을 경우 테스터의 측정값을 읽는다.
※ 축전지 쪽 (+)와 에탁스 출력(접지) 점검하여 트렁크 룸램프 점등 안될 시 에탁스 출력을 강제 접지하여 점등 안될 시 램프 혹은 전원 불량이며 점등 되면 에탁스 불량

5. 주어진 전자제어 차량의 에탁스(ETACS)회로에서 와이퍼 스위치의 위치별 작동신호를 점검하여 이상여부를 확인하시오.

측정 항목	규 정 값	측 정 값(상태)	판정	비 고
와이퍼 스위치 on				
int time				
단계별 상태				

■ 와이퍼 모터 옆 커넥터의 +단자와 -자체에 테스터를 찍은 후 와이퍼를 작동시킬 때와 작동시키지 않을 때의 전압을 체크한다. 커넥터 단지의 빨간색이 +단자전원 선이다. 중간에 코일이 있어 / on시 : 0 V / off시 12 V
※ 에탁스 회로는 대체로 펄스 신호 나오므로 아날로그 시험기 사용하거나 스코프 사용하여 펄스 신호가 나오면서 TIME 시간 체크하는 것이 정확하나, 전압측정은 전압 나오면 대체로 정상

6. 주어진 전자제어 차량의 에탁스(ETACE) 회로에서 운전석 윈도우 레귤레이터 출력신호를 점검하여 이상 여부를 확인하시오.

측정 항목	규 정 값	측 정 값(상태)	판정	비 고
운전석 윈도우 레귤레이터 출력신호				

■ 에탁스 관련 신호종류는 회로를 파악하여 입력신호인지, 아니면 액츄에이터 구동하는 출력신호인지를 구분하여야 한다.

7. 주어진 전자제어 차량의 에탁스(ETACS)회로에서 에어컨 에버포레이터(증발기) 온도 센서 출력값을 점검하여 이상여부를 확인 하시오.

측정 항목	측 정 값 (상 태)	판 정	비 고

8. 주어진 전자제어 차량의 에탁스(ETACS) 회로에서 외기 온도 입력 신호값을 점검하여 이상 여부를 확인하시오.

측정 항목	측 정 값 (상 태)	판 정	비 고
외기 온도 입력 신호값	4.8V	양 호	

■ 주로외기온도 센서는 라디에이터 전면 중앙 하단부에 장착 되어있고 온도가 올라가면 저항값 내려가는 부특성 써미스터이므로 출력전압은 증가된다, 입력은 약 5 V / 출력은 10℃=4.0 V 20℃= 3.6 V 60℃=1.9 V 80℃= 1.2 V 정도

9. 주어진 전자제어 차량의 에탁스(ETACS) 회로에서 센트롤 록킹 스위치(중앙집중식 잠금장치) 점검하여 이상 여부를 확인하시오

측정 항목	규정값	판 정	비 고
센트롤 록킹 스위치		불량	

■ 운전석 창문을 올리고 내리는 부분에 도어록 스위치가 있다. 스위치 커넥터에 테스터 단자를 찍은 후 on off시 측정값을 읽는다.

10. 주어진 전자제어 차량의 에탁스(ETACS) 회로에서 컨트롤 유닛의 기본 입력 전압을 점검하여 이상 여부를 확인하시오

측정 항목	측 정 값 (상 태)	판 정	비 고
컨트롤 유닛의 기본 입력전압			

■ 에탁스는 항상 롬(ROM)에 기억값이 있기 때문에 키이 OFF시에도 전원이 들어와 있다. 키이를 IG상태에 놓으면 다른 단자에도 전원이 들어온다. 테스터기로 하나하나 찍은 후 측정값을 읽으면 된다.

11. 주어진 전자제어 차량의 에탁스(ETACS) 회로에서 와이퍼 스위치의 위치별 작동신호를 점검하여, 이상 여부를 확인하시오

측정 항목	측 정 값 (상 태)	판 정	비 고
와이퍼 스위치 위치별 작동신호			

■ 커넥터 단자에 찍은 후 측정한다. 와이퍼 ON시 : 0V / OFF시 : 12V

부록 I (규정치)

□ 규정치 비교(전기)

구 분	기 준	규 정 치	비 고
CO, HC (승용차)	1988.1.1.-2000.12.31	CO:1.2%이하 HC:220PPM이하	LPG:HC=400PPM이하 경차:2.5%이하/400PPM이하
	2001.1.1.-2005.12.31	CO:1.2%이하 HC:220PPM이하	
	2006.1.1.-	CO:1.0%이하 HC:120PPM이하	
디젤 매연도 (경자동차/승용차)	-1995.12.31	40% 이하	
	1996.1.1.-2000.12.31	35% 이하	
	2001.1.1.-2003.12.31	30% 이하	
	2004.1.1.-2007.12.31	25% 이하	
	2008.1.1.-	10% 이하	
배기소음 (배기음)	1996.1.1. 기준	전 : 103 db 이하 후 : 100 db 이하	
경음기 소음	2000.1.1. 기준	전 : 115 db 이하 후 : 110 db 이하	
분사시기	디젤	ATDC 4±1'	750±50 RPM
	가솔린(점화시기)	BTDC 5±1'	MPI:700±50 RPM
크랭킹 전압강하	실차(부하)	9.6V 이상 (20%)	150A 이하(3배)
	기동장치만(무부하)	10.8V 이상 (10%)	45-55A(±10%)
전조등 시험	광도	2등식 : 15,000 cd 이상 4등식 : 12,000 cd 이상	
	광축	좌측등 :좌≤15, 우≤30	상진폭≤10[Cm] 하진폭≤높이×0.3[Cm]
		우측등 :좌≤30, 우≤30	
인젝터 파형	분사시간	2.2 - 3.3 ms	전압변화 1V이내
	서지전압	84 - 88 V	
점화전압	1차 전압	접점식 :200-300 V	TR식 :300-400 V
	2차 전압	유연 :20KV 이상	무연 :30KV 이상
발전기 출력전압	전압	13.5V 이상-17V이하	
	전류	70%이상	(65A라면-45.5A이상)
산소센서 파형	전압파형	0.1 - 0.9 V 이내	파형주기 : 2초
원동기 형식	G4DRM 12345 : 사용연료-엔진분류-개발순서-엔진형식-제작년도-일련번호		
TPS 출력전압		0.4-0.6V	
MPS 출력전압		0.5-1.3V	

* 차종에 따라 규정치 달리할 수 있음

□ 차종별 규정값(전기)

구 분 \ 차 종		아반테 XD	EF 소나타	NF 소나타	기타차량
발전기 출력 전압 (파형)	전압 범위	. 13.5~14.8V . 13.5~14.8V 정상 			
발전기 출력 전류	공전상태	. 10A이하 :출력전류가 축전지 완전 충전 상태에서도 10A 이상 나오면 전기배선 단락 혹은 발전기 조정기 고장			
	정격전류 (70%이상 양호)	80A출력 13.5V-2500RPM	95A출력 13.5V-2500RPM	95A출력 13.5V-2500RPM	70A출력 12.0V-2500RPM
축전지 용량 시험	방전전류	. 축전지 용량의 3배로 15초 이내에서 부하걸어 해제 하였을 때 = 9.6v 이상			
축전지 비중	20℃	. 1.260 = 완전 충전 . 1.220 =20% 방전 . 1.160 =40% 방전 . 1.120 =60% 방전			
경음기 음량	규정값	. 측정위치=전방2m, 높이1.2±0.05m . 99.12.31 이전제작차량 ; 115dB이하			
크랭킹 시험	전압	. 9.6V 이상			
	전류	. 정확한 규정값은 없음, . 1500CC 차량≒120A 이하 2000CC≒ 150A 이하			
파워 TR 동작 시험	전원미연결	. C-E 단자 전원 미연결시 ; C→E 단지 비도통			
	전원 연결	. C-E 단자 전원 연결시 ; C→E 단지 도 통			
축전지 충전	충전 전류	. 보통 충전 : 축전지 용량의 10%이하 . 급속충전 축전지 용량의 50% 이하			
전조등 주광축 방향	좌우 진폭	. 좌측등 좌15cm ~ 우30cm 사이 . 우측등 좌30cm ~ 우30cm 사이			
	상하 진폭	. 상 10cm ~하 전조등 높이의 3/10cm 사이			
점화 전압	1차	. 300v 이상			
	2차	. 점화플러그 점화 전압 8~10kv . 점화코일 점화 전압 ; 30kv 이 상			
에어컨 벨트	10 kg힘 누름	7~9 mm	9~11 mm	9~11 mm	9~11 mm
DPDJZJS 라인 압력	고압측 저압측	정상:저압:1.5~2.0kg.cm^2(21- 28PSI) ,고압 : 14.5~15.0kg.cm^2 (206-213PSI) . 냉매량이 부족한 경우 .저압 : 0.8kg.cm^2 .고압 : 8~9kg.cm^2 정도 . 냉매량이 많은 경우 . 저압 : 2.5kg.cm^2 . 고압 : 20kg.cm^2 정도			

□ 차종별 제원

항목			EF 소나타 1.8 2.0DOHC	EF 소나타 2.5DOHC	소나타Ⅲ 1.8,2.0SOHC	소나타Ⅲ 1.8,2.0DOHC
점화코일	형식		2개 몰드코일	3개 몰드코일	한 개 몰드코일	2개 몰드코일
	1차코일		0.78Ω	0.74±10%Ω	0.8±0.08Ω	0.86±0.09Ω
	2차코일		20KΩ	13.3±15%KΩ	12.1±1.2KΩ	12.1±1.8KΩ
스파크플러그	형식	NGK	BPR6E S-11	PFR5N-11	BPR6E S-11	BPR6E S-11
		Champion	RN9YC4	RC10PYP4	N9YC4	N9YC4
	플러그 간극		1.0~1.1mm	1.0~1.1mm	1.0~1.1mm	1.0~1.1mm
기동시스템	출력		1.2KW/12V	1.2KW/12V	0.9KW/12V	1.2KW/12V
	피니언잇수		8	8	8	8
	무부하	전압	11V	11V	11.5V	11V
		전류량	90A	90A	60A	90A
		속도	3000RPM	2800RPM	6600RPM	3000RPM
발전기	형식		타여자식	타여자식	타여자식	타여자식
	정격출력		13.5V/95A	13.5V/95A	13.5V/95A	13.5V/95A
	로터속도		1000~18000RPM	1000~18000RPM	1000~18000RPM	1000~18000RPM
	전압조절기		전자식 내장형	전자식 내장형	전자식 내장형	전자식 내장형
	조정전압		14.4±0.3V	14.4±0.3V	14.4±0.3V	14.4±0.3V
	온도보상		-10±3mV/°C	-10±3mV/°C	-10±3mV/°C	-10±3mV/°C
축전지	형식		55/60AH(20HR)	68AH(20HR)	MF68B	N×100~S6MF
	냉각시동전류		540A	540A	433A	433A
	보존용량률		122분	122분	80분	80분
점화방식	형식		무접점방식	무접점방식	무접점온도센서	무접점온도센서
	진각장치		ECU에 의해조절	ECU에 의해조절	ECU에 의해조절	ECU에 의해조절
	점화순서		1-3-4-2	1-3-4-2	1-3-4-2	1-3-4-2

□ 차종별 제원

항목 \ 차종			아반테 XD	베르나	투스카니(2.0)	아토스(무연)
점화코일	형식		몰드코일방식	2개 몰드코일	몰드코일방식	2개 몰드코일
	1차코일		0.5±0.05Ω	0.5±0.05Ω	0.5±10%Ω	0.86±0.09Ω
	2차코일		12.1±1.8KΩ	12.1±1.8KΩ	12.1±10%KΩ	12.1±1.8KΩ
스파크플러그	형식	NGK	BKR5ES-111	BKR5ES-11	BKR5ES-11	BPR6E S-11
		Champion	RC10YC4	RC10YC4	RC10YC4	RC10YC4
	플러그 간극		1.0~1.1mm	1.0~1.1mm	1.0~1.1mm	1.0~1.1mm
기동시스템	출력		1.9KW(1.5)1.2KW(2.0)	1.2KW/12V	1.2KW/12V	1.8KW/12V
	피니언잇수		8	8	8	8
	무부하	전압	11.5V	11V	11V	11.5V
		전류량	60A	90A	90A	53A
		최저속도	6500RPM	2800RPM	3000RPM	6000RPM
발전기	형식		타여자식	타여자식	타여자식	타여자식
	정격출력		13.5V/80A	13.5V/75A	13.5V/90A	12V/60A
	로터속도		1000~18000RPM	1000~18000RPM	1000~18000RPM	1000~18000RPM
	전압조절기		전자식 내장형	전자식 내장형	전자식 내장형	전자식 내장형
	조정전압		14.4±0.3V	14.4±0.3V/20°C	14.4±0.3V	14.7±0.3V
	온도보상		-10±3mV/°C	-10±3mV/°C	-10±3mV/°C	-7±3mV/°C
축전지	형식		MF44AH	MF44AH	68AH	MF30AH
	냉각시동전류		380A	380A	600A	290A
	보존용량률		80분	80분	110분	42분
점화방식	형식		무접점방식	무접점방식	무접점온도센서	무접점온도센서
	진각장치		ECU에 의해조절	ECU에 의해조절	ECU에 의해조절	ECU에 의해조절
	점화순서		1-3-4-2	1-3-4-2	1-3-4-2	1-3-4-2

부록 II (단위)

□ 길이(Length)

미터법 (Meter Units)			야아드 및 파운드법 (British or U.S. Units)				척관법 (Korean Units)			
센티미터 (Cenetimeter)	미터 (Meter)	킬로미터 (Kilometer)	인치 (Inch)	피이트 (Feet)	야아드 (Yard)	마일 (Mile)	척 (cheok)	간 (Gan)	정 (Jeong)	리 (Ri)
1	*0.01*	*0.00001*	*0.3937*	*0.03281*	*0.01094*	*0.000006*	*0.033*	*0.0055*	*0.000092*	---
100	*1*	*0.001*	*39.37*	*3.2808*	*1.0936*	*0.00062*	*3.3*	*0.55*	*0.009166*	*0.00025*
100,000	*1,000*	*1*	*39370.7*	*3280.8*	*1093.6*	*0.62137*	*3300*	*550*	*9.1666*	*0.25463*
2.54	*0.0254*	*0.000025*	*1*	*0.08333*	*0.02777*	*0.000015*	*0.08382*	*0.01397*	*0.000232*	---
30.48	*0.3048*	*0.000304*	*12*	*1*	*0.333*	*0.000189*	*1.0058*	*0.16763*	*0.002793*	---
91.44	*0.9144*	*0.000914*	*36*	*3*	*1*	*0.000568*	*3.0175*	*0.50292*	*0.008381*	*0.000232*
160,930	*1,609.3*	*1.6093*	*63360*	*5280*	*1760*	*1*	*5310.8*	*885.12*	*14.752*	*0.40978*
30.303	*0.30303*	*0.000303*	*11.93*	*0.99419*	*0.33139*	*0.000188*	*1*	*0.16666*	*0.002777*	*0.000077*
181.818	*1.81818*	*0.001818*	*71.582*	*5.96514*	*1.98838*	*0.001129*	*6*	*1*	*0.01666*	*0.00046*
10,909.08	*1.9.091*	*0.10919*	*4294.94*	*357.912*	*119.304*	*0.06779*	*360*	*60*	*1*	*0.02777*
392,727	*3,927.27*	*3.92727*	*154620*	*12885*	*4295*	*2.4403*	*12960*	*2160*	*36*	---

□ 부피(Capacity)

미터법 (Meter Units)			야아드 및 파운드법 (British or U.S. Units)						척관법 (Korean Units)			
밀리리터 Mililiter	리터 (Liter)	킬로리터 (Kiloliter)	입방인치 (Cub.Inch)	입방피이트 (Cub. Feet)	입방야아드 (Cub. Yard)	(미)붓셀 (Bushel)	(미)액체파인트(Pint)	(al)액체갈론 (U.S. Gallon)	홉 (Hob)	승 (Seung)	두 (Du)	석 (Seok)
1	*0.001*	*0.000001*	*0.061024*	*0.000035*	*0.000001*	*0.000028*	*0.002133*	*0.000264*	*0.005543*	*0.000554*	*0.000055*	*0.000005*
1,000	*1*	*0.001*	*61.024*	*0.035315*	*0.001308*	*0.028378*	*2.113423*	*0.264177*	*5.435*	*0.55435*	*0.055435*	*0.005543*
1,000,000	*1000*	*1*	*61,024*	*35.315*	*1.30796*	*28.378*	*2113.42*	*264.177*	*5543.5*	*554.35*	*55.435*	*5.5435*
16.387	*0.01638*	*0.000016*	*1*	*0.000578*	*0.000021*	*0.000465*	*0.000034*	*0.004329*	*0.0908*	*0.0009.8*	*0.00908*	*0.0000908*
28,316.8	*28.317*	*0.02831*	*1,728*	*1*	*0.03704*	*0.8036*	*53.85996*	*7.48051*	*156.98*	*15.698*	*1.5698*	*0.156980*
764,529.8	*764.53*	*0.76453*	*46.656*	*27*	*1*	*21.7013*	*0.001631*	*201.97*	*4238.09*	*423.809*	*42.380*	*1.2380*
35,238.32	*35.2383*	*0.035238*	*2,150.42*	*1.2444*	*0.04608*	*1*	*74.4768*	*9.3096*	*195.346*	*19.5346*	*1.9534*	*0.19534*
473.18	*0.47318*	*0.000473*	*28.875*	*0.01671*	*0.000619*	*0.13427*	*1*	*0.125*	*2.623*	*0.2623*	*0.0262*	*0.00262*
3,785.4	*3.7854*	*0.00378*	*231*	*0.13368*	*0.004951*	*0.10742*	*8*	*1*	*20.984*	*2.0984*	*0.20984*	*0.02098*
180.39	*0.18039*	*0.000180*	*11.089*	*0.00637*	*0.000235*	*0.00519*	*0.38123*	*0.04765*	*1*	*0.1*	*0.01*	*0.001*
1,803.9	*1.8039*	*0.00180*	*110.08*	*0.0637*	*0.002359*	*0.05119*	*3.8123*	*0.4765*	*10*	*1*	*0.1*	*0.01*
18,039	*18.039*	*0.01803*	*1,100.8*	*0.637037*	*0.023594*	*0.5119*	*38.123*	*4.7654*	*100*	*10*	*1*	*0.1*
180,390	*180.39*	*0.18039*	*11,008*	*6.37037*	*0.23594*	*5.119*	*381.23*	*47.654*	*1000*	*100*	*10*	*1*

□ 면적(Area)

미터법 (Meter Units)				야아드 및 파운드법 (British or U.S. Units)			척관법 (Korean Units)			
평방미터 (Square meter)	아아르 (Are)	헥타아르 (Hectare)	평방킬로미터 (Sq. Kilometer)	평방피트 (Sq. Feet)	평방야아드 (Sq. Yard)	에이커 (Acre)	평방척 (Sq. Cheok)	평 (Pyeong)	단(반)보(Dan(ban) bo)	정보 (Jeongbo)
1	0.01	0.0001	0.000001	10.764	1.1968	0.000247	10.89	0.3025	0.001008	0.0001
100	1	0.01	0.0001	1076.4	119.68	0.024711	1089	30.25	0.10083	0.01008
10000	100	1	0.01	107640	11968	2.4711	108900	3025	10.083	1.0083
1000000	10000	100	1	10764000	196800	247.11	10890000	302500	1008.3	100.83
0.092903	0.000929	0.000009	---	1	0.1111	0.000022	1.0117	0.0281	0.000093	0.000009
0.83613	0.008361	0.000084	---	9	1	0.000207	9.1055	0.25293	0.000843	0.000084
4045.8	40.468	0.40468	0.004047	43560	4840	1	44071.2	1224.2	4.0806	0.40806
0.091827	0.00918	0.000009	---	0.98841	0.10982	---	1	0.02778	0.000092	0.000009
3.3058	0.033058	0.000331	0.000003	35.583	3.9537	0.000817	36	1	0.003333	0.000333
991.74	9.9174	0.099174	0.000992	10674.9	1186.1	0.24506	10800	300	1	0.1
9197.4	99.174	0.99174	0.00992	106749	11861	2.4506	108000	3000	10	1

□ 무게(Weight)

미터법 (Meter Units)			야아드 및 파운드법 (British or U.S. Units)					척관법 (Korean Units)		
그램 (Gram)	킬로그램 (Kilo Gram)	톤(Ton)	그레인 (Grain)	온스 (Ounce)	파운드 (Pound)	미톤 (Short Ton)	영톤 (Long Ton)	양 (Yang)	근 (Geun)	관 (Gwan)
1	0.001	0.000001	15.432	0.03527	0.0022	0.000001	---	0.26666	0.00166	0.000266
1000	1	0.001	15432	35.273	2.20459	0.0011	0.00098	266.666	1.66666	0.26666
1000000	1000	1	---	35273	2204.59	1.1023	0.98421	266666.6	1666.66	266.666
0.064798	0.000064	---	1	0.002285	0.000143	---	---	0.1728	0.00108	0.000017
28.3495	0.02835	0.000028	437.5	1	0.0625	0.000031	0.000027	7.56	0.4725	0.00756
453.592	0.45359	0.000454	7000	16	1	0.000504	0.00045	120.96	0.756	0.12096
907180	907.18	0.90718	---	32000	2000	1	0.8929	241915	1511.968	241.915
1016050	1016.05	1.01605	---	35840	2240	1.12	1	27.944	1693.4	270.95
3.75	0.00375	0.000004	57.872	0.1323	0.00827	---	---	1	0.00625	0.001
600	0.6	0.0006	259.556	21.1647	1.32279	0.000661	0.00059	160	1	0.16
3750	3.75	0.00375	57872	132.28	8.2672	0.00413	0.00369	1000	6.25	1

□ 기본단위 및 보조단위

양(量)	단위의 명칭	단위의 기호	량(量)	단위의 명칭	단위의 기호
길 이	미 터	m	온 도	캘 빈	K
질 량	킬로그램	kg	강 도	칸 데 라	cd
시 간	초	s	물질의 양	몰	mol
전 류	암 페 어	A	입 체 각	스타라디안	ar
평 면 각	라 디 안	rad			

□ 접두어

배 수	명 칭	기 호	배 수	명 칭	기 호
10^{18}	엑 사	E	10^{-1}	데 시	d
10^{15}	페 타	P	10^{-2}	센 티	c
10^{12}	테 라	T	10^{-3}	밀 리	m
10^{9}	기 가	G	10^{-6}	마이크로	μ
10^{6}	메 가	M	10^{-9}	나 노	n
10^{3}	킬 로	k	10^{-12}	피 코	p
10^{2}	헥 토	h	10^{-15}	헴 토	f
10^{1}	데 카	da	10^{-18}	아 토	a

□ 그리스문자

원 문 자		호 칭	원 문 자		호 칭	원 문 자		호 칭	원 문 자		호 칭
대	소		대	소		대	소		대	소	
Α	α	알 파	Η	η	이 타	Ν	ν	뉴-	Τ	τ	타 우
Β	β	베 타	Θ	θ	쎄 타	Ξ	ξ	크사이	Υ	υ	입시론
Γ	γ	감 마	Ι	ι	이오타	Ο	ο	오미크론	Φ	φ	화 이
Δ	δ	델 타	Κ	κ	카 파	Π	π	파 이	Χ	χ	카 이
Ε	ε	입실론	Λ	λ	람 다	Ρ	ρ	로-	Ψ	ψ	프사이
Ζ	ζ	제 타	Μ	μ	뮤-	Σ	σ	시그마	Ω	ω	오메가

□ SI단위와 미터계 단위의 비교

양(量)	SI단위 기호	미 터 계 단 위		환산표
		명 칭	기 호	m계 / SI
힘	N	다 인	dyn	10^{-5}
		중량 kg	kgf	9.80665
압 력	Pa	수 주	kgf / cm^2	98066.5
		수은주	mmH_2O	9.80665
			$mmHg$	133.32
		기 압	bar	100000
가속도	m / s^2	갈	Gai	10^{-2}
에너지	J	에르그	erg	10^{-7}
점 도	$Pa \cdot S$	포아즈	P	10^{-1}
동점도	m^2 / S	스톡스	st	10^{-4}
열 류	kW	미국냉돈톤	USRT	3.51628

□ 고유명칭을 가진 조립단위

양(量)	단위의 명칭	단위기호 정의	양(量)	단위의 명칭	단위기호 정의
주 파 수	헤르츠	$Hz = S^{-1}$	전기저항	오 옴	$\Omega = V/A$
힘	뉴우톤	$N = kgm/S^2$	컨덕턴스	지이멘스	$S = \Omega^1$
압력, 응력	파스칼	$Pa = N/m^2$	자 속	웨 버	$Wb = V \cdot s$
에너지, 일, 일량	주 울	$J = N \cdot m$	자속밀도	테스라	$T = Wb/m^2$
일률 또는 동력	와 트	$W = J/s$	인덕턴스	헨 리	$H = Wb/A$
전하, 전기량	클 롱	$C = A \cdot s$	광 속	루우멘	$lm = cd \cdot sr$
전압, 전위	볼 트	$V = J/C = W/A$	조 도	럭 스	$lx = lm/m^2$
정전용량, 케피시턴스	패 럿	$F = C/V$	-	-	-

□ 일반적으로 사용하는 SI단위

양(量)	SI 단위	양(量)	SI 단위	양(量)	SI 단위
진 동 수	Hz	표 면 장 력	N/m	열 용 량	J/K
운 동 량	kg·m/s	선 팽창계수	K^{-1}	전 력 량	J
모 멘 트	N·m	비 열	J/(kg·K)	파 장	m
점 도	Pa·s	열 전 도 율	W/(m·K)	광 량	lm·s
동 점 도	m^2/s	열 전달계수	$W/(m^2·K)$	휘 도	cd/m^2

□ 길 이

단 위	센티미터	미터	인치	피트	야드	마일	자	간	정	리
센티미터	1	0.01	0.3937	0.0328	0.0109	....	0.033	0.0055	0.00009	....
미터	100	1	39.37	3.2808	1.0936	0.0006	3.3	0.55	0.00917	0.00255
인치	2.54	0.0245	1	0.0833	0.0278	....	0.0838	0.0140	0.00232	....
피트	30.48	0.3048	12	1	0.3333	0.00019	1.0058	0.1676	0.02794	0.00078
야드	91.438	0.9144	36	3	1	0.0006	3.0175	0.5029	0.08382	0.00233
마일	160930	1609.3	63360	5280	1760	1	5310.8	885.14	147.523	4.09787
자	30.303	0.303	11.93	0.9942	0.3314	0.0002	1	0.1667	0.02778	0.00078
간	181.818	1.818	71.582	5.965	1.9884	0.0011	6	1	0.16667	0.00463
정	1090.909	10.9091	429.49	35.791	11.9303	0.00678	36	6	1	0.02778
리	39272.7	392.727	154619	12885	4295	2.4403	12960	2160	36	1

□ 밀도(lg/cm3 = lt/m3)

g/cm^3	lb/in^3	lb/ft^3	lb/u.s.gal
1	0.03613	61.48	8.345
27.68	1	1728	231
0.01602	0.05787	1	0.1337
0.1198	0.004329	7.481	1

□ 중 량

단위	그램	킬로그램	톤	그레인	온스	파운드	돈	근	관
그램	1	0.001	0.000001	15.432	0.03527	0.0022	0.26666	0.00166	0.000266
킬로그램	1000	1	0.001	15432	35.273	2.20459	266.666	1.6666	0.26666
톤	1000000	1000	1	....	35273	2204.59	266666	1666.6	266.666
그레인	0.06479	0.00006	....	1	0.00228	0.00014	0.01728	.000108	0.000017
온스	28.3495	0.02835	0.000028	43.7	1	0.0625	7.56	0.0473	0.00756
파운드	453.592	0.45359	0.00045	7000	16	1	120.96	0.756	0.12096
돈	3.75	0.00375	0.000004	57.872	0.1323	0.00827	1	0.00625	0.001
근	600	0.6	0.0006	9259.556	21.1647	1.32279	160	1	0.16
관	3750	3.75	0.00375	57872	132.28	8.2672	1000	6.25	1

□ 용 적

단위	홉	되	말	입방센치	입방미터	리터	입방인치	입방피트	입방야드	갤론
홉	1	0.1	0.01	180.39	0.00018	0.18039	11.0041	0.0066	0.00023	0.04765
되	10	1	0.1	1803.9	0.00180	1.8039	110.041	0.0637	0.00234	0.47656
말	100	10	1	18039	0.01803	18.039	1100.41	0.63707	0.02359	4.76567
입방센치	0.00554	0.00055	0.00005	1	0.00001	0.001	0.06102	0.00003	0.00001	0.00026
입방미터	5543.52	554.325	55.4352	1000000	1	1000	61027	35.3165	1.30820	264.186
리터	5.54352	0.55435	0.05543	1000	0.001	1	61.027	0.03531	0.00130	0.26418
입방인치	0.09083	0.00908	0.00091	16.386	0.00001	0.01638	1	0.00057	0.00002	0.00432
입방피트	156.966	15.6666	1.56966	28316.8	0.02831	28.3169	1728	1	0.03703	7.48051
입방야드	4238.09	423.809	42.3809	764511	0.76451	764.511	46656	27	1	201.974
갤론	20.9833	2.0983	0.20938	3785.43	0.00378	3.78543	231	0.13368	0.00495	1

□ 속 도

m / s	km / h	ft / s	ft / m	mile / h
1	3.6	3.281	196.85	2.237
0.2778	1	0.9113	54.68	0.6214
0.3048	1.097	1	60	0.6818
0.005080	0.01829	0.01829	1	0.01136
0.4470	1.609	1.467	88	1

□ 면 적

단위	평방자	평	단보	정보	평방미터	아르	평방피트	평방야드	에이커
평방자	1	0.02778	0.00009	0.000009	0.09182	0.00091	0.98841	0.10982	....
평	36	1	0.00333	0.00033	3.3058	0.03305	35.583	3.9537	0.00081
단보	10800	300	1	0.1	991.74	9.9174	10674.9	1186.1	0.24506
정보	108000	3000	10	1	9917.4	99.174	106794	11861	2.4506
평방미터	10.89	0.3025	0.001008	0.0001	1	0.01	10.764	1.1958	0.00024
아르	1089	30.25	0.10083	0.01008	100	1	1076.4	119.58	0.02471
평방피트	1.0117	0.0281	0.00009	0.000009	0.092903	0.000929	1	0.1111	0.000022
평방야드	9.1055	0.25293	0.00084	0.00008	0.83613	0.00836	9	1	0.000207
에이커	44071.2	1224.2	4.0806	0.40806	4046.8	40.468	43560	4840	1

□ 압력 (1Pa = 1N/m^2)

Pa	bar	kgf/cm^2	atm	mmH$_2$O	mmHg, Torr	lb/in^2
1	1.000×10^{-5}	1.020×10^{-5}	9.869×10^{-6}	1.020×10^{-1}	7.501×10^{-3}	1.451×10^{-4}
1.000×10^{5}	1	1.01972	9.869×10^{-1}	1.020×10^{4}	7.501×10^{2}	1.451×10
9.807×10^{4}	9.807×10^{-1}	1	9.678×10^{-1}	1.000×10^{4}	7.356×10^{2}	1.422×10
1.013×10^{5}	1.01325	1.03323	1	1.033×10^{4}	7.600×10^{2}	1.471×10
9.807	9.807×10^{-5}	1.000×10^{-4}	9.678×10^{-5}	1	7.356×10^{-2}	1.421×10^{-3}
1.333×10^{2}	1.333×10^{-3}	1.360×10^{-3}	1.316×10^{-3}	1.359×10^{4}	1	1.934×10^{-2}
6.890×10^{3}	6.890×10^{-2}	7.031×10^{-2}	6.800×10^{-2}	7.037×10^{-1}	5.171×10	1

□ 유 량

m^2 / h (CMH)	m^2 / min (CMM)	1 / sec	1 / min	ft^2 / h	ft^2 / min (CFM)
1	0.01667	0.277	16.62	0.5887	4.403
60	1	16.67	1000.2	35.315	264.2
3.6	0.06	1	60	2.1189	15.846
0.06	0.001	0.0166	1	0.0353	0.2641
1.699	0.028317	0.47195	28.317	1	7.48
0.22710	0.003785	0.06309	3.7854	0.1337	1

□ 일, 에너지 및 열량(g = 980.665 cm/s^2 일때)

J	kgf·m	ft·lb	kWh	HP(미터)	HP(영국)	kcal	BTU
1	0.1020	0.7376	2.77×10^{-7}	3.72×10^{-4}	3.72×10^{-4}	2.39×10^{-4}	9.48×10^{-4}
9.807	1	7.233	2.72×10^{-6}	3.72×10^{-4}	3.72×10^{-4}	2.34×10^{-4}	9.30×10^{-4}
1.356	0.1383	1	3.77×10^{-7}	5.121×10^{-4}	5.12×10^{-4}	3.34×10^{-4}	1.29×10^{-4}
3.600×10^{6}	3.671×10^{5}	2.655×10^{6}	1	1.36	1.341	860.0	3416
2.648×10^{6}	2.700×10^{5}	1.953×10^{6}	0.7355	1	0.986	632.5	2510
2.686×10^{6}	2.739×10^{5}	1.981×10^{6}	0.7460	1.014	1	641.6	2546
4186	426.9	3086	1.16×10^{-3}	1.58×10^{-4}	1.56×10^{-4}	1	3.968
1055	107.6	778.16	2.93×10^{-4}	3.98×10^{-4}	3.93×10^{-4}	0.252	1

□ 힘

N	dyn	kgf
1	1×10^{5}	1.01972×10^{-1}
1×10^{-5}	1	1.01972×10^{-6}
9.80665	9.80665×10^{5}	1

□ 동점성 계수

m^2 / s	cSt	St
1	1×10^{6}	1×10^{4}
1×10^{-6}	1	1×10^{-2}
1×10^{-4}	1×10^{2}	1

□ 비 열

J / (kg. K)	kcal / (kg. ℃) cal / (g. ℃)
1	2.38889×10^{-4}
4.18605×10^{6}	1

주 ; 1cal = 4.18605J 주 ; 1Pa = 1dyn.s / cm2 1cp = 1mPa.s

□ 점성계수

Pa. s	cP	P
1	1×10^{3}	1×10
1×10^{-3}	1	1×10^{-2}

□ 물질의 비중 · 비열 · 열전도율

	물 질	분 자 식	온도(℃)	비중(kg/m^3)	비열(kcal/kg℃)	열전도율(kcal/mh℃)
기체	공 기		0	1.251	0.240	0.0207
	공 기		20	1.166	0.240	0.0221
	공 기		40	1.091	0.241	0.0234
	포화수증기		100	0.598	0.501	0.0207
	포화수증기		120	1.121	0.521	0.0223
	탄산가스	CO_2	0	1.912	0.198	0.0125
	일산화탄소	CO	0	1.210	0.249	0.0200
	산 소	O_2	0	1.382	0.219	0.0197
	수 소	H_2	0	0.0869	3.39	0.144
	염 소	Cl_2	20	3.2204	0.116	-
	질 소	N_2	20	1.2507	0.297	-
액체	물	H_2O	0	999.9	1.008	0.476
	물	H_2O	20	998.2	0.999	0.511
	물	H_2O	100	958.4	1.007	0.586
	올리브유	$CaCl_2$(30%)	40	914	0.400	0.143
	브라임		20	1305	0.642	0.382
금속	주 철	Fe	20	7270	0.10	41
	철(0.5C이하)	Fe	20	7830	0.11	46
	스텐레스	Fe	20	7820	0.118	14
	구 리	Cu	20	8900	0.10	320
	알루미늄	Al	20	2700	0.215	175
	납	Pb	20	11340	0.031	30
	청 동	75Cu+25Sn	20	8670	0.082	22
	황 동	70Cu+30Zn	20	8560	0.092	85
	수 은	Hg	20	13546	0.033	7.2
	백 금	Pt	0	21540	0.032	60
일반고체	유 리 판		20	2700	0.20	0.65
	얼 음		0	920	0.487	1.9
	고 무		20	920 ~ 1230	0.34	0.12 ~ 0.14
	콘크리트		20	1900 ~ 2300	0.21	0.7 ~ 1.4
	석 회 암		20	1650	0.22	0.80
	흙(일반)		20	2000	0.44	0.45
	흙(건조)		20	-	-	0.11

	흙(습윤)		20	-	-	0.57
	목재(삼나무)		30	341	-	0.091
	목재(소나무)		30	377	0.5 ~ 0.7	0.091
	백돌		200	-	0.236	0.48 ~ 0.93

□ 포화증기표

포화증기의 압력(절대) kg / cm²	포화증기의 온도 ℃	엔탈피		증발잠열 kcal / kg	비체적	
		증기 kcal / kg	물 kcal / kg		증기 m_3 / kg	물 m_3 / kg
1.0	99.09	638.5	99.12	539.4	1.716	1.043 10^{-3}
1.1	101.76	639.5	101.82	537.7	1.579	1.045 〃
1.2	104.25	640.4	104.32	536.1	1.455	1.047 〃
1.3	106.56	641.3	106.66	534.6	1.350	1.049 〃
1.4	108.74	642.1	108.86	533.2	1.260	1.050 〃
1.5	110.79	642.8	110.93	531.9	1.181	1.052 〃
1.6	112.73	643.5	112.89	530.7	1.112	1.054 〃
1.8	116.33	644.8	116.53	528.3	0.9954	1.057 〃
2.0	119.61	646.0	119.86	526.1	0.9019	1.060 〃
2.2	122.64	647.0	122.94	524.1	0.8249	1.063 〃
2.4	125.45	648.0	125.84	522.2	0.7602	1.065 〃
2.6	128.08	648.9	128.47	520.4	0.7052	1.068 〃
2.8	130.54	649.7	130.98	518.7	0.6579	1.070 〃
3.0	132.87	650.5	133.35	517.1	0.6166	1.072 〃
3.2	135.07	651.2	135.60	515.6	0.5804	1.075 〃
3.4	137.17	651.9	137.75	514.1	0.5482	1.077 〃
3.6	139.17	652.5	139.79	512.7	0.5196	1.079 〃
3.8	141.08	653.1	141.75	511.3	0.4938	1.081 〃
4.0	142.91	653.7	143.63	510.0	0.4705	1.083 〃
4.5	147.19	655.0	148.02	506.9	0.4218	1.087 〃
5.0	151.10	656.1	152.05	504.2	0.3818	1.092 〃
5.5	154.71	657.1	155.78	501.4	0.3491	1.096 〃
6.0	158.07	658.1	159.26	498.8	0.3215	1.100 〃
6.5	161.21	658.9	162.51	496.4	0.2982	1.103 〃
7.0	164.16	659.7	165.58	494.1	0.2779	1.107 〃

□ 온도변환표

℃	°F	℃	°F	℃	°F	℃	°F	℃	°F	℃	°F
-30	-22	1	33.8	16	60.8	27	80.6	42	107.6	65	149
-25	-13	2	35.6	17	62.6	28	82.4	43	109.4	70	158
-20	-4	3	37.4	18	64.4	29	84.2	44	111.2	75	167
-15	5	4	39.2	19	66.2	30	86	45	113	80	176
-10	14	5	41	20	68	31	87.8	46	114.8	85	185
-5	23	10	50	21	69.8	32	89.6	47	116.8	90	194
-4	24.8	11	51.8	22	71.6	33	91.4	48	118.4	95	203
-3	26.6	12	53.6	23	73.4	34	93.2	49	120.2	100	212
-2	28.4	13	55.4	24	75.2	35	95	50	122	110	230
-1	30.2	14	57.2	25	77	40	104	55	131	120	248
0	32	15	59	26	78.8	41	105.8	60	140		

□ 물의 밀도와 비용적

온 도 ℃	밀 도 (비용적) kg / l	체 적 (비체적) l / kg	온 도 ℃	밀 도 (비용적) kg / l	체 적 (비체적) l / kg	온 도 ℃	밀 도 (비용적) kg / l	체 적 (비체적) l / kg
-10	0.99815	1.00185	25	0.99767	1.00294	65	0.98059	101979
-5	0.99930	1.00070	30	0.99507	1.00435	70	0.97781	102260
0	0.99987	1.00013	35	0.99406	1.00597	75	0.97489	1.02576
4	1.00000	1.00000	40	0.99224	1.00782	80	0.97180	1.02900
5	0.99999	1.00001	45	0.99025	1.00985	85	0.96870	1.03220
10	0.99973	1.00027	50	0.98807	1.01207	90	0.96530	1.03570
15	0.99913	1.00087	55	0.98573	1.01448	95	0.96190	1.03960
20	0.99823	1.00177	60	0.98324	1.01705	100	0.95840	1.04340

자동차 전기전자 실험

2012년 9월 1일 초판 인쇄

2012년 9월 5일 인쇄 발행

저　　자　정용욱 · 정구섭

발 행 인　송기수

발 행 처　도서출판 GS인터비전

편 집 처　도서출판 GS인터비전

인　　쇄　대일문예사

등록번호　제 313-2011-120호

I S B N　978-89-97231-49-2 (93560)

주　　소　서울 마포구 신수동 448-6

전　　화　02-976-7898, 02-3272-7898. 0707-720-7898

팩　　스　02-6468-7898

홈페이지　gsintervision@co.kr

E-Mail　gsinter7@gmail.com

정　　가　22,000 원